普通高等教育
软件工程 "十二五" 规划教材

12th Five-Year Plan Textbooks
of Software Engineering

# 离散数学

陈志奎 ◎ 主编

*Discrete*

*Mathematics*

人民邮电出版社
北 京

**图书在版编目（ＣＩＰ）数据**

离散数学 / 陈志奎主编. -- 北京：人民邮电出版
社，2013.9
普通高等教育软件工程"十二五"规划教材
ISBN 978-7-115-32166-4

Ⅰ．①离… Ⅱ．①陈… Ⅲ．①离散数学－高等学校－
教材 Ⅳ．①O158

中国版本图书馆CIP数据核字(2013)第156368号

## 内 容 提 要

本书分为数理逻辑、集合论、代数结构和图论 4 个部分。其中数理逻辑部分描述一个符号化体系，这个体系可以描述集合论中的所有概念；集合论中有 3 个小模块，即集合、关系、函数，关系是集合中笛卡儿乘积的子集，函数是关系的子集；代数系统是定义函数的运算；图论是一类特殊的代数系统。

本书适合作为高等院校软件工程专业和计算机专业离散数学课程的本科生教材，也可作为软件工程与计算机等相关专业的自学参考书。

◆ 主　　编　陈志奎
　　责任编辑　李海涛
　　责任印制　彭志环　杨林杰

◆ 人民邮电出版社出版发行　　北京市崇文区夕照寺街 14 号
　　邮编　100061　电子邮件　315@ptpress.com.cn
　　网址　http://www.ptpress.com.cn
　　北京天宇星印刷厂印刷

◆ 开本：787×1092　1/16
　　印张：15.25　　　　　　　　2013 年 9 月第 1 版
　　字数：398 千字　　　　　　2024 年 9 月北京第 18 次印刷

定价：35.00 元

读者服务热线：(010)81055256　印装质量热线：(010)81055316
反盗版热线：(010)81055315

# 前　言

　　软件工程作为一个人才培养的独立专业，并单独成立全国示范性软件学院，已经有 10 多年了。经过 10 多年的发展，软件工程专业已经成为与计算机科学与技术专业并列的一级学科。但目前，软件工程专业所使用的教材大多来自于计算机科学与技术专业。离散数学是计算机科学与技术和软件工程专业培养体系中的核心基础课程。大多数《离散数学》教材都是针对计算机科学与技术专业的，数学性比较强，着重于数学理论的建立与推导，相对而言工程应用比较薄弱，软件工程专业的学生自学阅读时比较困难。有些国外的教材逻辑性强但实例较少，不太适合自学；有些教材实例较多，但逻辑性较差，中国学生难以接受。

　　基于我们在软件工程专业教授离散数学多年经验的基础上，经过广泛的调研以及和人民邮电出版社组织"软件学院教材"编写专家会议讨论后，一致认为很有必要编写一本实例较多，逻辑性合理，浅显易懂，便于软件学院学生学习的离散数学课程教材。

　　离散数学在本科软件工程专业的授课内容一般分为四大部分：数理逻辑、集合论、代数系统、图论，这 4 个部分紧密连接。数理逻辑描述了一个符号化体系，这个体系可以描述集合论中的所有概念。集合论中又有 3 个小模块：集合、关系、函数。关系是集合中笛卡儿乘积的子集，函数是关系的子集。代数系统是定义函数的运算。图论是一类特殊的代数系统。本书针对软件工程专业，强调系统逻辑性，前后内容的衔接，在内容安排上点出这种联系并将章节高度的模块化，另外，整本书使用统一的符号化体系描述和解题。因此本教材具有以下一些特点。

　　首先，本教材着重体现理论与应用的结合。离散数学是软件工程专业的核心课程之一，与高等数学、线性代数等其他公共数学课程不同。但是，对于学生而言，往往误把它作为同高等数学一样的公共数学课，仅仅认识到离散数学的理论公式部分，看不到其在实际中的应用价值以及同软件工程专业之间的关系和在软件工程专业中所处的位置。本书的一个着眼点就是在章节结构清晰的基础上，每一个部分都与具体的应用相结合，比如布尔逻辑与信息检索、图的遍历与网络爬虫、图的最短路径与地图导航等。每一个定义、定理都由软件工程的实例加以解释和说明，增强可读性。对软件学院的学生来说，看到这些应用与实例能够激发学生的学习热情，并培养建立离散模型解题的认识和能力，不断增强对软件工程的认识和理解。为此，在本教材中，我们为这些定义和定理准备了大量的范例，将抽象的内容具体化，来降低理解的难度。

　　其次，实例同软件工程的相关性强。对知识点的解释方式同被教授对象的知识体系的吻合度越高，其被理解和吸收的效率就越高。为了使教材中的知识点可以更好地被软件工程专业的学生所掌握，我们在教材中应用了许多同计算机科学相关的实例。

　　最后，离散数学是很多软件工程专业课程的先修课，比如说操作系统、数据结构、编译原理等。本书将相关理论与后续专业课联系，真正实现先修课的价值和无缝衔接，帮助学生构建自己的知识架构。将软件工程的基本原理贯穿到离散数学的知识点，贯穿到后续课程的体系中。

在本书的编写过程中，得到了许多教师的帮助，特别是曹晓东教授和史哲文老师对书稿进行了认真的审阅，并提出了宝贵的修改意见，对此我们表示衷心的感谢。本书的第 3 章至第 5 章由周勇完成，其他部分由陈志奎完成。作者还要感谢人民邮电出版社的编辑，在他们的支持下，本书才能很快出版发行。另外，本书在编写过程中参考和引用了有关方面的书籍，作者在此对参考文献中所有的作者表示衷心的感谢。

本书可作为软件工程专业的教材，也可作为计算机科学与技术专业的教材。

由于作者的学识水平有限，书中如出现不准确、不适宜或者疏漏的内容，希望读者给予批评指正，在此表示感谢。

编　者
2013 年春于大连理工大学

# 目　录

# 第1章
# 命题逻辑

命题逻辑

　　逻辑为确定一个给出的论证是否有效提供各种方法和技巧，而根据研究对象和方法的不同可以分为形式逻辑、辩证逻辑和数理逻辑。其中数理逻辑就是用数学方法研究人的思维形式和规律，通过建立一套表意符号体系对事物进行抽象并推理，从而研究前提和结论间的形式关系的科学。其研究对象是对证明和计算这两个直观概念进行符号化以后的形式系统。

　　利用计算的方法来代替人们思维中的逻辑推理过程，这种想法早在 17 世纪就有人提出过。莱布尼茨就曾经设想过能不能创造一种"通用的科学语言"，可以把推理过程像数学一样利用公式来进行计算，从而得出正确的结论。由于当时的社会条件，他的想法并没有实现。但是他的思想却是现代数理逻辑部分内容的萌芽，从这个意义上讲，莱布尼茨可以说是数理逻辑的先驱。

　　一般认为，旧逻辑学的创始人是公元前 4 世纪的希腊思想家亚里士多德（Aristotle）；新逻辑学的创始人是 17 世纪的德国哲学家莱布尼兹（Leibniz）和 19 世纪中叶的英国数学家乔治·布尔（George Boole）。1847 年，布尔发表了《逻辑的数学分析》，建立了"布尔代数"，并创造一套符号系统，利用符号来表示逻辑中的各种概念。布尔建立了一系列的运算法则，利用代数的方法研究逻辑问题，初步奠定了数理逻辑的基础。

　　19 世纪末 20 世纪初，数理逻辑有了比较大的发展，1884 年，德国数学家戈特洛布·弗雷格（Gottlob Frege）出版了《数论的基础》一书，在书中引入量词的符号，使得数理逻辑的符号系统更加完备。对建立这门学科做出贡献的还有美国人查尔斯·皮尔斯（Charles Peirce），他也在著作中引入了逻辑符号，从而使现代数理逻辑最基本的理论基础逐步形成，成为一门独立的学科。之后英国数学家德·摩根（A. De Morgan）和罗素（B.A.W.Russell）等人丰富和完善了数理逻辑。

　　命题逻辑和谓词逻辑是计算机科学领域中所必需的数理逻辑基础知识。在本章中，将对命题逻辑进行介绍和讨论。

## 1.1　命题和联结词

### 1.1.1　命题的概念

　　**定义 1.1**　命题是或者为真，或者为假而不是两者同时成立的陈述句。

　　作为命题的陈述句所表达的判断结果称作命题的真值，真值只能取两个值：真或假。真值为真的命题称为真命题，真值为假的命题称为假命题。注意：任何命题的真值都是唯一的。

　　如果一个命题的真值是真，则用 1 或 T(Ture)来表示；如果一个命题的真值是假，则用 0 或 F（False）来表示。

　　命题用大写的英文字母，如 $P$，$Q$，$R$… 来表示。

　　判断给定句子是否为命题分为两步：首先判断该句子是否为陈述句，其次判断它是否有唯一的一个真值。

**例 1.1** 判断下面句子是否是命题。

（1）2013 年是闰年。

（2）2×2=5。

（3）小明晚上去看电影。

（4）这朵花真漂亮啊！

（5）请不要在此处吸烟！

（6）你下午会出去吗？

（7）2 既是素数又是偶数。

（8）本句话是错的。

以上句子中（1）、（2）、（3）和（7）都是命题。注意：一个陈述句能否判断真假与现实能否判断真假是两件事。（4）、（5）是感叹句，（6）是疑问句，不是命题。对于（8），如果本句话确实是错的，那么"本句话是错的"便是真；另一方面，如果"本句话是错的"是真，那么本句话便是假。从以上分析我们只能得出这样的结论：本句话既不是对的又不是错的，这显然是矛盾的，也就是说对于该陈述句无法指定它的真值。这样的陈述句称为悖论，不是命题。

在上面的命题中，（1）、（2）、（3）都不能再被分割成为更小的命题，它们是基本的、原始的，这样的命题被称为原子命题。而命题（7）则不是最基本的，它还可以被分解为更小的命题：可由"2 是素数"和"2 是偶数"这两个命题由"与"联结词组合而成。像这种由更小的命题组合而成的命题称为复合命题。

## 1.1.2 联结词

联结词是逻辑联结词或者命题联结词的简称，它是自然语言中连词的逻辑抽象。有了联结词，就可以通过它和原子命题构成复合命题。常用的逻辑联结词主要包括以下 6 种。

（1）联结词"非"，记为"¬$P$"，表示"否定"的意思。

（2）联结词"合取"，记为"∧"，表示"且"的意思。

（3）联结词"析取"，记为"∨"，表示"或"的意思。

（4）联结词"蕴涵"，记为"→"，表示"如果…，则…"的意思。

（5）联结词"等价"，记为"↔"，表示"当且仅当"的意思。

（6）联结词"异或"，记为"∇"，表示"要么…，要么…"的意思。

下面给出这 6 种联结词的详细定义。

（1）逻辑联结词否定——"¬"

设 $P$ 是一个命题，则联结词¬和命题 $P$ 构成¬$P$，¬$P$ 为命题 $P$ 的否定式复合命题，读作"非 $P$"。联结词¬是自然语言中的"非"、"不"和"没有"等的逻辑抽象。

其真值是这样定义的，若 $P$ 的真值是 T，那么¬$P$ 的真值是 F；若 $P$ 的真值是 F，则¬$P$ 的真值是 T。命题 $P$ 与其否定¬$P$ 的如表 1.1 所示。

表 1.1　　　　　　　　　逻辑联结词"¬"的定义

| $P$ | ¬$P$ | | $P$ | ¬$P$ |
|---|---|---|---|---|
| F | T | 或 | 0 | 1 |
| T | F | | 1 | 0 |

**例 1.2** 给出下列命题的否定。

（1）令 $P$ 表示：大连是北方香港。

于是¬$P$ 表示：大连不是北方香港。

**注意：逻辑联结词否定是个一元运算符。**

（2）令 $Q$ 表示：所有的素数都是奇数。

于是¬$Q$ 表示：并非所有的素数都是奇数。

**注意：翻译成"所有的素数都不是奇数"是错误的。因为否定是对整个命题进行的。**

（2）逻辑联结词合取——"∧"

设 $P$ 是一个命题，$Q$ 是一个命题，由联结词∧把 $P$ 和 $Q$ 连接成 $P∧Q$，称 $P∧Q$ 为 $P$ 和 $Q$ 的合取式复合命题，$P∧Q$ 读作"$P$ 与 $Q$"或者"$P$ 合取 $Q$"。联结词∧是"并且"的逻辑抽象。

它的真值是这样定义的：当且仅当 $P$ 和 $Q$ 的真值都为 T 时，$P∧Q$ 的真值才为 T，否则 $P∧Q$ 的真值为 F。逻辑联结词"∧"的定义如表 1.2 所示。

表 1.2　　　　　　　　　　逻辑联结词"∧"的定义

| $P$ | $Q$ | $P∧Q$ | | $P$ | $Q$ | $P∧Q$ |
|---|---|---|---|---|---|---|
| F | F | F | 或 | 0 | 0 | 0 |
| F | T | F | | 0 | 1 | 0 |
| T | F | F | | 1 | 0 | 0 |
| T | T | T | | 1 | 1 | 1 |

例 1.3　令 $P$ 表示：外面正在下雪。

令 $Q$ 表示：3 小于 5。

于是 $P∧Q$ 表示：外面正在下雪并且 3 小于 5。

从自然语言看，上述命题是不合理的、没有意义的，因为 $P$ 和 $Q$ 毫不相关。但是，在数理逻辑中是被允许的，也是正确的。$P$ 和 $Q$ 再合取 $P∧Q$ 仍可成为一个新的命题。只要 $P$ 和 $Q$ 的真值给定，$P∧Q$ 的真值即可确定。

逻辑联结词"∧"是个二元运算符，且具有对称性，即 $P∧Q$ 和 $Q∧P$ 具有相同真值。

（3）逻辑联结词析取——"∨"

设 $P$ 是一个命题，$Q$ 是一个命题，由联结词∨把 $P$、$Q$ 连接成 $P∨Q$，称 $P∨Q$ 为 $P$、$Q$ 的析取式复合命题，读作"$P$ 或 $Q$"，或"$P$ 析取 $Q$"。

其真值是这样的定义的：当且仅当 $P$ 和 $Q$ 的真值均为 F 时，$P∨Q$ 的真值为 F，其余情况均为 T。逻辑联结词"∨"的定义如表 1.3 所示。

表 1.3　　　　　　　　　　逻辑联结词"∨"的定义

| $P$ | $Q$ | $P∨Q$ | | $P$ | $Q$ | $P∨Q$ |
|---|---|---|---|---|---|---|
| F | F | F | 或 | 0 | 0 | 0 |
| F | T | T | | 0 | 1 | 1 |
| T | F | T | | 1 | 0 | 1 |
| T | T | T | | 1 | 1 | 1 |

联结词∨是自然语言中"或"、"或者"的逻辑抽象。而在自然语言中，"或"是多义的。从析取的定义不难看出，逻辑联结词"∨"和自然汉语中的"或"的意义并不完全相同。因为汉语中的"或"可表示"排斥或"，亦可表示"可兼或"，而逻辑联结词"析取"指的仅仅是"可兼或"，并不表示其他意义的"或"。

例 1.4　令 $P$ 表示：小明现在正在睡觉。

令 $Q$ 表示：小明现在正在打球。

于是命题，小明现在正在睡觉或者正在打球不能用 $P \lor Q$ 来表示。因为这里自然语言陈述的或是排斥或，这种意义的或我们用另一个逻辑联结词"异或""$\triangledown$"来表示，后面我们将给出它的定义。

**例 1.5** 将句子"他昨晚做了 20 或者 30 道作业题"表示为复合命题。

在此例中，该句子不能被表示成复合命题，因为这里的"或"表示的是近似或者猜测的意思。

**例 1.6** 令 $P$ 表示：张亮是跳高运动员。

令 $Q$ 表示：张亮是跳远运动员。

于是命题，张亮可能是跳高或跳远运动员就可以用 $P \lor Q$ 来表示，因为这里的或是可兼或。

逻辑联结词析取也是个二元运算符。

（4）逻辑联结词单条件——"$\rightarrow$"

设 $P$ 是一个命题，$Q$ 是一个命题，由联结词 $\rightarrow$ 把 $P$、$Q$ 连接成 $P \rightarrow Q$，称 $P \rightarrow Q$ 为 $P$、$Q$ 的条件式复合命题，把 $P$ 和 $Q$ 分别称为 $P \rightarrow Q$ 的前件和后件，或者前提和结论。$P \rightarrow Q$ 读作"如果 $P$ 则 $Q$"或"如果 $P$ 那么 $Q$"。其中 $P$ 被称为前件，$Q$ 被称为为后件。很多时候联结词 $\rightarrow$ 也被称为蕴涵。

$P \rightarrow Q$ 的真值是这样定义的，当且仅当 $P \rightarrow Q$ 的前件 $P$ 的真值为 T，后件 $Q$ 的真值为 F 时，$P \rightarrow Q$ 的真值为 F，否则，$P \rightarrow Q$ 的真值为 T。单条件逻辑联结词"$\rightarrow$"的定义如表 1.4 所示。

表 1.4 逻辑联结词"$\rightarrow$"的定义

| $P$ | $Q$ | $P \rightarrow Q$ | | $P$ | $Q$ | $P \rightarrow Q$ |
|---|---|---|---|---|---|---|
| F | F | T | | 0 | 0 | 1 |
| F | T | T | 或 | 0 | 1 | 1 |
| T | F | F | | 1 | 0 | 0 |
| T | T | T | | 1 | 1 | 1 |

**例 1.7**

（1）令 $P$ 表示：天不下雨

令 $Q$ 表示：植物枯萎

于是 $P \rightarrow Q$ 表示：如果天不下雨，则植物枯萎。

（2）令 $R$ 表示：我有时间。

令 $S$ 表示：我一定去学画画。

于是，$R \rightarrow S$ 表示：如果我有时间，那我一定去学画画。

（3）令 $U$ 表示：大海的颜色是蓝色的。

令 $V$ 表示：雪的颜色是白色的。

于是，$U \rightarrow V$ 表示：如果大海的颜色是蓝色的，那么雪的颜色是白色的。

此例中（1）和（2）是有因果关系的，而（3）在自然科学中是毫无道理的。在自然语言中，条件式的前提和结论之间必含有某种因果关系，但是在命题演算中，一个单条件逻辑联结词的前件并不需要联系到它的后件，它给出的是一种实质性的因果关系，而不单单是形式上的因果关系。也就是说只要前件 $P$ 和后件 $Q$ 的真值确定下来，命题 $P \rightarrow Q$ 的真值就可以确定。

逻辑联结词单条件是个二元运算符。

（5）逻辑联结词双条件——"$\leftrightarrow$"

设 $P$ 是一个命题，$Q$ 是一个命题，于是联结词 $\leftrightarrow$ 把 $P$、$Q$ 连接成 $P \leftrightarrow Q$，称 $P \leftrightarrow Q$ 为 $P$ 和 $Q$ 的双条件式复合命题，读作"$P$ 当且仅当 $Q$"或"$P$ 等值于 $Q$"。

$P \leftrightarrow Q$ 的真值是这样定义的，当且仅当 $P$ 和 $Q$ 有相同的真值时，$P \leftrightarrow Q$ 的真值为 T，否则，$P \leftrightarrow Q$ 的真值为 F。$P \leftrightarrow Q$ 的运算表如表 1.5 所示。

表 1.5　　　　　　　　　　　　　逻辑联结词"$\leftrightarrow$"的定义

| $P$ | $Q$ | $P \leftrightarrow Q$ | | $P$ | $Q$ | $P \leftrightarrow Q$ |
|---|---|---|---|---|---|---|
| F | F | T | 或 | 0 | 0 | 1 |
| F | T | F | | 0 | 1 | 0 |
| T | F | F | | 1 | 0 | 0 |
| T | T | T | | 1 | 1 | 1 |

**例 1.8**　使用联结词翻译以下命题。

（1）三角形是等边的，当且仅当它的 3 个内角相等。

（2）电灯不亮，当且仅当灯泡发生故障或开关发生故障。

（3）$2 + 2 = 4$，当且仅当今天天晴。

**解**：令 $P$：三角形是等边的。

　　　　$Q$：三角形 3 个内角相等。

于是（1）可表示为：$P \leftrightarrow Q$

令 $R$：电灯不亮。

　　$S$：灯泡发生故障。

　　$T$：开关发生故障。

于是（2）可表示成：$R \leftrightarrow (S \vee T)$。

令 $A$：$2 + 2 = 4$。

　　$B$：今天天晴。

于是（3）可表示为：$A \leftrightarrow B$

**注意**：从上面的例子中可以看出，等值式也和前面的逻辑联结词 $\wedge$、$\vee$、$\rightarrow$ 一样可以毫无因果关系，而其真值仅仅从等值的定义而确定。

双条件逻辑联结词也是个二元运算符。

（6）逻辑联结词异或——"$\nabla$"

设 $P$ 是一个命题，$Q$ 是一个命题，于是"$P$ 异或 $Q$"是一个新的命题，记作"$P \nabla Q$"，读作"$P$ 异或 $Q$"。其真值是这样定义的，当且仅当 $P$ 和 $Q$ 有不同的真值时，$P \nabla Q$ 的真值为 T，否则 $P \nabla Q$ 的真值为 F。

$P \nabla Q$ 的运算表如表 1.6 所示。

**例 1.9**　令 $P$ 表示：大连电视台三套节目今晚八点播放电视剧。

　　　　　令 $Q$ 表示：大连电视台三套节目今晚八点播放女排比赛。

于是 $P \nabla Q$ 表示大连电视台三套节目今晚八时播放电视剧或播放女排比赛。

表 1.6　　　　　　　　　　　　　逻辑联结词"$\nabla$"的定义

| $P$ | $Q$ | $P \nabla Q$ | | $P$ | $Q$ | $P \nabla Q$ |
|---|---|---|---|---|---|---|
| F | F | F | 或 | 0 | 0 | 0 |
| F | T | T | | 0 | 1 | 1 |
| T | F | T | | 1 | 0 | 1 |
| T | T | F | | 1 | 1 | 0 |

从逻辑联结词"▽"的定义和逻辑联结词"↔"的定义不难得出，它们之间有如下的关系。$P \triangledown Q \Leftrightarrow \neg (P \leftrightarrow Q)$。也就是说逻辑联结词异或可以用双条件逻辑联结词的否定来代替。

以上我们介绍了五个基本的逻辑联结词：$\neg$，$\wedge$，$\vee$，$\rightarrow$，$\leftrightarrow$ ，它们运算的优先级为：$\neg$ 优先级最高，其次是$\wedge$，$\vee$，$\rightarrow$，$\leftrightarrow$。如果有括号，则括号优先，在括号里从左往右依然遵守这个顺序。

# 1.2　合式公式与真值表

## 1.2.1　合式公式

在上一节中我们曾指出，不可再分的命题称为原子命题。换句话说，不包含任何逻辑联结词的命题称为原子命题。应该指出的是，这里所说的原子命题，是指其中的原子是有了确定的真值的；否则，原子没有确定的真值指派其原子的取值而是在 $\{$T,F$\}$ 这个域上的，则称此原子为命题变元。由命题变元，逻辑联结词及圆括号可以构成合式的公式。下面给出命题演算中合式公式的递归定义。

**定义 1.2**　合式公式。

（1）真值 T 和 F 是合式公式。

（2）原子命题公式是一个合式公式。

（3）如果 $A$ 是合式的公式，那么$\neg A$ 是合式的公式。

（4）如果 $A$ 和 $B$ 均是合式的公式，那么$(A \wedge B)$，$(A \vee B)$，$(A \rightarrow B)$和$(A \leftrightarrow B)$都是合式的公式。

（5）当且仅当有限次地应用（1）至（4）条规则由逻辑联结词、圆括号所组成的有意义的符号串是合式的公式。

以上定义方法称为递归定义法。其中（1）和（2）称为递归定义的基础，（3）和（4）称为递归定义的归纳，（5）称为递归定义的界限。

今后我们还会经常使用这种递归定义的方法。

按照上面的定义，下面的字符串都是合式的公式。

（1）$\neg (P \wedge Q)$

（2）$\neg (P \rightarrow Q)$

（3）$(P \rightarrow (P \wedge \neg Q))$

（4）$(((P \rightarrow Q) \wedge (Q \rightarrow R)) \leftrightarrow (S \leftrightarrow T))$

下面的字符串则不是合式的公式。

（1）$(P \rightarrow Q) \rightarrow (\wedge Q)$

（2）$(P \rightarrow Q$

（3）$(P \wedge Q) \rightarrow Q)$

今后，我们把合式的公式简称为命题公式。一般一个命题公式的真值是不确定的，只有用确定的命题去取代命题公式中的命题变元，或对其中的命题变元进行真值指派时，命题公式才成为具有确定真值的命题。

给定两个命题公式，若对其中变元的所有可能的真值指派两个命题公式具有相同的真值，则称它们是相互等价的。可以利用真值表技术来判定两个命题公式的等价性。

## 1.2.2　真值表

**定义 1.3**　设 $A$ 为一命题公式，对其中出现的命题变元做所有可能的每一组真值指派 $S$，连同

公式 $A$ 相应 $S(A)$ 的取值汇列成表，称为 $A$ 的真值表。一个真值表由两部分构成。

（1）表的左半部分列出公式的每一种解释。

（2）表的右半部分给出相应每种解释公式得到的真值。

为构造的真值表方便和一致，有如下约定。

（1）命题变元按字典序排列。

（2）对公式的每种解释，以二进制数从小到大或者从大到小顺序排列。

（3）若公式复杂，可先列出各子公式的真值（若有括号从里层向外展开），最后列出所给公式的真值。

**例 1.10**

（1）给出命题公式 $\neg((P\vee Q)\wedge P)$ 的真值表。

（2）使用真值表技术证明命题公式 $P\leftrightarrow Q$ 与 $P\wedge Q\vee\neg P\wedge\neg Q$ 是相互等价的。

**解**：构造（1）的真值表如下。

| $P$ | $Q$ | $P\vee Q$ | $(P\vee Q)\wedge P$ | $\neg((P\vee Q)\wedge P)$ |
| --- | --- | --- | --- | --- |
| 0 | 0 | 0 | 0 | 1 |
| 0 | 1 | 1 | 0 | 1 |
| 1 | 0 | 1 | 1 | 0 |
| 1 | 1 | 1 | 1 | 0 |

对于（2）构造真值表如下。

| $P$ | $Q$ | $P\leftrightarrow Q$ | $P\wedge Q\vee\neg P\wedge\neg Q$ |
| --- | --- | --- | --- |
| 0 | 0 | 1 | 1 |
| 0 | 1 | 0 | 0 |
| 1 | 0 | 0 | 0 |
| 1 | 1 | 1 | 1 |

从真值表可以清楚地看出，命题公式 $P\leftrightarrow Q$ 与 $P\wedge Q\vee\neg P\wedge\neg Q$ 对于变元 $P$ 和 $Q$ 的各种真值指派，他们的真值表完全一致。所以它们是相互等价的。

# 1.3 永真式和等价式

## 1.3.1 永真式

通过对命题公式真值表的讨论，可以清楚地看出对于命题公式 $A(P_1,P_2,\cdots,P_n)(n\geq 1)$，命题变元的真值有 $2^n$ 种不同的组合。每一种组合叫做一种真值指派，以就是说，命题公式含有 $n$ 个变元时有 $2^n$ 种真值指派。而对应于每一组真值指派，命题公式将有一个确定的值，从而使命题公式成为具有确定真值的命题。

**例 1.11** 对命题公式 $P\vee\neg P,P\wedge\neg P,P\rightarrow Q$ 做出真值表。

**解**：3 个命题公式的真值表如下。

| $P$ | $P\vee\neg P$ | $P\wedge\neg P$ |
| --- | --- | --- |
| 0 | 1 | 0 |
| 1 | 1 | 0 |

| $P$ | $Q$ | $P \rightarrow Q$ |
|-----|-----|-------------------|
| 0 | 0 | 1 |
| 0 | 1 | 1 |
| 1 | 0 | 0 |
| 1 | 1 | 1 |

例 1.11 中，命题公式 $P \vee \neg P$,和 $P \wedge \neg P$,虽然都仅含一个命题变元，都有两组真值指派，但是对应于每一组真值指派，命题公式 $P \vee \neg P$ 均取值为 T(即 1),而命题公式 $P \wedge \neg P$ 却取值为 F(即 0)。之所以有这样的结果是因为这些命题公式的真值与其变元的真值指派无关，而根本问题在于它们的自身结构。命题公式 $P \rightarrow Q$ 含有两个命题变元，有四组真值指派。对于第 1,第 2 和第 4 这 3 组真值指派，公式取值为 1（即 T）；而对于第 3 组真值指派，公式却取值为 0（即 F）。

通过上面对有关公式真值表的讨论，我们总结出如下的定义。

**定义 1.4** 永真式、永假式与可满足式。

（1）不依赖于命题变元的真值指派，而总是取值为 T（即 1）的命题公式，称为永真式或称作重言式。

（2）不依赖于命题变元的真值指派，而总是取值为 F（即 0）的命题公式，称为永假式或矛盾式。

（3）至少存在一组真值指派使命题公式取值为 T 的命题公式，称为可满足的。

## 1.3.2 等价式

在有限步内判定一个命题公式是永真式，永假式或是可满足式的问题被称为命题公式的判定问题。我们的着眼点放在对重言式的研究上，因为它最有用，重言式有以下特点。

（1）重言式的否定是一个矛盾式，一个矛盾式的否定是重言式，所以只研究其中之一就可以了。

（2）重言式的析取，合取，单条件，双条件都是重言式。于是可由简单的重言式推出复杂的重言式。

（3）由重言式可以产生许多有用的恒等式。

设 $A:A(P_1,P_2,\cdots,P_n)$

$B:B(P_1,P_2,\cdots,P_n)$

是两个命题公式，这里 $P_i$（$i=1$，2，$\cdots$，$n$）不一定在两个公式中同时出现。

由此我们也可以归纳出等价式的定义。

**定义 1.5** 设 $A$ 和 $B$ 是两个命题公式，如果 $A$、$B$ 在其任意解释下，其真值都是相同的，即 $A \leftrightarrow B$ 是重言式，则称 $A$ 和 $B$ 是等价的，或逻辑相等，记作 $A \Leftrightarrow B$，读作 $A$ 恒等于 $B$，或 $A$ 等价于 $B$。

注意符号"$\Leftrightarrow$"与符号"$\leftrightarrow$"的意义是有区别的。符号"$\leftrightarrow$"是逻辑联结词，是个运算符；而符号"$\Leftrightarrow$"是关系符，$A \Leftrightarrow B$ 表示 $A$ 和 $B$ 有逻辑等价关系。

常用的逻辑恒等式如表 1.7 所示。

表中符号 $P$、$Q$、$R$ 代表任意命题，符号 $T$ 代表真命题，符号 $F$ 代表假命题。表中所有公式是进行等价变换和逻辑推理的重要依据。表中所有公式均可使用真值表技术得到证明，读者可作为练习。

| 表 1.7 | | 常用逻辑恒等式 | |
|---|---|---|---|
| $E_1$ | $P \vee Q \Leftrightarrow Q \vee P$ | | |
| $E_2$ | $P \wedge Q \Leftrightarrow Q \wedge P$ | | 交换律 |
| $E_3$ | $P \leftrightarrow Q \Leftrightarrow Q \leftrightarrow P$ | | |
| $E_4$ | $(P \vee Q) \vee R \Leftrightarrow P \vee (Q \vee R)$ | | |
| $E_5$ | $(P \wedge Q) \wedge R \Leftrightarrow P \wedge (Q \wedge R)$ | | 结合律 |
| $E_6$ | $(P \leftrightarrow Q) \leftrightarrow R \Leftrightarrow P \leftrightarrow (Q \leftrightarrow R)$ | | |
| $E_7$ | $P \wedge (Q \vee R) \Leftrightarrow (P \wedge Q) \vee (P \wedge R)$ | | |
| $E_8$ | $P \vee (Q \wedge R) \Leftrightarrow (P \vee Q) \wedge (P \vee R)$ | | 分配律 |
| $E_9$ | $P \rightarrow (Q \rightarrow R) \Leftrightarrow (P \rightarrow Q) \rightarrow (P \rightarrow R)$ | | |
| $E_{10}$ | $\neg \neg P \Leftrightarrow P$ | 双重否定律 | |
| $E_{11}$ | $\neg (P \wedge Q) \Leftrightarrow \neg P \vee \neg Q$ | | |
| $E_{12}$ | $\neg (P \vee Q) \Leftrightarrow \neg P \wedge \neg Q$ | | 德·摩根律 |
| $E_{13}$ | $\neg (P \leftrightarrow Q) \Leftrightarrow P \triangledown Q$ | | |
| $E_{14}$ | $P \rightarrow Q \Leftrightarrow \neg Q \rightarrow \neg P$ | 逆反律 | |
| $E_{15}$ | $\neg P \leftrightarrow \neg Q \Leftrightarrow P \leftrightarrow Q$ | | |
| $E_{16}$ | $P \wedge P \Leftrightarrow P$ | | |
| $E_{17}$ | $P \vee P \Leftrightarrow P$ | 等幂律 | |
| $E_{18}$ | $P \wedge \neg P \Leftrightarrow F$ | | |
| $E_{19}$ | $P \vee \neg P \Leftrightarrow T$ | | |
| $E_{20}$ | $P \wedge T \Leftrightarrow P$ | | |
| $E_{21}$ | $P \wedge F \Leftrightarrow F$ | | |
| $E_{22}$ | $P \vee T \Leftrightarrow T$ | | |
| $E_{23}$ | $P \vee F \Leftrightarrow P$ | | |
| $E_{24}$ | $P \leftrightarrow T \Leftrightarrow P$ | | |
| $E_{25}$ | $P \leftrightarrow F \Leftrightarrow \neg P$ | | |
| $E_{26}$ | $P \leftrightarrow Q \Leftrightarrow (P \rightarrow Q) \wedge (Q \rightarrow P) \Leftrightarrow (P \wedge Q) \vee (\neg P \wedge \neg Q)$ | | |
| $E_{27}$ | $P \rightarrow Q \Leftrightarrow \neg P \vee Q$ | | |
| $E_{28}$ | $(P \wedge Q) \rightarrow R \Leftrightarrow (P \rightarrow (Q \rightarrow R))$ | 输出律 | |
| $E_{29}$ | $P \wedge (P \vee Q) \Leftrightarrow P$ | | |
| $E_{30}$ | $P \vee (P \wedge Q) \Leftrightarrow P$ | 吸收律 | |

## 1.3.3　代入规则和替换规则

（1）代入规则

在一个重言式中，某个命题变元出现的每一处均代以同一个公式后，所得到的新的公式仍是重言式，这条规则称之为代入规则。

这条规则之所以正确，是因为永真式对任何解释，其值都是真，与所给的某个变元指派的真值是真还是假无关，因此，用一个命题公式代入到原子命题变元 $R$ 出现的每一处后，所得命题公式的真值还是真。例如：

$P \land \neg P \leftrightarrow F$ 令以 $R \land Q$ 代 $P$ 得,

$(R \land Q) \land \neg (R \land Q) \leftrightarrow F$ 仍是重言式。

（2）替换规则

设有恒等式 $A \Leftrightarrow B$ 若在公式 $C$ 中出现 $A$ 的地方替换以 $B$（不一定是每一处都进行）而得到公式 $D$,则 $C \Leftrightarrow D$，这条规则称之为替换规则。

如果 $A$ 是公式 $C$ 中完整的部分，且 $A$ 是合式的公式，则称 $A$ 是 $C$ 的子公式。规则中"公式 $C$ 中出现 $A$"意即"$A$ 是 $C$ 的子公式"。

这条规则之所以正确，是因为在公式 $C$ 和 $D$ 中替换部分以外均相同，所以 $C$ 和 $D$ 的真值也相同，故 $C \Leftrightarrow D$。

应用代入规则和替换规则及已有的重言式可以证明新的重言式。

例如对公式 $E_{12}$: $\neg (P \land Q) \Leftrightarrow \neg P \lor \neg Q$，我们以 $A \land B$ 代 $E_{12}$ 中的 $P$，而以 $\neg A \land \neg B$ 代 $E_{12}$ 中的 $Q$ 就得出公式 $\neg((A \land B) \land (\neg A \land \neg B)) \Leftrightarrow \neg (A \land B) \lor \neg (\neg A \land \neg B)$

对公式 $E_{20}$: $P \land T \Leftrightarrow P$，我们利用公式 $P \lor \neg P \Leftrightarrow T$，对其中的 $T$ 作替换（对命题常元不能做代换）得公式 $P \land (P \lor \neg P) \Leftrightarrow P$

……

因此，我们可以说表 1.7 和表 1.9 中的字符 $P$、$Q$ 和 $R$ 不仅代表命题变元，而且可以代表命题公式；$T$ 和 $F$ 不仅代表真命题和假命题，而且可以代表重言式和永假式。用这样的观点看待表中的公式，应用就显得更方便。

例 1.12

（1）试证 $P \rightarrow (Q \rightarrow R) \Leftrightarrow Q \rightarrow (P \rightarrow R) \Leftrightarrow \neg R \rightarrow (Q \rightarrow \neg P)$

证：$P \rightarrow (Q \rightarrow R)$

$\Leftrightarrow \neg P \lor (\neg Q \lor R)$     两次替换

$\Leftrightarrow \neg Q \lor (\neg P \lor R)$     结合、交换、结合

$\Leftrightarrow Q \rightarrow (P \rightarrow R)$     两次替换

类似可证 $P \rightarrow (Q \rightarrow R) \Leftrightarrow \neg R \rightarrow (Q \rightarrow \neg P)$。

（2）试证 $(P \rightarrow Q) \rightarrow (Q \lor R) \Leftrightarrow P \lor Q \lor R$

证：$(P \rightarrow Q) \rightarrow (Q \lor R)$

$\Leftrightarrow (\neg (\neg P \lor Q)) \lor (Q \lor R)$     $E_{27}$ 和替换规则

$\Leftrightarrow (P \land \neg Q) \lor (Q \lor R)$     $E_{12}$ 和替换规则

$\Leftrightarrow ((P \land \neg Q) \lor Q) \lor R$     $E_4$

$\Leftrightarrow ((P \lor Q) \land (Q \lor \neg Q)) \lor R$

$\Leftrightarrow P \lor Q \lor R$                    例 1.12 的（1）和替换规则

（3）试将语句"情况并非如此，如果他不来，那么我也不去"化简。

解：设 $P$ 表示：他来。$Q$ 表示：我去。于是上述语句可符号化为：

$\neg (\neg P \rightarrow \neg Q)$ 对此式化简得

$\neg (\neg P \rightarrow \neg Q) \Leftrightarrow \neg (\neg \neg P \lor \neg Q)$ $E_{27}$ 和替换规则

$\Leftrightarrow \neg P \land Q$

化简后的语句是"我去了，而他没来"。

从定理及例题可以看到，代入和替换有两点区别：

（1）代入是对原子命题变元而言，替换通常是可对命题公式实行；

（2）代入必须是处处代入，替换则可部分替换或全部替换。

# 1.4 对偶式与蕴涵式

## 1.4.1 对偶式

**定义 1.6** 设有公式 $A$，其中仅含逻辑联结词 $\neg$，$\wedge$，$\vee$ 和逻辑常值 T 和 F。在 $A$ 中将 $\wedge$，$\vee$，T，F 分别换以 $\vee$，$\wedge$，F，T 得公式 $A^*$，则称 $A^*$ 为 $A$ 的对偶式。同理，$A$ 也可称为 $A^*$ 的对偶式，即对偶式是相互的。

**定理 1.1** 设 $A$ 和 $A^*$ 互为对偶式，$P_1$，$P_2$，$\cdots$，$P_n$ 是出现于 $A$ 和 $A^*$ 中的所有命题变元，于是：

$\neg A（P_1，P_2，\cdots，P_n）\Leftrightarrow A^*（P_1，P_2，\cdots，P_n）$ $\qquad$（1）

$A（\neg P_1，\neg P_2，\cdots，\neg P_n）\Leftrightarrow \neg A^*（P_1，P_2，\cdots，P_n）$ $\qquad$（2）

**证明：** 由德·摩根律

$P \wedge Q \Leftrightarrow \neg (\neg P \vee \neg Q)$

$P \vee Q \Leftrightarrow \neg (\neg P \wedge \neg Q)$

故 $\neg A(P_1，P_2，\cdots，P_n) \Leftrightarrow A^*（P_1，P_2，\cdots，P_n）$

同理：

$\neg A^*（P_1，P_2，\cdots，P_n）\Leftrightarrow A（\neg P_1，\neg P_2，\cdots，\neg P_n）$

**例 1.13** 证明：

（1）$\neg P \vee (Q \wedge R)$ 和 $\neg P \wedge（Q \vee R）$ 互为对偶式。

（2）$P \vee F$ 和 $P \wedge T$ 互为对偶式。

**证明：** $A(P，Q，R) \Leftrightarrow \neg P \vee（Q \wedge R）$

$\quad \neg A(P，Q，R) \Leftrightarrow \quad \neg（\neg P \vee (Q \wedge R)）$

$\quad \Leftrightarrow \quad \neg（\neg P）\wedge \neg（Q \wedge R）$

$\quad \Leftrightarrow \quad \neg（\neg P）\wedge（\neg Q \vee \neg R）$

$\quad A^*（P，Q，R）\Leftrightarrow \neg P \wedge（Q \vee R）$

$\quad A^*（\neg P，\neg Q，\neg R）\Leftrightarrow \neg（\neg P）\wedge（\neg Q \vee \neg R）$

所以：

$\neg A( P，Q，R) \Leftrightarrow A^*（\neg P，\neg Q，\neg R）$

$A（\neg P，\neg Q，\neg R）\Leftrightarrow \neg（\neg P）\vee（\neg Q \wedge \neg R）$

$\neg A^*（P，Q，R）\Leftrightarrow \neg（\neg P）\vee \neg (Q \vee R) \Leftrightarrow \neg（\neg P）\vee（\neg Q \wedge \neg R）$

所以：

$A（\neg P，\neg Q，\neg R）\Leftrightarrow \neg A^*（P，Q，R）$

**定理 1.2** 若 $A \Leftrightarrow B$，且 $A$、$B$ 为命题变元 $P_1$，$P_2$，$\cdots$，$P_n$ 及联结词 $\wedge$，$\vee$，$\neg$ 构成的公式，则 $A^* \Leftrightarrow B^*$。

**证明：** $A \Leftrightarrow B$ 意味着：

$A(P_1，P_2，\cdots，P_n)\leftrightarrow B(P_1，P_2，\cdots，P_n)$ 为永真式，于是

$\neg A(P_1，P_2，\cdots，P_n) \leftrightarrow \neg B(P_1，P_2，\cdots，P_n)$ 为永真式，由定理 1.1 得，

$A^*（\neg P_1，\neg P_2，\cdots，\neg P_n）\leftrightarrow B^*（\neg P_1，\neg P_2，\cdots，\neg P_n）$ 为永真式。

因为上式是永真式，使用带入规则所得仍为永真式，今以 $\neg P_i$ 代 $P_i$（$i=1,2,\cdots,n$），得 $A^*(P_1，P_2，\cdots，P_n)\leftrightarrow B^*(P_1，P_2，\cdots，P_n)$ 为永真式，所以 $A^* \Leftrightarrow B^*$。

本定理称为**对偶原理**。

**例 1.14**   若 $(P \wedge Q) \vee (\neg P \vee (\neg P \vee Q)) \Leftrightarrow \neg P \vee Q$，试证 $(P \vee Q) \wedge (\neg P \wedge (\neg P \wedge Q)) \Leftrightarrow \neg P \wedge Q$。

**证明：** 由对偶原理得，

$(P \wedge Q) \vee (\neg P \vee (\neg P \vee Q)) \Leftrightarrow (\neg P \vee Q)^*$ 即 $(P \vee Q) \wedge (\neg P \wedge (\neg P \wedge Q)) \Leftrightarrow \neg P \wedge Q$。

**定理 1.3**   如果 $A \Rightarrow B$ 且 $A$，$B$ 为命题变元 $P_1$，$P_2$，$\cdots$，$P_n$ 及联结词 $\wedge$，$\vee$，$\neg$ 构成的公式，则 $B^* \Rightarrow A^*$

**证明：** $A \Rightarrow B$ 意味着 $A(P_1, P_2, \cdots, P_n) \to B(P_1, P_2, \cdots, P_n)$ 为永真式。

由逆反律得，

$\neg B(P_1, P_2, \cdots, P_n) \to \neg A(P_1, P_2, \cdots, P_n)$ 为永真式。

由定理 1.1 得，

$B^*(\neg P_1, \neg P_2, \cdots, \neg P_n) \to A^*(\neg P_1, \neg P_2, \cdots, \neg P_n)$ 为永真式。

因为上式是永真式，使用带入规则仍为永真式，今以 $P_i$ 代 $P_i$ $(i=1, 2, \cdots, n)$ 得 $B^* \Rightarrow A^*$。

## 1.4.2   蕴涵式

如果单条件联结式 $A \to B$ 是一个永真式，则它被称为永真蕴涵式，记为 "$A \Rightarrow B$"，读作 "$A$ 永真蕴涵 $B$"。其中 $A$ 称为 $B$ 的有效前提，$B$ 称为 $A$ 的逻辑结果，可以说由 $A$ 推出 $B$，也可以说 $B$ 是由 $A$ 推出的。从 $A \Rightarrow B$ 的定义不难看出，要证明 $A$ 永真蕴涵 $B$，只要证明 $A \to B$ 是一个永真式即可。而从 $A \to B$ 的定义不难知道要说明 $A \to B$ 是永真式，只要说明下面两点之一即可。

假定前件 $A$ 是真，若能推出后件 $B$ 必为真，则 $A \to B$ 永真，于是 $A \Rightarrow B$。

假定后件 $B$ 是假，若能推出前件 $A$ 必为假，则 $A \to B$ 永真，于是 $A \Rightarrow B$。

也可以用真值表法来证明永真蕴涵式。即证明对于命题公式中命题变元的所有真值指派来说，若其中使逻辑前提取值为真的那些真值指派，也必然使逻辑结果取值为真，则说 $A \Rightarrow B$。

**例 1.15**   证明 $\neg Q \wedge (P \to Q) \Rightarrow \neg P$。

**证明：方法一，**

设 $\neg Q \wedge (P \to Q)$ 为真，于是 $\neg Q$，$P \to Q$ 均为真，从而得出 $Q$ 为假，因而 $\neg P$ 是真。所以 $\neg Q \wedge (P \to Q) \Rightarrow \neg P$。

**方法二，**

设 $\neg P$ 是假，于是 $P$ 为真，这时不论 $Q$ 是真是假都使 $\neg Q \wedge (P \to Q)$ 为假。于是 $\neg Q \wedge (P \to Q) \Rightarrow \neg P$。

**方法三，**

使用真值表技术，构造前提和结论的真值表如表 1.8 所示。

表 1.8                                           例 1.15 的方法三

| $P$ | $Q$ | $\neg Q \wedge (P \to Q)$ | $\neg P$ |
|---|---|---|---|
| 0 | 0 | 1 | 1 |
| 0 | 1 | 0 | 1 |
| 1 | 0 | 0 | 0 |
| 1 | 1 | 0 | 0 |

从真值表可以看出，使 $\neg Q \wedge (P \to Q)$ 取 T 值的那些变元的真值指派，也使 $\neg P$ 取 T 值；而使 $\neg P$ 取 F 值的那些变元的真值指派，也使 $\neg Q \wedge (P \to Q)$ 取 F 值，因此，$\neg Q \wedge (P \to Q) \to \neg P$。

常用的永真蕴涵式如表 1.9 所示。

表 1.9　　　　　　　　　　　常用永真蕴涵式

| $I_1$ | $P \wedge Q \Rightarrow P$ | 化简式 |
|---|---|---|
| $I_2$ | $P \wedge Q \Rightarrow Q$ | |
| $I_3$ | $P \Rightarrow P \vee Q$ | 附加式 |
| $I_4$ | $Q \Rightarrow P \vee Q$ | |
| $I_5$ | $\neg P \Rightarrow P \rightarrow Q$ | |
| $I_6$ | $Q \Rightarrow P \rightarrow Q$ | |
| $I_7$ | $\neg (P \rightarrow Q) \Rightarrow P$ | |
| $I_8$ | $\neg (P \rightarrow Q) \Rightarrow \neg Q$ | |
| $I_9$ | $\neg P, P \vee Q \Rightarrow Q$ | 析取三段论 |
| $I_{10}$ | $P, P \rightarrow Q \Rightarrow Q$ | 假言推论 |
| $I_{11}$ | $\neg Q, P \rightarrow Q \Rightarrow \neg P$ | 拒取式 |
| $I_{12}$ | $P \rightarrow Q, Q \rightarrow R \Rightarrow P \rightarrow R$ | 假言三段论 |
| $I_{13}$ | $P \vee R, P \rightarrow R, Q \rightarrow R \Rightarrow R$ | 二难推论 |
| $I_{14}$ | $P \rightarrow Q \Rightarrow R \vee P \rightarrow R \vee Q$ | |
| $I_{15}$ | $P \rightarrow Q \Rightarrow R \wedge P \rightarrow R \wedge Q$ | |
| $I_{16}$ | $P, Q \Rightarrow P \wedge Q$ | |

# 1.5　范式和判定问题

前面我们曾提及过在有限步内确定一个合式公式是永真的、永假的或是可满足的，这类问题称为命题公式的判定问题。

在前面的介绍中，我们已看到，由于合式公式的形式不唯一，给判定工作带来一定难度，虽然使用真值表技术可以解决命题公式的判定问题，但是，当命题变元数目多时，使用真值表技术也不是很方便。所以必须通过其它的途径来解决判定问题——这就是把合式公式化为标准型（范式）。

## 1.5.1　析取范式和合取范式

为叙述方便，我们把合取称为积，把析取称为和。

**定义 1.7**　命题公式中的一些变元和一些变元的否定之积，称为基本积；一些变元和变元的否定之和，称为基本和。

例如，给定命题变元 $P$ 和 $Q$，则：

$P$，$Q$，$\neg P$，$\neg Q$，$\neg P \wedge Q$，$P \wedge Q$，$\neg P \wedge P$，$\neg Q \wedge P \wedge Q$ 都是基本积。$P$，$Q$，$\neg P$，$\neg Q$，$P \vee \neg Q$，$P \vee Q$，$P \vee \neg P$，$P \vee Q \vee \neg P$ 都是基本和。

基本积（和）中的子公式称为基本积（和）的因子。

**定理 1.4**　一个基本积是永假式，当且仅当它含有 $P$，$\neg P$ 形式的两个因子。

**证明：**（充分性）$P \wedge \neg P$ 是永假式，而 $Q \wedge F$ 两个因子时，此基本积是永假式，所以含有 $P$ 和 $\neg P$ 形式的两个因子的基本积是永假式。

（必要性）用反证法。设基本积永假但不含 $P$ 和 $\neg P$ 形式的因子，于是给这个基本积中的命题变元指派真值 T，给带有否定的命题变元指派真值 F，得基本积的真值是 T，与假设矛盾。证毕。

**定理 1.5**　一个基本和是永真式，当且仅当它含有 $P$，$\neg P$ 形式的两个因子。

证明留给读者作为练习。

**定义 1.8**　一个由基本积的和组成的公式，如果与给定的公式 $A$ 等价，则称它是 $A$ 的析取范式，记为：$A = A_1 \vee A_2 \vee \cdots \vee A_n$，$n \geq 1$，其中 $A_i(i = 1, 2, \cdots, n)$是基本积。

对于任何命题公式，都可求得与其等价的析取范式，这是因为命题公式中出现的 → 和 ↔ 可用 $\wedge$、$\vee$ 和 $\neg$ 表达，括号可通过德·摩根定律和 $\wedge$ 对 $\vee$ 的分配律消去。但是一个命题公式的析取范式不是唯一的。

如果析取范式中每个基本积都是永假式，则该范式必定是永假式。

**例 1.16**

（1）求$(P \wedge (Q \rightarrow R)) \rightarrow S$ 的析取范式。

**解：**$(P \wedge (Q \rightarrow R)) \rightarrow S \Leftrightarrow \neg (P \wedge (\neg Q \vee R)) \vee S$

$\qquad\qquad\qquad \Leftrightarrow (\neg P \vee (Q \wedge \neg R)) \vee S$

$\qquad\qquad\qquad \Leftrightarrow \neg P \vee (Q \wedge \neg R) \vee S$　　析取范式

（2）求$\neg (P \vee Q) \leftrightarrow (P \wedge Q)$的析取范式。

**解：**$\neg (P \vee Q) \leftrightarrow (P \wedge Q)$

$\qquad \Leftrightarrow \neg (P \vee Q) \wedge (P \wedge Q) \vee \neg (\neg (P \vee Q)) \wedge \neg (P \wedge Q)$

$\qquad \Leftrightarrow (\neg P \wedge \neg Q \wedge P \wedge Q) \vee ((P \vee Q) \wedge (\neg P \vee \neg Q))$

$\qquad \Leftrightarrow F \vee (P \vee Q) \wedge (\neg P \vee \neg Q)$

$\qquad \Leftrightarrow (P \vee Q) \wedge (\neg P \vee \neg Q)$

$\qquad \Leftrightarrow ((P \vee Q) \wedge \neg P) \vee ((P \vee Q) \wedge \neg Q)$

$\qquad \Leftrightarrow P \wedge \neg P \vee \neg P \wedge Q \vee P \wedge \neg Q \vee Q \wedge \neg Q$

$\qquad \Leftrightarrow F \vee \neg P \wedge Q \vee P \wedge \neg Q \vee F \Leftrightarrow (\neg P \wedge Q) \vee (P \wedge \neg Q)$

**定义 1.9**　一个由基本和的积组成的公式，如果与给定的命题公式 $A$ 等价，则称它是 $A$ 的合取范式，记为：$A = A_1 \wedge A_2 \wedge \cdots \wedge A_n$，$n \geq 1$，其中 $A_1$，$A_2$，$\cdots$，$A_n$，是基本和。

对任何命题公式都可求得与其等价的合取范式，道理同析取范式。同样，一个命题公式的合取范式也不唯一。

如果一个命题公式的合取范式的每个基本和都是永真式，则该式也必定是永真式。

**例 1.17**

（1）试证 $Q \vee P \wedge \neg Q \vee \neg P \wedge \neg Q$ 是永真式。

**解：**$Q \vee P \wedge \neg Q \vee \neg P \wedge \neg Q$

$\qquad \Leftrightarrow Q \vee (P \vee \neg P) \wedge \neg Q$

$\qquad \Leftrightarrow Q \vee T \wedge \neg Q$

$\qquad \Leftrightarrow Q \vee \neg Q$

$\qquad \Leftrightarrow T$

（2）求$\neg (P \vee Q) \rightarrow (P \wedge Q)$的合取范式。

**解：**令 $A \Leftrightarrow \neg (P \vee Q) \rightarrow (P \wedge Q)$，则

$\qquad \neg A \Leftrightarrow \neg (\neg (P \vee Q) \vee (P \wedge Q))$

$\qquad \Leftrightarrow \neg ((\neg (P \vee Q) \wedge (P \wedge Q)) \vee (\neg (\neg (P \vee Q) \wedge \neg (P \wedge Q)))$

$\qquad \Leftrightarrow \neg ((\neg P \wedge \neg Q \wedge P \wedge Q) \vee ((P \vee Q) \wedge (\neg P \vee \neg Q)))$

$\qquad \Leftrightarrow (\neg P \wedge \neg Q) \vee (P \wedge Q)$

由于 $A \Leftrightarrow \neg \neg A = \neg (\neg P \wedge \neg Q \vee P \wedge Q)$

所以 $A \Leftrightarrow (P \vee Q) \wedge (\neg P \vee \neg Q)$。

## 1.5.2　主析取范式和主合取范式

**定义 1.10**　在含 $n$ 个变元的基本积中，若每个变元与其否定不同时存在，而二者之一必出现且仅出现一次，则称这种基本积为极小项。

$n$ 个变元可构成 $2^n$ 个不同的极小项。例如 3 个变元 $P$、$Q$，$R$ 可构成 8 个极小项。我们把命题变元看成 1，命题变元的否定看成 0，于是每个极小项对应于一个二进制数，也对应一个十进制数。对应情况如下。

$$\neg P \wedge \neg Q \wedge \neg R \qquad\qquad ——000——0$$
$$\neg P \wedge \neg Q \wedge R \qquad\qquad ——001——1$$
$$\neg P \wedge Q \wedge \neg R \qquad\qquad ——010——2$$
$$\neg P \wedge Q \wedge R \qquad\qquad ——011——3$$
$$P \wedge \neg Q \wedge \neg R \qquad\qquad ——100——4$$
$$P \wedge \neg Q \wedge R \qquad\qquad ——101——5$$
$$P \wedge Q \wedge \neg R \qquad\qquad ——110——6$$
$$P \wedge Q \wedge R \qquad\qquad ——111——7$$

把极小项对应的十进制数当作足标，并用 $m_i(i=0，1，2，\cdots，2^n-1)$ 表示这一项，即：

$$\neg P \wedge \neg Q \wedge \neg R \qquad = m_0$$
$$\neg P \wedge \neg Q \wedge R \qquad = m_1$$
$$\neg P \wedge Q \wedge \neg R \qquad = m_2$$
$$\neg P \wedge Q \wedge R \qquad = m_3$$
$$P \wedge \neg Q \wedge \neg R \qquad = m_4$$
$$P \wedge \neg Q \wedge R \qquad = m_5$$
$$P \wedge Q \wedge \neg R \qquad = m_6$$
$$P \wedge Q \wedge R \qquad = m_7$$

一般，$n$ 个变元的极小项是：

$$\neg P_1 \wedge \neg P_2 \wedge \cdots \wedge \neg P_n \qquad = m_0$$
$$\neg P_1 \wedge \neg P_2 \wedge \cdots \wedge \neg P_{n-1} \wedge P_n \quad = m_1$$
$$\neg P_1 \wedge \neg P_2 \wedge \cdots \wedge P_{n-1} \wedge \neg P_n \quad = m_2$$
$$\cdots$$
$$P_1 \wedge P_2 \wedge \cdots \wedge P_n \qquad\qquad = m_{2^n-1}$$

**定义 1.11**　一个由极小项的和组成的公式，如果与命题公式 $A$ 等价，则称它是公式 $A$ 的主析取范式。

对任何命题公式(永假式除外)都可求得与其等价的主析取范式，而且主析取范式的形式唯一。它给范式判定问题带来很大益处。例如：

$$A \Leftrightarrow P \wedge Q \vee R$$
$$\Leftrightarrow (P \wedge Q) \wedge (R \vee \neg R) \vee (P \vee \neg P) \wedge R$$
$$\Leftrightarrow P \wedge Q \wedge R \vee P \wedge Q \wedge \neg R \vee P \wedge R \vee \neg P \wedge R$$
$$\Leftrightarrow P \wedge Q \wedge R \vee P \wedge Q \wedge \neg R \vee P \wedge R \wedge (Q \vee \neg Q) \vee (\neg P \wedge R) \wedge (Q \vee \neg Q)$$
$$\Leftrightarrow P \wedge Q \wedge R \vee P \wedge Q \wedge \neg R \vee P \wedge Q \wedge R \vee P \wedge \neg Q \wedge R \vee \neg P \wedge Q \wedge R \vee \neg P \wedge \neg Q \wedge R$$
$$\Leftrightarrow P \wedge Q \wedge R \vee P \wedge Q \wedge \neg R \vee P \wedge \neg Q \wedge R \vee \neg P \wedge Q \wedge R \vee \neg P \wedge \neg Q \wedge R$$

$\Leftrightarrow m_7 \vee m_6 \vee m_5 \vee m_3 \vee m_1$

$\Leftrightarrow \Sigma(1，3，5，6，7)$

其中，符号 "$\Sigma$" 是借用数学中求和的符号，这里代表析取。

命题公式 $A$ 不是永真式也不是永假式，而是可满足的。关于这一点将通过考察一个命题公式的主析取范式和它的真值表的关系而得出。

下面我们来研究命题公式 $A = P \wedge Q \vee R$ 的真值表。

表 1.10　　　　　　　　　　　$A = P \wedge Q \vee R$ 的真值表及对应的极小项

| $P$ | $Q$ | $R$ | 极小项 | $P \wedge Q \vee R$ |
|---|---|---|---|---|
| 0 | 0 | 0 | $\neg P \wedge \neg Q \wedge \neg R$ | 0 |
| 0 | 0 | 1 | $\neg P \wedge \neg Q \wedge R$ | 1 |
| 0 | 1 | 0 | $\neg P \wedge Q \wedge \neg R$ | 0 |
| 0 | 1 | 1 | $\neg P \wedge Q \wedge R$ | 1 |
| 1 | 0 | 0 | $P \wedge \neg Q \wedge \neg R$ | 0 |
| 1 | 0 | 1 | $P \wedge \neg Q \wedge R$ | 1 |
| 1 | 1 | 0 | $P \wedge Q \wedge \neg R$ | 1 |
| 1 | 1 | 1 | $P \wedge Q \wedge R$ | 1 |

从公式 $P \wedge Q \vee R$ 的真值表中不难看出，使命题公式取值为 T 的每一组变元的真值指派也使同行上的极小项取值为 T。如果我们把这些极小项析取起来显然它应该和命题公式 $P \wedge Q \vee R$ 是等价的。当然使命题公式取值为 F 的那些组命题变元所对应的极小项对公式是不起作用的。

如果命题公式是永真式，则对应于命题变元的所有极小项应在其主析取范式中全部出现。

如果所给命题公式是永假式，则它不存在主析取范式。

**定义 1.12**　在含 $n$ 个变元的基本和中，若每个变元与其否定不同时存在，而二者之一必出现且仅出现一次，则称这种基本和为极大项。

$n$ 个变元可以构成 $2^n$ 个不同的极大项。例如三个变元 $P$，$Q$，$R$ 可构成八个极大项。在极大项中，我们把命题变元看成 0，而把命题变元的否定看成 1，于是每一个极大项对应于一个二进制数，也对应一个十进制数。对应情况如下。

$P \vee Q \vee R$ 　　　　　　　　　　--000—0

$P \vee Q \vee \neg R$ 　　　　　　　　--001—1

$P \vee \neg Q \vee R$ 　　　　　　　　--010—2

$P \vee \neg Q \vee \neg R$ 　　　　　　--011—3

$\neg P \vee Q \vee R$ 　　　　　　　　--100—4

$\neg P \vee Q \vee \neg R$ 　　　　　　--101—5

$\neg P \vee \neg Q \vee R$ 　　　　　　--110—6

$\neg P \vee \neg Q \vee \neg R$ 　　　　--111—7

把极大项对应的十进制数当作足标，并用 $M_i(i = 0，1，2，\cdots，2^n - 1)$ 表示这一项，即：

$P \vee Q \vee R$ 　　　　　　　　$= M_0$

$P \vee Q \vee \neg R$ 　　　　　　$= M_1$

$P \vee \neg Q \vee R$ 　　　　　　$= M_2$

$P \vee \neg Q \vee \neg R$ 　　　　$= M_3$

$\neg P \vee Q \vee R$ 　　　　　　$= M_4$

$\neg P \vee Q \vee \neg R \qquad\qquad = M_5$

$\neg P \vee \neg Q \vee R \qquad\qquad = M_6$

$\neg P \vee \neg Q \vee \neg R \qquad\qquad = M_7$

一般 $n$ 个变元的极大项是：

$P_1 \vee P_2 \vee \cdots \vee P_n \qquad\qquad = M_0$

$P_1 \vee P_2 \vee \cdots \vee P_{n-1} \vee \neg P_n = M_1$

$P_1 \vee P_2 \vee \cdots \vee \neg P_{n-1} \vee P_n = M_2$

$\cdots$

$\neg P_1 \vee \neg P_2 \cdots \vee \neg P_n \quad = M_{2^n-1}$

**定义 1.13**　一个由极大项的积组成的公式，如果与命题公式 $A$ 等价，则称它是 $A$ 的主合取范式。

对任何命题公式(永真式除外)都可求得与其等价的主合取范式，且主合取范式的形式唯一。例如：

$A = P \wedge Q \vee R$

$\quad = (P \vee R) \wedge (Q \vee R)$

$\quad = (P \vee R) \vee (Q \wedge \neg Q) \wedge (Q \vee R) \vee (P \wedge \neg P)$

$\quad = (P \vee Q \vee R) \wedge (P \vee \neg Q \vee R) \wedge (P \vee Q \vee R) \wedge (\neg P \vee Q \vee R)$

$\quad = (P \vee Q \vee R) \wedge (P \vee \neg Q \vee R) \wedge (\neg P \vee Q \vee R)$

$\quad = M_0 \wedge M_2 \wedge M_4$

$\quad = \prod(0，2，4)$

其中，符号"$\prod$"是借用数学中求积的符号，这里代表合取。从 $A$ 的主合取范式，我们立刻可以判断出 $A$ 是可满足的。下面我们通过考察 $A = P \wedge Q \vee R$ 及其真值表来说明极大项和主合取范式的关系及极大项和极小项的关系。

表 1.11　　　　　　　　　　　　　$A = P \wedge Q \vee R$ 的真值表及对应的极大项

| $P$ | $Q$ | $R$ | 极大项 | $P \wedge Q \vee R$ |
|---|---|---|---|---|
| 0 | 0 | 0 | $P \vee Q \vee R$ | 0 |
| 0 | 0 | 1 | $P \vee Q \vee \neg R$ | 1 |
| 0 | 1 | 0 | $P \vee \neg Q \vee R$ | 0 |
| 0 | 1 | 1 | $P \vee \neg Q \vee \neg R$ | 1 |
| 1 | 0 | 0 | $\neg P \vee Q \vee R$ | 0 |
| 1 | 0 | 1 | $\neg P \vee Q \vee \neg R$ | 1 |
| 1 | 1 | 0 | $\neg P \vee \neg Q \vee R$ | 1 |
| 1 | 1 | 1 | $\neg P \vee \neg Q \vee \neg R$ | 1 |

从表 1.11 中可以清楚地看出，使公式 $A$ 取 F（即 0）的那些真值指派也必然使同行上对应的极大项取 F 值，把所有这些极大项合取起来当然应和命题公式 $A$ 等价，省略使命题公式 $A$ 取 T（即 1）值的极大项是因为合取上 T 还等价于原来的命题。

对照表 1.10 和表 1.11 我们会发现极小项 $m_i$ 和极大项 $M_i$ 有下列的关系式：

$M_i = \neg m_i，m_i = \neg M_i$

利用求一个命题公式的主析取范式和主合取范式的方法，可以很快地判断一个命题公式是永真的、永假的或是可满足的。一个命题公式是永真式，它的命题变元的所有极小项均出现在其主析取范式中，不存在与其等价的主合取范式；一个命题公式是永假式，它的命题变元的所有极大项均出现在其主合取范式中，不存在与其等价的主析取范式；一个命题公式是可满足的，它既有与其等价的主析取范式，也有与其等价的主合取范式。通过对公式 $A = P \land Q \lor R$ 的讨论，我们不难看出通过公式直接求主析取、主合取范式的方法。从真值表中我们也可以看出，如果一个命题公式含有 $n$ 个变元，则可以写出 $2^n$ 个极小项和 $2^n$ 个极大项，并且如果这个命题公式的主析取范式含有 $i(i<n)$ 个极小项，则它的主合取范式应含有 $2^n-i$ 个极大项，每个极大项可由将相应 $2^n-i$ 个极小项取否定而得到，即如果已求出一个命题公式的主析取(或主合取)范式，则可通过上面所说的关系直接写出公式的主合取(或主析取)范式。

# 1.6　命题演算的推理理论

逻辑学的主要任务是提供一套推论规则，按照公认的推论规则，从前提集合中推导出一个结论来，这样的推导过程称为演绎或形式证明。

在任何论证中，倘若认定前提是真的，从前提推出结论的论证是遵守了逻辑推论规则，则认为此结论是真的，并且认为这个论证过程是合法的。也就是说，对于任何论证来说，人们所注意的是论证的合法性。数理逻辑则把注意力集中于推论规则的研究，依据这些推论规则推导出的任何结论，称为有效结论，而这种论证规则被称为有效论证。数理逻辑所关心的是论证的有效性而不是合法性，也就是说数理逻辑所注重的是推论过程中推论规则使用的有效，而并不关心前提的实际真值。

推论理论对计算机科学中的程序验证、定理的机械证明和人工智能都十分重要。

**定义 1.14**　设 $H_1$，$H_2,\cdots,H_m$，$C$ 是一些命题公式。当且仅当 $H_1 \land H_2 \land \cdots \land H_m \Rightarrow C$，则说 $C$ 是前提集合 $\{H_1$，$H_2$，$\cdots$，$H_m\}$ 的有效结论。

显然，给定一个前提集合和一个结论，用构成真值表的方法，在有限步内能够确定该结论是否是该前提集合的有效结论。这种方法被称为真值表技术。下面举例说明这种技术。

**例 1.18**　考察结论 $C$ 是否是下列前提 $H_1$，$H_2$ 和 $H_3$ 的有效结论。

（1）$H_1$：$\neg P \lor Q$

　　　$H_2$：$\neg(Q \land \neg R)$

　　　$H_3$：$\neg R$

　　　$C$：$\neg P$

（2）$H_1$：$P \to (Q \to R)$

　　　$H_2$：$P \land Q$

　　　$C$：$R$

（3）$H_1$：$\neg P$

　　　$H_2$：$P \lor Q$

　　　$C$：$P \land Q$

**解**：我们首先构造（1）、（2）和（3）的真值表，如表 1.12、表 1.13 和表 1.14 所示。

表 1.12

| $P\ Q\ R$ | $\neg P \lor Q$ | $\neg(Q \land \neg R)$ | $\neg R$ | $\neg P$ |
|---|---|---|---|---|
| 0 0 0 | 1 | 1 | 1 | 1 |
| 0 0 1 | 1 | 1 | 0 | 1 |
| 0 1 0 | 1 | 0 | 1 | 1 |

续表

| P  Q  R | $\neg P \vee Q$ | $\neg(Q \wedge \neg R)$ | $\neg R$ | $\neg P$ |
|---------|------|------|------|------|
| 0  1  1 | 1 | 1 | 0 | 1 |
| 1  0  0 | 0 | 1 | 1 | 0 |
| 1  0  1 | 0 | 1 | 0 | 0 |
| 1  1  0 | 1 | 0 | 1 | 0 |
| 1  1  1 | 1 | 1 | 0 | 0 |

在表 1.11 中仅第一行各前提的真值都为 1，结论也有真值 1，因此（1）的结论是有效的。

表 1.13

| P  Q  R | $P \rightarrow (Q \rightarrow R)$ | $P \wedge Q$ | R |
|---------|------|------|------|
| 0  0  0 | 1 | 0 | 0 |
| 0  0  1 | 1 | 0 | 1 |
| 0  1  0 | 1 | 0 | 0 |
| 0  1  1 | 1 | 0 | 1 |
| 1  0  0 | 1 | 0 | 0 |
| 1  0  1 | 1 | 0 | 1 |
| 1  1  0 | 0 | 1 | 0 |
| 1  1  1 | 1 | 1 | 1 |

在表 1.12 中仅第八行上各前提的真值都为 1，结论也有真值 1，因此（2）的结论也是有效的。

表 1.14

| P    Q | $\neg P$ | $P \vee Q$ | $P \wedge Q$ |
|--------|------|------|------|
| 0    0 | 1 | 0 | 0 |
| 0    1 | 1 | 1 | 0 |
| 1    0 | 0 | 1 | 0 |
| 1    1 | 0 | 1 | 1 |

在表 1.13 中，使前提取值均为 1 的是第二行，但结论却取值为 0，因此，（3）的结论无效。

使用真值表技术可以证明某一个结论是否是某一组前提的有效结论，如上面所举的例子。但是，当变元多或前提规模大时，这种方法就显得不是很方便了。为此，我们介绍一套推论理论的推论规则，如果推论规则使用的有效，则说由这套推论规则所推出的结论也是有效的。

**规则 P：** 引入一个前提称为使用一次 P 规则。

**规则 T：** 在推导中，如果前面有一个或多个公式永真蕴涵公式 $S$，则可以把公式 $S$ 引进推导过程中。换句话说，引进前面推导过程中的推论结果称为使用 T 规则。

**规则 CP：** 如果能从 $R$ 和前提集合中推导出 $S$ 来，则就能够从前提集合中推导出 $R \rightarrow S$。实际上恒等式 $E_{28}$ 就可以推出规则 CP。

$$(P \wedge Q \rightarrow R) \Leftrightarrow \neg(P \wedge Q) \vee R$$
$$\Leftrightarrow \neg P \vee \neg Q \vee R$$
$$\Leftrightarrow \neg P \vee (\neg Q \vee R)$$
$$\Leftrightarrow \neg P \vee (Q \rightarrow R)$$
$$\Leftrightarrow P \rightarrow (Q \rightarrow R)$$

设 $P$ 表示前提的合取，$Q$ 是任意公式，则上述恒等式可表述成：在前提集合中若包含有附加前提 $Q$，并且从 $P \wedge Q$ 中可以推导出 $R$ 来，则可从前提 $P$ 中推导出 $Q \rightarrow R$ 来。

下面举例说明如何使用以上规则进行有效推论。

**例 1.19** 试证明 $\neg P$ 是 $\neg(P \wedge \neg Q)$，$\neg Q \vee R$，$\neg R$ 的有效结论。

**解：**

| {1} | (1) | $\neg(P \wedge \neg Q)$ | P 规则 |
|---|---|---|---|
| {1} | (2) | $\neg P \vee Q$ | T 规则 (1)和 $E_{11}$ |
| {1} | (3) | $P \rightarrow Q$ | T 规则(2)和 $E_{27}$ |
| {4} | (4) | $\neg Q \vee R$ | P 规则 |
| {4} | (5) | $Q \rightarrow R$ | T 规则 (4)和 $E_{27}$ |
| {1,4} | (6) | $P \rightarrow R$ | T, (3)，(5)和 $I_{12}$ |
| {7} | (7) | $\neg R$ | P 规则 |
| {1,4,7} | (8) | $\neg P$ | T 规则(6),(7)和 $I_{11}$ |

…

其中，第一列上花括号中的数字集合，指明了本行上的公式所依赖的前提。第二列中的编号既代表了该公式又代表了该公式所处的行。最右边给出的是推论规则和注释，注释包括本行是哪行的结论及所依据的恒等式和永真蕴涵式。

**例 1.20** 证明 $R \rightarrow S$ 是前提 $P \rightarrow (Q \rightarrow S)$，$Q$ 和 $\neg R \vee P$ 的有效结论。

**解：** 把 R 作为附加前提，首先推导出 $S$ 来，再由此推导出 $R \rightarrow S$ 来。

| {1} | (1) | $R$ | P 规则（附加前提） |
|---|---|---|---|
| {2} | (2) | $\neg R \vee P$ | P 规则 |
| {1,2} | (3) | $P$ | T 规则 (1)，(2)，和 $I_9$ |
| {4} | (4) | $P \rightarrow (Q \rightarrow S)$ | P 规则 |
| {1,2,4} | (5) | $Q \rightarrow S$ | T 规则(3)，(4)和 $I_{10}$ |
| {6} | (6) | $Q$ | P 规则 |
| {1,2,4,6} | (7) | $S$ | T 规则，(5)，(6)和 $I_{10}$ |
| {1,2,4,6} | (8) | $R \rightarrow S$ | CP 规则 (1)，(7) |

…

前面我们曾讨论过范式判定问题。显然，如果在有限步内能断定论证是否有效，也就解决了论证的判定问题。然而，前面讨论过的推导方法，实际上仅是部分地解决了判定问题的求解。也就是说，如果一个论证是有效的，则使用这种方法可以证明论证是有效的；反之，如果论证不是有效的，则经过有限步之后，还难于断定这个论证不是有效的。

下面介绍第四个推论规则。

**规则 F**，也称间接证明法(或反证法)。为了说明规则 F，我们给出下面的定义和定理。

**定义 1.15** 设公式 $H_1$，$H_2$，$\cdots$，$H_m$ 中的原子变元是 $P_1$，$P_2$，$\cdots$，$P_n$。

如果给各原子变元 $P_1$，$P_2$，$\cdots$，$P_n$ 指派某一个真值集合，能使 $H_1 \wedge H_2 \wedge \cdots \wedge H_m$ 具有真值 T，则命题公式集合 $\{ H_1$，$H_2$，$\cdots$，$H_m \}$ 称为一致的(或相容的)；对于各原子变元的每一个真值指派，如果命题公式 $H_1$，$H_2$，$\cdots$，$H_m$ 中至少有一个是假，从而使得 $H_1 \wedge H_2 \wedge \cdots \wedge H_m$ 是假，则称命题公式集合 $\{H_1$，$H_2$，$\cdots$，$H_m \}$ 是不一致的(或不相容的)。

设 $\{H_1$，$H_2$，$\cdots$，$H_m\}$ 是一个命题公式集合，如果它们的合取蕴涵着一个永假式，也就是说 $H_1 \wedge H_2 \wedge \cdots \wedge H_m \Rightarrow R \wedge \neg R$。

这里 $R$ 是任何一个公式，则公式集合 $\{ H_1$，$H_2$，$\cdots$，$H_m \}$ 必然是非一致的。因为 $R \wedge \neg R$ 是一个永假式，所以它充分而又必要地决定了 $H_1 \wedge H_2 \wedge \cdots \wedge H_m$ 是一个永假式。

在间接证明法中，就是应用了非一致的概念。

**定理 1.6**　设命题公式集合$\{H_1，H_2，\cdots，H_m，\neg C\}$是非一致的，亦即它蕴涵着一个永假式，则可以从前提集合$\{H_1，H_2,\cdots,H_m\}$中推导出命题公式$C$来。

**证明：**因为$H_1\wedge H_2\wedge\cdots H_m\wedge\neg C\Rightarrow R\wedge\neg R$，所以$H_1\wedge H_2\wedge\cdots\wedge\neg C$必定是永假式。因为前提集合$\{H_1，H_2,\cdots,H_m\}$是一致的，所以能使$H_1\wedge H_2\wedge\cdots\wedge H_m$的真值为 T 的真值指派，必然会使$\neg C$的真值为 F，从而使$C$的真值为 T，故有：

$$H_1，H_2，\cdots，H_m\Rightarrow C$$

这样就可以从前提集合$\{H_1，H_2,\cdots,H_m\}$中推导出命题公式$C$来。

**例 1.21**　证明$\neg(P\wedge Q)$是$\neg P\wedge\neg Q$的有效结论。

**解：**把$\neg\neg(P\wedge Q)$作为假设前提，并证明该假设前提导致一个永假式。

| $\{1\}$ | (1) | $\neg\neg(P\wedge Q)$ | P 规则（假设前提） |
|---|---|---|---|
| $\{2\}$ | (2) | $P\wedge Q$ | T 规则(1)和 $E_{10}$ |
| $\{1\}$ | (3) | $P$ | T 规则, (2) ,和 $I_1$ |
| $\{4\}$ | (4) | $\neg P\wedge\neg Q$ | P 规则 |
| $\{4\}$ | (5) | $\neg P$ | T 规则, (4)和 $I_1$ |
| $\{1,4\}$ | (6) | $P\wedge\neg P$ | T 规则(3) , (5)和 $I_{16}$ |
| $\{1,4\}$ | (7) | $\neg(P\wedge Q)$ | F 规则(1), (6) |

由以上几个例子，我们可以总结出这样的经验：当要证明的结论是条件式时，可考虑使用 CP 规则；当要证明的结论比较简单，而仅仅使用前提推导不明显时，可考虑使用间接证明法即 F 规则，以使推导过程变得简洁。

# 习　　题

1.　下面哪些是命题？
（1）2 是整数吗？
（2）研究逻辑。
（3）$x^2+x+1=0$。
（4）一月份将会下雪。
（5）如果股市下跌，我将会赔钱。

2.　给出下列命题的否定命题。
（1）大连的每条街道都临海。
（2）2 是一个偶数和 8 是一个奇数。
（3）2 是偶数或-3 是负数。

3.　给定命题$P\to Q$，我们把$Q\to P$，$\neg P\to\neg Q,\neg Q\to\neg P$分别叫作命题$P\to Q$的逆命题，反命题，逆反命题。

给出下列命题的逆命题、反命题和逆反命题。
（1）如果天不下雨，我将去公园。
（2）仅当你去我才逗留。
（3）如果$n$是大于 2 的正整数，那么方程$x^n+y^n=z^n$无整数解。
（4）如果我不获得更多的帮助，则我不能完成这项任务。

4.　给$P$和$Q$指派真值 T，给$R$和$S$指派真值 F，求出下列命题的真值。

（1）$\neg (P \wedge Q \vee \neg R) \vee ((Q \vee \neg P) \to (R \vee \neg S))$

（2）$Q \wedge (P \to Q) \to P$

（3）$(P \vee (Q \to (R \wedge \neg P))) \leftrightarrow (Q \vee \neg S)$

（4）$(P \to R) \wedge (\neg P \to S)$

5. 构成下列公式的真值表。

（1）$P \to (Q \vee R)$

（2）$Q \wedge (P \to Q) \to P$

（3）$(P \vee Q \to Q \wedge P) \to P \wedge \neg R$

（4）$((\neg P \to P \wedge \neg Q \to R) \to R) \wedge Q \vee \neg R$

6. 符号化以下命题。

（1）他既聪明又用功。

（2）除非天气好，我才骑自行车上班。

（3）老李或者小李是球迷。

（4）只有休息好，才能身体好。

7. 使用真值表证明如果 $P \leftrightarrow Q$ 为 T，那么 $P \to Q$ 和 $Q \to P$ 都为 T，反之亦然。

8. 设*是具有两个运算对象的逻辑运算符，如果$(x*y)*z$ 和 $x*(y*z)$逻辑等价，那么运算符*是可结合的。

（1）确定逻辑运算符$\wedge$，$\vee$，$\to$，$\leftrightarrow$　哪些是可结合的？

（2）用真值表证明你的判断。

9. 令 $P$ 表示命题"苹果是甜的"，$Q$ 表示命题"苹果是红的"，$R$ 表示命题"我买苹果"。试将下列命题符号化。

（1）如果苹果甜而红，那么我买苹果。

（2）苹果不甜。

（3）我没买苹果，因为苹果不红也不甜。

10. 指出下列命题公式哪些是重言式、永假式或可满足的。

（1）$P \vee \neg P$

（2）$P \wedge \neg P$

（3）$P \to \neg (\neg P)$

（4）$\neg (P \wedge Q) \leftrightarrow (\neg P \vee \neg Q)$

（5）$\neg (P \vee Q) \leftrightarrow (\neg P \wedge \neg Q)$

（6）$(P \to Q) \leftrightarrow (\neg Q \to \neg P)$

（7）$((P \to Q) \wedge (Q \to P)) \leftrightarrow (P \leftrightarrow Q)$

（8）$P \wedge (Q \vee R) \to (P \wedge Q \vee P \wedge R)$

（9）$P \wedge \neg P \to Q$

（10）$((P \to Q) \vee (R \to S)) \to ((P \vee R) \to (Q \vee S))$

11. 写出与下面给出的公式等价并且仅含联结词$\wedge$及$\neg$的最简公式。

（1）$\neg (P \leftrightarrow (Q \to (R \vee P)))$

（2）$((P \vee Q) \wedge R) \to (P \vee R)$

（3）$P \vee Q \vee \neg R$

（4）$P \vee (\neg Q \wedge R \to P)$

（5）$P \to (Q \to P)$

12. 写出与下面的公式等价并且仅含联结词$\vee$及$\neg$的最简公式。

（1）$(P \wedge Q) \wedge \neg P$

（2）$(P \rightarrow (Q \vee \neg Q)) \wedge \neg P \wedge Q$

（3）$\neg P \wedge \neg Q \wedge (\neg R \rightarrow P)$

13. 使用常用恒等式证明下述各式，并给出下述各式的对偶式。

（1）$\neg (\neg P \vee \neg Q) \vee \neg (\neg P \vee Q) \Leftrightarrow P$

（2）$(P \vee \neg Q) \wedge (P \vee Q) \wedge (\neg P \vee \neg Q) \Leftrightarrow \neg (\neg P \vee Q)$

（3）$Q \vee \neg ((\neg P \vee Q) \wedge Q) \Leftrightarrow T$

14. 试证明下述公式是永真式。

（1）$(P \wedge (P \rightarrow Q)) \rightarrow Q$

（2）$\neg P \rightarrow (P \rightarrow Q)$

（3）$((P \rightarrow Q) \wedge (Q \rightarrow R)) \rightarrow (P \rightarrow R)$

（4）$(P \rightarrow (Q \rightarrow R)) \rightarrow ((P \rightarrow Q) \rightarrow (P \rightarrow R))$

15. 不构造真值表证明下列蕴涵式。

（1）$P \wedge Q \Rightarrow P \rightarrow Q$

（2）$P \rightarrow (Q \rightarrow R) \Rightarrow (P \rightarrow Q) \rightarrow (P \rightarrow R)$

（3）$P \rightarrow Q \Rightarrow P \rightarrow P \wedge Q$

（4）$(P \rightarrow Q) \rightarrow Q \Rightarrow P \vee Q$

（5）$(P \vee \neg P \rightarrow Q) \rightarrow (P \vee \neg P \rightarrow R) \Rightarrow Q \rightarrow R$

（6）$(Q \rightarrow P \wedge \neg P) \rightarrow (R \rightarrow P \wedge \neg P) \Rightarrow R \rightarrow Q$

16. 求出下列各式的代入实例。

（1）$(((P \rightarrow Q) \rightarrow P) \rightarrow P)$；用 $P \rightarrow Q$ 代 $P$，用 $((P \rightarrow Q) \rightarrow R)$ 代 $Q$。

（2）$((P \rightarrow Q) \rightarrow (Q \rightarrow P))$；用 $Q$ 代 $P$，用 $\neg P$ 代 $Q$。

17. 求下列各式的主合取范式和合取范式。

（1）$(\neg P \vee \neg Q) \rightarrow (P \wedge \neg Q)$

（2）$(P \wedge Q) \vee (\neg P \wedge Q) \vee (P \wedge \neg Q)$

（3）$(P \rightarrow (Q \wedge R)) \wedge (\neg P \rightarrow (\neg Q \wedge \neg R))$

（4）$(P \wedge \neg Q \wedge S) \vee (\neg P \wedge Q \wedge R)$

18. 试采用将公式化为主范式的方法，证明下列各等价式。

（1）$(\neg P \vee Q) \wedge (P \rightarrow R) \Leftrightarrow P \rightarrow (Q \wedge R)$

（2）$(P \wedge Q) \wedge (P \rightarrow \neg Q) \Leftrightarrow (\neg P \wedge \neg Q) \wedge (P \vee Q)$

（3）$(P \rightarrow Q) \rightarrow (P \wedge Q) \Leftrightarrow (\neg P \rightarrow Q) \wedge (P \vee \neg Q)$

（4）$P \vee (P \rightarrow (P \vee Q)) \Leftrightarrow \neg P \vee \neg Q \vee (P \wedge Q)$

19. 试用真值表法证明 $A \wedge E$ 不是 $A \leftrightarrow B$，$B \leftrightarrow (C \wedge D)$，$C \leftrightarrow (A \vee E)$ 和 $A \vee E$ 的有效结论。

20. $H_1$，$H_2$ 和 $H_3$ 是前提。在下列情况下，试确定结论 $C$ 是否有效（可以使用真值表法证明）。

（1）$H_1$: $P \rightarrow Q$

　　$C$: $P \rightarrow (P \wedge Q)$

（2）$H_1$: $\neg P \vee Q$

　　$H_2$: $\neg (Q \wedge \neg R)$

　　$H_3$: $\neg R$

　　$C$: $\neg P$

（3）$H_1$: $P \rightarrow (Q \rightarrow R)$

　　$H_2$: $P \wedge Q$

  $C$: $R$

（4）$H_1$: $P \rightarrow Q$

  $H_2$: $Q \rightarrow R$

  $C$: $P \rightarrow R$

21. 不构成真值表证明下列命题公式不能同时全是真的。

（1）$P \leftrightarrow Q, Q \rightarrow R, \neg R \vee S, \neg P \rightarrow S, \neg S$

（2）$R \vee M, \neg P \vee S, \neg M, \neg S$

22. 足坛四支劲旅举行友谊比赛。已知情况如下，请问结论是否成立？

（1）若大连阿尔滨队获得冠军，则北京国安队或上海申花队获得亚军。

（2）若上海申花队获得亚军，则大连阿尔滨队不能获得冠军。

（3）若广州恒大队获得亚军，则北京国安队不能获得亚军。

（4）最后大连阿尔滨队获得冠军。

结论：广州恒大队未能获得亚军。

23. 证明下列论证的有效性(如果需要，就使用规则 CP)。

（1）$\neg(P \wedge \neg Q), \neg Q \vee R, \neg R \Rightarrow \neg P$

（2）$(P \wedge Q) \rightarrow R, \neg R \vee S, \neg S \Rightarrow \neg P \vee \neg Q$

（3）$(P \rightarrow Q) \rightarrow R, R \wedge S, Q \wedge R \Rightarrow P$

（4）$\neg P \vee Q, \neg Q \vee R, R \rightarrow S \Rightarrow P \rightarrow S$

（5）$P \rightarrow Q \Rightarrow P \rightarrow (P \wedge Q)$

24. 证明下列各式的有效性（如果需要，就使用间接证明法）。

（1）$R \rightarrow \neg Q, R \vee S, S \rightarrow \neg Q, P \rightarrow Q \Rightarrow \neg P$

（2）$S \rightarrow \neg Q, R \vee S, \neg R, P \leftrightarrow Q \Rightarrow \neg P$

（3）$\neg(P \rightarrow Q) \rightarrow \neg(R \vee S), ((Q \rightarrow P) \vee \neg R), R \Rightarrow P \leftrightarrow Q$

# 第2章
# 谓词逻辑

谓词逻辑

命题逻辑对于反映在自然语言中的逻辑思维进行了精确的形式化描述，能够对一些比较复杂的逻辑推理，用形式化方法进行分析。在命题逻辑中，把命题分解到原子命题为止，认为原子命题是不能再分解的，仅仅研究以原子命题为基本单位的复合命题之间的逻辑关系和推理。但这对科学中的演绎推理和数学中的推理是不够的，有些推理用命题逻辑就难以确切地表示出来。

例如，数学中常用的判断：$x>3$, $x+y=z$ 等就无法用命题的形式表达出来，因为这两个数学判断中都含有变量。一般而言，我们不能判断 $x>3$ 是真还是假。只有我们把变量 $x$ 代之以具体的值时，如以 5 代替 $x$ 的值时，这是一个真命题；而当 $x$ 取值为 2 时，就成了一个假命题。因此，对于含有变量的数学判断通常不能用命题来描述。在自然语言以及某些数学推理中也不能仅用命题逻辑加以描述和研究。

又如著名的亚里士多德三段论苏格拉底推理：

所有的人都是要死的。

因为苏格拉底是人，

所以，苏格拉底是要死的。

根据常识，认为这个推理是正确的。但是，若用命题逻辑来表示，设 $P$, $Q$, $R$ 分别表示这 3 个原子命题，则有：$(P \land Q) \rightarrow R$。然而，这个式子却不是永真式，故上述推理形式又是错误的。

产生这些问题的根本原因在于命题逻辑仅对复合命题进行研究分析，原子命题作为基本单位不允许再被分解。因此命题逻辑就不能表达任何两个原子命题内部所具有的共同特点，也不能表达两者间的差异。即在命题逻辑中是无法对原子命题内部更细微的构造进行分析研究的。然而，在某些推理中，有必要进一步分析命题与命题之间的逻辑关系，更加深入地分析命题的内部构造。为此，就需要在原子命题中引入谓词的概念，构造新的模型——谓词逻辑。

## 2.1　基本概念和表示

在命题逻辑中，命题是具有真假意义的陈述句。从语法上分析，一个陈述句由主语和谓语两部分组成。在谓词逻辑中，为揭示命题内部结构及不同命题的内部结构关系，就按照这两部分对命题进行分析，并且把主语称为个体或者客体，把谓语称为谓词。

### 2.1.1　个体、谓词和谓词形式

**定义 2.1**　在原子命题中，所描述的对象称为个体；用以描述个体的性质或个体间关系的部分，称为谓词。

个体，是指可以独立存在的事物。它可以是抽象的概念，也可以是一个具体的实体。如计算机，自然数，智能，情操等。表示特定的个体，称为个体常元，以 $a$, $b$, $c$, …或带下标的 $a_i$, $b_i$, $c_i$, …表示。

任何个体的变化都有一个范围，这个变化范围称为个体域(或论域)。个体域可以是有限的，也可以是无限的。所有个体域的总和叫作全总个体域。以某个个体域为变化范围的变元叫个体变元。以 $x$，$y$，$z$，…或者 $x_i$，$y_i$，$z_i$，…表示。

谓词，当与一个个体相联系时，刻画了个体的性质；当与两个或多个个体相联系时，刻画了个体之间的关系。通常都用大写英文字母，如 $P$，$Q$，$R$，…来表示。

例如有以下两个命题：

小明是大学生。

刘亮是大学生。

其中"…是大学生"是谓词，"小明"、"刘亮"是个体。谓词在这里是用来刻划个体的性质的。如用 $S(x)$ 表示"$x$ 是大学生"，$a$ 表示李洪，$b$ 表示张宾，则上述三个命题可以表示成 $S(a)$，$S(b)$。

又如命题：

武汉位于北京和广州之间。

其中"…位于…和…之间"是谓词，是用来刻画多个个体之间的关系的。如果用 $L(x, y, z)$ 表示"$x$ 位于 $y$ 和 $z$ 之间"，$a$ 表示武汉，$b$ 表示北京，$c$ 表示广州，则上述命题可表示成 $L(a, b, c)$。以后我们简称 $S(x)$，$L(x, y)$ 等谓词和个体的联合体为谓词。

**定义 2.2** 一个原子命题用一个谓词（如 $P$）和 $n$ 个有次序的个体常元（如 $a_1$，$a_2$，…，$a_n$）表示成 $P(a_1, a_2, …, a_n)$，称它为该原子命题的谓词形式或命题的谓词形式。

应注意：命题的谓词形式中个体的出现顺序影响命题的真值，不能随意变动。否则真值会变化，如上面所举的例子中 $L(b, a, c)$ 为假。

在谓词中包含的个体数目称为谓词的元数。与一个个体变元相联系的谓词叫一元谓词，与多个个体变元相联系的谓词叫多元谓词。例如 $S(x)$ 是一元谓词，$L(x, y)$ 是二元谓词。

一个 $n$ 元谓词常可以表示成 $P(x_1, x_2, …, x_n)$，一般讲它是一个以变元的个体域为定义域，以 $\{T, F\}$ 为值域的 $n$ 元泛函。常称 $P(x_1, x_2, …, x_n)$ 为 $n$ 元谓词变元命名式。它还不是一个命题，仅告诉我们该谓词变元是 $n$ 元的以及个体变元之间的顺序如何。只有将其中的谓词赋予确定的含意，给每个个体变元都代之以确定的个体后，该谓词才变成一个确定的命题，有确定的真值。

例如，有一个谓词变元命名式 $S(x, y, z)$，它还不是一个命题，当然也就无真值可言。如果令 $S(x, y, z)$ 表示"$x$ 在 $y$ 和 $z$ 之间"，则它是谓词常量命名式，但仍然不是命题，无真值可言。若进一步代入确定的个体表示 $x$，$y$，$z$ 如"武汉在北京和广州之间"，则是一个真命题；而"广州在北京和武汉之间"则是一个假命题。以上两个具体的命题称为 $S(x, y, z)$ 的代换实例。

在一阶谓词逻辑中，个体域的确定可以和谓词在语义上没有任何联系。如有谓词 $S(x)$: $x$ 是大学生。$X$ 的个体域可以是{小明，桌子，计算机，理想}。在自然语言中这是不允许的。

## 2.1.2 量词

使用 $n$ 元谓词和它的论域的概念，有时候还是不能够很好地符号化表达某些命题。如果用 $S(x)$ 表示 $x$ 是大学生，而 $x$ 的个体域为某公司员工，那么 $S(x)$ 可以表示某公司员工都是大学生，也可以表示某公司有一部分员工是大学生。为了避免理解上的歧义，我们还需要引入用来刻画"所有的"、"存在一部分"等表示不同数量的词，即量词。

我们首先给出量词的定义：

**定义 2.3** 全称量词、存在量词、存在唯一量词。

（1）符号 $\forall$ 称为全称量词符，用来表达"对所有的"、"任意的"、"每一个"等词语。"$(\forall x)P(x)$"表示命题："对于个体域中所有个体 $x$，谓词 $P(x)$ 均为 T"。其中"$(\forall x)$"称为全称量词，读作"对于所有的 $x$"。谓词 $P(x)$ 称为全称量词 $(\forall x)$ 的辖域或作用范围。

（2）符号∃称为存在量词符，用来表达"存在一些"、"对于一些"、"至少有一个"等词语。"$(\exists x)Q(x)$"表示命题："在个体域中存在某些个体使谓词 $Q(x)$ 为 T"。其中"$(\exists x)$"称为存在量词，读作"存在 $x$"。谓词 $Q(x)$ 称为存在量词$(\exists x)$的辖域或存在范围。

（3）符号∃!称为存在唯一量词符，用来表达"恰有一个"、"存在唯一"等词语。"$(\exists!x)R(x)$"表示命题："在个体域中恰好有一个个体使谓词 $R(x)$ 为 T"。其中"$(\exists!x)$"称为存在量词，读作"恰有一个 $x$"。谓词 $R(x)$ 称为存在量词$(\exists!x)$的辖域或存在范围。

全称量词、存在量词和存在唯一量词统称量词。量词是由逻辑学家 Fray 引入的，有了量词之后，用逻辑符号表示命题的能力大大增强。

**例 2.1**　使用量词、谓词表示下列命题：

（1）每个自然数都是实数。

（2）一些大学生想继续攻读研究生。

（3）所有大学生都热爱祖国。

**解**：令 $S(x)$：$x$ 是自然数，$R(x)$：$x$ 是实数，$G(x)$：$x$ 是大学生，$I(x)$：$x$ 想继续攻读研究生，$L(x)$：$x$ 热爱祖国。则各命题分别表示为：

（1）$(\forall x)(S(x) \to R(x))$

（2）$(\exists x)(G(x) \wedge I(x))$

（3）$(\forall x)(G(x) \to L(x))$

谓词前加上量词，称为谓词的量化。当一个一元谓词常量命名式的个体域确定之后，经过量化，将被转化为一个命题，可以确定其真值。将谓词转化为命题的方法有两种：①将谓词中的个体变元全部换成确定的个体；②使谓词量化。

**注意：**

（1）量词本身不是一个独立的逻辑概念，可以用 $\wedge$，$\vee$ 联结词代替。设个体域是 $S$：

$$S=\{a_1, a_2, \cdots, a_n\}$$

由量词的定义不难看出，对任意谓词 $A(x)$ 有：

$$(\forall x)A(x) \Leftrightarrow A(a_1) \wedge A(a_2) \wedge \cdots \wedge A(a_n)$$

$$(\exists x)A(x) \Leftrightarrow A(a_1) \vee A(a_2) \vee \cdots \vee A(a_n)$$

上述关系可以推广至 $n \to \infty$ 的情形。

（2）由量词所确定的命题的真值与个体域有关。如上述命题$(\exists x)Q(x)$的真值，当个体域是有理数或整数时为 T；当个体域是自然数时为 F。

有时为了方便起见，个体域一律用全总个体域，每个个体变元的真正变化范围则用一个特性谓词来刻画。但需注意：对于全称量词应使用单条件逻辑联结词；对于存在量词应使用逻辑联结词合取。例如用 $R(x)$ 表示 $x$ 是实数，它刻画了上述 $P(x)$ 和 $Q(x)$ 中的个体变元的特性，则可有下述永真命题成立：

$(\forall x)(R(x) \to P(x))$

$(\exists x)(R(x) \wedge P(x))$

$(\exists x)(R(x) \wedge Q(x))$

对于二元谓词 $P(x, y)$，可能有以下几种量化的可能。

$(\forall x)(\forall y)P(x, y)$，$(\forall x)(\exists y)P(x, y)$

$(\exists x)(\forall y)P(x, y)$，$(\exists x)(\exists y)P(x, y)$

$(\forall y)(\forall x)P(x, y)$，$(\exists y)(\forall x)P(x, y)$

$(\forall y)(\exists x)P(x, y)$，$(\exists y)(\exists x)P(x, y)$

其中，$(\exists x)(\forall y)P(x, y)$代表$(\exists x)((\forall y)P(x, y))$。

（3）一般来讲，量词的先后次序不可随意交换。

例如：$x$ 和 $y$ 的个体域都是所有鞋子的集合，$P(x, y)$ 表示一只鞋子 $x$ 可与另一只鞋子 $y$ 配对，则

$$(\exists x)(\forall y)P(x, y)$$

表示"存在一只鞋 $x$，它可以与任何一只鞋 $y$ 配对"，这显然是不可能的，是个假命题。

而

$$(\forall y)(\exists x)P(x, y)$$

表示"对任何一只鞋 $y$，总存在一些鞋 $x$ 可与它配对"，这是真命题。

可见：$(\exists x)(\forall y)P(x, y) \neq (\forall y)(\exists x)P(x, y)$

## 2.1.3　合式谓词公式

若 $P$ 为不能再分解的 $n$ 元谓词变元，$x_1, x_2, \cdots, x_n$ 是个体变元，则称 $P(x_1, x_2, \cdots, x_n)$ 为原子公式或原子谓词公式。当 $n=0$ 时，$P$ 表示命题变元即原子命题公式。所以，命题逻辑实际上是谓词逻辑的特例。

由原子谓词公式出发，通过命题联结词，可以组合成复合谓词公式，叫分子谓词公式。下面给出谓词逻辑的合式公式（简称公式）的递归定义。

**定义 2.4**　谓词逻辑的合式公式：

（1）原子谓词公式是合式的公式；

（2）若 $A$ 是合式的公式，则 $\neg A$ 也是合式的公式；

（3）若 $A$ 和 $B$ 都是合式的公式，则 $A \wedge B$，$A \vee B$，$A \rightarrow B$，$A \leftrightarrow B$ 也都是合式的公式；

（4）如果 $A$ 是合式的公式，$x$ 是任意变元，且 $A$ 中无 $(\forall x)$ 或 $(\exists x)$ 出现，则 $(\forall x)A(x)$ 和 $(\exists x)A(x)$ 都是合式的公式；

（5）当且仅当有限次使用规则(1)～(4)由逻辑联结词、圆括号构成的有意义的字符串是合式的公式。

以下字符串均是谓词逻辑中合式公式的例子：

$A(x)$；$B(x)$；$(\forall x)A(x)$；$(\exists x)B(x)$；$\neg A(x)$；$(\forall x)A(x) \wedge (\exists x)B(x) \rightarrow (\exists x)B(x)$。

下面的字符串不是谓词逻辑中合法的合式公式。

$(A(x) \wedge (\exists x)B(x)$　　（括号不配对）

$(\forall x)A(x) \rightarrow (\exists x)B(x) \wedge \neg$（其中逻辑联结词 $\neg$ 缺少运算）

## 2.1.4　自由变元和约束变元

**定义 2.5**　给定一个谓词公式 $A$，其中有一部分公式形如 $(\forall x)B(x)$ 或 $(\exists x)B(x)$，则称它为 $A$ 的 $x$ 约束部分，称 $B(x)$ 为相应量词的作用域或者辖域。在辖域中，$x$ 的所有出现为约束出现，$x$ 称为约束变元；$B$ 中不是约束出现的其他变元的出现称为自由出现，这些个体变元称为自由变元。

对于给定的谓词公式，能够准确地判断它的辖域、约束变元和自由变元是很重要的。

通常，一个量词的辖域是某公式 $A$ 的一部分，称为 $A$ 的子公式。因此，确定一个量词的辖域即是找出位于该量词之后的相邻接的子公式，具体来说：

（1）若量词后有括号，则括号内的子公式就是该量词的辖域；

（2）若量词后无括号，则与该量词邻接的子公式为该量词的辖域。

判断给定公式 $A$ 中的个体变元是约束变元还是自由变元，关键是要看它在 $A$ 中是约束出现还是自由出现。

**例 2.2**　指出下列合式公式中的量词辖域、个体变元的约束出现和自由出现。

（1）$(\forall x)(P(x) \rightarrow (\exists y)Q(x, y))$

（2）$(\exists x)H(x) \wedge L(x, y)$

（3）$(\forall x)(\forall y)(P(x，y) \lor Q(y，z)) \land (\exists x)R(x，y)$

**解**：（1）$(\forall x)$的辖域是$(P(x) \to (\exists y)Q(x，y))$，$(\exists y)$的辖域是$Q(x，y)$。对于$(\exists y)$辖域而言，$y$ 为约束出现，$x$ 为自由出现。对于$(\forall x)$辖域而言，$x$ 和 $y$ 均为约束出现。

（2）$(\exists x)$的辖域是 $H(x)$，$x$ 为约束出现，$L(x，y)$中的 $x$ 和 $y$ 都为自由出现。

（3）在$(\forall x)(\forall y)(P(x，y) \lor Q(y，z))$中，$(\forall x)$和$(\forall y)$的辖域分别为$(\forall y)(P(x，y) \lor Q(y，z))$和$(P(x，y) \lor Q(y，z))$，显然 $x$ 和 $y$ 为约束出现，$z$ 为自由出现。$(\exists x)$的辖域为 $R(x，y)$，$x$ 约束出现而 $y$ 自由出现。在整个式子中，$y$ 既约束出现又自由出现。

一个谓词 $P(x)$ 的量化，就是从变元 $x$ 的整个个体域着眼，对性质 $P(x)$所作的一个全称判断或特称判断。其结果是将谓词变成一个命题。所以，$(\forall x)$和$(\exists x)$可以看成是一个消元运算。对于多元谓词来说，仅使其中一个变元量化仍不能将谓词变成命题。若 $n$ 元谓词 $P(x_1，x_2，\cdots，x_n)$经量化后仍有 $k$ 个自由变元，则降为一个 $k$ 元谓词 $Q(y_1，y_2，\cdots，y_n)(k<n)$。只有经过 $n$ 次量化使其中的所有变元都成为约束变元时，$n$ 元谓词才成为一个命题。

所以，一般情况下给定一个谓词公式 $A(x)$，仅表明在该公式中只有一个自由变元 $x$，但并不限制在该公式中还存在若干约束变元。例如，以下各公式都可以写成 $A(x)$。

（1）$(\forall y)(P(x) \land L(x，y))$

（2）$(\forall x)P(x) \lor Q(x)$

（3）$(\exists y)S(y) \to S(x)$

（4）$(\forall y)P(x，y) \lor Q(x)$

在上述公式中，作为公式 $A(x)$来说，它们对于 $y$ 的关系是不一样的，如在(1)式中以 $y$ 代换 $x$，会出现新的约束变元；而在(3)式中以 $y$ 代换 $x$，则不会出现新的约束变元。

如果用 $y$ 代替公式 $A(x)$中的 $x$，不会产生变元的新的约束出现，则称 $A(x)$对于 $y$ 是自由的。

上面的(3)式对 $y$ 是自由的，(2)式对 $y$ 亦是自由的，(1)式和(4)式对 $y$ 是不自由的。

# 2.2　谓词逻辑的翻译与解释

## 2.2.1　谓词逻辑的翻译

把一个文字叙述的命题，用谓词公式表示出来，称为谓词逻辑的翻译或符号化。一般来说，符号化的步骤如下。

（1）正确理解给定命题。必要时把命题改叙，使其中每个原子命题及原子命题之间的关系能明显表达出来。

（2）把每个原子命题分解成个体、谓词和量词。在全总论域中讨论时，要给出特性谓词。

（3）找出适当量词。注意全称量词后跟条件式，存在量词后跟合取式。

（4）用适当联结词把给定命题表示出来。

下面通过例子来说明翻译过程及需要注意的问题。

**例 2.3**　试将命题："任何整数都是实数"符号化。

**解**：根据实际问题的需要，首先定义谓词如下。

令 $I(x)$：$x$ 是整数。

$R(x)$：$x$ 是实数。

于是问题可符号化为：$(\forall x)(I(x) \to R(x))$。

**例 2.4** 将语句："今天有雨雪，有些人会摔跤"符号化。

**解**：本语句可理解为："若今天下雨又下雪，则存在 $x$，$x$ 是人且 $x$ 会摔跤"。

令 $R$：今天下雨，$S$：今天下雪，$M(x)$：$x$ 是人，$F(x)$：$x$ 会摔跤，则本语句可表示为：$R \wedge S \rightarrow (\exists x)(M(x) \wedge F(x))$。

**注意** 由于人们对命题的文字叙述含义理解的不同，强调的重点不同。命题符号化的形式也会不相同。

**例 2.5** 试将语句："有一个大于 10 的偶数"符号化。

**解**：根据实际问题的需要，首先定义谓词如下。

$E(x)$：$x$ 是偶数。

$G(x, y)$：$x$ 大于 $y$。

于是问题可符号化为：$(\exists x)(E(x) \wedge G(x, 10))$。

**例 2.6** 将命题："没有最大的自然数"符号化。

**解**：命题中"没有最大的"显然是对所有的自然数而言，所以可以理解为："对于所有的 $x$，如果 $x$ 是自然数，则一定还有比 $x$ 大的自然数"，再具体点，即"对于所有的 $x$，如果 $x$ 是自然数，则一定存在 $y$，$y$ 也是自然数且 $y$ 比 $x$ 大"。

令 $N(x)$：$x$ 是自然数，$G(x, y)$：$x$ 大于 $y$。则原命题表示为：$(\forall x)(N(x) \rightarrow (\exists y)(N(y) \wedge G(y, x)))$。

## 2.2.2 谓词公式的解释

在命题逻辑中我们讨论过一个公式的解释，一个命题变元只有两种可能的指派，即 F 或 T，若公式含有 $n$ 个变元，则有 $2^n$ 种解释。如果对这 $2^n$ 种解释公式 $A$ 都取值为 T，则说 $A$ 是永真式；都取值为 F 则说公式 $A$ 为永假式；若至少有一组解释使公式 $A$ 为真；则说 $A$ 是可满足的。

在谓词逻辑中，因为涉及命题变元、谓词变元还有个体变元和函数符号，一个公式的解释就变得比较复杂了，判定一个谓词公式的属性也就远比命题公式复杂得多。为此引入如下的定义。

**定义 2.6** 设 $A$ 的个体域是 $D$，如果用一组谓词常量、命题常量和 $D$ 中的个体及函数符号（将它们简记为 $I$）代换公式 $A$ 中相应的变元，则该公式 $A$ 转化成一个命题，可以确定其真值（记作 $P$）。称 $I$ 为公式 $A$ 在 $D$ 中的解释（或指派），称 $P$ 为公式 $A$ 关于解释 $I$ 的真值。

给定一个谓词公式 $A$，它的个体域是 $D$，若在 $D$ 中无论怎样构成 $A$ 的解释，其真值都为 $T$，则称公式 $A$ 在 $D$ 中是永真的；如果公式 $A$ 对任何个体域都是永真的，则称公式 $A$ 是永真的；如果公式 $A$ 对于任何个体域中的任何解释都为 F，则称公式 $A$ 为永假的（或不可满足的）；若公式 $A$ 不是永假的，则公式 $A$ 是可满足的。

给定两个谓词公式 $A$ 和 $B$，$D$ 是它们共同的个体域，若 $A \rightarrow B$ 在 $D$ 中是永真式，则称遍及 $D$ 有 $A \Rightarrow B$；若 $D$ 是全总个体域，则称 $A \Rightarrow B$。若 $A \Rightarrow B$ 且 $B \Rightarrow A$，则称 $A \Leftrightarrow B$。

上面我们已经把命题逻辑中的永真式、等价式和永真蕴涵的概念推广到谓词逻辑。显然，命题逻辑中的那些常用恒等式（即等价式）和永真蕴涵式可以全部推广到谓词逻辑中来。一般来说，只要把原式中的命题公式用谓词公式代替，并且把这种代替贯穿于整个表达式时，命题逻辑中的永真式就转化成谓词逻辑中的永真式了。例如：

$$I'_1 : P(x) \wedge Q(x, y) \Rightarrow P(x)$$
$$E'_{10} : \neg\neg P(x_1, x_2, \cdots, x_n) \Leftrightarrow P(x_1, x_2, \cdots, x_n)$$

# 2.3　谓词逻辑的等价式与蕴涵式

下面介绍谓词逻辑中一些特有的等价式和永真蕴涵式，它们是由于量词的引入而产生的。无论对有限个体域还是无限个体域，他们都是正确的。

（1）量词转化律

设 $x$ 的个体域为 $S = \{a_1, a_2, \cdots, a_n\}$。

令 $\neg(\forall x)A(x)$ 表示对整个被量化的命题 $(\forall x)A(x)$ 的否定，而不是对 $(\forall x)$ 的否定，于是有：

$$\neg(\forall x)A(x) \Leftrightarrow \neg(A(a_1) \wedge A(a_2) \wedge \cdots \wedge A(a_n))$$
$$\Leftrightarrow \neg A(a_1) \vee \neg A(a_2) \vee \cdots \vee \neg A(a_n) \Leftrightarrow (\exists x)\neg A(x)$$

同样可有：

$$\neg(\exists x)A(x) \Leftrightarrow \neg(A(a_1) \vee A(a_2) \vee \cdots \vee A(a_n))$$
$$\Leftrightarrow \neg A(a_1) \wedge \neg A(a_2) \wedge \cdots \wedge \neg A(a_n)$$
$$\Leftrightarrow (\forall x)\neg A(x)$$

上述等价关系推广到无限个体域后仍成立。

（2）量词辖域扩张及收缩律

设 $P$ 中不出现约束变元 $x$，则有：

$$(\forall x)A(x) \vee P \Leftrightarrow (A(a_1) \wedge A(a_2) \wedge \cdots \wedge A(a_n)) \vee P$$
$$\Leftrightarrow (A(a_1) \vee P) \wedge (A(a_2) \vee P) \wedge \cdots \wedge (A(a_n) \vee P)$$
$$\Leftrightarrow (\forall x)(A(x) \vee P)$$

用同样的方法可以证明以下 3 个等价式也成立。

$$(\forall x)A(x) \wedge P \Leftrightarrow (\forall x)(A(x) \wedge P)$$
$$(\exists x)A(x) \vee P \Leftrightarrow (\exists x)(A(x) \vee P)$$
$$(\exists x)A(x) \wedge P \Leftrightarrow (\exists x)(A(x) \wedge P)$$

（3）量词分配律

对任意谓词公式 $A(x)$ 和 $B(x)$ 有：

$$(\forall x)(A(x) \wedge B(x))$$
$$\Leftrightarrow (A(a_1) \wedge B(a_1)) \wedge (A(a_2) \wedge B(a_2)) \wedge \cdots \wedge (A(a_n) \wedge B(a_n))$$
$$\Leftrightarrow (A(a_1) \wedge A(a_2) \wedge \cdots \wedge A(a_n)) \wedge (B(a_1) \wedge B(a_2) \wedge \cdots \wedge B(a_n))$$
$$\Leftrightarrow (\forall x)A(x) \wedge (\forall x)B(x)$$

即 $(\forall x)$ 对 "$\wedge$" 满足分配律。同样

$$(\exists x)(A(x) \vee B(x)) \Leftrightarrow (\exists x)A(x) \vee (\exists x)B(x)$$

即 $(\exists x)$ 对 "$\vee$" 满足分配律。

但是，$(\forall x)$ 对 "$\vee$"，$(\exists x)$ 对 "$\wedge$" 不满足分配律，仅满足

$$(\exists x)(A(x) \wedge B(x)) \Rightarrow (\exists x)A(x) \wedge (\exists x)A(x)$$
$$(\forall x)A(x) \vee (\forall x)B(x) \Rightarrow (\forall x)(A(x) \vee B(x))$$

总结以上讨论，并用类似的方法，可得出谓词逻辑中特有的一些重要等价式和永真蕴涵式如下。

$E_{31}$　$(\exists x)(A(x) \vee B(x)) \Leftrightarrow (\exists x)A(x) \vee (\exists x)B(x)$

$E_{32}$　$(\forall x)(A(x) \wedge B(x)) \Leftrightarrow (\forall x)A(x) \wedge (\forall x)B(x)$

$E_{33}$　$\neg(\exists x)A(x) \Leftrightarrow (\forall x)\neg A(x)$

$E_{34}$  $\neg(\forall x)A(x) \Leftrightarrow (\exists x)\neg A(x)$

$E_{35}$  $(\forall x)A(x) \vee P \Leftrightarrow (\forall x)(A(x) \vee P)$

$E_{36}$  $(\forall x)A(x) \wedge P \Leftrightarrow (\forall x)(A(x) \wedge P)$

$E_{37}$  $(\exists x)A(x) \vee P \Leftrightarrow (\exists x)(A(x) \vee P)$

$E_{38}$  $(\exists x)A(x) \wedge P \Leftrightarrow (\exists x)(A(x) \wedge P)$

$E_{39}$  $(\forall x)A(x) \to B \Leftrightarrow (\exists x)(A(x) \to B)$

$E_{40}$  $(\exists x)A(x) \to B \Leftrightarrow (\forall x)(A(x) \to B)$

$E_{41}$  $A \to (\forall x)B(x) \Leftrightarrow (\forall x)(A \to B(x))$

$E_{42}$  $A \to (\exists x)B(x) \Leftrightarrow (\exists x)(A \to B(x))$

$E_{43}$  $(\exists x)(A(x) \to B(x)) \Leftrightarrow (\forall x)A(x) \to (\exists x)B(x)$

永真蕴涵式:

$I_{17}$  $(\forall x)A(x) \vee (\forall x)B(x) \Rightarrow (\forall x)(A(x) \vee B(x))$

$I_{18}$  $(\exists x)(A(x) \wedge B(x)) \Rightarrow (\exists x)A(x) \wedge (\exists x)B(x)$

$I_{19}$  $(\exists x)A(x) \to (\forall x)B(x) \Rightarrow (\forall x)(A(x) \to B(x))$

$I_{20}$  $(\forall x)(A(x) \to B(x)) \Rightarrow (\forall x)A(x) \to (\forall x)B(x)$

从量词意义出发, 还可以给出一组量词交换式:

$B_1$  $(\forall x)(\forall y)P(x, y) \Leftrightarrow (\forall y)(\forall x)P(x, y)$

$B_2$  $(\forall x)(\forall y)P(x, y) \Rightarrow (\exists y)(\forall x)P(x, y)$

$B_3$  $(\forall y)(\forall x)P(x, y) \Rightarrow (\exists x)(\forall y)P(x, y)$

$B_4$  $(\exists y)(\forall x)P(x, y) \Rightarrow (\forall x)(\exists y)P(x, y)$

$B_5$  $(\exists x)(\forall y)P(x, y) \Rightarrow (\forall y)(\exists x)P(x, y)$

$B_6$  $(\forall x)(\exists y)P(x, y) \Rightarrow (\exists y)(\exists x)P(x, y)$

$B_7$  $(\exists x)(\forall y)P(x, y) \Rightarrow (\exists y)(\exists x)P(x, y)$

$B_8$  $(\exists x)(\exists y)P(x, y) \Leftrightarrow (\exists y)(\exists x)P(x, y)$

为了便于读者记忆, 我们给出了 $B_1 \sim B_8$ 的图解表示 ( 见图 2.1 )。使用前面给出的等价式和永真蕴涵式就可以证明上述的永真式。

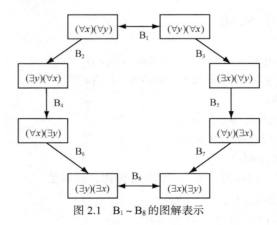

图 2.1  $B_1 \sim B_8$ 的图解表示

# 2.4  谓词逻辑中的推论理论

谓词逻辑是命题逻辑的进一步深化和发展,是一种比命题逻辑范围更加广泛的形式语言系统。

因此，命题逻辑中的推论规则都可以无条件地推广到谓词逻辑中来。在谓词逻辑中，某些前提和结论可能受到量词的约束，为确立前提和结论之间的内部联系，有必要消去量词和添加量词，因此，正确理解和运用有关量词规则是谓词逻辑推理理论中十分重要的关键所在。除此之外，谓词逻辑中还有一些自己独有的推论规则。本小节将对谓词逻辑中的推理理论进行全面的介绍。

## 2.4.1　推理规则

### 1.　约束变元的改名规则

谓词公式中约束变元的名称是无关紧要的，$(\forall x)P(x)$ 和 $(\forall y)P(y)$ 具有相同的意义。需要时可以改变约束变元的名称。但必须遵守以下改名的规则。

（1）欲改名之变元应是某量词作用范围内的变元，且应同时更改该变元在此量词辖域内的所有约束出现，而公式的其余部分不变。

（2）新的变元符号应是此量词辖域内原先没有使用过的。

### 2.　自由变元的代入规则

自由变元也可以改名，但必须遵守以下代入规则。

（1）欲改变自由变元 $x$ 的名，必改 $x$ 在公式中的每一处自由出现。

（2）新变元不应在原公式中以任何约束形式出现。

### 3.　命题变元的代换规则

用任一谓词公式 $A_i$ 代换永真公式 $B$ 中某一命题变元 $P_i$ 的所有出现，所得到的新公式 $B'$ 仍然是永真式（但在 $A_i$ 的个体变元中不应有 $B$ 中的约束变元出现），并有 $B \Rightarrow B'$。

### 4.　取代规则

设 $A'(x_1,x_2,\cdots,x_n) \Leftrightarrow B'(x_1,x_2,\cdots,x_n)$ 都是含 $n$ 个自由变元的谓词公式，且 $A'$ 是 $A$ 的子公式。若在 $A$ 中用 $B'$ 取代 $A'$ 的一处或多处出现后所得的新公式为 $B$，则有 $A \Leftrightarrow B$。如果 $A$ 为永真式，则 $B$ 也是永真式。

### 5.　关于量词的增加和删除规则

（1）全称特指规则 US

从 $(\forall x)A(x)$ 可得出结论 $A(y)$，其中 $y$ 是个体域中任一个体。亦即 $(\forall x)A(x) \Rightarrow A(y)$。

使用 US 规则的条件是对于 $y$，公式 $A(x)$ 必须是自由的。根据 US 规则，在推论的过程中可以去掉全称量词。

（2）存在特指规则 ES

从 $(\exists x)A(x)$ 可得出结论 $A(a)$，其中 $a$ 是 $(\exists x)A(x)$ 和在此之前不曾出现过的个体常量。即 $(\exists x)A(x) \Rightarrow A(a)$。

根据 ES 规则，在推论的过程中可删掉存在量词。

（3）存在推广规则 EG

从 $A(x)$ 可得出结论 $(\exists y)A(y)$，其中 $x$ 是个体域中某一个个体。即 $A(x) \Rightarrow (\exists y)A(y)$。

使用 EG 规则的条件是对于 $y$，公式 $A(x)$ 必须是自由的。根据 EG 规则，在推论的过程中可以添加上存在量词。

（4）全称推广规则 UG

从 $A(x)$ 可得出结论 $(\forall y)A(y)$，其中 $x$ 应是个体域中任意个体。即 $A(x) \Rightarrow (\forall y)A(y)$。

使用 UG 规则的条件是，①在任何给定前提中 $x$ 都不是自由的；②在使用 ES 规则的一个居先步骤上，如果 $x$ 是自由的，那么在后继步骤中，则由于使用 ES 规则而引入的新变元在 $A(x)$ 中都不是自由出现。换句话说使用 ES 规则引入的新变元，不得使用 UG 规则推广。根据 UG 规则，在推论的过程中可以加上全称量词。

## 2.4.2　推理实例

谓词逻辑的推理方法是命题逻辑推理方法的拓展，因此在谓词逻辑中利用的推理规则也是 T 规则、P 规则和 CP 规则，还有已知的等价式、蕴涵式以及有关量词的消去和产生规则。使用的推理方法是直接构造法和间接证明法。下面举例说明。

**例 2.7**　试证明

$(\forall x)(P(x) \to Q(x))$，$(\forall x)(Q(x) \to R(x)) \Rightarrow (\forall x)(P(x) \to R(x))$

**解：**

| {1} | (1) | $(\forall x)(P(x) \to Q(x))$ | P |
|---|---|---|---|
| {1} | (2) | $P(x) \to Q(x)$ | UG，（1） |
| {3} | (3) | $(\forall x)(Q(x) \to R(x))$ | P |
| {3} | (4) | $Q(x) \to R(x)$ | UG，（3） |
| {1,3} | (5) | $P(x) \to R(x)$ | T，（2），（4），$I_{12}$ |
| {1,3} | (6) | $(\forall x)(P(x) \to R(x))$ | UG，（5） |

**例 2.8**　试证明 $(\exists x)M(x)$ 是前提 $(\forall x)(H(x) \to M(x))$ 和 $(\exists x)H(x)$ 的逻辑结果。

**解：** 即证 $(\forall x)(H(x) \to M(x))$，$(\exists x)H(x) \Rightarrow (\exists x)M(x)$

| {1} | (1) | $(\exists x)H(x)$ | P |
|---|---|---|---|
| {1} | (2) | $H(a)$ | ES，(1) |
| {3} | (3) | $(\forall x)(H(x) \to M(x))$ | P |
| {3} | (4) | $H(a) \to M(a)$ | US，(3) |
| {1,3} | (5) | $M(a)$ | T，（2），（4）和 $I_{10}$ |
| {1,3} | (6) | $(\exists x)M(x)$ | UG，（5） |

**例 2.9**　给定下列前提

$(\exists x)(R(x) \wedge (\forall y)(D(y) \to L(x, y)))$

$(\forall x)(R(x) \to (\forall y)(S(y) \to \neg L(x,y)))$

试推导出下列结论

$(\forall x)(D(x) \to \neg S(x))$

**证明：**

| {1} | (1) | $(\exists x)(R(x) \wedge (\forall y)(D(y) \to L(x, y)))$ | P |
|---|---|---|---|
| {1} | (2) | $(R(a) \wedge (\forall y)(D(y) \to L(a, y)))$ | ES，(1) |
| {1} | (3) | $R(a)$ | T，(2) |
| {1} | (4) | $(\forall y)(D(y) \to L(a, y))$ | T，(2) |
| {1} | (5) | $D(u) \to L(a, u)$ | US，(4) |
| {6} | (6) | $(\forall x)(R(x) \to (\forall y)(S(y) \to \neg L(x, y)))$ | P |
| {6} | (7) | $R(a) \to (\forall y)(S(y) \to \neg L(a, y))$ | US，(6) |
| {1,6} | (8) | $(\forall y)(S(y) \to \neg L(a, y))$ | T，(3),(7) |
| {1,6} | (9) | $S(u) \to \neg L(a, u)$ | US，(8) |
| {1,6} | (10) | $L(a, u) \to \neg S(u)$ | T，(9) |
| {1,6} | (11) | $D(u) \to \neg S(u)$ | T，(5),(10) |
| {1,6} | (12) | $(\forall x)(D(x) \to \neg S(x))$ | UG，(11) |

上面的例子告诉我们在证明的过程中，若有带存在量词的前提要首先引入，即 ES 规则尽量提前使用，以保证 ES 规则使用的有效性。

**例 2.10** 给定下列前提：

$(\forall x)(A(x) \lor B(x))$，$(\forall x)(B(x) \to \neg C(x))$，$(\forall x) C(x)$

试推导出下列结论来：

$(\forall x)A(x)$

| 证明： | | | |
|---|---|---|---|
| {1} | (1) | $\neg(\forall x)A(x)$ | P（假设前提） |
| {1} | (2) | $(\exists x) \neg A(x)$ | T，(1) |
| {1} | (3) | $\neg A(a)$ | ES，(2) |
| {4} | (4) | $(\forall x)(A(x) \lor B(x))$ | P |
| {4} | (5) | $A(a) \lor B(a)$ | US，(4) |
| {1,4} | (6) | $B(a)$ | T，(3)，(5) |
| {7} | (7) | $(\forall x)(B(x) \to \neg C(x))$，$(\forall x) C(x)$ | P |
| {7} | (8) | $B(a) \to \neg C(a)$ | US，(7) |
| {1,4,7} | (9) | $\neg C(a)$ | T，(6)，(8) |
| {10} | (10) | $(\forall x) C(x)$ | P |
| {10} | (11) | $C(a)$ | US，(10) |
| {1,4,7,10} | (12) | $C(a) \land \neg C(a)$ | T，(9)，(11) |
| {1,4,7,10} | (13) | $(\forall x)A(x)$ | F，(1)，(12) |

使用反证法时

（1）首先要引入结论的否定作为一个前提，但要说明是假设前提；

（2）在演绎的第 $n-1$ 步上一定要推出一个 $P \land \neg P$ 形式的矛盾式；

（3）在第 $n$ 步上则可直接引入结论，并说明这是 F 规则、由第 1 步使用假设前提和第 $n-1$ 步推出矛盾式造成的。

**例 2.11** 给定下列前提，使用 CP 规则证明。

$(\forall x)(\forall y)(\neg P(x) \lor Q(y)) \Rightarrow (\forall x) \neg P(x) \lor (\forall y)Q(y)$

证明：因为 $(\forall x)(\forall y)(\neg P(x) \lor Q(y)) \Rightarrow (\forall x) \neg P(x) \lor (\forall y)Q(y) \Leftrightarrow \neg(\exists x) P(x) \lor (\forall y)Q(y)$

$\Leftrightarrow (\exists x) P(x) \to (\forall y)Q(y)$

于是问题转化成证：$(\forall x)(\forall y)(\neg P(x) \lor Q(y)) \Rightarrow (\exists x) P(x) \to (\forall y)Q(y)$，即是证明了原式。

| {1} | (1) | $(\exists x) P(x)$ | P（附加前提） |
|---|---|---|---|
| {1} | (2) | $P(a)$ | ES，(1) |
| {3} | (3) | $(\forall x)(\forall y)(\neg P(x) \lor Q(y))$ | P |
| {3} | (4) | $(\forall y)(\neg P(a) \lor Q(y))$ | US，(3) |
| {3} | (5) | $\neg P(a) \lor Q(b)$ | US，(4) |
| {1,3} | (6) | $Q(b)$ | T，(2)，(5) |
| {1,3} | (7) | $(\forall y)Q(y)$ | UG，(6) |
| {1,3} | (8) | $(\exists x) P(x) \to (\forall y)Q(y)$ | CP，(1)，(7) |

只有当结论是 $P \to Q$ 的形式时，才可以考虑使用 CP 规则。

（1）把结论的前件作为一个前提引入，但要说明是附加前提；

（2）和前提一起在演绎的第 $n-1$ 步推出结论的后件；

（3）在第 $n$ 步引入结论。

**例 2.12** 符号化下列命题并推证其结论。

所有的自然数都是整数，任何整数不是奇数就是偶数，并非每个自然数都是偶数。

所以，某些自然数是奇数。

**解**：首先定义如下谓词：

$N(x)$：$x$ 是自然数

$I(x)$：$x$ 是整数

$Q(x)$：$x$ 是奇数

$O(x)$：$x$ 是偶数

于是问题可符号化为：

$(\forall x)(N(x) \rightarrow I(x))$

$(\forall x)(I(x) \rightarrow (Q(x) \triangledown O(x)))$

$\neg (\forall x)(N(x) \rightarrow O(x))$

$\Rightarrow (\exists x)(N(x) \wedge Q(x))$

推理如下：

| | | | |
|---|---|---|---|
| {1} | (1) | $\neg (\forall x)(N(x) \rightarrow O(x))$ | P |
| {1} | (2) | $(\exists x)\neg(\neg N(x) \vee O(x))$ | T, (1) |
| {1} | (3) | $N(a) \wedge \neg O(a)$ | ES, (2) |
| {1} | (4) | $N(a)$ | T, (3) |
| {1} | (5) | $\neg O(a)$ | T, (3) |
| {5} | (6) | $(\forall x)(N(x) \rightarrow I(x))$ | P |
| {5} | (7) | $N(a) \rightarrow I(a)$ | US, (5) |
| {1,5} | (8) | $I(a)$ | T, (4), (6) |
| {8} | (9) | $(\forall x)(I(x) \rightarrow (Q(x) \triangledown O(x)))$ | P |
| {8} | (10) | $I(a) \rightarrow (Q(a) \triangledown O(a))$ | US, (8) |
| {1,5,8} | (11) | $Q(a) \triangledown O(a)$ | T, (7), (9) |
| {1,5,8} | (12) | $Q(a)$ | T, (4), (10) |
| {1,5,8} | (13) | $N(a) \wedge Q(a)$ | T, (4), (11) |
| {1,5,8} | (14) | $(\exists x)(N(x) \wedge Q(x))$ | EG, (12) |

**例 2.13** 符号化下列命题并推证其结论。

每个报考研究生的大学毕业生要么参加研究生入学考试，要么推荐为免考生；每个报考研究生的大学毕业生当且仅当学习成绩优秀才被推荐为免试生；有些报考研究生的大学毕业生学习成绩优秀，但并非所有报考研究生的大学毕业生学习成绩都优秀。因此，有些报考研究生的大学毕业生要参加研究生入学考试。

**解**：根据问题的需要首先定义如下谓词。

$YJS(x)$：$x$ 是要报考研究生的大学毕业生。

$MKS(x)$：$x$ 是免考生。

$CJYX(x)$：$x$ 是成绩优秀的。

$CJKS(x)$：$x$ 是参加考试的。

于是问题可符号化为：

$(\forall x)(YJS(x) \rightarrow (CJKS(x) \triangledown MKS(x)))$

$(\forall x)((YJS(x) \rightarrow (MKS(x) \leftrightarrow CJYX(x))))$

$\neg (\forall x)(YJS(x) \rightarrow CJYX(x))$

$(\exists x)(YJS(x) \wedge \neg CJYX(x))$

$\Rightarrow (\exists x)(YJS(x) \wedge CJKS(x))$

推理过程如下：

| | | | |
|---|---|---|---|
| {1} | (1) | $\neg (\forall x)(YJS(x) \rightarrow CJYX(x))$ | P |
| {1} | (2) | $(\exists x)\neg(\neg YJS(x) \vee CJYX(x))$ | T, (1) |

| {1} | (3) | $YJS(a) \wedge \neg CJYX(a)$ | ES, (2) |
|---|---|---|---|
| {1} | (4) | $YJS(a)$ | T, (2) |
| {1} | (5) | $\neg CJYX(a)$ | T, (2) |
| {5} | (6) | $(\forall x)(YJS(x) \rightarrow (CJKS(x) \triangledown MKS(x)))$ | P |
| {5} | (7) | $YJS(a) \rightarrow (CJKS(a) \triangledown MKS(a))$ | US, (5) |
| {1,5} | (8) | $CJKS(a) \triangledown MKS(a)$ | T, (3), (6) |
| {8} | (9) | $(\forall x)(YJS(x) \rightarrow (MKS(x) \leftrightarrow CJYX(x)))$ | P |
| {8} | (10) | $YJS(a) \rightarrow (MKS(a) \leftrightarrow CJYX(a))$ | US, (8) |
| {1,8} | (11) | $MKS(a) \leftrightarrow CJYX(a)$ | T, (3), (9) |
| {1,,8} | (12) | $\neg MKS(a)$ | T, (4), (10) |
| {1,5,8} | (13) | $CJKS(a)$ | T, (7), (11) |
| {1,5,8} | (14) | $YJS(a) \wedge CJKS(a)$ | T, (3), (12) |
| {1,5,8} | (15) | $(\exists x)(YJS(x) \wedge CJKS(x))$ | EG, (3), (13) |

通过上面的例题可以发现，使用谓词逻辑求解实际问题的步骤如下。

（1）根据问题的需要定义一组谓词；

（2）将实际问题符号化；

（3）使用上一小节所述规则有效推理；

符号化的原则是全称量词对应逻辑联结词"→"，存在量词对应逻辑联结词"∧"。推理时首先引入带存在量词的前提，以保证"ES"规则的有效性。

# 2.5　谓词逻辑中公式范式

在谓词逻辑的公式中，不仅有联结词还有量词出现，这使得公式可以很复杂，量词之间的关系直觉上很难看清，特别是在量词分割时。为了揭示在原来公式中并不显著的逻辑结构方面的关系，给出一种标准形式，缩小公式形式的类型范围，研究谓词逻辑中范式是很重要的。

命题逻辑中的两种范式都可以直接推广到谓词逻辑中来，只要把原子命题公式换成原子谓词公式即可。此外，根据量词在公式中出现的情况不同，又可分为前束范式和斯柯林范式。本小节将对这两种范式进行介绍，重点研究前束范式。

## 2.5.1　前束范式

**定义 2.7**　一个合式公式称为前束范式，如果它有如下形式：
$$(Q_1 x_1)(Q_2 x_2)\cdots(Q_k x_k)B$$
其中，$Q_i(1 \leq i \leq k)$ 为∀或∃，$B$ 为不含有量词的公式。称 $Q_1 x_1 Q_2 x_2 \cdots Q_k x_k$ 为公式的首标。特别地，若 $A$ 中不含量词，则 $A$ 也看做是前束范式。

可见，前束范式的一般特点是对任一谓词公式 $F$，如果其中所有量词均非否定的出现在公式的最前面，且它们的辖域为整个公式，则称公式 $F$ 为前束范式。

例如：$(\forall x)(\forall y)(\exists z)(P(x,y) \vee Q(x,y) \wedge R(x,y,z))$ 是前束范式。

任一公式都可以化成与之等价的前束范式。化法如下。

（1）消去公式中的联结词↔和→；

利用 $A \leftrightarrow B \Leftrightarrow (A \wedge B) \vee (\neg A \wedge \neg B)$ 及 $A \rightarrow B \Leftrightarrow \neg A \vee B$；

（2）将公式内的否定符号深入到谓词变元前并化简到谓词变元前只有一个否定号；

（3）利用改名、代入规则使所有的约束变元均不同名，且使自由变元与约束变元亦不同名；

（4）扩充量词的辖域至整个公式。

**例 2.14** 将公式$((\forall x)P(x)\vee(\exists y)Q(y))\rightarrow(\forall x)R(x)$化为前束范式。

**解**：原式$\Leftrightarrow((\forall x)P(x)\vee(\exists y)Q(y))\rightarrow(\forall z)R(z)$　　　　约束变元改名

$\Leftrightarrow(\exists x)(\forall y)(\forall z)(\,(P(x)\vee Q(y))\rightarrow R(z)\,)$　量词前移

注意　　　由于量词前移的顺序不同，可能得到不同的但等价的前束范式。例如上例中还可能的前束范式有：$(\forall y)(\exists x)(\forall z)(\,(P(x)\vee Q(y))\rightarrow R(z)\,)$。可见，前束范式一般是不唯一的。

**例 2.15** 试将公式$((\forall x)P(x)\vee(\exists y)R(y))\rightarrow(\forall x)F(x)$化为前束范式。

**解**：$((\forall x)P(x)\vee(\exists y)R(y))\rightarrow(\forall x)F(x)$

$\Leftrightarrow\neg((\forall x)P(x)\vee(\exists y)R(y)\vee(\forall x)F(x))$

$\Leftrightarrow(\exists x)\neg P(x)\wedge(\forall y)\neg R(y)\vee(\forall x)F(x)$

$\Leftrightarrow(\exists x)\neg P(x)\wedge(\forall y)\neg R(y)\vee(\forall z)F(z)$

$\Leftrightarrow(\exists x)(\forall y)(\forall z)(\neg P(x)\wedge\neg R(y)\vee F(z))$

## 2.5.2　斯柯林范式

**定义 2.8**　如果前束范式中所有的存在量词均在全称量词之前，则称这种形式为斯柯林范式。

例如：$(\exists x)(\exists z)(\forall y)(P(x，y)\vee Q(y,z)\vee R(y))$是斯柯林范式。

任何一个公式都可以化为与之等价的斯柯林范式，其方法如下。

（1）先将给定公式化为前束范式。

（2）将前束范式中的所有自由变元用全称量词约束（UG）。

（3）若经上述改造后的公式 $A$ 中，第一个量词不是存在量词，则可以将 $A$ 等价变换成如下形式：$(\exists u)(A\wedge(G(u)\vee\neg G(u)))$，其中 $u$ 是 $A$ 中没有的变元。

（4）如果前束范式是由 $n$ 个存在量词开始，然后是 $m$ 个全称量词，后面还跟有存在量词，则可以利用下述等价式将这些全称量词逐一移到存在量词之后。

$(\exists x_1)\cdots(\exists x_n)(\forall y)P(x_1,x_2,\cdots,x_n,y)$

$\Leftrightarrow(\exists x_1)\cdots(\exists x_n)(\exists y)((P(x_1,x_2,\cdots,x_n,y)\wedge\neg H(x_1,x_2,\cdots,x_n,y))\vee(\forall z)H(x_1,x_2,\cdots,x_n,z))$

其中，$P(x_1,x_2,\cdots,x_n,y)$ 是一个前束范式，它仅含有 $x_1,x_2,\cdots,x_n$，和 $y$ 等 $n+1$ 个自由变元。$H$ 是不出现于 $P$ 内的 $n+1$ 元谓词。把等价式的右边整理成前束范式，它的前束将以 $(\exists x_1)\cdots(\exists x_n)(\exists y)$ 开头，后面跟上 $P$ 中的全称量词和存在量词，最后是 $(\forall z)$。如此作用 $m$ 次，可将存在量词前的 $m$ 个全称量词全部移到存在量词之后。

斯柯林范式比前束范式更优越，它将任意公式分为三部分，即存在量词序列、全程量词序列、不含量词的谓词公式。这大大方便了对谓词公式的研究。

**例 2.16** 求公式$(\forall x)((\neg P(x)\vee(\forall y)Q(y,z))\rightarrow\neg(\forall z)R(y,z))$的斯柯林范式。

**解**：原式$\Leftrightarrow(\forall x)((P(x)\wedge(\exists y)\neg Q(y,z))\vee(\exists z)\neg R(y,z))$

$\Leftrightarrow(\forall x)((P(x)\wedge(\exists u)\neg Q(u,z))\vee(\exists v)\neg R(y,v))$　　改名

$\Leftrightarrow(\exists u)(\exists v)(\forall x)((P(x)\wedge\neg Q(u,z)\vee\neg R(y,v))$　　量词前移

**例 2.17** 将公式$(\forall x)(P(x)\rightarrow(\exists y)Q(y))\wedge R(z)$化成斯柯林范式。

**解**：$(\forall x)(P(x)\rightarrow(\exists y)Q(y))\wedge R(z)$

$\Leftrightarrow(\forall x)(\neg P(x)\vee(\exists y)Q(y))\wedge R(z)$

$\Leftrightarrow(\forall x)(\exists y)(\neg P(x)\vee Q(y))\wedge R(z)$

$\Leftrightarrow(\forall x)(\exists y)(\neg P(x)\vee Q(y))\wedge(\forall z)R(z)$

$\Leftrightarrow(\forall x)(\exists y)(\forall z)((\neg P(x)\vee Q(y))\wedge R(z))$

$\Leftrightarrow (\exists u)((\forall x)(\exists y)(\forall z)((\neg P(x) \vee Q(y)) \wedge R(z)) \wedge (G(u) \vee \neg G(u)))$

$\Leftrightarrow (\exists u)(\forall x)((\exists y)(\forall z)(((\neg P(x) \vee Q(y)) \wedge R(z)) \wedge (G(u) \vee \neg G(u)))) \wedge \neg H$
$(u, x)) \vee (\forall s)H(u, s))$

$\Leftrightarrow (\exists u)(\forall x)(\exists y)(\forall z)(\forall s)(((((\neg P(x) \vee Q(y)) \wedge R(z)) \wedge (G(u) \vee \neg G(u))) \wedge$
$\neg H(u, x) \vee H(u, s)))$

# 习　　题

1．将下列命题符号化。

（1）小王聪明而且好学。

（2）没有最大素数。

（3）并非所有大学生都能成为科学家。

（4）每个自然数不是奇数就是偶数。

（5）诗人李白游览所有名山大川。

2．对下列公式找出约束变元和自由变元，并指明量词的辖域。

（1）$(\forall x)(P(x) \rightarrow Q(x)) \wedge (\exists x)R(x，y)$

（2）$(\forall x)(\forall y)(P(x) \vee Q(y)) \rightarrow (\exists z)(R(x) \wedge S(z))$

（3）$(\forall x)(\exists y)(P(x，y) \wedge Q(y，z))$

3．证明下列各式是逻辑有效的：

（1）$(\exists x)(\forall y)P(x，y) \rightarrow (\forall y)(\exists x)P(x，y)$

（2）$(\forall x)P(x) \rightarrow ((\forall x)Q(x) \rightarrow (\forall y)P(y))$

4．证明下列各公式。

（1）$(\forall x)(\neg A(x) \rightarrow B(x)), (\forall x)\neg B(x) \Rightarrow (\exists x)A(x)$

（2）$(\exists x)A(x) \rightarrow (\forall x)B(x) \Rightarrow (\forall x)(A(x) \rightarrow B(x))$

（3）$(\forall x)(A(x) \rightarrow B(x)), (\forall x)(C(x) \rightarrow \neg B(x)) \Rightarrow (\forall x)(C(x) \rightarrow \neg A(x))$

（4）$(\forall x)(A(x) \vee B(x)), (\forall x)(B(x) \rightarrow \neg C(x)), (\forall x)C(x) \Rightarrow (\forall x)A(x)$

5．用 CP 规则证明下列各式。

（1）$(\forall x)(P(x) \rightarrow Q(x)) \Rightarrow (\forall x)P(x) \rightarrow (\forall x)Q(x)$

（2）$(\forall x)(P(x) \vee Q(x)) \Rightarrow (\forall x)P(x) \vee (\exists x)Q(x)$

6．将下列命题符号化并推证其结论。

（1）任何人如果他喜欢步行，他就不喜欢乘汽车，每一个人或者喜欢乘汽车或者喜欢骑自行车，有的人不爱骑自行车，因而有的人不爱步行。

（2）每个科学工作者都是刻苦钻研的，每个刻苦钻研而且聪明的科学工作者在他的事业中都将获得成功。华为是科学工作者并且他是聪明的，所以，华为在他的事业中将获得成功。

（3）每位资深名士或是中科院院士或是国务院参事，所有的资深名士都是政协委员。张伟是资深名士，但他不是中科院院士。因此，有的政协委员是国务院参事。

（4）一个人怕困难，那麽他就不会获得成功。每个人或者获得成功或者失败过。有些人未曾失败过，所以，有些人不怕困难。

7．下列推导步骤中哪个是错误的？

（a）　　　（1）　　　　$(\forall x)P(x) \rightarrow Q(x)$　　　　　　　　　P

　　　　　（2）　　　　$P(x) \rightarrow Q(x)$　　　　　　　　　　　US，（1）

|  |  |  |  |
|---|---|---|---|
| （b） | （1） | $(\forall x)(P(x) \lor Q(x))$ | P |
|  | （2） | $P(a) \lor Q(b)$ | US，（1） |
| （c） | （1） | $P(x) \to Q(x)$ | P |
|  | （2） | $(\exists x)P(x) \to Q(x)$ | EG，（1） |
| （d） | （1） | $P(a) \to Q(b)$ | P |
|  | （2） | $(\exists x)(P(a) \to Q(b))$ | EG，（1） |

8. 试找出下列推导过程中的错误，并问结论是否有效？如果有效，写出正确的推导过程。

| {1} | （1） | $(\forall x)P(x) \to Q(x)$ | P |
|---|---|---|---|
| {1} | （2） | $P(x) \to Q(x)$ | US，（1） |
| {3} | （3） | $(\exists x)P(x)$ | P |
| {3} | （4） | $P(x)$ | ES，（3） |
| {1，3} | （5） | $Q(x)$ | T，（2），（4）和 $I_{10}$ |
| {1，3} | （6） | $(\exists x)Q(x)$ | EG，（5） |

9. 用构成推导过程的方法证明下列蕴涵式。

（1） $(\exists x)P(x) \to (\forall x)(P(x) \lor Q(x)) \to R(x))$

　　　$(\exists x)P(x),(\exists x)Q(x) \Rightarrow (\exists x)(\exists y)(R(x) \land R(y))$

（2） $(\exists x)P(x) \to (\forall x)Q(x) \Rightarrow (\forall x)(P(x) \to Q(x))$

10. 将下列公式化为前束范式。

（1） $(\forall x)(P(x) \to (\exists y)Q(x))$

（2） $(\forall x)(\exists y)((\exists z)(P(x,y) \land P(y,z)) \to (\exists u)Q(x,y,u))$

（3） $\neg(\forall x)(\exists y)A(x,y) \to (\exists x)(\forall y)(B(x,y) \land (\forall y)(A(y,x) \to B(x,y)))$

11. 求等价于下面公式的前束主析取范式与前束主合取范式。

（1） $(\exists x)P(x) \lor (\exists x)Q(x) \to (\exists x)(P(x) \lor Q(x))$

（2） $(\forall x)(P(x) \to (\forall y)((\forall z)Q(x,z) \to \neg R(x,y)))$

（3） $(\forall x)P(x) \to (\exists x)((\forall z)Q(x,z) \lor (\forall z)R(x,y,z))$

（4） $(\forall x)(P(x) \to Q(x,y) \to ((\exists y)P(y) \land (\exists z)Q(y,z))$

12. 将下列公式化为斯柯林范式。

（1） $(\forall x)(P(x) \to (\exists y)Q(x,y))$

（2） $(\forall x)(\forall y)((\exists z)(P(x,z) \land P(y,z)) \to (\exists u)Q(x,y,u))$

# 第3章
# 集合论

集合是什么？一些事物无序的组合在一起就是集合。这个极其直观的描述是由一位叫康托（GeorgCantor，1845—1918）的德国数学家提出的，但就是由这个直观的描述所产生的理论，几乎导致了整个数学体系的崩溃。

这种崩溃源于对无穷量的认识。在康托之前的许多伟大的数学家都对这个概念表达了厌恶，高斯甚至通过反对在数学中使用无穷量来表达这种情绪。但在17世纪牛顿和莱布尼茨创立了微积分理论之后，对无穷大和无穷小这种无穷量的探讨成为了整个微积分理论的基础。为此，从19世纪开始，柯西、魏尔斯特拉斯等人进行了微积分理论严格化的工作。他们建立了极限理论，并把极限理论的基础归结为实数理论。那么，实数理论的基础又该是什么呢？康托试图用集合论来作为实数理论，以至整个微积分理论体系的基础。

康托所创立的集合理论用一一对应的方式来考察各种数量关系，特别是无穷数量关系。例如，在整数和偶数这两个无穷集合中，对于任意一个整数 $x$，都存在一个偶数 $2x$，同时对于任意一个偶数 $x$，也都存在一个整数 $x/2$，因此整数集合中包含的数的个数同偶数集合中包含的数的个数是相同的。也就是说一个集合中元素的数量同它的一个部分中所包含的元素数量是相同的。这种与当时主流的数学框架格格不入的古怪理论，从一出生就一直处于争论的漩涡中，许多当时赫赫有名的数学家都对其进行了激烈攻击。直到20世纪初，许多数学成果都可以建立在集合论的基础之上，集合论才被数学界所认可。

正当数学家们都欣喜的认为所有的数学问题都可以以集合论作为基础进行讨论的时候，1902年罗素提出了一个集合是否属于自己的悖论，使得大家认识到集合论存在着漏洞。绝对严密的数学陷入了自相矛盾之中。这就是数学史上的第三次数学危机。

1908年，策梅罗提出公理化集合论，后经改进形成无矛盾的集合论公理系统，简称ZF公理系统。原本直观的集合概念被建立在严格的公理基础之上，从而避免了悖论的出现，因而较圆满地解决了第三次数学危机。这就是集合论发展的第二个阶段：公理化集合论。与此相对应，在1908年以前由康托创立的集合论被称为朴素集合论。现在，集合论作为现代数学的基础，已经深入到各种科学技术领域中。例如在开关理论、有限状态机、形式语言等领域中，都卓有成效地应用了集合论。

本部分的内容分为三章来介绍：集合论、二元关系、函数。

## 3.1　集合的概念及其表示

集合是一个不能精确定义的基本概念。一般地说，把具有共同性质的一些事物汇集成一个整体，就叫做**集合**。而这些事物就是这个集合的**元素**。例如，全体中国人是一个集合，每个中国人都是这个集合的元素；全体自然数是一个集合，每个自然数都是这个集合的元素；图书馆的藏书是一个集合，每本书都是这个集合的元素；全国的高校也形成一个集合，每所高校都是这个集合的元素。

集合一般用大写的英文字母表示，集合中的事物，即元素用小写的英文字母表示。若元素 $a$ 属

于集合 $A$，记作 $a \in A$，读作"$a$ 属于 $A$"；反之，写作 $a \notin A$，读作"$a$ 不属于 $A$"。

一个集合的元素个数是有限的，则称作**有限集**，否则称作**无限集**。

表示集合的方法有两种。

1. **枚举法**：把集合中的元素写在一个花括号内，元素间用逗号隔开。例如：

$A = \{a,b,c,d\}$，$B = \{1,2,3,\cdots\}$，$C = \{2,4,6,\cdots,2n\}$，$D = \{a,a^2,a^3,\cdots\}$ 等。

2. **构造法**：构造法又叫谓词法。如果 $P(x)$ 是表示元素 $x$ 具有某种性质 $P$ 的谓词，则所有具有性质 $P$ 的元素构成了一个集合，记作 $A = \{x \mid P(x)\}$。显然，$x \in A = P(x)$。例如：

$$A = \{x \mid x\text{是正奇数}\}$$

集合的元素是彼此不同的，如果同一个元素在集合中多次出现应该认为是一个元素，如

$$\{1,2,4\} = \{1,2,2,4\}$$

集合的元素是无序的，如

$$\{1,2,4\} = \{1,4,2\}$$

但 $\{\{1,2\},4\} \neq \{1,4,2\}$。

集合中的元素还可以是集合。例如

$$S = \{a,\{1,2\},P,\{q\}\}$$

应该说明的是 $q \in \{q\}$，但 $q \notin S$，同理 $1 \in \{1,2\}$ 但 $1 \notin S$。

例如，设 $A$ 是小于 10 的素数集合，即 $A = \{2,3,5,7\}$，又设代数方程 $x^4 - 17x^3 + 101x^2 - 247x + 210 = 0$ 的所有根所组成的集合为 $B$，则 $B$ 正好也是 $\{2,3,5,7\}$，因此集合 $A$ 和 $B$ 是相等的。

在本书中定义一些通用的集合的符号，自然数集合 $\mathbf{N}$，整数集合 $\mathbf{Z}$，有理数集合 $\mathbf{Q}$，实数集合 $\mathbf{R}$，复数集合 $\mathbf{C}$。

为了体系上的严谨性，我们规定，对于任何集合 $A$ 都有 $A \notin A$。

下面考虑两个集合之间的关系。

**定义 3.1** 设 $A,B$ 是任意两个集合，如果 $A$ 的每一个元素都是 $B$ 的元素，则称 $A$ 为 $B$ 的**子集**，或说 $B$ 包含 $A$，$A$ 包含于 $B$ 内。记作 $A \subseteq B$，或 $B \supseteq A$，其形式化表述为

$$A \subseteq B \Leftrightarrow (\forall x)(x \in A \to x \in B)$$

例如，$A = \{a,b,c\}$，$B = \{a,b\}$，$C = \{a,c\}$，$D = \{c\}$，则 $B \subseteq A, C \subseteq A, D \subseteq A, D \subseteq C$

同理，$\mathbf{N} \subseteq \mathbf{Z} \subseteq \mathbf{Q} \subseteq \mathbf{R} \subseteq \mathbf{C}$，但 $\mathbf{Z} \not\subseteq \mathbf{N}$。

显然对于任意集合 $A$ 都有 $A \subseteq A$。

**定义 3.2** 设 $A,B$ 是任意两个集合，如果 $A \subseteq B$ 且 $B \subseteq A$，则称 $A$ 与 $B$ **相等**。记作 $A = B$，其形式化表述为

$$A \subseteq B \Leftrightarrow A \subseteq B \wedge B \subseteq A$$

今后证明两个集合相等，主要利用这个互为子集的判定条件，证必要性时所使用的反证法也是今后我们经常使用的方法。

**定义 3.3** 如果集合 $A$ 的每一个元素都属于 $B$，但集合 $B$ 中至少有一个元素不属于 $A$，则称 $A$ 为 $B$ 的**真子集**，记作 $A \subset B$。其形式化表述为

$$A \subset B \Leftrightarrow (\forall x)(x \in A \to x \in B) \wedge (\exists y)(y \in B \wedge y \notin A)$$
$$A \subset B \Leftrightarrow A \subseteq B \wedge A \neq B。$$

例如，$\mathbf{N} \subset \mathbf{Z} \subset \mathbf{Q} \subset \mathbf{R} \subset \mathbf{C}$，但 $\mathbf{N} \not\subset \mathbf{N}$。

**定义 3.4** 不包含任何元素的集合为**空集**，记作 $\varnothing$。其形式化表述为

$$\varnothing = \{x \mid P(x) \wedge \neg P(x)\}$$

其中，$P(x)$ 是任意谓词。

**定理 3.1** 空集是任意集合的子集，即对于任意集合 $A$，有 $\varnothing \subseteq A$。

**证明：** 假设 $\varnothing \subseteq A$ 是假，则至少有一个元素 $x$，使得 $x \in \varnothing$ 且 $x \notin A$，然而空集 $\varnothing$ 不包含任何元素，所以以上假设不成立，即 $\varnothing \subseteq A$ 为真。

根据空集和子集的定义，可以看到，对于每一个非空集合 $A$，至少有两个不同的子集，$A$ 和 $\varnothing$，即 $A \subseteq A$ 和 $\varnothing \subseteq A$，并且称它们是 $A$ 的平凡子集。一般地说，$A$ 的每一个元素都能确定 $A$ 的一个子集，即若 $a \in A$，则 $\{a\} \subseteq A$。

**定义 3.5** 在一定范围内，如果所有集合均为某一集合的子集，则称该集合为**全集**，记作 $E$。对于任意 $x \in A$，因为 $A \subseteq E$，所以 $x \in E$，即 $(\forall x)(x \in E)$ 恒真。其形式化表述为

$$E = \{x \mid P(x) \vee \neg P(x)\}$$

其中，$P(x)$ 为任意谓词。

设全集 $E = \{a, b, c\}$，它的所有可能的子集有。

$S_0 = \varnothing, S_1 = \{a\}, S_2 = \{b\}, S_3 = \{c\}$,

$S_4 = \{a, b\}, S_5 = \{a, c\}, S_6 = \{b, c\}$,

$S_7 = \{a, b, c\}$ 这些子集都包含在 $E$ 中，即 $S_i \subseteq E (i = 0, 1, 2, \cdots, 7)$，但 $S_i \notin E$。如果把 $S_i$ 作为元素，可以组成另外一种集合。

**定义 3.6** 给定集合 $A$，由集合 $A$ 的所有子集为元素组成的集合称为集合 $A$ 的**幂集**，记为 $P(A)$。

例如，$A = \{a, b, c\}$

$P(A) = \{\varnothing, \{a\}, \{b\}, \{c\}, \{a, b\}, \{a, c\}, \{b, c\}, \{a, b, c\}\}$

**定理 3.2** 若有限集合 $A$ 有 $n$ 个元素，则它的幂集 $P(A)$ 有 $2^n$ 个元素。

**证明：** 应用数学归纳法，当 $n = 0$ 时，$A$ 为空集，其子集只有空集，即 $P(A)$ 中只包含 $2^0$ 个元素。假设集合 $A$ 有 $n$ 个元素时，其幂集 $P(A)$ 有 $2^n$ 个元素。

当集合 $A$ 有 $n + 1$ 个元素时，设新添加的元素为 $a_{n+1}$，则 $P(A)$ 中的元素可分为两类：

① 不包含元素 $a_{n+1}$ 的集合，其个数为 $2^n$。

② 包含元素 $a_{n+1}$ 的集合。将这些集合中的 $a_{n+1}$ 去掉，则可得到一个不包含元素 $a_{n+1}$ 的集合，所以其个数也为 $2^n$。

因此，当集合 $A$ 有 $n + 1$ 个元素时，其幂集 $P(A)$ 有 $2^n + 2^n = 2^{n+1}$ 个元素。

综上所述，若集合 $A$ 有 $n$ 个元素，则它的幂集 $P(A)$ 有 $2^n$ 个元素。

现在引进一种编码，用来唯一地表示有限集幂集的元素，现以 $S = \{a, b, c\}$ 为例来说明这种编码方法。

$P(S) = \{S_i \mid i \in J\}$，$J = \{i \mid i$ 是二进制数且 $000 \leqslant i \leqslant 111\}$

例如，$S_3 = S_{011} = \{b, c\}$

$S_6 = S_{110} = \{a, b\}$ 等。一般地

$P(S) = \{S_0, S_1, \cdots, S_{2^n-1}\}$，即

$P(S) = \{S_i \mid i \in J\}, J = \{i \mid i$ 是二进制数并且 $\underbrace{000 \cdots 0}_{n \uparrow} \leqslant i \leqslant \underbrace{111 \cdots 1}_{n \uparrow}\}$

# 3.2　集合的运算及恒等式

集合之间的关系和初级运算可以用文氏图给予形象的描述。文氏图的构造方法是首先画一个大矩形表示全集 $E$（有时为简单起见可将全集省略），其次在矩形内画一些圆（或任何其他适当

的闭曲线），用圆的内部表示集合。不同的圆代表不同的集合。如图 3.1 所示，图中的阴影部分表示新组成的集合。

集合 $A$

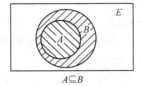
$A \subseteq B$

图 3.1　文氏图表示集合关系

集合的运算，就是以给定集合为对象，按确定的规则得到另外一些集合。集合的基本运算有并、交，相对补，绝对补和对称差。

**定义 3.7**　设 $A$，$B$ 为集合，$A$ 与 $B$ 的**并集** $A \cup B$，**交集** $A \cap B$，$B$ 对 $A$ 的**相对补集** $A - B$ 分别定义如下。

$$A \cup B = \{x \mid x \in A \lor x \in B\}$$
$$A \cap B = \{x \mid x \in A \land x \in B\}$$
$$A - B = \{x \mid x \in A \land x \notin B\}$$

由定义可以看出，$A \cup B$ 是由 $A$ 或 $B$ 中的元素构成，$A \cap B$ 由 $A$ 和 $B$ 中的公共元素构成，$A - B$ 由属于 $A$ 但不属于 $B$ 的元素构成，例如

$A = \{a, b, c\}$，$B = \{a\}$，$C = \{b, d\}$

则有

$A \cup B = \{a, b, c\}$，$A \cap B = \{a\}$，$A - B = \{b, c\}$

$B - A = \varnothing$，$B \cap C = \varnothing$

如果两个集合交集为 $\varnothing$，则称这两个集合是不交的，例如 $B$ 和 $C$ 是**不交的**。

两个集合的并和交运算可以推广到 $n$ 个集合的并和交

$$A_1 \cup A_2 \cup \cdots \cup A_n = \{x \mid x \in A_1 \lor x \in A_2 \lor \cdots \lor x \in A_n\}$$
$$A_1 \cap A_2 \cap \cdots \cap A_n = \{x \mid x \in A_1 \land x \in A_2 \land \cdots \land x \in A_n\}$$

上述的并和交可以简记为 $\bigcup\limits_{i=1}^{n} A_i$ 和 $\bigcap\limits_{i=1}^{n} A_i$，即

$$\bigcup\limits_{i=1}^{n} A_i = A_1 \cup A_2 \cup \cdots \cup A_n$$

$$\bigcap\limits_{i=1}^{n} A_i = A_1 \cap A_2 \cap \cdots \cap A_n$$

并和交运算还可以推广到无穷多个集合的情况。

$$\bigcup\limits_{i=1}^{\infty} A_i = A_1 \cup A_2 \cup \cdots$$

$$\bigcap\limits_{i=1}^{\infty} A_i = A_1 \cap A_2 \cap \cdots$$

**定义 3.8**　设 $A$，$B$ 为集合，$A$ 与 $B$ 的对称差集 $A \oplus B$ 定义为

$$A \oplus B = (A - B) \cup (B - A) = (A \cup B) - (A \cap B)$$

例如 $A = \{a, b, c\}$，$B = \{b, d\}$，则 $A \oplus B = \{a, c, d\}$

**定理 3.3**　证明等式 $(A - B) \cup (B - A) = (A \cup B) - (A \cap B)$

**证明：**对任意 $x$

$$x \in (A \cup B) - (A \cap B)$$
$$\Leftrightarrow x \in A \cup B \wedge x \notin A \cap B$$
$$\Leftrightarrow x \in A \cup B \wedge \neg(x \in A \cap B)$$
$$\Leftrightarrow (x \in A \vee x \in B) \wedge \neg(x \in A \wedge x \in B)$$
$$\Leftrightarrow (x \in A \vee x \in B) \wedge (x \notin A \vee x \notin B)$$
$$\Leftrightarrow (x \in A \wedge x \notin A) \vee (x \in A \wedge x \notin B) \vee (x \in B \wedge x \notin A) \vee (x \in B \wedge x \notin B)$$
$$\Leftrightarrow \varnothing \vee (x \in A \wedge x \notin B) \vee (x \in B \wedge x \notin A) \vee \varnothing$$
$$\Leftrightarrow (x \in A \wedge x \notin B) \vee (x \in B \wedge x \notin A)$$
$$\Leftrightarrow x \in A - B \vee x \in B - A$$
$$\Leftrightarrow x \in (A - B) \cup (B - A)$$

因此，$(A - B) \cup (B - A) = (A \cup B) - (A \cap B)$

**定义 3.9** 设 $E$ 为全集，$A$ 为一集合，$A \subseteq E$，则 $A$ 的**绝对补集** $\sim A$ 定义为

$$\sim A = E - A = \{x \mid x \in E \wedge x \notin A\}$$

因为 $E$ 是全集，$x \in E$ 是永真命题，所以 $\sim A$ 可以定义为

$$\sim A = E - A = \{x \mid x \notin A\}$$

例如 $E = \{a,b,c,d\}$，$A = \{a,b,c\}$，则 $\sim A = \{d\}$

以上所定义的集合之间的基本运算的文氏图表示可以参考图 3.2。

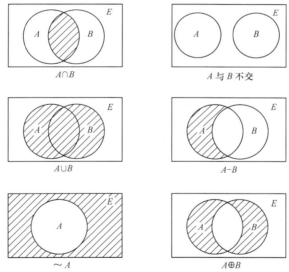

图 3.2 应用文氏图表示集合之间的基本运算

根据以上对集合基本运算的定义，可以得到集合论中的关于集合运算的基本定律。

$S_1$    $A \cap A = A$     } 等幂律
$S_2$    $A \cup A = A$

$S_3$    $A \cup (B \cup C) = (A \cup B) \cup C$
$S_4$    $(A \cap B) \cap C = A \cap (B \cap C)$    } 结合律
$S_5$    $(A \oplus B) \oplus C = A \oplus (B \oplus C)$

$S_6$    $A \cup B = B \cup A$
$S_7$    $A \cap B = B \cap A$    } 交换律
$S_8$    $A \oplus B = B \oplus A$

$S_9$ $A\cap(B\cup C)=(A\cap B)\cup(A\cap C)$ ⎫ 分配律
$S_{10}$ $A\cup(B\cap C)=(A\cup B)\cap(A\cup C)$ ⎭

$S_{11}$ $A\cap E=A$ ⎫
$S_{12}$ $A\cup\varnothing=A$ ⎪ 同一律
$S_{13}$ $A-\varnothing=A$ ⎬
$S_{14}$ $A\oplus\varnothing=A$ ⎭

$S_{15}$ $A\cap\varnothing=\varnothing$ ⎫ 零律
$S_{16}$ $A\cup E=E$ ⎭

$S_{17}$ $A\cap\sim A=\varnothing$ ⎫ 补余律
$S_{18}$ $A\cup\sim A=E$ ⎭

$S_{19}$ $A\cup(A\cap B)=A$ ⎫ 吸收律
$S_{20}$ $A\cap(A\cup B)=A$ ⎭

$S_{21}$ $A-(B\cup C)=(A-B)\cap(A-C)$ ⎫
$S_{22}$ $A-(B\cap C)=(A-B)\cup(A-C)$ ⎪
$S_{23}$ $\sim(A\cup B)=\sim A\cap\sim B$ ⎬ 德·摩根律
$S_{24}$ $\sim(A\cap B)=\sim A\cup\sim B$ ⎪
$S_{25}$ $\sim\varnothing=E$ ⎪
$S_{26}$ $\sim E=\varnothing$ ⎭

$S_{27}$ $\sim\sim A=A$ 双重否定律

除了以上的定律以外，还有一些关于集合运算性质的重要结果。

$S_{28}$ $A\cap B\subseteq A, A\cap B\subseteq B$

$S_{29}$ $A\subseteq A\cup B, B\subseteq A\cup B$

$S_{30}$ $A-B\subseteq A$

$S_{31}$ $A-B=A\cap\sim B$

$S_{32}$ $A-B=A-A\cap B$

$S_{33}$ $A\cap(B-C)=(A\cap B)-(A\cap C)$

$S_{34}$ $A\cup(B-C)\supseteq(A\cup B)-(A\cup C)$

$S_{35}$ $A\oplus B\subseteq A\cup B$

$S_{36}$ $A\oplus A=\varnothing$

$S_{37}$ $A\cap(B-A)=\varnothing$

$S_{38}$ $A\cup(B-A)=A\cup B$

我们选证其中的一部分，在这些证明中大量用到命题逻辑的等值式，在叙述中采用半形式化的方法。在集合之间关系的证明中，主要涉及到两种类型的证明，一种是证明一个集合为另一集合的子集，另一种为证明两个集合相等。

证明一个集合为另一个集合的子集的基本思想是：设$P,Q$为集合公式，欲证$P\subseteq Q$，即证对于任意的$x$有$x\in P\Rightarrow x\in Q$成立。

**例 3.1** 证明$S_{34}$，即$A\cup(B-C)\supseteq(A\cup B)-(A\cup C)$。

**证明：** 对于任意$x$

$$x\in(A\cup B)-(A\cup C)$$
$$\Leftrightarrow x\in A\cup B\wedge x\notin A\cup C$$
$$\Leftrightarrow(x\in A\vee x\in B)\wedge\neg(x\in A\vee x\in C)$$

$$\Leftrightarrow (x \in A \vee x \in B) \wedge (x \notin A \wedge x \notin C)$$
$$\Leftrightarrow x \in B \wedge x \notin A \wedge x \notin C$$
$$\Rightarrow x \in B \wedge x \notin C$$
$$\Rightarrow x \in A \vee (x \in B \wedge x \notin C)$$
$$\Leftrightarrow x \in A \vee (x \in B - C)$$
$$\Leftrightarrow x \in A \bigcup (B - C)$$

因此，$A \bigcup (B - C) \supseteq (A \bigcup B) - (A \bigcup C)$。

证明两个集合相等的基本思想是：设 $P, Q$ 为集合公式，欲证 $P = Q$，即证 $P \subseteq Q \wedge Q \subseteq P$ 为真，也就是证明对于任意 $x$ 有 $x \in P \Rightarrow x \in Q$ 和 $x \in Q \Rightarrow x \in P$ 成立。对于某些恒等式可以将这两个方向的推理合到一起，就是 $x \in P \Leftrightarrow x \in Q$。

**例 3.2** 证明 $S_{33}$，即 $A \bigcap (B - C) = (A \bigcap B) - (A \bigcap C)$。

**证明：** 对于任意 $x$

$$x \in (A \bigcap B) - (A \bigcap C)$$
$$\Leftrightarrow x \in A \bigcap B \wedge x \notin A \bigcap C$$
$$\Leftrightarrow (x \in A \wedge x \in B) \wedge \neg (x \in A \wedge x \in C)$$
$$\Leftrightarrow (x \in A \wedge x \in B) \wedge (x \notin A \vee x \notin C)$$
$$\Leftrightarrow (x \in A \wedge x \in B \wedge x \notin A) \vee (x \in A \wedge x \in B \wedge x \notin C)$$
$$\Leftrightarrow \varnothing \vee (x \in A \wedge x \in B \wedge x \notin C)$$
$$\Leftrightarrow x \in A \wedge x \in B \wedge x \notin C$$
$$\Leftrightarrow x \in A \wedge x \in B - C$$
$$\Leftrightarrow x \in A \bigcap (B - C)$$

因此，$A \bigcap (B - C) = (A \bigcap B) - (A \bigcap C)$。

由此可以看出，集合运算的规律和命题演算的某些规律是一致的，所以命题演算的方法是证明集合等式的基本方法。除此之外，证明集合等式还可以应用已知等式带入的方法。

**例 3.3** 证明 $S_{33}$，即 $A \bigcap (B - C) = (A \bigcap B) - (A \bigcap C)$。

**证明：** $A \bigcap (B - C) = A \bigcap B \bigcap \sim C$
又
$(A \bigcap B) - (A \bigcap C)$
$= (A \bigcap B) \bigcap \sim (A \bigcap C)$
$= (A \bigcap B) \bigcap (\sim A \bigcup \sim C)$
$= (A \bigcap B \bigcap \sim A) \bigcup (A \bigcap B \bigcap \sim C)$
$= A \bigcap B \bigcap \sim C$

因此，$A \bigcap (B - C) = (A \bigcap B) - (A \bigcap C)$。

**例 3.4** 证明 $S_5$，即 $(A \oplus B) \oplus C = A \oplus (B \oplus C)$

**证明：**
$(A \oplus B) \oplus C = ((A \oplus B) \bigcap \sim C) \bigcup (\sim (A \oplus B) \bigcap C)$
$= (((A \bigcap \sim B) \bigcup (\sim A \bigcap B)) \bigcap \sim C) \bigcup (\sim ((A \bigcap \sim B) \bigcup (\sim A \bigcap B)) \bigcap C)$
$= ((A \bigcap \sim B \bigcap \sim C) \bigcup (\sim A \bigcap B \bigcap \sim C)) \bigcup ((\sim A \bigcup B) \bigcap (A \bigcup \sim B) \bigcap C)$
$= ((A \bigcap \sim B \bigcap \sim C) \bigcup (\sim A \bigcap B \bigcap \sim C)) \bigcup (((\sim A \bigcup B) \bigcap A) \bigcup ((\sim A \bigcup B) \bigcap \sim B) \bigcap C)$
$= ((A \bigcap \sim B \bigcap \sim C) \bigcup (\sim A \bigcap B \bigcap \sim C)) \bigcup (((\sim A \bigcap A) \bigcup (A \bigcap B) \bigcup (\sim A \bigcap \sim B) \bigcup (B \bigcap \sim B)) \bigcap C)$
$= ((A \bigcap \sim B \bigcap \sim C) \bigcup (\sim A \bigcap B \bigcap \sim C)) \bigcup ((\varnothing \bigcup (A \bigcap B) \bigcup (\sim A \bigcap \sim B) \bigcup \varnothing) \bigcap C)$
$= (A \bigcap \sim B \bigcap \sim C) \bigcup (\sim A \bigcap B \bigcap \sim C) \bigcup (A \bigcap B \bigcap C) \bigcup (\sim A \bigcap \sim B \bigcap C)$

同时又有

$$A \oplus (B \oplus C)$$
$$= (A \cap \sim (B \oplus C)) \cup (\sim A \cap (B \oplus C))$$
$$= (A \cap \sim ((B \cap \sim C) \cup (\sim B \cap C))) \cup (\sim A \cap ((B \cap \sim C) \cup (\sim B \cap C)))$$
$$= (A \cap (\sim B \cup C) \cap (B \cup \sim C)) \cup ((\sim A \cap B \cap \sim C) \cup (\sim A \cap \sim B \cap C))$$
$$= (A \cap \sim B \cap B) \cup (A \cap \sim B \cap \sim C) \cup (A \cap B \cap C) \cup (A \cap C \cap \sim C) \cup (\sim A \cap B \cap \sim C)$$
$$\cup (\sim A \cap \sim B \cap C)$$
$$= \varnothing \cup (A \cap \sim B \cap \sim C) \cup (A \cap B \cap C) \cup \varnothing \cup (\sim A \cap B \cap \sim C) \cup (\sim A \cap \sim B \cap C)$$
$$= (A \cap \sim B \cap \sim C) \cup (A \cap B \cap C) \cup (\sim A \cap B \cap \sim C) \cup (\sim A \cap \sim B \cap C)$$

因此，$(A \oplus B) \oplus C = A \oplus (B \oplus C)$。

除了上述的基本定律和重要结果之外，关于集合之间的关系的证明，还有已知某些集合之间的关系，进而推导出这些集合之间的另外一些关系。

**例 3.5** 证明 $A \oplus B = A \oplus C \Rightarrow B = C$。

**证明：** 已知 $A \oplus B = A \oplus C$，所以有

$$A \oplus (A \oplus B) = A \oplus (A \oplus C)$$
$$\Rightarrow (A \oplus A) \oplus B = (A \oplus A) \oplus C$$
$$\Rightarrow \varnothing \oplus B = \varnothing \oplus C$$
$$\Rightarrow B = C$$

**例 3.6** 证明 $A \cup B = B \Leftrightarrow A \subseteq B \Leftrightarrow A \cap B = A \Leftrightarrow A - B = \varnothing$。

**证明：** 先证 $A \cup B = B \Rightarrow A \subseteq B$
对于任意 $x$

$$x \in A \Rightarrow x \in A \lor x \in B \Rightarrow x \in A \cup B \Rightarrow x \in B \quad (\text{因为 } A \cup B = B)$$

因此，$A \subseteq B$。

再证 $A \subseteq B \Rightarrow A \cap B = A$
显然有 $A \cap B \subseteq A$，再证 $A \subseteq A \cap B$
对于任意 $x$，

$$x \in A \Rightarrow x \in A \land x \in A \Rightarrow x \in A \land x \in B \quad (\text{因为 } A \subseteq B) \Rightarrow x \in A \cap B$$

因此，$A \subseteq A \cap B$，所以有 $A \cap B = A$。

然后证 $A \cap B = A \Leftrightarrow A - B = \varnothing$

$$A - B$$
$$= A \cap \sim B$$
$$= (A \cap B) \cap \sim B \quad (\text{因为} A \cap B = A)$$
$$= A \cap \varnothing$$
$$= \varnothing$$

最后证 $A - B = \varnothing \Rightarrow A \cup B = B$

$$A \cup B = B \cup (A - B) = B \cup \varnothing = B$$

本例给出了 $A \subseteq B$ 的另外三种等价的定义，这不仅为证明两个集合之间的包含关系提供了新方法，同时也可以用于集合公式的化简。

**例 3.7** 化简 $((A \cup B \cup C) \cap (A \cup B)) - ((A \cup (B - C)) \cap A)$。

**解：** 因为 $A \cup B \subseteq A \cup B \cup C$，$A \subseteq A \cup (B - C)$，由此可得

$$((A \cup B \cup C) \cap (A \cup B)) - ((A \cup (B - C)) \cap A)$$
$$= (A \cup B) - A$$
$$= B - A$$

# 3.3 有穷集的计数和包含排斥原理

使用文氏图可以很方便的解决有穷集的计数问题。首先根据已知条件把对应的文氏图画出来。一般来说，每一条性质决定一个集合，有多少条性质，就有多少个集合。如果没有特殊的说明，任何两个集合都画成相交的，然后将已知的元素个数填入该集合的区域内。通常从 $n$ 个集合的交集填起，根据计算的结果将数字逐步填入所有的空白区域。如果交集的数字是未知的，可以设为 $x$，之后再根据题目中的条件，列出一次方程或方程组，就可以求得所需要的结果。

**例 3.8** 求 1 到 1000 之间（包含 1 和 1000 在内）既不能被 5 和 6，也不能被 8 整除的数有多少个?

**解**：设

$$S = \{x \mid x \in Z \land 1 \leqslant x \leqslant 1000\}$$
$$A = \{x \mid x \in S \land x 可被5整除\}$$
$$B = \{x \mid x \in S \land x 可被6整除\}$$
$$C = \{x \mid x \in S \land x 可被8整除\}$$

用 $|P|$ 表示有穷集 $P$ 中的元素数，$\lfloor x \rfloor$ 表示小于等于 $x$ 的最大整数，$lcm(x_1, x_2, \cdots, x_n)$ 表示 $x_1, x_2, \cdots, x_n$ 的最小公倍数，则有

$|A| = \lfloor 1000 / 5 \rfloor = 200$

$|B| = \lfloor 1000 / 6 \rfloor = 166$

$|C| = \lfloor 1000 / 8 \rfloor = 125$

$|A \cap B| = \lfloor 1000 / lcm(5,6) \rfloor = 33$

$|A \cap C| = \lfloor 1000 / lcm(5,8) \rfloor = 25$

$|B \cap C| = \lfloor 1000 / lcm(6,8) \rfloor = 41$

$|A \cap B \cap C| = \lfloor 1000 / lcm(5,6,8) \rfloor = 8$

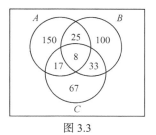

图 3.3

将这些数字带入文氏图，得到图 3.3。由图可知，不能被 5，6 和 8 整除的数有

$$1000 - (200 + 100 + 33 + 67) = 600 个$$

**例 3.9** 对 24 名会外语的科技人员进行掌握外语情况的调查，统计结果如下：会英、日、德和法语的人分别为 13，5，10 和 9 人，其中同时会英语和日语的有 2 人，会英、德和法语中任两种语言的都是 4 人。已知会日语的人既不懂法语也不懂德语，分别求只会一种语言（英、德、法、日）的人数和会三种语言的人数。

**解**：令 $A$，$B$，$C$，$D$ 分别表示会英、德、法、日语的人的集合。根据题意画出文氏图如图 3.4 所示。设同时会三种语言的有 $x$ 人，只会英、法或德语一种语言的分别为 $y_1$，$y_2$ 和 $y_3$ 人。将 $x$ 和 $y_1$，$y_2$，$y_3$ 填入图中相应的区域，然后依次填入其他区域的人数。根据已知条件列出方程组如下：

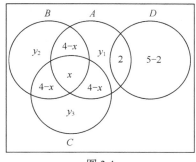

图 3.4

$$\begin{cases} y_1 + 2(4-x) + x + 2 = 13 \\ y_2 + 2(4-x) + x = 9 \\ y_3 + 2(4-x) + x = 10 \\ y_1 + y_2 + y_3 + 3(4-x) + x = 19 \end{cases}$$

解得 $x=1$ ， $y_1=4$ ， $y_2=2$ ， $y_3=3$ 。

**定理 3.4（包含排斥原理）** 设 $S$ 为有穷集， $P_1,P_2,\cdots,P_n$ 是 $n$ 个性质。 $S$ 中的任何元素 $x$ 或者具有性质 $P_i$ ，或者不具有性质 $P_i$ ，两种情况必居其一。令 $A_i$ 表示 $S$ 中具有性质 $P_i$ 的元素构成的子集，则 $S$ 中不具有性质 $P_1,P_2,\cdots,P_n$ 的元素数为

$$|\sim A_1\cap\sim A_2\cap\cdots\cap\sim A_n|$$

$$=|S|-\sum_{i=1}^{n}|A_i|+\sum_{1\le i\le j\le n}|A_i\cap A_j|$$

$$-\sum_{1\le i\le j\le k\le n}|A_i\cap A_j\cap A_k|+\cdots+(-1)^n|A_1\cap A_2\cap\cdots\cap A_n|$$

**证明：** 设 $S$ 为全集，由德·摩根定律可得

$$\sim A_1\cap\sim A_2\cap\cdots\cap\sim A_n=\sim(A_1\cup A_2\cup\cdots\cup A_n)$$

因此，

$$|\sim A_1\cap\sim A_2\cap\cdots\cap\sim A_n|=|\sim(A_1\cup A_2\cup\cdots\cup A_n)|=|S|-|A_1\cup A_2\cup\cdots\cup A_n|$$

由此，原定理可变为

$$|A_1\cup A_2\cup\cdots\cup A_n|$$

$$=\sum_{i=1}^{n}|A_i|-\sum_{1\le i\le j\le n}|A_i\cap A_j|$$

$$+\sum_{1\le i\le j\le k\le n}|A_i\cap A_j\cap A_k|+\cdots+(-1)^{n-1}|A_1\cap A_2\cap\cdots\cap A_n|$$

应用数学归纳法对上式进行证明，

当 $n=2$ 时，证明 $|A_1\cup A_2|=|A_1|+|A_2|-|A_1\cap A_2|$

若 $A_1\cap A_2=\varnothing$ ，有 $|A_1\cup A_2|=|A_1|+|A_2|$ ，则 $|A_1\cup A_2|=|A_1|+|A_2|-|A_1\cap A_2|$ 成立。

若 $A_1\cap A_2\ne\varnothing$ ，有 $|A_1|=|(A_1\cap A_2)\cup(A_1\cap\sim A_2)|=|A_1\cap A_2|+|A_1\cap\sim A_2|$

于是 $|A_1\cap\sim A_2|=|A_1|-|A_1\cap A_2|$ ，则

$$|A_1\cup A_2|$$

$$=|(A_1\cap A_2)\cup(A_1\cap\sim A_2)\cup A_2|$$

$$=|((A_1\cap A_2)\cup A_2)\cup(A_1\cap\sim A_2)|$$

$$=|A_2\cup(A_1\cap\sim A_2)|$$

$$=|A_2|+|A_1\cap\sim A_2|$$

$$=|A_1|+|A_2|-|A_1\cap A_2|$$

因此，当 $n=2$ 时， $|A_1\cup A_2|=|A_1|+|A_2|-|A_1\cap A_2|$ 成立。

假设

$$|A_1\cup A_2\cup\cdots A_n|$$

$$=\sum_{i=1}^{n}|A_i|-\sum_{1\le i\le j\le n}|A_i\cap A_j|$$

$$+\sum_{1\le i\le j\le k\le n}|A_i\cap A_j\cap A_k|+\cdots+(-1)^{m-1}|A_1\cap A_2\cap\cdots\cap A_n|$$

成立，则，

$$|A_1\cup A_2\cup\cdots\cup A_{n+1}|$$

$$=|(A_1\cup A_2\cup\cdots\cup A_n)\cup A_{n+1}|$$

$$=|A_1\cup A_2\cup\cdots\cup A_n|+|A_{n+1}|-|(A_1\cup A_2\cup\cdots\cup A_n)\cap A_{n+1}|$$

$$= |A_1 \cup A_2 \cup \cdots \cup A_n| + |A_{n+1}| - |(A_1 \cap A_{n+1}) \cup (A_2 \cap A_{n+1}) \cup \cdots \cup (A_n \cap A_{n+1})|$$

$$= \sum_{i=1}^{n} |A_i| - \sum_{1 \le i \le j \le n} |A_i \cap A_j|$$

$$+ \sum_{1 \le i \le j \le k \le n} |A_i \cap A_j \cap A_k| + \cdots + (-1)^{n-1} |A_1 \cap A_2 \cap \cdots \cap A_n|$$

$$+ |A_{n+1}| - (\sum_{i=1}^{n} |A_i \cap A_{n+1}| - \sum_{1 \le i \le j \le n} |A_i \cap A_j \cap A_{n+1}|$$

$$+ \sum_{1 \le i \le j \le k \le n} |A_i \cap A_j \cap A_k \cap A_{n+1}| + \cdots + (-1)^{n-1} |A_1 \cap A_2 \cap \cdots \cap A_n \cap A_{n+1}|)$$

$$= \sum_{i=1}^{n+1} |A_i| - \sum_{1 \le i \le j \le n+1} |A_i \cap A_j|$$

$$+ \sum_{1 \le i \le j \le k \le n+1} |A_i \cap A_j \cap A_k| + \cdots + (-1)^{n} |A_1 \cap A_2 \cap \cdots \cap A_{n+1}|$$

因此定理得证。

根据包含排斥原理，例 3.8 中所求的元素数为

$$|\sim A \cap \sim B \cap \sim C|$$
$$= |S| - (|A| + |B| + |C|) + (|A \cap B| + |A \cap C| + |B \cap C|) - |A \cap B \cap C|$$
$$= 1000 - (200 + 166 + 125) + (33 + 25 + 41) - 8 = 600$$

**例 3.10** 求欧拉函数的值。欧拉函数 $\phi(n)$ 表示 $\{0,1,\cdots,n-1\}$ 中与 $n$ 互素的数的个数。例如 $\phi(12) = 4$，因为与 12 互素的数有 1,5,7,11。下面利用包含排斥原理给出欧拉函数的计算公式。

**解：**给定正整数 $n$，$n = p_1^{a_1} p_2^{a_2} \cdots p_k^{a_k}$ 为 $n$ 的素因子分解式，令

$$A_i = \{x \mid 0 \le x < n-1 \land p_i \, \text{整除} \, x\}$$

那么 $\phi(n) = |\sim A_1 \cap \sim A_2 \cap \cdots \cap \sim A_k|$

下面计算等式右边的各项，

$$|A_i| = \frac{n}{p_i}, i = 1, 2, \cdots, k$$

$$|A_i \cap A_j| = \frac{n}{p_i p_j}, 1 \le i \le j \le k$$

…

根据包含排斥原理

$$\phi(n) = |\sim A_1 \cap \sim A_2 \cap \cdots \cap \sim A_k|$$

$$= n - \left( \frac{n}{p_1} + \frac{n}{p_2} + \cdots + \frac{n}{p_k} \right) + \left( \frac{n}{p_1 p_2} + \frac{n}{p_1 p_3} + \cdots + \frac{n}{p_{k-1} p_k} \right) + \cdots + (-1)^k \frac{n}{p_1 p_2 \cdots p_k}$$

$$= n \left( 1 - \frac{1}{p_1} \right) \left( 1 - \frac{1}{p_2} \right) \cdots \left( 1 - \frac{1}{p_k} \right)$$

例如，$\phi(12) = 12 \left( 1 - \frac{1}{2} \right) \left( 1 - \frac{1}{3} \right) = 12 \times \frac{1}{2} \times \frac{2}{3} = 4$。

# 习　　题

1. 写出下列集合的表示式。

（1）所有一元一次方程的解组成的集合。

（2）$x^6 - 1$在实数域中的因式集。

（3）直角坐标系中，单位圆内（不包括单位圆）的点集。

（4）极坐标系中单位圆外（不包括单位圆周）的点集。

（5）能被 5 整除的整数集。

2. 设有某电视台，拟制定一项为时半小时的节目，其中包含戏剧、音乐与广告。每项节目都定位为 5 分钟的倍数，试求

（1）各种时间分配情况的集合。

（2）戏剧分配的时间较音乐多的集合。

（3）广告分配的时间与音乐或戏剧所分配的时间相等的集合。

（4）音乐所分配的时间恰为 5 分钟的集合。

3. 给出集合 $A$、$B$ 和 $C$ 的例子，使得 $A \in B$，$B \in C$ 而 $A \notin C$。

4. 确定下列命题是否为真。

（1）$\varnothing \subseteq \varnothing$

（2）$\varnothing \in \varnothing$

（3）$\varnothing \subseteq \{\varnothing\}$

（4）$\varnothing \in \{\varnothing\}$

（5）$\{a, b\} \subseteq \{a, b, c, \{a, b\}\}$

（6）$\{a, b\} \in \{a, b, c, \{a, b\}\}$

（7）$\{a, b\} \subseteq \{a, b, \{\{a, b\}\}\}$

（8）$\{a, b\} \in \{a, b, \{\{a, b\}\}\}$

5. $A \subseteq B$，$A \in B$ 是可能的吗？予以证明。

6. 确定下列集合的幂集。

（1）$\{a, \{a\}\}$

（2）$\{\{1, \{2, 3\}\}\}$

（3）$\{\varnothing, a, \{b\}\}$

（4）$P(\varnothing)$

（5）$P(P(\varnothing))$

7. 设 $A = \{\varnothing\}$，$B = P(P(A))$

（1）是否 $\varnothing \in B$？是否 $\varnothing \subseteq B$？

（2）是否 $\{\varnothing\} \in B$？是否 $\{\varnothing\} \subseteq B$？

（3）是否 $\{\{\varnothing\}\} \in B$？是否 $\{\{\varnothing\}\} \subseteq B$？

8. 设某集合有 101 个元素，试问

（1）可构成多少个子集？

（2）其中有多少个自己的元素为奇数？

（3）是否会有 102 个元素的子集？

9. 设 $S = \{a_1, a_2, \cdots, a_8\}$，$B_i$ 是 $S$ 的子集，由 $B_{17}$ 和 $B_{31}$ 所表达的子集是什么？应该如何确定子集 $\{a_2, a_6, a_7\}$ 和 $\{a_1, a_8\}$。

10. 设 $A = \{x \mid x < 5 \wedge x \in N\}$，$B = \{x \mid x < 7 \wedge x 是正偶数\}$，求 $A \cup B$，$A \cap B$。

11. 设 $A = \{x \mid x 是 book 中的字母\}$，$B = \{x \mid x 是 black 中的字母\}$，求 $A \cup B$，$A \cap B$。

12. 给定自然数集合的下列子集：

$A = \{1, 2, 7, 8\}$，$B = \{i \mid i^2 < 50\}$

$C = \{i \mid i被3整除 \wedge 0 \leqslant i \leqslant 30\}$

$D = \{i \mid 2^k \wedge k \in I + \wedge 0 \leqslant k \leqslant 6\}$

求下列集合：

（1）$A \cup (B \cup (C \cup D))$

（2）$A \cap (B \cap (C \cap D))$

（3）$B - (A \cup C)$

（4）$(\sim A \cap B) \cup D$

13. 证明对所有集合 $A$，$B$，$C$ 有

$(A \cap B) \cup C = A \cap (B \cup C)$，当且仅当 $C \subseteq A$。

14. 证明对所有集合 $A$，$B$，$C$ 有

（1）$(A - B) - C = A - (B \cup C)$

（2）$(A - B) - C = (A - C) - B$

（3）$(A - B) - C = (A - C) - (B - C)$

15. 确定以下各式的运算结果：

$\varnothing \cap \{\varnothing\}, \{\varnothing\} \cap \{\varnothing\}, \{\varnothing, \{\varnothing\}\} - \varnothing, \{\varnothing, \{\varnothing\}\} - \{\varnothing\}$。

16. 假设 $A$ 和 $B$ 是 $E$ 的子集，证明以下各式中每个关系式彼此等价。

（1）$A \subseteq B, \sim B \subseteq \sim A, A \cup B = B, A \cap B = A$

（2）$A \cap B = \varnothing, A \subseteq \sim B, B \subseteq \sim A$

（3）$A \cup B = E, \sim A \subseteq B, \sim B \subseteq A$

（4）$A = B, A \oplus B = \varnothing$

17. 化简下述集合公式。

（1）$(A \cap B) \cup (A - B)$

（2）$(A \cup (B - A)) - B$

（3）$((A - B) - C) \cup ((A - B) \cap C) \cup ((A \cap B) - C) \cup (A \cap B \cap C)$

（4）$(A \cap B \cap C) \cup (A \cap \sim B \cap C) \cup (\sim A \cap B \cap C)$

18. 设 $A$，$B$，$C$ 是任意集合，分别求使得下述等式成立的充分必要条件。

（1）$A \cup B = A$

（2）$A - B = A$

（3）$A - B = B$

（4）$A - B = B - A$

（5）$A \oplus B = A$

（6）$A \oplus B = \varnothing$

（7）$(A - B) \cap (A - C) = A$

（8）$(A - B) \cup (A - C) = \varnothing$

（9）$(A - B) \cap (A - C) = \varnothing$

（10）$(A - B) \oplus (A - C) = \varnothing$

19. 借助于文氏图，考察以下命题的正确性。

（1）若 $A$，$B$ 和 $C$ 是 $E$ 的子集，使得 $A \cap B \subseteq \sim C$ 和 $A \cup C \subseteq B$ 则 $A \cap C = \varnothing$。

（2）若 $A$，$B$ 和 $C$ 是 $E$ 的子集，使得 $A \subseteq \sim (B \cup C)$ 和 $B \subseteq \sim (A \cup C)$ 则 $B = \varnothing$。

20. 设 $A$，$B$，$C$ 为任意集合，试判断下面命题的真假。如果为真，给出证明，否则给出反例。

（1）$A \subset B \wedge B \subseteq C \Rightarrow A \subset C$

（2）$A \neq B \wedge B \neq C \Rightarrow A \neq C$

（3）$(A-B) \bigcup (B-C) = A-C$

（4）$(A-B) \bigcup B = A$

（5）$(A \bigcup B) - A = B$

（6）$(A \bigcap B) - A = \varnothing$

（7）$A \bigcup B = A \bigcup C \Rightarrow B = C$

（8）$C \subseteq A \wedge C \subseteq B \Rightarrow C \subseteq A \bigcap B$

（9）$A \subseteq B \Leftrightarrow P(A) \subseteq P(B)$

（10）$P(A) \bigcap P(B) = P(A \bigcap B)$

（11）$P(A) \bigcup P(B) \subseteq P(A \bigcup B)$

21. 设在 10 名青年中有 5 名是工人，7 名是学生，其中兼具有工人与学生双重身份的青年有三名，求既不是工人又不是学生的青年有几名？

22. 求 1 到 250 之间能被 2，3，5 和 7 中任何一个整除的整数个数。

23. 某足球队有球衣 38 件，篮球队有球衣 15 件，棒球队有球衣 20 件，三队队员总数 58 人，且其中只有 3 人同时参加三个队，试求同时参加两个队的队员共有几人？

24. 据调查，学生阅读杂志的情况如下：60%读甲种杂志，50%读乙种杂志，50%读丙种杂志，30%读甲种与乙种，30%读乙种与丙种，30%读甲种与丙种，10%读三类杂志，求：

（1）读两类杂志的学生的百分比？

（2）不读任何杂志的学生的百分比？

# 第4章
## 二元关系

关系

在日常生活中，我们都十分熟悉关系这个词的含义，例如夫妻关系，同事关系，上下级关系，位置关系等。在数学中，关系可表达集合中元素间的联系。在计算机科学中，关系的概念也具有重要意义。例如，数字计算机的逻辑设计和时序设计中，都应用了等价关系和相容关系的概念。在编译程序设计、信息检索、数据结构等领域中，关系的概念都是不可缺少的，常常使用复合数据结构，诸如阵列、表格或者树去表达数据集合。而这些数据集合的元素间往往存在着某种关系。在算法分析和程序结构中，关系的概念起着重要作用。与关系相联系着的，是对客体进行比较，这些被比较的客体当然是有关系的。根据比较结果的不同，计算机将去执行不同的任务。

本章首先讨论关系的基本表达形式，然后给出关系的运算，最后讨论几种常用的关系。

# 4.1 多重序元与笛卡儿乘积

**定义 4.1** 由两个元素 $x$ 和 $y$ 按一定顺序排列成的二元组叫作**序偶**或有序对，记作 $\langle x,y \rangle$，其中 $x$ 是序偶的**第一元素**，$y$ 是序偶的**第二元素**。

与集合不同，序偶是元素顺序相关的概念，即 $x \neq y \Leftrightarrow \langle x,y \rangle \neq \langle y,x \rangle$，而两个序偶相等的充要条件是两个序偶的第一元素相等且第二元素相等，即 $\langle x,y \rangle = \langle u,v \rangle \Leftrightarrow x = u \wedge y = v$。例如集合 $\{1,2\}$ 和 $\{2,1\}$ 表示同一个集合，而 $\langle 1,2 \rangle$ 和 $\langle 2,1 \rangle$ 则表示平面上不同的点，即不同的序偶。

**例 4.1** 已知 $\langle x+2,4 \rangle = \langle 5, 2x+y \rangle$，求 $x$ 和 $y$。

**解**：由序偶相等的充要条件可得

$$\begin{cases} x+2 = 5 \\ 2x+y = 4 \end{cases}$$

解得 $x = 3$，$y = -2$。

应该指出的是，序偶 $\langle a,b \rangle$ 两个元素不一定来自同一个集合，他们可以代表不同类型的事务。例如，$a$ 代表操作码，$b$ 代表地址码，则序偶 $\langle a,b \rangle$ 就代表一条单址指令。

把序偶的概念加以推广，可以定义 $n$ 重序元。例如，三重序元是一个序偶，它的第一元素是一个序偶，一般记作 $\langle\langle x,y \rangle,z \rangle$，为方便起见把它简记为 $\langle x,y,z \rangle$。

依此类推，$n$ 重序元是一个序偶，它的第一元素是 $(n-1)$ 重序元，并可记作 $\langle\langle x_1,x_2\cdots,x_{n-1} \rangle,x_n \rangle$。给定两个 $n$ 重序元 $\langle\langle x_1,x_2\cdots,x_{n-1} \rangle,x_n \rangle$ 和 $\langle\langle a_1,a_2\cdots,a_{n-1} \rangle,a_n \rangle$，于是可有

$$\langle\langle x_1,x_2\cdots,x_{n-1} \rangle,x_n \rangle = \langle\langle a_1,a_2\cdots,a_{n-1} \rangle,a_n \rangle \Leftrightarrow ((x_1 = a_1) \wedge (x_2 = a_2) \wedge \cdots \wedge (x_n = a_n))$$

因此可把 $n$ 重序元改写成 $\langle x_1,x_2\cdots,x_n \rangle$，其中第 $i$ 个元素通常称作 $n$ 重序元的第 $i$ 个坐标。

**定义 4.2** 设 $A$ 和 $B$ 是任意两个集合。若序偶的第一元素是 $A$ 的一个元素，第二元素是 $B$ 的

一个元素，则所有这样的序偶集合，称为 $A$ 和 $B$ 的**笛卡儿乘积**，记作 $A \times B$，即

$$A \times B = \{\langle x, y \rangle \mid x \in A \land y \in B\}$$

由排列组合的知识不难证明，如果 $|A| = m$，$|B| = n$，则 $|A \times B| = mn$。

笛卡儿乘积运算具有以下性质。

1. 对任意集合 $A$，根据定义有

$$A \times \varnothing = \varnothing，\quad \varnothing \times A = \varnothing$$

2. 一般来说，笛卡儿乘积运算不满足交换律，即

$$A \times B \neq B \times A \quad (当 A \neq \varnothing \land B \neq \varnothing \land A \neq B 时)$$

**例 4.2** 设 $A = \{\alpha, \beta\}, B = \{1, 2\}$，试求 $A \times B, B \times A, A \times A, (A \times B) \bigcap (B \times A)$

**解：** $A \times B = \{\langle \alpha, 1 \rangle, \langle \alpha, 2 \rangle, \langle \beta, 1 \rangle, \langle \beta, 2 \rangle\}$

$\qquad B \times A = \{\langle 1, \alpha \rangle, \langle 2, \alpha \rangle, \langle 1, \beta \rangle, \langle 2, \beta \rangle\}$

$\qquad A \times A = \{\langle \alpha, \alpha \rangle, \langle \alpha, \beta \rangle, \langle \alpha, \beta \rangle, \langle \beta, \beta \rangle\}$

$\qquad (A \times B) \bigcap (B \times A) = \varnothing$

3. 笛卡儿乘积运算不满足结合律，即

$$(A \times B) \times C \neq A \times (B \times C) \quad (当 A \neq \varnothing \land B \neq \varnothing \land C \neq \varnothing 时)$$

这是因为 $(A \times B) \times C$ 的第一元素是序偶，第二元素是 $C$ 中的元素，而 $A \times (B \times C)$ 的第一元素是 $A$ 中的元素，第二元素是序偶，由于 $\langle \langle a, b \rangle, c \rangle = \langle a, b, c \rangle$，而 $\langle a, \langle b, c \rangle \rangle \neq \langle a, b, c \rangle$，所以 $\langle \langle a, b \rangle, c \rangle \neq \langle a, \langle b, c \rangle \rangle$。因此 $(A \times B) \times C \neq A \times (B \times C)$

**例 4.3** 设 $A = \{\alpha, \beta\}, B = \{1, 2\}$ 和 $C = \{c\}$，试求 $(A \times B) \times C$ 和 $A \times (B \times C)$。

**解：** $(A \times B) \times C = \{\langle \alpha, 1 \rangle, \langle \alpha, 2 \rangle, \langle \beta, 1 \rangle, \langle \beta, 2 \rangle\} \times \{c\}$

$\qquad\qquad\qquad = \{\langle \langle \alpha, 1 \rangle, c \rangle, \langle \langle \alpha, 2 \rangle, c \rangle, \langle \langle \beta, 1 \rangle, c \rangle, \langle \langle \beta, 2 \rangle, c \rangle\}$

$\qquad A \times (B \times C) = \{\alpha, \beta\} \times \{\langle 1, c \rangle, \langle 2, c \rangle\}$

$\qquad\qquad\qquad = \{\langle \alpha, \langle 1, c \rangle \rangle, \langle \alpha, \langle 2, c \rangle \rangle, \langle \beta, \langle 1, c \rangle \rangle, \langle \beta, \langle 2, c \rangle \rangle\}$

4. 笛卡儿乘积运算对并和交运算满足分配率，即

（1）$A \times (B \bigcup C) = (A \times B) \bigcup (A \times C)$

（2）$A \times (B \bigcap C) = (A \times B) \bigcap (A \times C)$

（3）$(A \bigcup B) \times C = (A \times C) \bigcup (B \times C)$

（4）$(A \bigcap B) \times C = (A \times C) \bigcap (B \times C)$

我们只证等式（1），其余等式留给读者证明。

**证明：** 任取 $\langle x, y \rangle$

$$\langle x, y \rangle \in A \times (B \bigcup C)$$
$$\Leftrightarrow x \in A \land y \in B \bigcup C$$
$$\Leftrightarrow x \in A \land (y \in B \lor y \in C)$$
$$\Leftrightarrow (x \in A \land y \in B) \lor (x \in A) \land y \in C$$
$$\Leftrightarrow \langle x, y \rangle \in A \times B \lor \langle x, y \rangle \in A \times C$$
$$\Leftrightarrow \langle x, y \rangle \in (A \times B) \bigcup (A \times C)$$

因此，有 $A \times (B \bigcup C) = (A \times B) \bigcup (A \times C)$。

5. $A \subseteq C \land B \subseteq D \Rightarrow A \times B \subseteq C \times D$

**证明：** 任取 $\langle x, y \rangle$

$\langle x, y \rangle \in A \times B \Rightarrow x \in A \land y \in B \Rightarrow x \in C \land y \in D$（因为 $A \subseteq C \land B \subseteq D$）$\Rightarrow \langle x, y \rangle \in C \times D$

因此，$A \subseteq C \wedge B \subseteq D \Rightarrow A \times B \subseteq C \times D$。

下面给出 $n$ 个集合的笛卡儿乘积的定义。设 $A = \{A_i\}_{1 \leq i \leq n}$ 是加标集合，与 $A$ 对应的指标集合是集合 $A_1, A_2, \cdots, A_n$ 的笛卡儿乘积可以表示成

$$\underset{1 \leq i \leq n}{\times} A_i = A_1 \times A_2 \times \cdots A_n$$

例如

$$\underset{1 \leq i \leq 3}{\times} A_i = A_1 \times A_2 \times A_3 = \{\langle x_1, x_2, x_3 \rangle \mid x_1 \in A_1 \wedge x_2 \in A_2 \wedge x_3 \in A_3\}$$

对于 $n$ 个集合的笛卡儿乘积来说，同理可有

$$A_1 \times A_2 \times \cdots \times A_n$$
$$= ((A_1 \times A_2) \times A_3) \times \cdots \times A_n$$
$$= \{\langle x_1, x_2, \cdots, x_n \rangle \mid x_1 \in A_1 \wedge x_2 \in A_2 \wedge \cdots \wedge x_n \in A_n\}$$

由此可以看出 $n$ 个集合的笛卡儿乘积的定义是用 $n$ 重序元来定义的。

集合 $A$ 的笛卡儿乘积 $A \times A$ 记作 $A^2$；与此类似

$A \times A \times A = A^3$

$A_1 \times A_2 \times \cdots \times A_n = A^n$，其中 $A_i = A_{i+1} = A(i = 1, 2, \cdots, n-1)$。

如果所有的 $A_i$ 都是有穷集合，则 $n$ 个集合的笛卡儿乘积的基数为

$$|A_1 \times A_2 \times \cdots \times A_n| = |A_1| |A_2| \cdots |A_n|$$

# 4.2　关系的基本概念

**定义 4.3**　设 $n \in N$ 且 $A_1, A_2, \cdots, A_n$ 为 $n$ 个任意集合，若集合 $R \subseteq \underset{1 \leq i \leq n}{\times} A_i$，则称 $R$ 为 $A_1, A_2, \cdots, A_n$ 间的 $n$ **元关系**；当 $n = 2$，则称 $R$ 为 $A_1$ 到 $A_2$ 的二元关系，简称**关系**；若 $R = \varnothing$，则称 $R$ 为**空关系**；若 $R = \underset{1 \leq i \leq n}{\times} A_i$，则称 $R$ 为**全关系**；若 $A_1 = A_2 = \cdots = A_n = A$，则称 $R$ 为 $A$ 上的 $n$ 元关系。

**例 4.4**　设集合 $A = \{2, 3, 5, 9\}$，试给出集合 $A$ 上的小于或等于关系，大于或等于关系。

**解：**令集合 $A$ 上的小于或等于关系为 $R_1$，大于或等于关系为 $R_2$，根据定义 4.1 应有：

$$R_1 = \{\langle 2,2 \rangle, \langle 3,3 \rangle, \langle 5,5 \rangle, \langle 9,9 \rangle, \langle 2,3 \rangle, \langle 2,5 \rangle, \langle 2,9 \rangle, \langle 3,5 \rangle, \langle 3,9 \rangle, \langle 5,9 \rangle\}$$
$$R_2 = \{\langle 2,2 \rangle, \langle 3,3 \rangle, \langle 5,5 \rangle, \langle 9,9 \rangle, \langle 3,2 \rangle, \langle 5,2 \rangle, \langle 9,2 \rangle, \langle 5,3 \rangle, \langle 9,3 \rangle, \langle 9,5 \rangle\}$$

**例 4.5**　令 $R_1 = \{\langle 2n \rangle \mid n \in \mathbf{N}\}$

$\qquad R_2 = \{\langle n, 2n \rangle \mid n \in \mathbf{N}\}$

$\qquad R_3 = \{\langle n, m, k \rangle \mid n, m, k \in \mathbf{N} \wedge n^2 + m^2 = k^2\}$

根据上面的定义可知，$R_1$ 是 $\mathbf{N}$ 上的一元关系，$R_2$ 是 $\mathbf{N}$ 上的二元关系，$R_3$ 是 $\mathbf{N}$ 上的三元关系。

若序偶 $\langle x, y \rangle$ 属于 $R$，则记作 $\langle x, y \rangle \in R$ 或 $xRy$，否则记作 $\langle x, y \rangle \notin R$ 或 $x\not Ry$。

下面给出两个关系相等的概念。

**定义 4.4**　设 $R_1$ 为 $A_1, A_2, \cdots, A_n$ 间的 $n$ 元关系，$R_2$ 为 $B_1, B_2, \cdots, B_m$ 间的 $m$ 元关系，如果

（1）$n = m$；

（2）若 $1 \leq i \leq n$，则 $A_i = B_i$；

（3）把 $R_1$ 和 $R_2$ 作为集合看，$R_1 = R_2$ 则称 $n$ 元关系 $R_1$ 和 $m$ 元关系 $R_2$ 相等，记作 $R_1 = R_2$。

**例 4.6**　设 $R_1$ 为从 $\mathbf{N}$ 到 $\mathbf{N}$ 的二元关系，$R_2$ 和 $R_3$ 都是 $\mathbf{Z}$ 上的二元关系，并且

$R_1 = \{\langle n, m \rangle \mid n \in \mathbf{N} \wedge m \in \mathbf{N} \wedge m = n+1\}$

$R_2 = \{\langle n, n+1 \rangle \mid n \in \mathbf{Z} \wedge n \geq 0\}$

$R_3 = \{\langle |n|, |n|+1 \rangle \mid n \in \mathbf{Z}\}$

虽然从集合的观点看，有 $R_1 = R_2 = R_3$，但作为二元关系看，却是 $R_1 \neq R_2$ 和 $R_2 = R_3$。

**定义 4.5** 对任意集合 $A$，定义 $A$ 上的全域关系 $E_A$ 和 $A$ 上的恒等关系 $I_A$ 为

$$E_A = \{\langle x,y\rangle \mid x \in A \wedge y \in A\} = A \times A$$

$$I_A = \{\langle x,x\rangle \mid x \in A \wedge x \in A\}$$

**例 4.7** 设 $A = \{1,2,3,4\}$，求以下关系 $R$

（1）$R = \{\langle x,y\rangle \mid x \text{是} y \text{的倍数}\}$

（2）$R = \{\langle x,y\rangle \mid (x-y)^2 \in A\}$

（3）$R = \{\langle x,y\rangle \mid x/y \text{是素数}\}$

（4）$R = \{\langle x,y\rangle \mid x \neq y\}$

**解：**

（1）$R = \{\langle 1,1\rangle,\langle 2,1\rangle,\langle 2,2\rangle,\langle 3,1\rangle,\langle 3,3\rangle,\langle 4,1\rangle,\langle 4,2\rangle,\langle 4,4\rangle\}$

（2）$R = \{\langle 1,2\rangle,\langle 1,3\rangle,\langle 2,1\rangle,\langle 2,3\rangle,\langle 2,4\rangle,\langle 3,1\rangle,\langle 3,2\rangle,\langle 3,4\rangle,\langle 4,3\rangle,\langle 4,2\rangle\}$

（3）$R = \{\langle 2,1\rangle,\langle 3,1\rangle,\langle 4,2\rangle\}$

（4）$R = E_A - I_A = \{\langle 1,2\rangle,\langle 1,3\rangle,\langle 1,4\rangle,\langle 2,1\rangle,\langle 2,3\rangle,\langle 2,4\rangle,\langle 3,1\rangle,\langle 3,2\rangle,\langle 3,4\rangle,\langle 4,1\rangle,\langle 4,2\rangle,\langle 4,3\rangle\}$

# 4.3 关系的运算

关系作为序偶的集合，集合的运算并、交、相对补、绝对补和对称差都可以作为关系的运算。除此之外，关系特有的基本运算还有以下七种。

**定义 4.6** 设 $R$ 是二元关系

（1）$R$ 中所有序偶的第一元素构成的集合称为 $R$ 的**定义域**，记作 $\mathrm{dom}R$，其形式化表示为

$$\mathrm{dom}R = \{x \mid \exists y(\langle x,y\rangle \in R)\}$$

（2）$R$ 中所有序偶的第二元素构成的集合称为 $R$ 的**值域**，记作 $\mathrm{ran}R$，其形式化表示为

$$\mathrm{ran}R = \{y \mid \exists x(\langle x,y\rangle \in R)\}$$

（3）$R$ 的定义域和值域的并集称为 $R$ 的**域**，记作 $\mathrm{fld}R$，其形式化表示为

$$\mathrm{fld}R = \mathrm{dom}R \bigcup \mathrm{ran}R$$

**例 4.8** $R = \{\langle 1,2\rangle,\langle 1,3\rangle,\langle 2,4\rangle,\langle 4,3\rangle\}$，则

$\mathrm{dom}R = \{1,2,4\}$

$\mathrm{ran}R = \{2,3,4\}$

$\mathrm{fld}R = \{1,2,3,4\}$

**定义 4.7** 设 $R$ 是二元关系，将 $R$ 中每个序偶的第一元素同第二元素交换后所得到的关系称为 $R$ 的**逆关系**，简称 $R$ 的**逆**，记作 $R^{-1}$，其形式化表示为

$$R^{-1} = \{\langle x,y\rangle \mid \langle y,x\rangle \in R\}$$

**定义 4.8** 设 $F$，$G$ 为二元关系，$G$ 对 $F$ 的**右合成**记作 $F \circ G$，其形式化定义为

$$F \circ G = \{\langle x,y\rangle \mid \exists t(\langle x,t\rangle \in F \wedge \langle t,y\rangle \in G)\}$$

**例 4.9** 设 $F = \{\langle 3,3\rangle,\langle 6,2\rangle\}$，$G = \{\langle 2,3\rangle\}$，则

$F^{-1} = \{\langle 3,3\rangle,\langle 2,6\rangle\}$

$F \circ G = \{\langle 6,3\rangle\}$

$G \circ F = \{\langle 2,3\rangle\}$

类似的也可以定义关系的左合成，即

$$F \circ G = \{\langle x, y \rangle \mid \exists t (\langle x, t \rangle \in G \wedge \langle t, y \rangle \in F)\}$$

如果我们把二元关系看做一种作用，$xRy$ 即 $\langle x, y \rangle \in R$ 可以解释为 $x$ 通过 $R$ 的作用变到 $y$，那么右合成 $F \circ G$ 与左合成 $F \circ G$ 都表示两个作用的连续发生。所不同的是，右合成 $F \circ G$ 表示在右边的 $G$ 是合成到 $F$ 上的第二步作用；而左合成 $F \circ G$ 则恰好相反，其中 $F$ 是合成到 $G$ 上的第二步作用。这两种规定都是合理的，正如在交通规则中有的国家规定右行，有的国家规定左行一样。本书采用右合成的定义，而在其他的书中可能采用左合成的定义，请读者注意两者的区别。

**定义 4.9** 设 $R$ 是二元关系，$A$ 是集合

（1）$R$ 在 $A$ 上的**限制**记作 $R {\upharpoonright} A$，其形式化定义为

$$R {\upharpoonright} A = \{\langle x, y \rangle \mid xRy \wedge x \in A\}$$

（2）$A$ 在 $R$ 下的**像**记作 $R[A]$，其形式化定义为

$$R[A] = \mathrm{ran}(R {\upharpoonright} A)$$

不难看出 $R {\upharpoonright} A$ 是 $R$ 的子关系，而 $R[A]$ 是 $\mathrm{ran}R$ 的子集。

**例 4.10** 设 $R = \{\langle 1, 2 \rangle, \langle 1, 3 \rangle, \langle 2, 2 \rangle, \langle 2, 4 \rangle, \langle 3, 2 \rangle\}$，则

$R {\upharpoonright} \{1\} = \{\langle 1, 2 \rangle, \langle 1, 3 \rangle\}$

$R {\upharpoonright} \varnothing = \varnothing$

$R {\upharpoonright} \{2, 3\} = \{\langle 2, 2 \rangle, \langle 2, 4 \rangle, \langle 3, 2 \rangle\}$

$R[\{1\}] = \{2, 3\}$

$R[\varnothing] = \varnothing$

$R[\{3\}] = \{2\}$

为了使关系运算表达式更为简洁，我们对关系运算的优先级作了进一步规定：首先，关系运算中的逆运算优先于其他运算，而所有关系特有的运算都优先于其从集合继承而得的运算，最后，对于没有规定优先权的运算以括号决定运算顺序。例如

$$\mathrm{ran}F^{-1}, \quad F \circ G \bigcup F \circ H, \quad \mathrm{ran}(F {\upharpoonright} A)$$

等都是合理的表达式。

下面考虑这些基本运算的性质。

**定理 4.1** 设 $F$ 是任意关系，则

（1）$(F^{-1})^{-1} = F$

（2）$\mathrm{dom}F^{-1} = \mathrm{ran}F$，$\mathrm{ran}F^{-1} = \mathrm{dom}F$

**证明：**

（1）任取 $\langle x, y \rangle$，由逆运算的定义有

$$\langle x, y \rangle \in (F^{-1})^{-1} \Leftrightarrow \langle y, x \rangle \in F^{-1} \Leftrightarrow \langle x, y \rangle \in F$$

因此，$(F^{-1})^{-1} = F$。

（2）任取 $x$

$$x \in \mathrm{dom}F^{-1} \Leftrightarrow \exists y(\langle x, y \rangle \in F^{-1}) \Leftrightarrow \exists y(\langle y, x \rangle \in F) \Leftrightarrow x \in \mathrm{ran}F$$

因此，$\mathrm{dom}F^{-1} = \mathrm{ran}F$。

同理可证 $\mathrm{ran}F^{-1} = \mathrm{dom}F$。

**定理 4.2** 设 $F$，$G$，$H$ 是任意关系，则

（1）$(F \circ G) \circ H = F \circ (G \circ H)$

（2）$(F \circ G)^{-1} = G^{-1} \circ F^{-1}$

**证明：**

（1）任取 $\langle x,y \rangle$

$$\langle x,y \rangle \in (F \circ G) \circ H$$
$$\Leftrightarrow \exists t(\langle x,t \rangle \in F \circ G \wedge \langle t,y \rangle \in H)$$
$$\Leftrightarrow \exists t(\exists s(\langle x,s \rangle \in F \wedge \langle s,t \rangle \in G) \wedge \langle t,y \rangle \in H)$$
$$\Leftrightarrow \exists t \exists s(\langle x,s \rangle \in F \wedge \langle s,t \rangle \in G \wedge \langle t,y \rangle \in H)$$
$$\Leftrightarrow \exists s(\langle x,s \rangle \in F \wedge \exists t(\langle s,t \rangle \in G \wedge \langle t,y \rangle \in H))$$
$$\Leftrightarrow \exists s(\langle x,s \rangle \in F \wedge \langle s,y \rangle \in G \circ H)$$
$$\Leftrightarrow \langle x,y \rangle \in F \circ (G \circ H)$$

因此，$(F \circ G) \circ H = F \circ (G \circ H)$。

（2）任取 $\langle x,y \rangle$

$$\langle x,y \rangle \in (F \circ G)^{-1}$$
$$\Leftrightarrow \langle y,x \rangle \in F \circ G$$
$$\Leftrightarrow \exists t(\langle y,t \rangle \in F \wedge \langle t,x \rangle \in G)$$
$$\Leftrightarrow \exists t(\langle x,t \rangle \in G^{-1} \wedge \langle t,y \rangle \in F^{-1})$$
$$\Leftrightarrow \langle x,y \rangle \in G^{-1} \circ F^{-1}$$

因此，$(F \circ G)^{-1} = G^{-1} \circ F^{-1}$。

**定理 4.3** 设 $R_1$，$R_2$ 为任意关系，则

（1）$(R_1 \cup R_2)^{-1} = R_1^{-1} \cup R_2^{-1}$

（2）$(R_1 \cap R_2)^{-1} = R_1^{-1} \cap R_2^{-1}$

**证明：** 只证（1）。

任取 $\langle x,y \rangle$

$$\langle x,y \rangle \in (R_1 \cup R_2)^{-1}$$
$$\Leftrightarrow \langle y,x \rangle \in R_1 \cup R_2$$
$$\Leftrightarrow \langle y,x \rangle \in R_1 \vee \langle y,x \rangle \in R_2$$
$$\Leftrightarrow \langle x,y \rangle \in R_1^{-1} \vee \langle x,y \rangle \in R_2^{-1}$$
$$\Leftrightarrow \langle x,y \rangle \in R_1^{-1} \cup R_2^{-1}$$

因此，$(R_1 \cup R_2)^{-1} = R_1^{-1} \cup R_2^{-1}$。

**定理 4.4** 设 $R$ 为 $A$ 上的关系，则

$$R \circ I_A = I_A \circ R = R$$

**证明：** 任取 $\langle x,y \rangle$

$$\langle x,y \rangle \in R \circ I_A \Leftrightarrow \exists t(\langle x,t \rangle \in R \wedge \langle t,y \rangle \in I_A) \Leftrightarrow \exists t(\langle x,t \rangle \in R \wedge t=y) \Rightarrow \langle x,y \rangle \in R$$

又因为

$$\langle x,y \rangle \in R \Rightarrow \langle x,y \rangle \in R \wedge y \in A \Rightarrow \langle x,y \rangle \in R \wedge \langle y,y \rangle \in I_A \Rightarrow \langle x,y \rangle \in R \circ I_A$$

因此，$R \circ I_A = R$。

同理可证 $I_A \circ R = R$。

**定理 4.5** 设 $F$，$G$，$H$ 为任意关系，则

（1）$F \circ (G \cup H) = F \circ G \cup F \circ H$

（2）$(G \cup H) \circ F = G \circ F \cup H \circ F$

（3）$F \circ (G \cap H) \subseteq F \circ G \cap F \circ H$

（4）$(G \cap H) \circ F \subseteq G \circ F \cap H \circ F$

证明：只证（1）和（3），其他留作练习。

（1）任取 $\langle x, y \rangle$

$$\langle x, y \rangle \in F \circ (G \cup H)$$
$$\Leftrightarrow \exists t(\langle x, t \rangle \in F \wedge \langle t, y \rangle \in G \cup H)$$
$$\Leftrightarrow \exists t(\langle x, t \rangle \in F \wedge (\langle t, y \rangle \in G \vee \langle t, y \rangle \in H))$$
$$\Leftrightarrow \exists t((\langle x, t \rangle \in F \wedge \langle t, y \rangle \in G) \vee (\langle x, t \rangle \in F \wedge \langle t, y \rangle \in H))$$
$$\Leftrightarrow \exists t(\langle x, t \rangle \in F \wedge \langle t, y \rangle \in G) \vee \exists t(\langle x, t \rangle \in F \wedge \langle t, y \rangle \in H)$$
$$\Leftrightarrow \langle x, y \rangle \in F \circ G \vee \langle x, y \rangle \in F \circ H$$
$$\Leftrightarrow \langle x, y \rangle \in F \circ G \cup F \circ H$$

因此，$F \circ (G \cup H) = F \circ G \cup F \circ H$。

（3）任取 $\langle x, y \rangle$

$$\langle x, y \rangle \in F \circ (G \cap H)$$
$$\Leftrightarrow \exists t(\langle x, t \rangle \in F \wedge \langle t, y \rangle \in G \cap H)$$
$$\Leftrightarrow \exists t(\langle x, t \rangle \in F \wedge (\langle t, y \rangle \in G \wedge \langle t, y \rangle \in H))$$
$$\Leftrightarrow \exists t((\langle x, t \rangle \in F \wedge \langle t, y \rangle \in G) \wedge (\langle x, t \rangle \in F \wedge \langle t, y \rangle \in H))$$
$$\Rightarrow \exists t(\langle x, t \rangle \in F \wedge \langle t, y \rangle \in G) \wedge \exists t(\langle x, t \rangle \in F \wedge \langle t, y \rangle \in H)$$
$$\Leftrightarrow \langle x, y \rangle \in F \circ G \wedge \langle x, y \rangle \in F \circ H$$
$$\Leftrightarrow \langle x, y \rangle \in F \circ G \cap F \circ H$$

因此，$F \circ (G \cap H) \subseteq F \circ G \cap F \circ H$。

由数学归纳法不难证明定理 4.5 的结论对于有限多个关系的并和交也是成立的，即有

$$R \circ (R_1 \cup R_2 \cup \cdots \cup R_n) = R \circ R_1 \cup R \circ R_2 \cup \cdots \cup R \circ R_n$$
$$(R_1 \cup R_2 \cup \cdots \cup R_n) \circ R = R_1 \circ R \cup R_2 \circ R \cup \cdots \cup R_n \circ R$$
$$R \circ (R_1 \cap R_2 \cap \cdots \cap R_n) \subseteq R \circ R_1 \cap R \circ R_2 \cap \cdots \cap R \circ R_n$$
$$(R_1 \cap R_2 \cap \cdots \cap R_n) \circ R \subseteq R_1 \circ R \cap R_2 \circ R \cap \cdots \cap R_n \circ R$$

**定理 4.6**  设 $F$ 为关系，$A$，$B$ 为集合，则

（1）$F {\upharpoonright} (A \cup B) = F {\upharpoonright} A \cup F {\upharpoonright} B$

（2）$F[A \cup B] = F[A] \cup F[B]$

（3）$F {\upharpoonright} (A \cap B) = F {\upharpoonright} A \cap F {\upharpoonright} B$

（4）$F[A \cap B] \subseteq F[A] \cap F[B]$

证明：只证（1）和（4），其余留作练习。

（1）任取 $\langle x, y \rangle$

$$\langle x, y \rangle \in F {\upharpoonright} (A \cup B)$$
$$\Leftrightarrow \langle x, y \rangle \in F \wedge x \in A \cup B$$
$$\Leftrightarrow \langle x, y \rangle \in F \wedge (x \in A \vee x \in B)$$
$$\Leftrightarrow (\langle x, y \rangle \in F \wedge x \in A) \vee (\langle x, y \rangle \in F \wedge x \in B)$$

$$\Leftrightarrow \langle x,y \rangle \in F\!\upharpoonright\!A \vee \langle x,y \rangle \in F\!\upharpoonright\!B$$
$$\Leftrightarrow \langle x,y \rangle \in F\!\upharpoonright\!A \bigcup F\!\upharpoonright\!B$$

因此，$F\!\upharpoonright\!(A\bigcup B)=F\!\upharpoonright\!A\bigcup F\!\upharpoonright\!B$。

（4）任取 $y$

$$y \in F[A\bigcap B]$$
$$\Leftrightarrow \exists x(\langle x,y \rangle \in F \wedge x \in A\bigcap B)$$
$$\Leftrightarrow \exists x(\langle x,y \rangle \in F \wedge (x \in A \wedge x \in B))$$
$$\Leftrightarrow \exists x((\langle x,y \rangle \in F \wedge x \in A) \wedge (\langle x,y \rangle \in F \wedge x \in B))$$
$$\Rightarrow \exists x(\langle x,y \rangle \in F \wedge x \in A) \wedge \exists x(\langle x,y \rangle \in F \wedge x \in B)$$
$$\Leftrightarrow y \in F[A] \wedge y \in F[B]$$
$$\Leftrightarrow y \in F[A]\bigcap F[B]$$

因此，$F[A\bigcap B] \subseteq F[A]\bigcap F[B]$。

上述的对关系的合成运算可以推广到一般情况。如果 $R_1$ 是从 $A_1$ 到 $A_2$ 的关系，$R_2$ 是从 $A_2$ 到 $A_3$ 的关系，$\cdots$，$R_n$ 是从 $A_n$ 到 $A_{n+1}$ 的关系，则无括号表达式 $R_1 \circ R_2 \circ \cdots \circ R_n$ 表达了从 $A_1$ 到 $A_{n+1}$ 的关系。特别，当 $A_1=A_2=\cdots=A_n=A_{n+1}=A$ 和 $R_1=R_2=\cdots=R_n=R$ 时，也就是说当集合 $A$ 上的所有 $R_i$ 都是同样的关系时，$A$ 上的合成关系 $R_1 \circ R_2 \circ \cdots \circ R_n$ 可表达成 $R^n$，并称作**关系 $R$ 的幂**。

**定义 4.10**　给定集合 $A$，$R$ 是 $A$ 上的二元关系。设 $n \in N$，于是 $R$ 的 $n$ 次幂 $R^n$ 可定义成

（1）$R^0$ 是集合 $A$ 中的恒等关系 $I_A$，亦即

$$R^0=I_A=\{\langle x,x \rangle \mid x \in A\}$$

（2）$R^{n+1}=R^n \circ R$

**定理 4.7**　给定集合 $A$，$R$ 是 $X$ 上的二元关系。设 $m,n \in N$，于是可有

（1）$R^m \circ R^n = R^{m+n}$

（2）$(R^m)^n = R^{mn}$

**证明：** 用数学归纳法。

（1）对于任意给定的 $m \in N$，对 $n$ 用归纳法。

若 $n=0$，则有

$$R^m \circ R^n = R^m \circ I_A = R^m = R^{m+0}$$

假设 $R^m \circ R^n = R^{m+n}$，则有

$$R^m \circ R^{n+1} = R^m \circ (R^n \circ R) = (R^m \circ R^n) \circ R = R^{m+n} \circ R = R^{m+n+1}$$

因此，对于任意 $m,n \in N$，有 $R^m \circ R^n = R^{m+n}$。

（2）对于任意给定的 $m \in N$，对 $n$ 用归纳法。

若 $n=0$，则有

$$(R^m)^0 = I_A = R^0 = R^{m \times 0}$$

假设 $(R^m)^n = R^{mn}$，则有

$$(R^m)^{n+1} = (R^m)^n \circ R^m = R^{mn} \circ R^m = R^{mn+m} = R^{m(n+1)}$$

因此，对于任意 $m,n \in N$，有 $(R^m)^n = R^{mn}$。

**定理 4.8**　设 $A$ 为 $n$ 元集，$R$ 是 $A$ 上的关系，则存在自然数 $s$ 和 $t$，使得 $R^s=R^t$。

**证明：** $R$ 为 $A$ 上的关系，对于任意自然数 $k$，$R^k$ 都是 $A\times A$ 的子集，又知 $|A\times A|=n^2$，$|P(A\times A)|=2^{n^2}$，即 $A\times A$ 的不同子集仅 $2^{n^2}$ 个。当列出 $R$ 的幂 $R^0$，$R^1$，$R^2$，$\cdots$，$R^{2^{n^2}}$ 时，必存

在自然数 $s$ 和 $t$，使得 $R^s = R^t$。

**定理 4.9**　设 $R$ 为 $A$ 上的关系，若存在自然数 $s, t(s < t)$ 使得 $R^s = R^t$，则

（1）对任何 $k \in N$ 有 $R^{s+k} = R^{t+k}$。

（2）对任何 $k, i \in N$ 有 $R^{s+kp+i} = R^{s+i}$，其中 $p = t - s$。

（3）令 $S = \{R^0, R^0, \cdots, R^t\}$，则对于任意的 $q \in N$，有 $R^q \in S$。

**证明：**

（1）$R^{s+k} = R^s \circ R^k = R^t \circ R^k = R^{t+k}$

（2）对 $k$ 归纳，

若 $k = 0$，则有

$$R^{s+0 \times p+i} = R^{s+i} = R^{t+i}$$

假设 $R^{s+kp+i} = R^{t+i}$，其中 $p = t - s$，则

$$R^{s+(k+1)p+i} = R^{s+kp+i+p} = R^{s+kp+i} \circ R^p = R^{s+i} \circ R^p = R^{s+p+i} = R^{s+t-s+i} = R^{t+i} = R^{s+i}$$

因此，对于任意 $k, i \in N$，有 $R^{s+kp+i} = R^{s+i}$

（3）任取 $q \in N$，若 $q < t$，显然有 $R^q \in S$。若 $q \geq t$，则存在自然数 $k$ 和 $i$ 使得 $q = s + kp + i$，其中 $0 \leq i \leq p - 1$。由此可得

$$R^q = R^{s+kp+i} = R^{s+i}$$

由于 $s + i \leq s + p - 1 = s + t - s - 1 = t - 1$，

因此，对于任意的 $q \in N$，有 $R^q \in S$。

通过上面的定理可以看出，有穷集 $A$ 上的关系 $R$ 的幂序列是一个周期变化的序列。

# 4.4　关系的性质

**定义 4.11**　设 $R$ 为集合 $A$ 上的二元关系

（1）若对每个 $x \in A$，皆有 $\langle x, x \rangle \in R$，则称 $R$ 为**自反的**。其形式化表示为

$R$ 是自反的 $\Leftrightarrow (\forall x)(x \in A \to \langle x, x \rangle \in R)$

（2）若对每一个 $x \in A$，皆有 $\langle x, x \rangle \notin R$，则称 $R$ 是**反自反的**。其形式化表示为

$R$ 是反自反的 $\Leftrightarrow (\forall x)(x \in A \to \langle x, x \rangle \notin R)$

（3）对任意的 $x, y \in A$，若 $\langle x, y \rangle \in R$，则 $\langle y, x \rangle \in R$，就称 $R$ 为**对称的**。其形式化表示为

$R$ 是对称的 $\Leftrightarrow (\forall x)(\forall y)(x, y \in A \wedge \langle x, y \rangle \in R \to \langle y, x \rangle \in R)$

（4）对任意的 $x, y \in A$，若 $\langle x, y \rangle \in R$ 且 $\langle y, x \rangle \in R$，则 $x = y$，就称 $R$ 为**反对称的**，其形式化表示为

$R$ 是反对称的 $\Leftrightarrow (\forall x)(\forall y)(x, y \in A \wedge \langle x, y \rangle \in R \wedge \langle y, x \rangle \in R \to x = y)$

（5）对任意的 $x, y, z \in A$，若 $\langle x, y \rangle \in R$ 且 $\langle y, z \rangle \in R$，则 $\langle x, z \rangle \in R$，就称 $R$ 为**可传递的**，其形式化表示为

$R$ 是可传递的 $\Leftrightarrow (\forall x)(\forall y)(\forall z)(x, y, z \in A \wedge \langle x, y \rangle \in R \wedge \langle y, z \rangle \in R \to \langle x, z \rangle \in R)$

（6）存在 $x, y, z \in A$ 并且 $\langle x, y \rangle \in R \wedge \langle y, z \rangle \in R$ 而 $\langle x, z \rangle \notin R$，则称 $R$ 是**不可传递的**。其形式化表示为

$R$ 是不可传递的 $\Leftrightarrow (\exists x)(\exists y)(\exists z)(\langle x, y \rangle \in R \wedge \langle y, z \rangle \in R \wedge \langle x, z \rangle \notin R)$

**例 4.11**　考虑自然数集合 $\mathbf{N}$ 上的普通相等关系"$=$"，大于关系"$>$"和大于等于关系"$\geq$"，则显然有

（1）"="关系是自反的、对称的、反对称的、可传递的。

（2）"≥"关系是反自反的、反对称的、可传递的。

（3）"≥"关系是自反的、反对称的、可传递的。

**例 4.12** 空集 $\varnothing$ 上的二元空关系显然是自反的、对称的、反对称的、反自反的、可传递的。

**定理 4.10** 设 $R$ 为 $A$ 的二元关系，则

（1）$R$ 在 $A$ 上自反当且仅当 $I_A \subseteq R$。

（2）$R$ 在 $A$ 上反自反当且仅当 $R \cap I_A = \varnothing$。

（3）$R$ 在 $A$ 上对称当且仅当 $R = R^{-1}$。

（4）$R$ 在 $A$ 上反对称当且仅当 $R \cap R^{-1} \subseteq I_A$。

（5）$R$ 在 $A$ 上可传递当且仅当 $R \circ R \subseteq R$。

**证明：**

（1）必要性，即 $R$ 在 $A$ 上自反 $\Rightarrow I_A \subseteq R$。

任取 $\langle x,y \rangle$，由于 $R$ 在 $A$ 上自反必有

$$\langle x,y \rangle \in I_A \Rightarrow x,y \in A \wedge x = y \Rightarrow \langle x,y \rangle \in R$$

因此有 $I_A \subseteq R$。

充分性，即 $I_A \subseteq R \Rightarrow R$ 在 $A$ 上自反。

任取 $x$，有

$$x \in A \Rightarrow \langle x,x \rangle \in I_A \Rightarrow \langle x,x \rangle \in R$$

因此有 $R$ 在 $A$ 上是自反的。

（2）必要性，即 $R$ 在 $A$ 上反自反 $\Rightarrow R \cap I_A = \varnothing$，用反证法。

假设 $R \cap I_A \neq \varnothing$，必存在 $\langle x,y \rangle \in R \cap I_A$，由于 $I_A$ 是 $A$ 上的恒等关系，从而推出 $x \in A \wedge \langle x,x \rangle \in R$，这就与 $R$ 在 $A$ 上反自反相矛盾。

充分性，即 $R \cap I_A = \varnothing \Rightarrow R$ 在 $A$ 上反自反。

任取 $x$，则有

$$x \in A \Rightarrow \langle x,x \rangle \in I_A \Rightarrow \langle x,x \rangle \notin R \quad （由于 R \cap I_A = \varnothing）$$

因此，$R$ 在 $A$ 上反自反的。

（3）必要性，即 $R$ 在 $A$ 上对称 $\Rightarrow R = R^{-1}$。

任取 $\langle x,y \rangle$，

$$\langle x,y \rangle \in R \Leftrightarrow \langle y,x \rangle \in R （因为 R 在 A 上对称） \Leftrightarrow \langle x,y \rangle \in R^{-1}$$

因此，$R = R^{-1}$。

充分性，即 $R = R^{-1} \Rightarrow R$ 在 $A$ 上对称。

任取 $\langle x,y \rangle$，由 $R = R^{-1}$ 得

$$\langle x,y \rangle \in R \Rightarrow \langle y,x \rangle \in R^{-1} \Rightarrow \langle y,x \rangle \in R$$

因此，$R$ 在 $A$ 上对称。

（4）必要性，即 $R$ 在 $A$ 上反对称 $\Rightarrow R \cap R^{-1} \subseteq I_A$。

任取 $\langle x,y \rangle$，有

$$\langle x,y \rangle \in R \cap R^{-1}$$
$$\Rightarrow \langle x,y \rangle \in R \wedge \langle x,y \rangle \in R^{-1}$$
$$\Rightarrow \langle x,y \rangle \in R \wedge \langle y,x \rangle \in R$$

$$\Rightarrow x = y(因为R在A上反对称)$$
$$\Rightarrow \langle x,y\rangle \in I_A$$

因此，$R\cap R^{-1}\subseteq I_A$。

充分性，即 $R\cap R^{-1}\subseteq I_A \Rightarrow R$ 在 $A$ 上反对称。

任取 $\langle x,y\rangle$，有

$$\langle x,y\rangle \in R \wedge \langle y,x\rangle \in R$$
$$\Rightarrow \langle x,y\rangle \in R \wedge \langle x,y\rangle \in R^{-1}$$
$$\Rightarrow \langle x,y\rangle \in R\cap R^{-1}$$
$$\Rightarrow \langle x,y\rangle \in I_A(因为R\cap R^{-1}\subseteq I_A)$$
$$\Rightarrow x = y$$

因此，$R$ 在 $A$ 上反对称。

（5）必要性，即 $R$ 在 $A$ 上可传递 $\Rightarrow R\circ R\subseteq R$。

任取 $\langle x,y\rangle$，有

$$\langle x,y\rangle \in R\circ R \Rightarrow \exists t(\langle x,t\rangle \in R \wedge \langle t,y\rangle \in R) \Rightarrow \langle x,y\rangle \in R(因为R在A上可传递)$$

因此，$R\circ R\subseteq R$。

充分性，即 $R\circ R\subseteq R \Rightarrow R$ 在 $A$ 上可传递。

任取 $\langle x,y\rangle,\langle y,z\rangle \in R$，则

$$\langle x,y\rangle \in R \wedge \langle y,z\rangle \in R \Rightarrow \langle x,z\rangle \in R\circ R \Rightarrow \langle x,z\rangle \in R(因为R\circ R\subseteq R)$$

因此，$R$ 在 $A$ 上可传递。

利用定理可以从关系的集合表达式来判断或证明关系的性质。

**例 4.13**　设 $A$ 是集合，$R_1$ 和 $R_2$ 是 $A$ 上的关系，证明：

（1）若 $R_1$，$R_2$ 是自反的，则 $R_1\cup R_2$ 也是自反的。

（2）若 $R_1$，$R_2$ 是对称的，则 $R_1\cup R_2$ 也是对称的。

（3）若 $R_1$，$R_2$ 是可传递的，则 $R_1\cap R_2$ 也是可传递的。

**证明：**（1）由于 $R_1$ 和 $R_2$ 是 $A$ 上的自反关系，故有 $I_A\subseteq R_1$ 和 $I_A\subseteq R_2$。从而可得 $I_A\subseteq R_1\cup R_2$，因此 $R_1\cup R_2$ 在 $A$ 上是自反的。

（2）由于 $R_1$ 和 $R_2$ 是 $A$ 上的对称关系，故有 $R_1=R_1^{-1}$ 和 $R_2=R_2^{-1}$。任取 $\langle x,y\rangle$，有

$$\langle x,y\rangle \in R_1\cup R_2$$
$$\Leftrightarrow \langle x,y\rangle \in R_1 \vee \langle x,y\rangle \in R_2$$
$$\Leftrightarrow \langle x,y\rangle \in R_1^{-1} \vee \langle x,y\rangle \in R_2^{-1}$$
$$\Leftrightarrow \langle x,y\rangle \in R_1^{-1}\cup R_2^{-1}$$
$$\Leftrightarrow \langle x,y\rangle \in (R_1\cup R_2)^{-1}$$

因此，$R_1\cup R_2$ 是对称的。

（3）由 $R_1$ 和 $R_2$ 的传递性有 $R_1\circ R_1\subseteq R_1$ 和 $R_2\circ R_2\subseteq R_2$，再使用定理得

$$(R_1\cap R_2)\circ(R_1\cap R_2)$$
$$\subseteq R_1\circ R_1\cap R_1\circ R_2\cap R_2\circ R_1\cap R_2\circ R_2$$
$$\subseteq (R_1\cap R_2)\cap R_1\circ R_2\cap R_2\circ R_1$$
$$\subseteq R_1\cap R_2$$

因此 $R_1\cap R_2$ 是可传递的。

# 4.5　关系的表示

在以上的章节中，我们给出了描述关系的形式化定义，这一节我们将研究描述关系的强有力工具——关系图和关系矩阵。

**定义 4.12**　设 $A$ 和 $B$ 为任意的非空有限集，$R$ 为任意一个从 $A$ 到 $B$ 的二元关系。以 $A \cup B$ 中的每个元素为结点。对每个 $\langle x, y \rangle \in R \wedge x \in A \wedge y \in B$ 皆画一条从 $x$ 到 $y$ 的有向边，这样得到的一个图称为关系 $R$ 的**关系图**。

**例 4.14**　设 $A = \{2,3,4,5,6\}$，$B = \{6,7,8,12\}$，从 $A$ 到 $B$ 的二元关系 $R$ 为

$R = \{\langle x, y \rangle \mid x \in A \wedge y \in B \wedge x$ 整除 $y\}$，于是有

$R = \{\langle 2,6 \rangle, \langle 2,8 \rangle, \langle 2,12 \rangle, \langle 3,6 \rangle, \langle 3,12 \rangle, \langle 4,8 \rangle, \langle 4,12 \rangle, \langle 6,6 \rangle, \langle 6,12 \rangle\}$

其关系图如图 4.1 所示。

可以看出关系图明确地反映了关系的某些性质。如果关系 $R$ 是自反的，则每个结点上都有一条从自身出发又指向自身的环边；如果关系是反自反的，则任何结点上部没有带环的边；如果一个关系 $R$ 既不是自反的，也不是反自反的，则在某些结点上有带环的边，而在某些结点上没有带环的边。

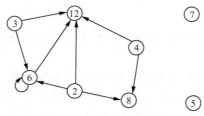

图 4.1　例 4.14 的关系图

如果关系是对称的，则从一个结点到另一个结点间必定有往返两条弧线。如果关系是反对称的，则在两个结点间只会存在单向弧线。

图 4.2 给出了具有各种性质的关系的关系图。当集合中元素的数目较大时，关系的图解表示就不是很方便了，由于计算机上表达矩阵并不困难，所以我们试图寻求关系的矩阵表示。

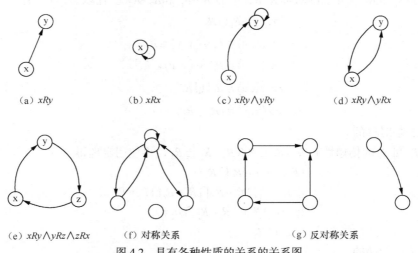

（a）$xRy$　　（b）$xRx$　　（c）$xRy \wedge yRy$　　（d）$xRy \wedge yRx$

（e）$xRy \wedge yRz \wedge zRx$　　（f）对称关系　　（g）反对称关系

图 4.2　具有各种性质的关系的关系图

**定义 4.13**　给定两个有限集合 $X = \{x_1, x_2, \ldots, x_m\}$ 和 $Y = \{y_1, y_2, \ldots, y_n\}$，$R$ 是从 $X$ 到 $Y$ 的二元关系。如果有

$$r_{ij} = \begin{cases} 1 & \text{如果 } \langle x_i, y_j \rangle \in R \\ 0 & \text{如果 } \langle x_i, y_j \rangle \notin R \end{cases}$$

则称 $[r_{ij}]_{|X \cup Y| \times |X \cup Y|}$ 是 $R$ 的**关系矩阵**，记作 $M_R$。

**例 4.15**　设 $A = \{1,2,3,4\}$，$R$ 定义在 $A$ 上的二元关系，并且 $R = \{(x,y) \mid x > y\}$。试求关系 $R$ 的关系矩阵。

**解**：写出 $R$ 的所有元素。

$$R = \{\langle 2,1 \rangle, \langle 3,1 \rangle, \langle 3,2 \rangle, \langle 4,1 \rangle, \langle 4,2 \rangle, \langle 4,3 \rangle\}$$

于是 $R$ 的关系矩阵 $M_R$ 为

$$M_R = [r_{ij}]_{4 \times 4} = \begin{bmatrix} 0 & 0 & 0 & 0 \\ 1 & 0 & 0 & 0 \\ 1 & 1 & 0 & 0 \\ 1 & 1 & 1 & 0 \end{bmatrix}$$

**例 4.16**　设 $A = \{1,2,3\}$，$B = \{a,b,c\}$，$R$ 是 $A$ 到 $B$ 的二元关系，并且 $R = \{\langle 1,a \rangle, \langle 2,b \rangle, \langle 3,c \rangle\}$，试给出 $R$ 的关系图和关系矩阵。

**解**：$R$ 的关系图如图 4.3，关系矩阵如下所示。

$$M_R = [r_{ij}]_{6 \times 6} = \begin{array}{c} 1 \\ 2 \\ 3 \\ a \\ b \\ c \end{array} \begin{bmatrix} 0 & 0 & 0 & 1 & 0 & 0 \\ 0 & 0 & 0 & 0 & 1 & 0 \\ 0 & 0 & 0 & 0 & 0 & 1 \\ 0 & 0 & 0 & 0 & 0 & 0 \\ 0 & 0 & 0 & 0 & 0 & 0 \\ 0 & 0 & 0 & 0 & 0 & 0 \end{bmatrix}$$

当给定关系 $R$ 之后，就能够写出 $R$ 的关系矩阵；反之，如果给出一个关系矩阵，则由此可以得出相应的关系来。通过关系矩阵很容易讨论关系的性质。如果关系矩阵主对角线上的记入值全为 1，则 $R$ 是自反的；如果主对角线上的记入值全为 0，则 $R$ 是反自反的；如果矩阵关于主对角线是对称的，则 $R$ 是对称的；如果矩阵关于主对角线是反对称的，(亦即 $r_{ij} = 1$ 时则一定有 $r_{ji} = 0$)则 $R$ 也是反对称的；如果对于任意的 $i$，$j$，

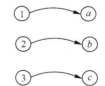

图 4.3　例 4.15 的关系图

$k$，$r_{ij} = 1$ 并且 $r_{jk} = 1$ 时一定有 $r_{ik} = 1$，则 $R$ 是可传递的；若存在 $i$，$j$，$k$，使得 $r_{ij} = 1$ 并且 $r_{jk} = 1$ 但 $r_{ik} \neq 1$，则 $R$ 是不可传递的。

**例 4.17**　给定集合 $X = \{1,2,3,4\}$，$Y = \{2,3,4\}$ 和 $Z = \{1,2,3\}$。设 $R$ 是从 $X$ 到 $Y$ 的关系，并且 $S$ 是从 $Y$ 到 $Z$ 的关系，并且 $R$ 和 $S$ 给定成

$R = \{\langle x,y \rangle \mid x + y = 6\} = \{\langle 2,4 \rangle, \langle 3,3 \rangle, \langle 4,2 \rangle\}$

$S = \{\langle y,z \rangle \mid y - z = 1\} = \{\langle 2,1 \rangle, \langle 3,2 \rangle, \langle 4,3 \rangle\}$

试求 $R$ 和 $S$ 的合成关系，并画出合成关系图给出合成关系的关系矩阵。

**解**：列举出所有这样的序偶 $\langle x,z \rangle$——对于某一个 $y$ 来说，能有 $x + y = 6$ 和 $y - z = 1$，由上述的偶对就可构成从 $X$ 到 $Z$ 的关系 $R \circ S$。

$R \circ S = \{\langle 2,3 \rangle, \langle 3,2 \rangle, \langle 4,1 \rangle\}$

在图 4.4 中给出了合成关系 $R \circ S$ 的关系图。

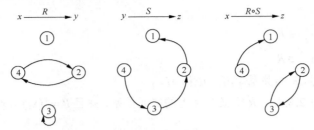

图 4.4　例 4.16 的关系图

$$M_R = \begin{array}{c} \\ 1 \\ 2 \\ 3 \\ 4 \end{array} \begin{array}{cccc} 1 & 2 & 3 & 4 \\ \left[\begin{array}{cccc} 0 & 0 & 0 & 0 \\ 0 & 0 & 0 & 1 \\ 0 & 0 & 1 & 0 \\ 0 & 1 & 0 & 0 \end{array}\right] \end{array} \quad M_S = \begin{array}{c} \\ 1 \\ 2 \\ 3 \\ 4 \end{array} \begin{array}{cccc} 1 & 2 & 3 & 4 \\ \left[\begin{array}{cccc} 0 & 0 & 0 & 0 \\ 1 & 0 & 0 & 0 \\ 0 & 1 & 0 & 0 \\ 0 & 0 & 1 & 0 \end{array}\right] \end{array} \quad M_{R \circ S} = \begin{array}{c} \\ 1 \\ 2 \\ 3 \\ 4 \end{array} \begin{array}{cccc} 1 & 2 & 3 & 4 \\ \left[\begin{array}{cccc} 0 & 0 & 0 & 0 \\ 0 & 0 & 1 & 0 \\ 0 & 1 & 0 & 0 \\ 1 & 0 & 0 & 0 \end{array}\right] \end{array}$$

设集合 $X = \{x_1, x_2, \cdots, x_m\}$，$Y = \{y_1, y_2, \cdots, y_n\}$ 和 $Z = \{z_1, z_2, \cdots, z_p\}$；$R$ 是从 $X$ 到 $Y$ 的关系，$S$ 是从 $Y$ 到 $Z$ 的关系，$M_R$ 是 $R$ 的关系矩阵，并且 $M_R$ 是个 $m \times n$ 阶的矩阵；$M_S$ 是 $S$ 的关系矩阵，并且 $M_S$ 是 $n \times p$ 阶的矩阵。矩阵 $M_R$ 和 $M_S$ 的第 $i$ 行和第 $j$ 列上的记入值分别是 $a_{ij}$ 和 $b_{ij}$，它们是 1 或 0。由关系矩阵 $M_R$ 和 $M_S$ 可以求出合成关系 $R \circ S$ 的关系矩阵 $M_{R \circ S} = M_R \wedge M_S$，它是个 $m \times p$ 阶的矩阵。$M_{R \circ S}$ 的第 $i$ 行第 $j$ 列处的记入值是 $C_{ij}$，它也是 1 或 0。由 $M_R$ 和 $M_S$ 合成的定义，并使用命题代数，可求得两个关系矩阵 $M_R$ 和 $M_S$ 的合成矩阵 $M_{R \circ S}$ 的元素 $c_{ij}$，于是可有

$$c_{ij} = \overset{n}{\underset{k=1}{\vee}} a_{ik} \wedge b_{kj} \qquad i = 1, 2, \cdots, m；\quad j = 1, 2, \cdots, p \qquad （1）$$

这里，$a_{ik} \wedge b_{kj}$ 和 $\overset{n}{\underset{k=1}{\vee}}$ 分别代表着"合取"与"析取"运算；$a_{ik}$，$b_{kj}$ 和 $c_{ij}$ 的值 1 和 0，可以分别看成是命题真值 T 和 F。

**例 4.18**　给定集合 $X = \{1, 2, 3, 4, 5\}$，$R$ 和 $S$ 是 $X$ 中的二元关系，并给定成

$R = \{<1, 2>, <3, 4>, <2, 2>\}$

$S = \{<4, 2>, <2, 5>, <3, 1>, <1, 3>\}$

试求合成关系 $R \circ S$ 的关系矩阵 $M_{R \circ S}$。

**解**：首先求出关系矩阵 $M_R$ 和 $M_S$，它们都是 $5 \times 5$ 的矩阵，即 $m = n = p = 5$，于是可有

$$M_R = \left[\begin{array}{ccccc} 0 & 1 & 0 & 0 & 0 \\ 0 & 1 & 0 & 0 & 0 \\ 0 & 0 & 0 & 1 & 0 \\ 0 & 0 & 0 & 0 & 0 \\ 0 & 0 & 0 & 0 & 0 \end{array}\right] \qquad M_S = \left[\begin{array}{ccccc} 0 & 0 & 1 & 0 & 0 \\ 0 & 0 & 0 & 0 & 1 \\ 1 & 0 & 0 & 0 & 0 \\ 0 & 1 & 0 & 0 & 0 \\ 0 & 0 & 0 & 0 & 0 \end{array}\right]$$

首先求得 $c_{11}$，下面阐明求得 $c_{11}$ 的过程。

$$\begin{array}{ccccc} a_{11} & a_{12} & a_{13} & a_{14} & a_{15} \\ \end{array}$$

$a_{11} \wedge b_{11} \qquad 0 \qquad\qquad 0 \, b_{11}$

$a_{12} \wedge b_{21} \qquad 0 \qquad\qquad 0 \, b_{21}$

$a_{13} \wedge b_{31} \qquad\quad 0 \qquad\quad 1 \, b_{31}$

$a_{14} \wedge b_{41} \qquad\qquad 0 \qquad 0 \, b_{41}$

$a_{15} \wedge b_{51} \qquad\qquad\qquad 0 \, b_{51}$

这样根据（1）式可得

$$c_{11} = \bigvee_{k=1}^{5} a_{1k}b_{k1} = 0$$ ，同理可求得其他的 $c_{ij}$ 。于是可有

$$M_{R \circ S} = M_R \wedge M_S = \begin{bmatrix} 0 & 0 & 0 & 0 & 1 \\ 0 & 0 & 0 & 0 & 1 \\ 0 & 1 & 0 & 0 & 0 \\ 0 & 0 & 0 & 0 & 0 \\ 0 & 0 & 0 & 0 & 0 \end{bmatrix}$$

由定义可知，如果至少有一个 $y_j \in Y$ ，能使 $\langle x_i, y_j \rangle \in R$ 和 $\langle y_j, z_k \rangle \in S$ ，则有 $\langle x_i, z_k \rangle \in R \circ S$ 。可能会有多个 $y_j \in Y$ 具有上述的性质。这样，当扫描 $M_R$ 的第 $i$ 行和 $M_S$ 的第 $j$ 列时，如果发现至少有一个这样的 $j$ 使得第 $i$ 行的第 $j$ 个位置上的记入值与第 $k$ 列的第 $j$ 个位置上的记入值一样，都是 1，则在 $M_{R \circ S}$ 的第 $i$ 行和第 $k$ 列上记入 1；否则记入 0。扫描过 $M_R$ 的一个行和 $M_S$ 的每一列后，就能求得 $M_{R \circ S}$ 的一个行。采用同样的方法，可得到所有其他的行。

根据定理 4.2 不难说明：

$$M_{R_1} \circ (M_{R_2} \circ M_{R_3}) = (M_{R_1} \circ M_{R_2}) \circ M_{R_3} = M_{R_1} \circ M_{R_2} \circ M_{R_3}$$

无疑，可用 $M_{R_1} \circ M_{R_2} \circ \cdots \circ M_{R_n}$ 表达 $M_{R_1}, M_{R_2}, \cdots, M_{R_n}$ 的合成矩阵。特别当 $M_{R_1} = M_{R_2} = \cdots = M_{R_n} = M_R$ 时，就用 $M_{R^n}$ 表示这些矩阵的合成矩阵。

也可用关系图来表示合成关系。

给定集合 $X$ ， $R$ 是 $X$ 中的关系，且 $x_i, x_{c_1}, \cdots, x_{c_{n-1}}, x_j \in X$ ，按照合成关系的定义，对于一些 $c_1, c_2, \cdots, c_{n-1}$ 来说，如果有 $x_i R x_{c_1}, x_{c_1} R x_{c_2}, \cdots, x_{c_{n-1}} R x_j$ ，则有 $x_i R^n x_j$ 。假定 $R$ 的关系图中有结点 $x_{c_1}, x_{c_2}, \cdots, x_{c_{n-1}}$ ，而各条边的走向是从 $x_i$ 到 $x_{c_1}$ 到 $x_{c_2}$ 到 $\cdots$ ，从 $x_{c_{n-1}}$ 到 $x_j$ ，则在 $R^n$ 的关系图中就应有一条边从 $x_i$ 指向 $x_j$ 。为了构成 $R^n$ 的关系图，在 $R$ 的关系图中对每个结点 $x_i$ 应首先确定出那些从结点 $x_i$ 出发经过几条边就可以到达的各结点。以后，在 $R^n$ 的关系图中从结点 $x_i$ 出发到上述各结点，都应画上相应的边。

**例 4.19**　设集合 $X = \{0, 1, 2, 3\}$ ， $R$ 是 $X$ 中的关系。并且给定成

$$R = \{\langle 0,0 \rangle, \langle 0,3 \rangle, \langle 2,0 \rangle, \langle 2,1 \rangle, \langle 2,3 \rangle, \langle 3,2 \rangle\}$$

给出 $R$ 的关系图，并画出 $R^2$ 和 $R^3$ 的关系图来。

**解：** 由关系 $R$ 求得 $R^2$ 和 $R^3$ 的关系图如下：

$R^2 = R \circ R = \{\langle 0,3 \rangle, \langle 0,2 \rangle, \langle 0,0 \rangle, \langle 2,0 \rangle, \langle 2,3 \rangle, \langle 2,2 \rangle, \langle 3,1 \rangle, \langle 3,3 \rangle, \langle 3,0 \rangle\}$

$R^3 = R^2 \circ R = \{\langle 0,2 \rangle, \langle 0,0 \rangle, \langle 0,3 \rangle, \langle 0,1 \rangle, \langle 2,0 \rangle, \langle 2,3 \rangle, \langle 2,2 \rangle, \langle 2,1 \rangle, \langle 3,2 \rangle, \langle 3,0 \rangle, \langle 3,3 \rangle\}$

$R$ ， $R^2$ ， $R^3$ 的关系图如图 4.5 的（a）、（b）和（c）所示。

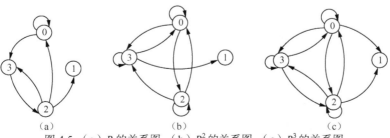

图 4.5　（a）$R$ 的关系图　（b）$R^2$ 的关系图　（c）$R^3$ 的关系图

若把关系 $R$ 中的每个序偶的成员都加以交换，就可以求得逆关系 $R^{-1}$ 中的所有序偶。对于

$x \in X$ 和 $y \in Y$ 来说,这就意味着:$xRy \Leftrightarrow yR^{-1}x$。

所以只要把 $R$ 的关系矩阵 $M_R$ 的行和列加以交换,就可求得逆关系 $R^{-1}$ 的关系矩阵 $M_{R^{-1}}$,矩阵 $M_{R^{-1}}$ 是 $M_R$ 的转置,亦即 $M_{R^{-1}} = M_R$ 的转置。

在 $R$ 的关系图中,简单地颠倒每个弧线上箭头的方向,就可求得 $R^{-1}$ 的关系图。

# 4.6  关系的闭包运算

前面我们已经介绍了如何使用关系的合成运算去构成新的关系,下面我们讨论如何由给定的关系 $R$ 构成一个新的关系 $R'$ 并且 $R \subseteq R'$ 和 $R'$ 应具有某些性质。把确保这些性质的那些序偶补充到 $R$ 中去就可构成 $R'$。给定一个二元关系 $R'$,它规定了局部的性质,希望求得的是具有全面性质的另一个二元关系 $R'$。例如,由 $R$ 构成一个可传递关系 $R'$。在日常家族关系中也有类似的情形。如果 $R$ 是个父子关系,则 $R'$ 可能是个祖先关系;如果 $R$ 是个子父关系,则 $R'$ 可能是个后代关系。

下面定义二元关系的闭包运算。借助于这些运算可由 $R$ 构成 $R'$。

**定义 4.14**  给定集合 $A$,$R$ 是 $A$ 上的二元关系。如果有另一个关系 $R'$ 满足

(1)$R'$ 是自反的(对称的、可传递的)。

(2)$R \subseteq R'$。

(3)对于任何自反的(对称的、可传递的)关系 $R''$,如果有 $R \subseteq R''$,则 $R' \subseteq R''$,则称关系 $R'$ 为 $R$ 的**自反的(对称的,可传递的)闭包**。并用 $r(R)$ 表示 $R$ 的自反闭包,用 $s(R)$ 表示 $R$ 的对称闭包,用 $t(R)$ 表示 $R$ 的可传递闭包。

为了构成一个新的自反的(对称的、可传递的)关系,应把所有必需的序偶补充到关系 $R$ 中去,这样就能构成 $R$ 的自反的(对称的、可传递的)闭包。定义 4.14 中的(3)项表明,除非必要的话,可以不往 $R$ 中合并序偶。这样 $R'$ 是包含 $R$ 的满足某种性质的最小关系,且 $R'$ 是自反的(对称的、可传递的)。如果 $R$ 已经是自反的(对称的、可传递的),则包含 $R$ 的且具有这种性质的最小关系,就是 $R$ 本身。

**定理 4.11**  给定集合 $X$,$R$ 是 $X$ 上的关系。于是可有

(1)$R$ 是自反的当且仅当 $r(R) = R$。

(2)$R$ 是对称的当且仅当 $s(R) = R$。

(3)$R$ 是可传递的当且仅当 $t(R) = R$。

**证明**:只证(1),其余留作练习。

(1)由闭包的定义可知 $R \subseteq r(R)$,又由于 $R$ 是包含了 $R$ 的自反关系,根据自反闭包的定义有 $r(R) \subseteq R$。因此有 $r(R) = R$。反之,如果 $r(R) = R$,则由自反闭包定义可知 $R$ 是自反的。

**定理 4.12**  设 $R$ 是 $A$ 上的二元关系,则有

(1)$r(R) = R \cup I_A$

(2)$s(R) = R \cup R^{-1}$

(3)$t(R) = \bigcup_{i=1}^{\infty} R^i = R^1 \cup R^2 \cup R^3 \cup \cdots$

**证明**:只证(1)和(3)。

(1)首先,由于 $I_A \subseteq R \cup I_A$,因此 $R \cup I_A$ 是自反的,所以有 $r(R) \subseteq R \cup I_A$。

其次,根据闭包定义以及关系的自反性,可知 $R \subseteq r(R) \wedge I_A \subseteq r(R)$,因此有 $R \cup I_A \subseteq r(R)$。

综上所述,可得 $r(R) = R \cup I_A$。

(3)首先证 $\bigcup_{i=1}^{\infty} R^i \subseteq t(R)$ 成立,为此只需证明对任意的正整数 $n$ 有 $R^n \subseteq t(R)$。用归纳法:

当 $n=1$ 时有 $R=R^1 \subseteq t(R)$ 。

假设 $R^n \subseteq t(R)$ 成立，那么对任意 $\langle x,y \rangle$ 有

$$\langle x,y \rangle \in R^{n+1} = R^n \circ R$$
$$\Leftrightarrow \exists t(\langle x,t \rangle \in R^n \wedge \langle t,y \rangle \in R)$$
$$\Rightarrow \exists t(\langle x,t \rangle \in t(R) \wedge \langle t,y \rangle \in t(R))$$
$$\Rightarrow \langle x,y \rangle \in t(R) (因为 t(R) 是可传递的)$$

因此，对任意的正整数 $n$ 有 $R^n \subseteq t(R)$ 。

再证 $t(R) \subseteq \bigcup_{i=1}^{\infty} R^i$ 成立，为此只需证 $\bigcup_{i=1}^{\infty} R^i$ 是可传递的。

任取 $\langle x,y \rangle$、$\langle y,z \rangle$，则

$$\langle x,y \rangle \in \bigcup_{i=1}^{\infty} R^i \wedge \langle y,z \rangle \in \bigcup_{i=1}^{\infty} R^i$$
$$\Rightarrow \exists t(\langle x,y \rangle \in R^t) \wedge \exists s(\langle y,z \rangle \in R^s)$$
$$\Rightarrow \exists t \exists s(\langle x,z \rangle \in R^t \circ R^s)$$
$$\Rightarrow \exists t \exists s(\langle x,z \rangle \in R^{t+s})$$
$$\Rightarrow \langle x,z \rangle \in \bigcup_{i=1}^{\infty} R^i$$

因此，$\bigcup_{i=1}^{\infty} R^i$ 是可传递的。

综上所述，$t(R) = \bigcup_{i=1}^{\infty} R^i$ 。

不难看出，整数集合 $\mathbf{Z}$ 中，小于关系 "$<$" 的自反闭包是 "$\leqslant$"，对称闭包是不等关系 "$\neq$"；恒等关系 $I_A$ 的自反闭包是 $I_A$；对称闭包是 $I_A$；不等关系 "$\neq$" 的自反闭包是全域关系，对称闭包是不等关系 "$\neq$"；空关系的自反闭包是恒等关系 $I_A$，对称闭包是空关系。

**例 4.20** 给定集合 $A=\{a,b,c\}$，$R=\{\langle a,b \rangle, \langle a,c \rangle, \langle c,b \rangle\}$ 和 $S=\{\langle a,b \rangle, \langle b,c \rangle, \langle c,a \rangle\}$ 是 $A$ 上的关系，试求出 $t(R)$ 和 $t(S)$，并画出相应的关系图来。

**解：** $t(R) = R^1 \bigcup R^2 \bigcup R^3 \bigcup \cdots = R$

$t(S) = S^1 \bigcup S^2 \bigcup S^3 \bigcup \cdots = S^1 \bigcup S^2 \bigcup S^3$

$= \{\langle a,b \rangle, \langle b,c \rangle, \langle c,a \rangle, \langle a,c \rangle, \langle b,a \rangle, \langle c,b \rangle, \langle a,a \rangle, \langle b,b \rangle, \langle c,c \rangle\}$

关系 $R$，$S$ 及其传递闭包 $t(R)$，$t(S)$ 的关系图如图 4.6 所示。

由图 4.6 可以看出，$t(R)$ 和 $t(S)$ 都是可传递的，且 $R \subseteq t(R)$ 和 $S \subseteq t(S)$。往 $S$ 中增加一些能使 $S$ 是可传递的序偶，就能够由 $S$ 求得 $t(S)$。$R$ 本身是可传递的，它的可传递闭包就是它自身。

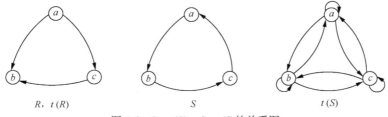

图 4.6 $R$，$t(R)$，$S$，$t(S)$ 的关系图

**定理 4.13** 设 $X$ 是含有 $n$ 个元素的集合，$R$ 是 $X$ 上的二元关系。于是可有

$$t(R) = \bigcup_{i=1}^{n} R^i$$

**证明：** 要证明此定理，只需证明对于每一个 $k>0$ 有 $R^k \subseteq \bigcup_{i=1}^{n} R^i$ 即可。假定 $\langle x,y \rangle \in R^k$。这样在 $R$ 的关系图中，从结点 $x$ 出发经过互相连接的 $k$ 条边，就可达到结点 $y$。如果忽略掉由各结点引出的局部封闭曲线，则互相联结的 $n$ 个结点间，至多有 $n$ 条边。因此，对于某一个 $0<i\leqslant n$，可有 $\langle x,y \rangle \in R^i$。于是，对于 $x,y \in I$，有 $R^k \subseteq \bigcup_{i=1}^{n} R^i$。

**例 4.21** 设集合 $X=\langle a,b,c,d \rangle$，$R$ 是 $X$ 中的二元关系，$R$ 的关系图如图 4.7 所示，试画出 $R$ 的可传递闭包 $t(R)=R^1 \cup R^2 \cup R^3 \cup R^4$ 的关系图。

**解：** $R$ 的可传递闭包 $t(R)$ 的关系图如图 4.8 所示。

**定理 4.14** 设 $R$ 是 $A$ 上的二元关系。于是可有

（1）如果 $R$ 是自反的，则 $s(R)$，$t(R)$ 也是自反的。

（2）如果 $R$ 是对称的，则 $r(R)$，$t(R)$ 也是对称的。

（3）如果 $R$ 是可传递的，则 $r(R)$ 也是可传递的。

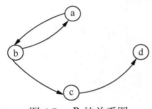

图 4.7　$R$ 的关系图

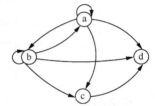

图 4.8　$t(R)$ 的关系图

**证明：** （1）因为 $R$ 是自反的，所以有 $I_A \subseteq R$，则有 $I_A \subseteq R \cup R^{-1}=s(R)$ 和 $I_A \subseteq \bigcup_{i=1}^{\infty} R^i=t(R)$，因此 $s(R)$ 和 $t(R)$ 是自反的。

（2）先证明 $r(R)$ 是对称的。

由于 $R$ 是 $A$ 上的对称关系，所以有 $R=R^{-1}$，同时 $I_A=I_A^{-1}$，从而可得

$$r(R)^{-1}=(R \cup I_A)^{-1}=R^{-1} \cup I_A^{-1}=R \cup I_A=r(R)$$

因此，$r(R)$ 是对称的。

之后证明 $t(R)$ 是对称的，为了证明这个命题，需要证明若 $R$ 是对称的，则对于任意 $n \in N$，都有 $R^n$ 是对称的。应用归纳法，

若 $n=1$，若 $R^1=R$ 是对称的。

假设 $R^n$ 是对称的，则对于任意 $\langle x,y \rangle$，

$$\langle x,y \rangle \in R^{n+1} \Leftrightarrow \exists t(\langle x,t \rangle \in R^n \wedge \langle t,y \rangle \in R) \Rightarrow \exists t(\langle t,x \rangle \in R^n \wedge \langle y,t \rangle \in R) \Rightarrow \langle y,x \rangle \in R^{n+1}$$

因此，$R^{n+1}$ 是对称的。

综上所述，对于任意 $n \in N$，都有 $R^n$ 是对称的。

下面证明 $t(R)$ 是对称的。任取 $\langle x,y \rangle$，

$$\langle x,y \rangle \in t(R) \Rightarrow \exists s(\langle x,y \rangle \in R^s) \Rightarrow \exists s(\langle y,x \rangle \in R^s) \Rightarrow \langle y,x \rangle \in t(R)$$

因此，$t(R)$ 是对称的。

（3）任取 $\langle x,y \rangle, \langle y,z \rangle \in r(R)$，由于 $r(R)=R \cup I_A$，于是可得

$$(\langle x,y \rangle \in R \vee \langle x,y \rangle \in I_X) \wedge (\langle y,z \rangle \in R \vee \langle y,z \rangle \in I_X)$$

由此可得 4 种情况：

（a）$<x,y>\in R$，$<y,z>\in R$，由 $R$ 的传递性可知 $<x,z>\in R$，于是 $<x,z>\in r(R)$。

（b）$<x,y>\in I_A$，$<y,z>\in R$，由 $I_A$ 的性质可知 $x=y$，于是 $<x,z>\in R$，得到 $<x,z>\in r(R)$。

（c）$<x,y>\in R$，$<y,z>\in I_A$，由 $I_A$ 的性质可知 $y=z$，于是 $<x,z>\in R$，得到 $<x,z>\in r(R)$。

（d）$<x,y>\in I_A$，$<y,z>\in I_A$，由 $I_A$ 的性质可知 $x=y=z$，于是 $<x,z>\in I_A$，得到 $<x,z>\in r(R)$。

由上可知，无论哪种情况，都有 $<x,z>\in r(R)$。

因此，$r(R)$ 是可传递的。

**定理 4.15**　设 $A$ 是集合，$R$ 是集合 $A$ 上的二元关系。于是可有

（1）$rs(R)=sr(R)$

（2）$rt(R)=tr(R)$

（3）$st(R)\subseteq ts(R)$

**证明：**

（1）$sr(R)=s(R\cup I_A)=R\cup I_A\cup(R\cup I_A)^{-1}=R\cup I_A\cup R^{-1}\cup I_A^{-1}=R\cup R^{-1}\cup I_A=rs(R)$

（2）因为 $tr(R)=t(R\cup I_A)$，$rt(R)=t(R)\cup I_A$ 而对于所有的 $n\in N$ 有 $I_A^n=I_A$，以及 $I_A\circ R=R$。$I_A=R$。根据这些关系式，可有 $(R\cup I_A)^n=I_A\cup\bigcup_{i=1}^n R^i$。于是可有

$$tr(R)=t(R\cup I_A)=\bigcup_{i=1}^{\infty}(R\cup I_A)^i$$
$$=(R\cup I_A)\cup(R\cup I_A)^2\cup(R\cup I_A)^3\cup\cdots$$
$$=I_A\cup R\cup R^2\cup R^3\cup\cdots$$
$$=I_A\cup t(R)$$
$$=rt(R)$$

（3）不难理解，如果 $R_1\supseteq R_2$，则 $s(R_1)\supseteq s(R_2)$ 和 $t(R_1)\supseteq t(R_2)$。根据对称闭包的定义，有 $s(R)\supseteq R$。首先构成上式两侧的可传递闭包，再依次构成两侧的对称闭包，可以求得 $ts(R)\supseteq t(R)$ 和 $sts(R)\supseteq st(R)$，而 $ts(R)$ 是对称的，所以 $sts(R)=ts(R)$，从而有 $ts(R)\supseteq st(R)$。

通常用 $R^+$ 表示 $R$ 的可传递闭包 $t(R)$，并读作"$R$ 加"；用 $R^*$ 表示 $R$ 的自反可传递闭包 $tr(R)$，并读作"$R$ 星"。在研究形式语言和编译程序设计时，经常使用星的和加的闭包运算。

# 4.7　特殊关系

前面我们曾介绍了二元关系的有关性质，在这一节，我们将看到一个关系若满足某些基本性质，则定义了某些重要类型的特殊关系。

## 4.7.1　集合的划分和覆盖

等价关系和相容关系是二元关系中两类常见的关系。等价关系可以导致集合的划分，这有助于研究集合的各子集，而在解决开关理论中某些极小化问题时，则要用到相容关系的概念。

**定义 4.15**　给定非空集合 $S$，及非空集合 $A=\{A_1,A_2,\cdots,A_n\}$，如果有

（1）$A_i\subseteq S\ (i=1,2,\cdots,n)$

（2）$\bigcup_{i=1}^n A_i=S$

则称集合 $A$ 是集合 $S$ 的覆盖。

例如，设集合 $S=\{a,b,c\}$，并且给定 $S$ 的各子集的集合 $A=\{\{a,b\},\{b,c\}\}$ 和 $B=\{\{a\},\{b,c\},\{a,c\}\}$；显然集合 $A$ 和集合 $B$ 都是集合 $S$ 的覆盖。即覆盖不唯一。

**定义 4.16** 给定非空集合 $S$ ，及非空集 $A = \{A_1, A_2, \cdots, A_n\}$ ，如果有

（1） $A_i \subseteq S$ $(i = 1, 2, \cdots, n)$

（2） $A_i \bigcap A_j = \varnothing$ $(i \neq j)$ 和 $A_i \bigcap A_j \neq \varnothing$ $(i = j)$

（3） $\bigcup\limits_{i=1}^{n} A_i = S$

则称集合 $A$ 是集合 $S$ 的一个**划分**。划分中的元素 $A_i$ 称为划分的**类**。如果划分是个有限集合，则划分的**秩**是划分的类的数目。若划分是个无限集合，则划分的秩是无限的。划分是覆盖的特定情况，即 $A$ 中元素互不相交的特定情况。例如设 $S = \{1, 2, 3\}$ ，试考察 $S$ 的各子集的下列集合。

$$A = \{\{1,2\}, \{2,3\}\}; \qquad B = \{\{1\}, \{1,2\}, \{1,3\}\};$$
$$C = \{\{1\}, \{2,3\}\}; \qquad D = \{\{1,2,3\}\};$$
$$E = \{\{1\}, \{2\}, \{3\}\}; \qquad F = \{\{a\}, \{a,c\}\};$$

显然集合 $A$ 和 $B$ 是 $S$ 的覆盖，当然 $C$ ， $D$ ， $E$ 也都是 $S$ 的覆盖；同时 $C$ ， $D$ ， $E$ 也还是 $S$ 的划分，并且 $C$ 的秩是 2， $D$ 的秩是 1， $E$ 的秩是 3；而 $F$ 既不是覆盖也不是划分；集合 $S$ 的最大划分是以 $S$ 的单个元素为类的划分，如上面的 $E$ ； $S$ 的最小划分是以 $S$ 为类的划分，如上面的 $D$ 。

**定义 4.17** 设 $A$ 和 $A'$ 是非空集合 $S$ 的两种划分，并可表示成

$$A = \bigcup_{i=1}^{m} A_i , \quad A' = \bigcup_{j=1}^{n} A'_j$$

如果 $A'$ 的每一个类 $A'_j$ ，都是 $A$ 的某一个类 $A_i$ 的子集，则称划分 $A'$ 是划分 $A$ 的**加细**，并说成是 $A'$ 加细了 $A$ 。如果 $A'$ 是 $A$ 的加细和 $A' \neq A$ ，则称 $A'$ 是 $A$ 的**真加细**。

划分全集 $E$ 的过程，可看成是在表达全集 $E$ 的文氏图上划出分界线的过程。设 $A$ ， $B$ ， $C$ 是全集 $E$ 的三个子集。由 $A$ ， $B$ 和 $C$ 生成的 $E$ 的划分的类，称为**极小项**或**完全交集**。对于三个子集 $A$ ， $B$ 和 $C$ 来说，共有 $2^3$ 个极小项，分别用 $I_0, I_1, \cdots, I_7$ 来表示。

由图 4.9 可知

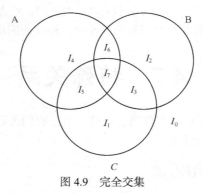

图 4.9　完全交集

$$I_0 = \sim A \bigcap \sim B \bigcap \sim C$$
$$I_1 = \sim A \bigcap \sim B \bigcap C$$
$$I_2 = \sim A \bigcap B \bigcap \sim C$$
$$I_3 = \sim A \bigcap B \bigcap C$$
$$I_4 = A \bigcap \sim B \bigcap \sim C$$
$$I_5 = A \bigcap \sim B \bigcap C$$
$$I_6 = A \bigcap B \bigcap \sim C$$
$$I_7 = A \bigcap B \bigcap C$$

并且 $I_0, I_1, \cdots, I_7$ 是互不相交的，

$$E = I_0 \bigcup I_1 \bigcup I_2 \bigcup \cdots \bigcup I_7 = \bigcup_{j=0}^{7} I_j$$

一般情况，如果 $A_1, A_2, \cdots, A_n$ 是全集 $E$ 的 $n$ 个子集，则由这 $n$ 个子集能够生成 $2^n$ 个极小项，分别用 $I_0, I_1, \cdots, I_{2^n-1}$ 来表示它们。这些极小项互不相交，并且并起来等于全集 $E$。

**定理 4.16**　由全集 $E$ 的 $n$ 个子集 $A_1, A_2, \cdots, A_n$ 所生成的全部极小项集合，能够构成全集 $E$ 的一个划分。

**证明：**为了证明这个定理，只需证明全集 $E$ 中的每一个元素，都仅属于一个完全交集就够了。如果 $x \in E$，则 $x \in A_1$，或 $x \in \sim A_1$；$x \in A_2$ 或 $x \in \sim A_2$；$\cdots$；$x \in A_n$ 或 $x \in \sim A_n$。由此可见，必定有

$$x \in (\bigcap_{i=1}^{n} \hat{A_i})$$

这里 $\hat{A_i}$ 或是 $A_i$ 或是 $\sim A_i$。试考察两个不同的完全交集 $T$。因为两个完全交集是不同的，就是说存在这样一个 $i$，使得 $T \subseteq A_i$ 和 $T \subseteq \sim A_i$，因此可有 $T \subseteq A_i \bigcap \sim A_i$，即 $T = \varnothing$；因而任何一个 $x \in E$ 都不能同时属于两个不同的完全交集。

不难看出，这里所说的完全交集，与命题演算中的极小项相似。但是和极小的集合不同，极大项的集合不能构成全集 $E$ 的划分。

## 4.7.2　等价关系

要研究集合中的元素,就要研究它们的性质，并且根据所具有的性质将其分类，具有相同性质的元素则被看作是一类。

**定义 4.18**　设 $X$ 是任意集合，$R$ 是集合 $X$ 中的二元关系。如果 $R$ 是自反的、对称的和可传递的，也就是说,如果有

（1）$(\forall x)(x \in X \rightarrow xRx)$

（2）$(\forall x)(\forall y)(x \in X \wedge y \in X \wedge xRy \rightarrow yRx)$

（3）$(\forall x)(\forall y)(\forall z)(x \in X \wedge y \in X \wedge z \in X \wedge xRy \wedge yRz \rightarrow xRz)$

则称 $R$ 是**等价关系**。

如果 $R$ 是集合 $A$ 上的等价关系，则 $R$ 的定义域 $\mathrm{dom}R$ 是集合 $A$ 自身，所以称 $R$ 是定义于集合 $A$ 上的关系。实数集合中数的等于关系，全集的各子集间的相等关系，命题集合中等价命题间的恒等关系等，都是等价关系。

**例 4.22**　给定集合 $A = \{1, 2, \cdots, 7\}$，$R$ 是 $A$ 上的二元关系，并且 $R$ 给定成

$R = \{\langle x, y \rangle | x \in X \wedge y \in Y \wedge ((x-y) 可被 3 整除)\}$，试证明 $R$ 是一个等价关系，并画出 $R$ 的关系图和写出 $R$ 的关系矩阵。

**解：**$R$ 的关系矩阵如下：

$$M_R = \begin{bmatrix} 1 & 0 & 0 & 1 & 0 & 0 & 1 \\ 0 & 1 & 0 & 0 & 1 & 0 & 0 \\ 0 & 0 & 1 & 0 & 0 & 1 & 0 \\ 1 & 0 & 0 & 1 & 0 & 0 & 1 \\ 0 & 1 & 0 & 0 & 1 & 0 & 0 \\ 0 & 0 & 1 & 0 & 0 & 1 & 0 \\ 1 & 0 & 0 & 1 & 0 & 0 & 1 \end{bmatrix}$$

在图 4.10 中给出了 $R$ 的关系图。由 $R$ 的关系矩阵和关系图可以看出，$R$ 是等价关系。

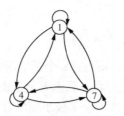

图 4.10　$R$ 的关系图

例 4.22 是模数系统中模等价关系的特定情况。设 $\mathbf{Z}^+$ 是正整数集合，$m$ 是正整数。对于 $x, y \in \mathbf{Z}^+$ 来说，可将 $R$ 定义成

　　$R = \{\langle x, y \rangle \mid x - y$ 可被 $m$ 所整除$\}$　这里，"$x - y$ 可被 $m$ 所整除"等价于命题"当用 $m$ 去除 $x$ 和 $y$ 时，它们都有同样的余数"。故关系 $R$ 也称为**模 $m$ 同余关系**。

　　**定义 4.19**　设 $m$ 是个正整数和 $x, y \in \mathbf{Z}$。如果对于某一个整数 $n$，有 $x - y = n \cdot m$，则称 $x$ 模等价于 $y$，并记作

$$x \equiv y \pmod{m}$$

整数 $m$ 称为**等价的模数**。

　　显然，这里是用"$\equiv$"表示模 $m$ 等价关系 $R$。

　　**定理 4.17**　任何集合 $A \subseteq Z$ 中的模 $m$ 相等关系 $R = \{\langle x, y \rangle \mid x, y \in A \wedge x \equiv y \pmod{m}\}$，是一个等价关系。

　　**证明**：如果 $A = \varnothing$，则 $R$ 是个空关系，显然有 $R$ 是自反的、对称的和可传递的。

　　如果 $A \neq \varnothing$，则需考察下列 3 条：

　　（1）任取 $x \in A$，则 $x \in A \Rightarrow (x - x) = 0 \cdot m \wedge 0 \in Z \Rightarrow x \equiv x \pmod{m} \Rightarrow \langle x, x \rangle \in R$。因此，$R$ 是自反的。

　　（2）任取 $\langle x, y \rangle \in R$，则

　　$\langle x, y \rangle \in R \Rightarrow x \equiv y \pmod{m} \Rightarrow \exists n (x - y = n \cdot m \wedge n \in Z)$

　　$\Rightarrow \exists n (y - x = (-n) \cdot m \wedge -n \in Z) \Rightarrow y \equiv x \pmod{m} \Rightarrow \langle y, x \rangle \in R$

因此，$R$ 是对称的。

　　（3）任取 $\langle x, y \rangle, \langle y, z \rangle \in R$，则

　　$\langle x, y \rangle, \langle y, z \rangle \in R$

　　$\Rightarrow x \equiv y \pmod{m} \wedge y \equiv z \pmod{m}$

　　$\Rightarrow \exists t (x - y = t \cdot m \wedge t \in Z) \wedge \exists s (y - z = s \cdot m \wedge s \in Z)$

　　$\Rightarrow \exists t \exists s (x - y = t \cdot m \wedge t \in Z \wedge y - z = s \cdot m \wedge s \in Z)$

　　$\Rightarrow \exists t \exists s (x - z = (t + s) \cdot m \wedge t \in Z \wedge s \in Z)$

　　$\Rightarrow \exists n (x - z = n \cdot m \wedge n \in Z)$

　　$\Rightarrow x \equiv z \pmod{m} \Rightarrow \langle x, z \rangle \in R$

因此，$R$ 是可传递的。

　　综上所述，$R$ 是等价关系。

　　**定义 4.20**　设 $R$ 是集合 $A$ 上的等价关系：对于任何 $x \in A$ 来说，可把集合 $[x]_R \subseteq A$ 规定成 $[x]_R = \{y \mid y \in A \wedge xRy\}$

　　并称它是由 $x$ 关于 $R$ 的**等价类**。

　　为了简单起见，有时也把 $[x]_R$ 就写成 $[x]$ 或 $x / R$。不难看出，集合 $[x]_R$ 应是由集合 $A$ 中与 $x$ 有

等价关系 $R$ 的那些元素所组成的。

　　例 4.23　设 $A=\{a,b,c,d\}$ ，$R$ 是 $A$ 上的等价关系，并把 $R$ 给定成
$$R=\{\langle a,a\rangle,\langle a,b\rangle,\langle b,a\rangle,\langle b,b\rangle,\langle c,c\rangle,\langle c,d\rangle,\langle d,c\rangle,\langle d,d\rangle\}$$
试画出等价关系图，求出 $A$ 中各元素关于 $R$ 的等价类。

　　解：等价关系如图 4.11 所示。由等价关系图不难看出
$$[a]_R=[b]_R=\{a,b\}$$
$$[c]_R=[d]_R=\{c,d\}$$

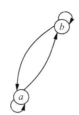

图 4.11　等价关系图

　　下面我们来看看由集合 $A$ 的各元素所生成的等价类的某些性质。

　　**定理 4.18**　设 $A$ 是一个集合，$R$ 是 $A$ 上的等价关系。如果 $x\in A$ ，则 $x\in[x]_R$ 。

　　**证明：** 对任何元素 $x\in A$ 来说，因为 $R$ 是自反的，所以可有 $xRx$ ，因而有 $x\in[x]_R$ 。证毕。

　　**定理 4.19**　设 $R$ 是集合 $A$ 上的等价关系。于是可有

（1）对于所有的 $x,y\in A$ ，或者 $[x]_R=[y]_R$ 或者 $[x]_R\cap[y]_R=\varnothing$ 。

（2）$\bigcup\limits_{x\in A}[x]_R=A$

　　**证明：**（1）如 $A=\varnothing$ ，上述结论显然是真的。因此可假定 $A\neq\varnothing$ ，而后分两种情况讨论：

（a）若 $\langle x,y\rangle\in R$ ，任取 $z\in[x]_R$ ，则
$$\langle x,y\rangle\in R\wedge z\in[x]_R$$
$$\Rightarrow\langle x,y\rangle\in R\wedge\langle x,z\rangle\in R$$
$$\Rightarrow\langle y,x\rangle\in R\wedge\langle x,z\rangle\in R（因为R是对称的）$$
$$\Rightarrow\langle y,z\rangle\in R（因为R是可传递的）$$
$$\Rightarrow z\in[y]_R$$

因此，$[x]_R\subseteq[y]_R$ 。同理可得 $[y]_R\subseteq[x]_R$ 。由此可得 $[x]_R=[y]_R$ 。

　　（b）若 $\langle x,y\rangle\notin R$ ，假设 $[x]_R\cap[y]_R\neq\varnothing$ ，任取 $z\in[x]_R\cap[y]_R$ ，则

$z\in[x]_R\cap[y]_R\Rightarrow\langle x,z\rangle\in R\wedge\langle y,z\rangle\in R\Rightarrow\langle x,z\rangle\in R\wedge\langle z,y\rangle\in R（因为R是对称的）\Rightarrow\langle x,y\rangle\in R$

与 $\langle x,y\rangle\notin R$ 矛盾，因此当 $\langle x,y\rangle\notin R$ 时，$[x]_R\cap[y]_R=\varnothing$ 。

　　综上所述，对于所有的 $x,y\in A$ ，或者 $[x]_R=[y]_R$ 或者 $[x]_R\cap[y]_R=\varnothing$ 。

　　（2）先证明 $\bigcup\limits_{x\in A}[x]_R\subseteq A$ ，任取 $y\in\bigcup\limits_{x\in A}[x]_R$ ，则

$y\in\bigcup\limits_{x\in A}[x]_R\Rightarrow\exists x(x\in A\wedge y\in[x]_R)\Rightarrow y\in A(因为[x]_R\subseteq A)$

因此，$\bigcup\limits_{x\in A}[x]_R\subseteq A$ 。

　　再证明 $A\subseteq\bigcup\limits_{x\in A}[x]_R$ 。任取 $y\in A$ ，则

$y\in A\Rightarrow y\in[y]_R\wedge y\in A\Rightarrow y\in\bigcup\limits_{x\in A}[x]_R$

因此，$\bigcup\limits_{x \in A} [x]_R \subseteq A$。

综上所述，$\bigcup\limits_{x \in A} [x]_R = A$。

上面两个定理说明，对于任意 $x \in A$，必有其关于 $R$ 等价类 $[x]_R$。$A$ 的各元素关于 $R$ 等价类必定覆盖 $A$，也就是说，它们的并集是集合 $A$。由于任何两个元素所生成的 $R$ 等价类或是相等的或是互不相交，所以可以说，由 $A$ 的元素所生成的等价类的集合决定了集合 $A$ 的一种划分。

**定理 4.20** 设 $R$ 是非空集合 $A$ 上的等价关系。$R$ 的等价类的集合 $\{[x]_R \mid x \in A\}$，是 $A$ 的一个划分。根据定理 4.18 和定理 4.19 就能够证明此定理。此定理说明非空集合的划分和集合中的等价关系之间，存在一种自然对应关系。

**定义 4.21** 设 $R$ 是非空集合 $A$ 上的等价关系。以 $R$ 的所有等价类作为元素的集合 $\{[x]_R \mid x \in A\}$ 称为 $A$ 关于 $R$ 的**商集**，记作 $A/R$，也可写成 $A(\bmod R)$。

由定理 4.20 可知，$A$ 关于 $R$ 的商集 $A/R$ 是对集合 $A$ 的一个划分，并且 $A/R$ 的基数是 $A$ 关于 $R$ 的不同等价类的数目，因此 $A/R$ 的基数又称为等价关系 $R$ 的秩。

下面来考察集合 $A$ 中的两个特殊等价关系：全域关系 $E_A$ 和恒等关系 $I_A$。显然这两种关系都是 $A$ 上的等价关系。由全域关系所生成的商集 $A/E_A$ 仅包含一个元素 $A$，而由恒等关系所生成的商集 $A/I_A$ 中的每个元素都是由 $A$ 中的单个元素所组成的。$A/E_A$ 所对应的划分是 $A$ 的最小划分，$A/I_A$ 所对应的划分是 $A$ 的最大划分。这两种划分被称为 $A$ 上的平凡划分。

**例 4.24** 令 $R$ 是整数集合 $\mathbf{Z}$ 中的"模 3 同余"关系，$R$ 可给定成

$$R = \{\langle x, y \rangle \mid x, y \in \mathbf{Z} \wedge x \equiv y(\bmod 3)\}$$

试求 $\mathbf{Z}$ 的元素所生成的 $R$ 等价类。

**解**：等价类是

$$[0]_R = \{\cdots, -6, -3, 0, 3, 6, \cdots\}$$
$$[1]_R = \{\cdots, -5, -2, 1, 4, 7, \cdots\}$$
$$[2]_R = \{\cdots, -4, -1, 2, 5, 8, \cdots\}$$

$\mathbf{Z}/R = \{[0]_R, [1]_R, [2]_R\}$

定理 4.20 说明，等价关系可以造成集合的一个划分。下面的定理说明，给定集合的一种划分，就可以写出一个等价关系。

**定理 4.21** 设 $C$ 是非空集合 $A$ 的一个划分，则由这个划分所确定的下述关系 $R$

$$xRy \Leftrightarrow (\exists S)(S \in C \wedge x \in S \wedge y \in S)$$

必定是个等价关系，并称 $R$ 为由划分 $C$ 导出的 $A$ 上的等价关系。

**证明**：要证明 $R$ 是个等价关系，就必须证明 $R$ 是自反的、对称的和可传递的。

（a）由于 $C$ 是 $A$ 的划分，$C$ 必定覆盖 $A$。对任意的 $x \in A$，必有 $A$ 属于 $C$ 的某一个元素 $S$。所以对于每一个 $x \in A$，都有 $xRx$，即 $R$ 是自反的。

（b）假定 $xRy$。于是存在一个 $S \in C$，且 $x \in S$ 和 $y \in S$，所以有 $yRx$。因此，$R$ 是对称的。

（c）假定 $xRy$ 和 $yRz$。于是存在两个元素 $S_1 \in C$ 和 $S_2 \in C$，且 $x, y \in S_1$ 和 $y, z \in S_2$ 所以有 $S_1 \cap S_2 \neq \varnothing$。这样就有 $S_1 = S_2$，因此，$z \in S_1$。因此有 $xRz$，所以有 $R$ 是可传递的。综上，$R$ 是个等价关系。证毕。

不难看出，由划分 $C$ 导出的等价关系的每一个等价类，都是划分的一个类。

**例 4.25** 设 $A = \{a, b, c, d, e\}$ 和 $C = \{\{a, b\}, \{c\}, \{d, e\}\}$。试写出由划分 $C$ 导出的 $A$ 上的等价关系。

**解**：用 $R$ 表示这个等价关系，可有

$$R = \{\langle a, a \rangle, \langle a, b \rangle, \langle b, a \rangle, \langle b, b \rangle, \langle c, c \rangle, \langle d, d \rangle, \langle d, e \rangle, \langle e, d \rangle, \langle e, e \rangle\}$$

上面我们证明了，集合中的等价关系能够生成该集合的划分，反过来集合中的任何一种划分又能确定一种等价关系。然而，也有这样的情况，那就是用不同的方法定义的两种等价关系，可能会产生同一个划分。因为关系也是个集合，所以由相等集合所定义的两种等价关系，不会有什么区别；对于集合的划分来说，情况也是如此。例如，设集合 $A = \{1,2,\cdots,9\}$ ，$R_1$ 和 $R_2$ 是 $A$ 上的两种关系，并把 $R_1$ 和 $R_2$ 规定成

$$R_1 = \{\langle x,y \rangle \mid x \in A \wedge y \in A \wedge x \equiv y(\mathrm{mod}\,3)\}$$
$$R_2 = \{\langle x,y \rangle \mid x \in X \wedge y \in X \wedge (x\text{和}y\text{在}A\text{的同一列中})\}$$

$$A = \begin{bmatrix} 1 & 2 & 3 \\ 4 & 5 & 6 \\ 7 & 8 & 9 \end{bmatrix}$$

可以看出，关系 $R_1$ 和 $R_2$ 虽然具有不同的定义，但是 $R_1 = R_2$。

"划分"的概念和"等价关系"的概念本质上是相同的。

## 4.7.3　相容关系

**定义 4.22**　给定集合 $A$ 中的二元关系 $R$ ，如果 $R$ 是自反的、对称的，则称 $R$ 是**相容关系**。也就是说，可以把 $R$ 规定成：

（1）$(\forall x)(x \in A \to xRx)$

（2）$(\forall x)(\forall y)(x \in A \wedge y \in A \wedge xRy \to yRx)$

显然，所有的等价关系都是相容关系，但相容关系并不一定是等价关系。下面举例说明相容关系。

设集合 $A = \{2166,243,375,648,455\}$ ，$A$ 中的关系 $R = \{\langle x,y \rangle \mid x,y \in X \wedge x\text{和}y\text{有相同的数字}\}$ 。不难看出 $R$ 是自反的和对称的，因此 $R$ 是个相容关系。如果，$xRy$ ，则称 $x$ 和 $y$ 是相容的。

令 $x_1 = 2166$ ，$x_2 = 243$ ，$x_3 = 375$ ，$x_4 = 648$ ，$x_5 = 455$ 。这里 $x_1Rx_2$ 并且 $x_2Rx_3$ 但 $x_1\not{R}x_3$ ，即该相容关系不是可传递的。把 $R$ 写出来是：

$$R = \{\langle x_1,x_1 \rangle, \langle x_1,x_2 \rangle, \langle x_1,x_4 \rangle, \langle x_2,x_2 \rangle, \langle x_2,x_1 \rangle, \langle x_2,x_3 \rangle, \langle x_2,x_4 \rangle, \langle x_2,x_5 \rangle, \langle x_3,x_3 \rangle,$$
$$\langle x_3,x_2 \rangle, \langle x_3,x_5 \rangle, \langle x_4,x_4 \rangle, \langle x_4,x_1 \rangle, \langle x_4,x_2 \rangle, \langle x_4,x_5 \rangle, \langle x_5,x_5 \rangle, \langle x_5,x_2 \rangle, \langle x_5,x_3 \rangle \langle x_5,x_4 \rangle\}$$

图 4.12 给出了该相容关系 $R$ 的图。

由于相容关系的自反性和对称性，关系图中的所有结点上都有环边；有相容关系的两个结点间都有往返弧线。如果我们删除全部结点上的环边，并且用一条直线取代两结点间的两条弧线，这样就可以把图 4.12 化简成图 4.13。

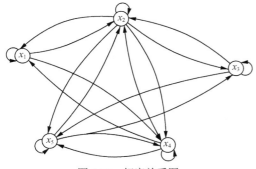

图 4.12　相容关系图

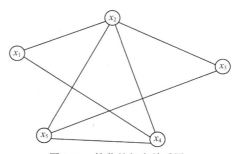

图 4.13　简化的相容关系图

还可写出该关系 $R$ 的矩阵如下：

$$M_R = \begin{bmatrix} 1 & 1 & 0 & 1 & 0 \\ 1 & 1 & 1 & 1 & 1 \\ 0 & 1 & 1 & 0 & 1 \\ 1 & 1 & 0 & 1 & 1 \\ 0 & 1 & 1 & 1 & 1 \end{bmatrix}$$

由于相容关系是自反的，因而矩阵对角线上的各元素都应是 1；相容关系是对称的，所以矩阵关于主对角线也是对称的。这样，仅给出关系矩阵下部的三角形部分也就够了。简化后的关系矩阵如图 4.14 所示。

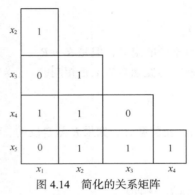

图 4.14　简化的关系矩阵

令 $X_1 = \{x_1, x_2, x_4\}$，$X_2 = \{x_2, x_3, x_5\}$ 和 $X_3 = \{x_2, x_4, x_5\}$。

在集合 $X_1$，$X_2$ 和 $X_3$ 中，同一个集合内的元素都是相容的。这些集合的并集就是给定的集合 $X$，亦即 $X = X_1 \cup X_2 \cup X_3$。因此，集合 $A = \{X_1, X_2, X_3\}$ 定义了集合 $X$ 的一个覆盖，但它不能构成集合的一个划分。

由此可以得出结论，集合中的相容关系能够定义集合的覆盖；而集合中的等价关系能够确定集合的划分。

**定义 4.23**　设 $\approx$ 是集合 $X$ 中的相容关系。假定 $A \subseteq X$。如果任何一个 $x \in A$，都与其他所有的元素有相容关系，而 $X - A$ 中没有能与 $A$ 中所有元素都有相容关系的元素，则子集 $A \subseteq X$ 称为**最大相容类**。

由图 4.13 可以看出，子集 $X_1$，$X_2$ 和 $X_3$ 都是最大相容类。寻找最大相容类的方法有两种：关系图法和关系矩阵法。

先说明关系图法。关系图法的实质在于寻找出"最大完全多边形"。所谓最大完全多边形，系指每一个顶点都与其他所有顶点相连结的多边形。

（1）集合中仅关系到它自身的结点，是一个最大完全多边形。

（2）不都与其他的结点相连接的一条直线所连接的两个结点构成一个最大完全多边形。

（3）三角形的三个顶点构成一个最大完全多边形，对角线相连的四边形的四个顶点构成一个最大完全多边形，正五角星的五个顶点构成一个最大完全多边形，正六边形的六个顶点也是一个最大完全多边形。一个最大完全多边形对应一个最大相容类。

**例 4.26**　求出图 4.13 中的关系图的所有最大完全多边形与其相对应的最大相容类。

**解**：三角形 $x_1 x_2 x_4$，$x_2 x_3 x_5$ 和 $x_2 x_4 x_5$ 都是最大完全多边形，与它们相对应的最大相容类分别是 $X_1$，$X_2$ 和 $X_3$。

**例 4.27**　在图 4.15 中，给出了两个相容关系图。试求出它们的所有最大完全多边形，并求出与它们相应的最大相容类。

**解**：图（a）的最大完全多边形有：四边形 1234 线段 25，36 和 56；与它们相应的最大相容类分别是：{1，2，3，4}，{2，5}，{3，6}，{5，6}。图（b）的最大完全多边形有：三角形 123，136，356 和孤立结点 4；与它们相对应的最大相容类分别是：{1，2，3}，{1，3，6}，{3，5，6}和{4}。

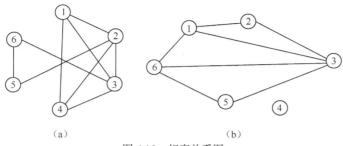

（a）　　　　　　　　　　　（b）

图 4.15　相容关系图

下面介绍关系矩阵法。首先制定简化了的关系矩阵，继之按下列步骤求出各最大相容类。

（1）仅与它们自身有相容关系的那些元素，能够分别单独地构成最大相容类，因此从矩阵中删除这些元素所在的行和列。

（2）从简化矩阵的最右一列开始向左扫描，直到发现至少有一个非零记入值的列。该列中的非零记入值，表达了相应的相容偶对。列举出所有这样的偶对。

（3）继续往左扫描，直到发现下一个至少有一个非零记入值的列。列举出对应于该列中所有非零记入值的相容偶对。在这些后发现的相容偶对中，如果有某一个元素与先前确定了的相容类中的所有元素都有相容关系，则将此元素合并到该相容类中去；如果某一个元素仅与先前确定了的相容类中的部分元素有相容关系，则可用这些互为相容的元素组成一个新的相容类。删除已被包括在任何相容类中的那些相容偶对，并列举出尚未被包含在任何相容类中的所有相容偶对。

（4）重复步骤（3），直到扫描过简化矩阵的所有列。

最后，仅包含孤立元素的那些相容类，也是最大相容类。

**例 4.28**　与图 4.15（a）中的相容关系相对应的简化矩阵如图 4.16 所示，试求出最大相容类。

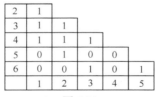

图 4.16

**解**：这里没有孤立结点，故可忽略步骤（1）。根据步骤（2）和（3）可有

（a）右起第一列上是 1，故有相容偶对{5，6}。

（b）第二列上全是 0。第三列上有两个 1。与它们相对应的相容偶对是{3，4}和{3，6}，于是可有

{5，6}，{3，4)，{3，6}。

（c）第四列上有三个 1，故有{2，3}，{2，4}和{2，5}，于是可有

{5，6}，{3，4)，{3，6)，{2，3}，{2，4}，{2，5}

可以看出，相容偶对{2，3}和{2，4}中的元素 2，与相容偶对{3，4)中的两个元素都有相容关系，故可把它们合并成一个相容类{2，3，4}。于是可有{2，3，4}，{5，6}，{3，6}，{2，5}。

（d）第五列有三个 1，故有{1，2}，{1，3}和{1，4}。于是可有{2，3，4)，{5，6)，{3，6}，

{2，5}，{1，2}，{1，3}，{1，4}。

又可看出，相容偶对{1，2}，{1，3}和{1，4}中的元素 1，与相容类{2，3，4}中的所有元素都有相容关系，故可以把它们合并成一个相容类(1，2，3，4)。于是可有{1，2，3，4}，{5，6}，{3，6}，{2，5}。这些都是最大相容类。

**例 4.29** 与图 4.15（b）中的相容关系图相对应的简化矩阵如图 4.17 所示，试求各最大相容类。

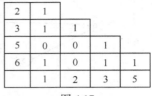

图 4.17

**解：** 这里结点 4 是个孤立结点，故在矩阵中删除了相应的行和列。根据步骤（2）和（3）可有

（a）{4}

（b）{4}，{5,6}

（c）{4}，{5,6}，{3,5}，{3,6}，合并后有 {4}，{3,5,6}

（d）{4}，{3,5,6}，{2,3}

（e）{4}，{3,5,6}，{2,3}，{1,2}，{1,3}，{1,6}，合并后有 {4}，{3,5,6}，{1,2,3}，{1,3,6}，这里，相容偶对 {1,3}，{1,6} 中的元素 1，与相容类 {3,5,6} 中的部分元素有相容关系，故组成了相容类 {1,3,6}。

这些相容类都是最大相容类。

### 4.7.4　次序关系

次序关系是集合中的可传递关系，它能提供一种比较集合各元素的手段。

**定义 4.24** 设 $R$ 是集合 $A$ 上的二元关系。如果 $R$ 是自反的、反对称的和可传递的，亦即有

（1）$(\forall x)(x \in A \to xRx)$

（2）$(\forall x)(\forall y)(x \in A \land y \in A \land xRy \land yRx \to x = y)$

（3）$(\forall x)(\forall y)(\forall z)(x \in A \land y \in A \land z \in A \land xRy \land yRz \to xRz)$，则称 $R$ 是集合 $A$ 中的**偏序关系**，简称**偏序**。序偶 $\langle A, \leqslant \rangle$ 称为**偏序集合**。

这里用符号"$\leqslant$"表示偏序。这样，符号"$\leqslant$"就不单纯意味着实数中的"小于或等于"关系。事实上，这是从特定情况中，借用符号"$\leqslant$"去表示更为普遍的偏序关系。对于偏序关系来说，如果有 $x, y \in P$ 且 $x \leqslant y$，则按不同情况称它是"$x$ 小于或等于 $y$"，"$y$ 包含 $x$"，"$x$ 在 $y$ 之前"等。

如果 $R$ 是集合 $A$ 上的偏序关系，则 $R^{-1}$ 也是 $A$ 上的偏序关系。如上所述，如果用"$\leqslant$"表示 $R$，则用"$\geqslant$"表示 $R^{-1}$。如果 $\langle A, \leqslant \rangle$ 是一个偏序集合，则 $\langle A, \geqslant \rangle$ 也是一个偏序集合，称 $\langle A, \geqslant \rangle$ 是 $\langle A, \leqslant \rangle$ 的对偶。

设 $R$ 是实数集合。"小于或等于"关系 $\leqslant$ 是 $R$ 中的偏序关系；这个关系的逆关系"大于或等于"关系 $\geqslant$ 也是 $R$ 中的偏序关系。

设 $P(A) = X$ 是 $A$ 的幂集，亦即 $X$ 是 $A$ 的子集的集和。$X$ 中的包含关系 $\subseteq$，是个偏序关系；这个关系的逆关系 $\supseteq$ 也是个偏序关系。

设 $\mathbf{Z}^+$ 是正整数集合，且 $x, y, z \in \mathbf{Z}^+$，当且仅当存在 $z$，能使 $xz = y$，才有"$x$ 整除 $y$"（可写成 $x|y$），换言之，"$y$ 是 $x$ 的整倍数"。"整除"和"整倍数"互为逆关系，它们都是 $\mathbf{Z}^+$ 中的偏序关系。

**例 4.30**　设 $A=\{2,3,6,8\}$ ，≤是 $A$ 中的"整除"关系。试表达出"整除"和"整倍数"关系。

**解：**"整除"关系≤可规定成

$≤ = \{\langle 2,2\rangle,\langle 3,3\rangle,\langle 6,6\rangle,\langle 8,8\rangle,\langle 2,6\rangle,\langle 2,8\rangle,\langle 3,6\rangle\}$

"整倍数"关系是≥

$≥ = \{\langle 2,2\rangle,\langle 3,3\rangle,\langle 6,6\rangle,\langle 8,8\rangle,\langle 6,2\rangle,\langle 8,2\rangle,\langle 6,3\rangle\}$

实数集合 **R** 中的"小于"关系<和"大于"关系>，都不是偏序关系，因为它们都不是自反的。但它们是实数集合中的另一种关系——拟序关系。

**定义 4.25**　设 $R$ 是集合 $A$ 中的二元关系。如果 $R$ 是反自反的和可传递的，亦即有

（1）$(\forall x)(x \in A \to x\not{R}x)$

（2）$(\forall x)(\forall y)(\forall z)(x \in A \land y \in A \land z \in A \land xRy \land yRz \to xRz)$

则称 $R$ 是**拟序关系**，并借用符号"$<$"表示 $R$ 。

在上述定义中，没有明确列举反对称性的条件 $xRy \land yRx \to x=y$ ，事实上关系<若是反自反的和可传递的，则一定是反对称的，否则会出现矛盾。这是因为，假定 $x<y$ 和 $y<x$ ，因为<是可传递的，可得出 $x<x$ ，而<是反自反的，故<总是反对称的。

根据偏序关系和逆序关系的定义，不难得出

$$x < y \Leftrightarrow x \leq y \land x \neq y$$

实数集合中的小于关系<和大于关系>都是拟序关系。子集的集合中的真包含关系 $\subset$ 和 $\supset$ 都是拟序关系。

拟序关系和偏序关系的关系用下面的定理说明。

**定理 4.22**　设 $R$ 是集合 $A$ 上的二元关系。于是可有

（1）如果 $R$ 是个拟序关系，则 $r(R) = R \cup I_A$ 是一个偏序关系。

（2）如果 $R$ 是个偏序关系，则 $R - I_A$ 是个拟序关系。

定理的证明留作练习。

**定理 4.23**　设 $\langle A, \leq\rangle$ 是个偏序集合。如果对于每一个 $x,y \in A$ ，或者 $x \leq y$ 或者 $y \leq x$ ，亦即

$$((\forall x)(\forall y)(x \in A \land y \in A \to x \leq y \lor y \leq x)$$

则称偏序关系≤是**全序关系**简称**全序**，序偶 $\langle A, \leq\rangle$ 称为**全序集合**。

$A$ 中具有全序关系的各元素，总能按线性次序 $x_1,x_2\cdots$ 排列起来，这里当且仅当 $i \leq j$ ，才有 $x_i \leq x_j$,故全序也称为简单序或线性序，因此，序偶 $\langle A, \leq\rangle$ 在这种情况下也被称为**线性序集**或**链**。

设≤是集合 $P$ 中的偏序关系。对于 $x,y \in A$ ，如果有 $x \leq y$ 或 $y \leq x$,则 $A$ 中的元素 $x$ 和 $y$ 称为**可比的**。在偏序集合中，并非任何两个元素 $x$ 和 $y$ 都存在有 $x \leq y$ 或 $y \leq x$ 的关系。事实上，对于某些 $x$ 和 $y$ 来说， $x$ 和 $y$ 可能没有关系。在这种情况下，称 $x$ 和 $y$ 是**不可比的**。正是由于这种原因，才把≤称作"偏"关系。在全序集合中，任何两个元素都是可比的。

设 **R** 是实数集合， $a$ 和 $b$ 是 **R** 的元素。对于每一个实数 $a$ ，设 $S_a = \{x \mid 0 \leq x < a\}$ 和 $S$ 是集合并且 $S = \{S_a \mid a \geq 0\}$ 。如果 $a<b$ ，则 $S_a \subseteq S_b$ ，因此 $\langle S, \subseteq\rangle$ 是一个全序集合。如果 $A$ 是个含有多于一个元素的集和，则 $\langle P(A), \subseteq\rangle$ 不是一个全序集合。例如，设 $A=\{a,b,c\}$ ，于是

$$P(A) = \{\varnothing,\{a\},\{b\},\{c\},\{a,c\},\{b,c\},\{a,b,c\}\}$$

在 $P(A)$ 上定义一个包含关系 $\subseteq$ ，我们很容易写出 $\subseteq$ 的元素。可以看出 $\{a\}$ 和 $\{b,c\}$ ， $\{a,b\}$ 和 $\{a,c\}$ 等都是不可比的。

字母次序关系是个全序关系。下面来说明这种有用的关系。

设 **R** 是实数集合且 $P = \mathbf{R} \times \mathbf{R}$ 。假定 **R** 上的关系≥是一般的"大于或等于"关系。对于 $P$ 中的

任何两个序偶 $\langle x_1,y_1\rangle$ 和 $\langle x_2,y_2\rangle$，可以定义一个关系 $S$

$$\langle x_1,y_1\rangle S\langle x_2,y_2\rangle \Leftrightarrow (x_1>x_2)\vee(x_1=x_2\wedge y_1\geqslant y_2)$$

如果 $\langle x_1,y_1\rangle \not{S}\langle x_2,y_2\rangle$，则有 $\langle x_2,y_2\rangle S\langle x_1,y_1\rangle$，因此 $S$ 是 $P$ 中的全序关系。并称它是**字母次序关系**或字母序。例如，试考察下列序偶

$$\langle 2,2\rangle S\langle 2,1\rangle,\langle 3,1\rangle S\langle 1,5\rangle$$
$$\langle 2,2\rangle S\langle 2,2\rangle,\langle 3,2\rangle S\langle 1,1\rangle$$

可以看出，这些序偶之间有字母次序关系。

下面把这一概念一般化。为此，设 $R$ 是 $A$ 上的全序关系，并设

$$P=A\cup A^2\cup\cdots\cup A^n=\bigcup_{i=1}^{n}A^i \quad (n=1,2,\cdots)$$

这个方程式说明，$P$ 是由长度小于或等于 $n$ 的元素串组成的。假定 $n$ 取某个固定值，可把长度为 $P$ 的元素串看成是 $P$ 重序元。这样就可以定义 $P$ 中的全序关系 $S$，并称它是字母次序关系。为此，设 $\langle x_1,x_2,\cdots,x_p\rangle$ 和 $\langle y_1,y_2,\cdots,y_q\rangle$ 是集合 $P$ 中的任何两个元素，且有 $p\leqslant q$。为了满足 $P$ 中的次序关系，首先对两个元素串进行比较。如果需要的话，把两个元素串加以交换，使得 $q\leqslant p$。如果要使

$$\langle x_1,x_2,\cdots,x_p\rangle S\langle y_1,y_2,\cdots,y_q\rangle$$

关系成立，就必须满足下列条件之一：

（1）$\langle x_1,x_2,\cdots,x_p\rangle=\langle y_1,y_2,\cdots,y_q\rangle$；

（2）$x_1\neq y_1$ 且 $A$ 中有 $x_1Ry_1$；

（3）$x_i=y_i,i=1,2,\cdots,k(k<p)$ 且 $x_{k+1}\neq y_{k+1}$ 和 $A$ 上有 $x_{k+1}Ry_{k+1}$。

如果上述条件中一个也没有得到满足，则应有

$$\langle y_1,y_2,\cdots,y_q\rangle S\langle x_1,x_2,\cdots,x_p\rangle$$

考察字母次序关系的一个特定情况。设 $A=\{a,b,c,\cdots,x,y,z\}$，又设 $R$ 是 $A$ 上的全序关系，并用 $\leqslant$ 表示它，这里 $a\leqslant b\leqslant\cdots\leqslant y\leqslant z$，且 $P=A\cup A^2\cup A^3$。这就是说，字符串中有三个来自 $A$ 中的字母，或少于三个字母而且是由所有这样的字符串组成集合 $P$。例如可有

*me*    *S*    *met*     （由条件1）

*bet*    *S*    *met*     （由条件2）

*beg*    *S*    *bet*     （自条件3）

*get*    *S*    *go*     （自最后的规则）

因为比较的是单词 *go* 和 *get*，故条件1，2和3都未得到满足。

在英文字典中，单词的排列次序就是字母次序关系的一例。在计算机上对字符数据进行分类时，经常使用字母次序关系。

## 4.7.5 偏序集合与哈斯图

前面讨论了关系图。无疑可以用关系图表达偏序关系。但像表达相容关系时用简化关系图一样，我们使用较为简便的偏序集合图——哈斯图来表达偏序关系。

**定义 4.26** 设 $\langle A,\leqslant\rangle$ 是一个偏序集，如果对任何 $x,y\in A$，$x\leqslant y$ 和 $x\neq y$，而且不存在任何其他元素 $z\in A$ 能使 $x\leqslant z$ 和 $z\leqslant y$，即 $(x\leqslant y\wedge x\neq y\wedge(x\leqslant z\leqslant y\Rightarrow x=z\vee z=y))$ 成立，则称元素 $y$ 盖覆 $x$。

在哈斯图中，用小圈表示每个元素。如果有 $x,y\in A$，且 $x\leqslant y$ 和 $x\neq y$，则把表示 $x$ 的小圈画在表示 $y$ 的小圈之下。如果 $y$ 盖覆 $x$，则在 $x$ 和 $y$ 之间画上一条直线。如果 $x\leqslant y$ 和 $x\neq y$，但

是 $y$ 不盖覆 $x$，则不能把 $x$ 和 $y$ 直接用直线联结起来，而是要经过 $A$ 的一个或多个元素把它们联结起来。这样，所有的边的方向都是自下朝上，故可略去边上的全部箭头表示。

**例 4.31**　设 $P_1 = \{1,2,3,4\}$，$\leq$ 是"小于或等于"关系，则 $\langle P_1, \leq \rangle$ 是个全序集合。设 $P_2 = \{\varnothing, \{a\}, \{a,b\}, \{a,b,c\}\}$，$\leq$ 是 $P_2$ 中的包含关系 $\subseteq$，则 $\langle P_2, \leq \rangle$ 是全序集合。试画出 $\langle P_1, \leq \rangle$ 和 $\langle P_2, \leq \rangle$ 的哈斯图。

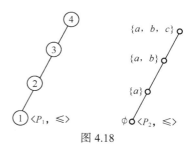

图 4.18

**解：**在图 4.18 中给出了 $\langle P_1, \leq \rangle$ 和 $\langle P_2, \leq \rangle$ 的哈斯图。

可以看出，除了结点上的标记之外，两个哈斯图都是类似的。这就是说，虽然两个全序关系的定义不同，它们具有同样结构的哈斯图。

**例 4.32**　设集合 $X = \{2,3,6,12,24,36\}$，$\leq$ 是 $X$ 上的偏序关系。并定义成：如果 $x$ 整除 $y$，则 $x \leq y$。试画 $\langle X, \leq \rangle$ 的哈斯图。

**解：**在图 4.19 给出了整除关系的哈斯图。

**例 4.33**　设集合 $X = \{a,b\}$，$P(X)$ 是它的幂集。$P(X)$ 的元素间的偏序关系 $\leq$ 是包含关系 $\subseteq$。试画出 $\langle P(X), \leq \rangle$ 的哈斯图。

**解：**在图 4.19 中给出了 $\langle P(X), \leq \rangle$ 的哈斯图。

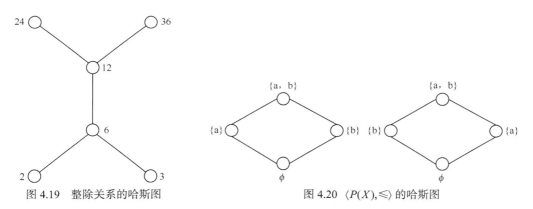

图 4.19　整除关系的哈斯图　　　　图 4.20　$\langle P(X), \leq \rangle$ 的哈斯图

由图 4.20 可以看出，对于给定偏序集合来说，其哈斯图不是唯一的。由 $\langle P, \leq \rangle$ 的哈斯图，可以求得其对偶 $\langle P, \geq \rangle$ 的哈斯图。只需把 $\langle P, \leq \rangle$ 的哈斯图反转 $180°$ 即可，使得原来是顶部的结点变成底部上各结点。

拟序关系类似于偏序关系，故也可用哈斯图表达拟序关系。

**定义 4.27**　设 $\langle P, \leq \rangle$ 是一个偏序集合，并有 $Q \subseteq P$，$y \in Q$。

（1）若 $\forall x(x \in Q \rightarrow y \leq x)$ 成立，则称元素 $y$ 为 $Q$ 的最小元，通常记作 0。

（2）若 $\forall x(x \in Q \rightarrow x \leq y)$ 成立，则称元素 $y$ 称为 $Q$ 的最大元，通常记作 1。

（3）若 $\forall x(x \in Q \land x \leq y \rightarrow x = y)$ 成立，则称元素 $y$ 称为 $Q$ 的极小元。

（4）若 $\forall x(x \in Q \land y \leq x \rightarrow x = y)$ 成立，则称元素 $y$ 称为 $Q$ 的极大元。

**定理 4.24**　设 $X$ 是一个偏序集合，且有 $Q \subseteq P$。如果 $x$ 和 $y$ 都是 $Q$ 的最小(最大)元,则 $x = y$。

**证明：**假定 $x$ 和 $y$ 都是 $Q$ 的最小元。于是可有 $x \leq y$ 和 $y \leq x$。根据偏序关系的反对称性，可以得出 $x = y$。当 $x$ 和 $y$ 都是 $Q$ 的最大元时，定理的证明类似于上述的证明。

在偏序集的任意非空子集 $Q$ 中，最大元和最小元可能存在也可能不存在，如果存在，则一定是唯一的；极大元和极小元则一定存在，同时可能不唯一；不同的极大元或极小元之间是不可比的。图 4.18 $\langle P, \leqslant \rangle$ 中，1 是最小元，4 是最大元；例 4.32 中，最小元是 $\varnothing$，而最大元是 $X$。例 4.31 中既没有最大元，也没有最小元，但有两个极大元（24 和 36），两个极小元（2 和 3）。

**定义 4.28** 设 $\langle P, \leqslant \rangle$ 是个偏序集合，且有 $Q \subseteq P$，$y \in P$。

（1）若 $\forall x(x \in Q \to x \leqslant y)$ 成立，则称元素 $y$ 是 $Q$ 的**上界**。

（2）若 $\forall x(x \in Q \to y \leqslant x)$ 成立，则称元素 $y$ 是 $Q$ 的**下界**。

（3）令 $C = \{y \mid y$ 为 $Q$ 的上界$\}$，则称 $C$ 的最小元为 $Q$ 的**最小上界**，通常记作 LUB。

（4）令 $D = \{y \mid y$ 为 $Q$ 的下界$\}$，则称 $D$ 的最大元为 $Q$ 的**最大下界**，通常记作 GLB。

**例 4.34** 设集合 $X = \{a, b, c\}$，$P(X)$ 是它的幂集。$P(X)$ 中的偏序关系 $\leqslant$ 是包含关系 $\subseteq$。试画出 $\langle P(X), \leqslant \rangle$ 的哈斯图，并指出 $P(X)$ 的子集的上界和下界。

**解：** 在图 4.21 中给出了 $\langle P(X), \subseteq \rangle$ 的哈斯图。

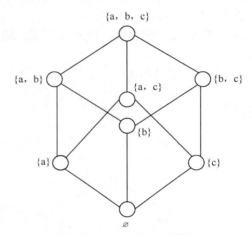

图 4.21 $\langle P(X), \leqslant \rangle$ 的哈斯图

首先选取 $P(X)$ 的子集 $A = \{\{b,c\}, \{b\}, \{c\}\}$。于是 $X$ 和 $\{b,c\}$ 是 $A$ 的上界，$\varnothing$ 是它的下界。对于 $P(X)$ 的子集 $B = \{\{a,c\}, \{c\}\}$，上界是 $X$ 和 $\{a,c\}$；而下界是 $\{c\}$ 和 $\varnothing$。

再考察例 4.31 中的情形。如果令子集 $A = \{2,3,6\}$，则 6，12，24，36 均是 $A$ 的上界，没有下界。由此可以看出，子集的上界和下界不是唯一的。

如果存在最小上界的话，它是唯一的；如果存在最大下界的话，它也是唯一的。

对于例 4.30 中的链来说，它的每一个子集都有一个最小上界和一个最大下界。在例 4.30 的偏序集合中，它们的每一个子集也都有一个最小上界和一个最大下界。但这并不是普遍的情况。由例 4.31 可以看出，子集 $A = \{2,3,6\}$ 有上确界 LUB=6，但这里没有下确界 GLB。与此类似，对于子集 $B = \{2,3\}$ 来说，最小上界还是 6，但是仍没有下界。对于子集 $C = \{12,6\}$ 来说，最小上界是 12，最大下界是 6。

对于偏序集合 $\langle P, \leqslant \rangle$ 来说，它的对偶 $\langle P, \geqslant \rangle$ 也是一个偏序集合。相对于偏序关系 $\leqslant$ 的 $P$ 中的最小元，就是相对于偏序关系 $\geqslant$ 的 $P$ 中的最大元；反之亦然。与此类似，可以交换极小元和极大元。对于任何子集 $Q \subseteq P$ 来说，$\langle P, \leqslant \rangle$ 中的 GLB 和 $\langle P, \geqslant \rangle$ 中的 LUB 是一样的。

**定义 4.29** 给定集合 $X$，$R$ 是 $X$ 中的二元关系。如果 $R$ 是个全序关系，且 $X$ 的每一个非空子集都有一个最小元，则称 $R$ 是个**良序关系**。与此对应，序偶 $\langle X, R \rangle$ 称为**良序集合**。

显然，每一个良序集合必定是全序集台，因为对于任何子集来说，其本身必定有一个元素是它的最小元。但是每一个全序集合不一定都是良序的，有限全序集必定是良序的。

# 4.8*　关系型数据库

数据库是由计算机操作的一种记录的汇集。例如，一个航空公司数据库可能包含乘客的预约记录、飞行调动的记录和设备的记录等。计算机系统能够把大量的信息的信息储存在数据库中。各种各样的应用场合都可以使用这些数据。数据库管理系统是帮助用户在数据库中访问信息的程序。由 E.F.Codd 提出的关系数据库模型基于 $n$ 元关系的概念。一个 $n$ 元关系的列称为属性。一个属性的定义域是包含该属性中所有元素的一个集合。例如，在表 4.1 中，属性"年龄"可以取为所有小于 100 的正整数的集合。属性"姓名"可以取为所有长度不超过 30 的英文字符串。

表 4.1　　　　　　　　　　　　　　　　　运动员表

| ID 号 | 姓名 | 位置 | 年龄 |
|---|---|---|---|
| 22012 | Johnsonbaugh | $c$ | 22 |
| 93831 | Glover | $of$ | 24 |
| 58199 | Battey | $p$ | 18 |
| 84341 | Cage | $c$ | 30 |
| 01180 | Homer | $1b$ | 37 |
| 26710 | Score | $p$ | 22 |
| 61049 | Johnsonbaugh | $of$ | 30 |
| 39826 | Singleton | $2b$ | 31 |

如果关系的一个单个属性或属性组合的值能唯一的定义一个 $n$ 元组，则属性或属性组合是一个关键字。例如，在表 4.1 中，可以取属性"ID 号"作为一个关键字。属性"姓名"不是关键字，因为不同的人可以有相同的名字。同样的原因，不能取属性"位置"和"年龄"作为关键字。对于表，"姓名"和"位置"的组合可以用作关键字，以为在例子中一个运动员由姓名和位置唯一定义。

数据库管理系统中主要包含投影运算 $\Pi(R)$，选择运算 $\sigma_F(R)$，笛卡儿乘积 $R \times S$，并运算 $R \cup S$ 和差运算 $R - S$ 等五种基本运算，由于笛卡儿乘积，并和差运算在前面的章节已经介绍过，所以只对投影和选择运算作相应的定义。

**定义 4.30**　设有 $n$ 元关系 $R$，它由 $m$ 个 $n$ 重序元组成，则 $\Pi_{a_{i_1} a_{i_2} \cdots a_{i_k}}(R)$ 是一个 $k$ 元关系，它由 $m$ 个 $k$ 重序元组成，其中每一个 $k$ 元序偶由属性 $a_{i_1}$，$a_{i_2}$，$\cdots$，$a_{i_k}$ 组成，这个运算叫做 $R$ 在属性 $a_{i_1}$，$a_{i_2}$，$\cdots$，$a_{i_k}$ 上的**投影运算**。

**例 4.35**　对于表 4.1 给出的关系 $R$，给出其在姓名和位置上的投影。

**解：**$\Pi_{姓名, 位置}(R) = \{\langle \text{Johnsonbaugh}, c \rangle, \langle \text{Glover}, of \rangle, \langle \text{Battey}, p \rangle, \langle \text{Cage}, c \rangle, \langle \text{Homer}, 1b \rangle,$ $\langle \text{Score}, p \rangle, \langle \text{Johnsonbaugh}, of \rangle, \langle \text{Singleton}, 2b \rangle\}$

**定义 4.31**　设有 $n$ 元关系 $R$，则 $\sigma_F(R)$ 也是 $n$ 元关系，它由 $R$ 中满足条件 $F$ 的序元组成，其中 $F$ 是由 $R$ 中得属性所构成的命题公式。这种运算叫做 $R$ 的选择运算。

**例 4.36**　对于表 4.1 给出的关系 $R$，给出其中位置为 $c$ 的序偶。

**解：**$\sigma_{位置=c}(R) = \{\langle 22012, \text{Johnsonbaugh}, c, 22 \rangle, \langle 84341, \text{Cage}, c, 30 \rangle\}$

关系型数据库的其他运算可由这五种基本运算合成得到。

**例 4.37** 设有 $n$ 元关系 $R$ 和 $m$ 元关系 $S$ 分别有属性 $r_1$, $r_2$, …, $r_n$ 和 $s_1$, $s_2$, …, $s_m$, 其中属性 $r_1$, $r_2$, …, $r_t$ 同 $s_1$, $s_2$, …, $s_t$ 相同, 则将两个关系中具有相同的 $t$ 个属性值的序元作笛卡儿乘积后再去掉重复的属性列而生成的新关系称为 $R$ 和 $S$ 的**自然连接** $R|\times|S$。这种运算可以通过定义过的基本运算合成得到, 即

$$R|\times|S = \Pi_{r_1,r_2,\cdots,r_n,s_{t+1},\cdots,s_m} \sigma_{r_1=s_1 \wedge r_2=s_2 \wedge \cdots \wedge r_t=s_t}(R \times S)$$

**例 4.38** 对于表 4.1 中的关系 $R$ 和表 4.2 中的关系 $S$, 设 $R$ 中的 ID 号同 $S$ 中的 PID 为同一属性, 求 $R$ 和 $S$ 的自然连接 $R|\times|S$。

表 4.2  运动队表

| PID | 运动队 |
|---|---|
| 39826 | Blue Sox |
| 26710 | Mutts |
| 58199 | Jackalopes |
| 01180 | Mutts |

**解:** $R|\times|S$ 所得关系如表 4.3 所示。

表 4.3  $R|\times|S$

| ID 号 | 姓名 | 位置 | 年龄 | 运动队 |
|---|---|---|---|---|
| 58199 | Battey | $p$ | 18 | Jackalopes |
| 01180 | Homer | $1b$ | 37 | Mutts |
| 26710 | Score | $p$ | 22 | Mutts |
| 39826 | Singleton | $2b$ | 31 | Blue Sox |

**例 4.39** 数据库的插入操作可以看做是原表同需要插入的序偶的并运算; 删除操作可以看做是原表同需要删除的序偶的差运算; 而修改操作则可以看做是并和差运算的合成。

# 习　题

1. 如果 $A = \{0,1\}$ 和 $B = \{1,2\}$, 试求下列集合。

（1）$A \times \{1\} \times B$

（2）$A^2 \times B$

（3）$(B \times A)^2$

2. 在具有 $x$ 和 $y$ 轴的笛卡儿坐标系中, 若有

$X = \{x \mid x \in R \wedge -3 \leqslant x \leqslant 2\}$

$Y = \{y \mid y \in R \wedge -2 \leqslant y \leqslant 0\}$

给出笛卡儿乘积的解释。

3. 设 $A$, $B$ 和 $C$ 是任意三个集合, 试证下列等式。

（1）$(A \cap B) \times (C \cap D) = (A \times C) \cap (B \times D)$

（2）当且仅当 $C \subseteq A$, 才有 $(A \cap B) \cup C = A \cap (B \cup C)$。

4. 试证 $A \times B = B \times A \Leftrightarrow (A = \varnothing) \vee (B = \varnothing) \vee (A = B)$。

5. 判断下述命题的真假, 如果为真, 给出证明; 否则给出反例。

（1）$(A \bigcup B) \times (C \bigcup D) = (A \times C) \bigcup (B \times D)$

（2）$(A - B) \times (C - D) = (A \times C) - (B \times D)$

（3）$(A \oplus B) \times (C \oplus D) = (A \times C) \oplus (B \times D)$

（4）$(A - B) \times C = (A \times C) - (B \times C)$

（5）$(A \oplus B) \times C = (A \times C) \oplus (B \times C)$

（6）存在集合 $A$ 使得 $A \subseteq A \times A$

（7）$P(A) \times P(A) = P(A \times A)$

6. 设 $A = \{1, 2, 4, 6\}$ ，列出以下关系 $R$ 。

（1）$R = \{\langle x, y \rangle \mid x, y \in A \wedge x + y \neq 2\}$

（2）$R = \{\langle x, y \rangle \mid x, y \in A \wedge \mid x - y \mid = 1\}$

（3）$R = \{\langle x, y \rangle \mid x, y \in A \wedge x / y \in A\}$

（4）$R = \{\langle x, y \rangle \mid x, y \in A \wedge y$为素数$\}$

7. 列出集合 $A = \{2, 3, 4\}$ 上得恒等关系 $I_A$ 和全域关系 $E_A$ 。

8. 给出下列关系 $R$ 的所有序偶。

（1）$A = \{0, 1, 2\}, B = \{0, 2, 4\}, R = \{\langle x, y \rangle \mid x, y \in A \bigcap B\}$

（2）$A = \{1, 2, 3, 4, 5\}, B = \{1, 2, 3\}, R = \{\langle x, y \rangle \mid x \in A \wedge y \in B \wedge x = y^2\}$

9. 设 $R_1$ 和 $R_2$ 都是从 $A = \{1, 2, 3, 4\}$ 到 $B = \{2, 3, 4\}$ 的二元关系，并且

$R_1 = \{\langle 1, 2 \rangle, \langle 2, 4 \rangle, \langle 3, 3 \rangle\}$

$R_2 = \{\langle 1, 3 \rangle, \langle 2, 4 \rangle, \langle 4, 2 \rangle\}$

求 $R_1 \bigcup R_2$ ，$R_1 \bigcap R_2$ ，$\mathrm{dom}R_1$ ，$\mathrm{dom}R_2$ ，$\mathrm{ran}R_1$ ，$\mathrm{ran}R_2$ ，$\mathrm{dom}(R_1 \bigcup R_2)$ ，$\mathrm{ran}(R_1 \bigcap R_2)$ ，$\mathrm{fld}(R_1 - R_2)$ ，$R_1 \circ R_2$ ，$R_2 \circ R_1$ ，$R_1^2$ ，$R_2^3$ 。

10. 设集合 $A = \{1, 2, 3\}$ ，问 $A$ 上有多少种不同的二元关系?

11. 设关系 $R = \{\langle 0, 1 \rangle, \langle 0, 2 \rangle, \langle 0, 3 \rangle, \langle 1, 2 \rangle, \langle 1, 3 \rangle, \langle 2, 3 \rangle\}$ ，求 $R \circ R$ ，$R^{-1}$ ，$R \upharpoonright \{1, 2\}$ ，$R[\{1, 2\}]$ 。

12. 设关系 $R = \{\langle \varnothing, \{\varnothing, \{\varnothing\}\} \rangle, \langle \{\varnothing\}, \varnothing \rangle\}$ ，求 $R^{-1}$ ，$R^2$ ，$R^3$ ，$R \upharpoonright \{\varnothing\}$ ，$R \upharpoonright \varnothing$ ，$R \upharpoonright \{\{\varnothing\}\}$ ，$R[\varnothing]$ ，$R[\{\{\varnothing\}\}]$ 。

13. 说明以下关系 $R$ 具有哪些性质并说明理由。

（1）整数集 $\mathbf{Z}$ 上的大于关系。

（2）集合 $A = \{1, 2, \cdots, 10\}$ 上的关系 $R = \{\langle x, y \rangle \mid x, y \in A \wedge x + y = 10\}$ 。

（3）实数集上的关系 $R = \{\langle x, \sqrt{x} \rangle \mid x \geq 0\}$ 。

（4）任意集合 $A$ 上的恒等关系 $I_A$ 。

14. 设 $A$ 是所有人的集合，定义 $A$ 上的二元关系

$R_1 = \{\langle x, y \rangle \mid x, y \in A \wedge x$比$y$高$\}$

$R_2 = \{\langle x, y \rangle \mid x, y \in A \wedge x$和$y$有共同的祖父母$\}$

说明 $R_1$ 和 $R_2$ 具有哪些性质。

15. 设 $R_1$ 和 $R_2$ 是集合 $A$ 上的二元关系。判断下列命题的真假。如果为真，给出证明；否则，给出反例。

（1）如果 $R_1$ 和 $R_2$ 是自反的，则 $R_1 \circ R_2$ 也是自反的。

（2）如果 $R_1$ 和 $R_2$ 是反自反的，则 $R_1 \circ R_2$ 也是反自反的。

（3）如果 $R_1$ 和 $R_2$ 是对称的，则 $R_1 \circ R_2$ 也是对称的。

（4）如果 $R_1$ 和 $R_2$ 是反对称的，则 $R_1 \circ R_2$ 也是反对称的。

（5）如果 $R_1$ 和 $R_2$ 是是可传递的，则 $R_1 \circ R_2$ 也是可传递的。

16. 证明：若 $R$ 是集合 $A$ 上的自反和可传递关系，则 $R \circ R = R$。

17. 证明：若关系 $R$ 和 $S$ 都是自反的，则 $R \cup S$，$R \cap S$ 也是自反的。

18. 证明：若关系 $R$ 和 $S$ 是自反的、对称的和可传递的，则 $R \cap S$ 也是自反的、对称的和可传递的。

19. 设集合 $A$ 是有限集，且 $|A| = n$，求

（1）$A$ 上有多少个不同的对称关系。

（2）$A$ 上有多少个不同的反对称关系。

（3）$A$ 上有多少个不同的既非自反又非反自反的关系。

20. 给定集合 $A = \{0,1,2,3\}$，$R$ 是 $A$ 上的关系，并可表示成 $R = \{\langle 0,0 \rangle, \langle 0,3 \rangle, \langle 2,0 \rangle, \langle 2,1 \rangle, \langle 2,3 \rangle, \langle 3,2 \rangle\}$，试画出 $R$ 的关系图并写出对应的关系矩阵。

21. 设 $A = \{0,1,2,3\}$，$R_1 = \{\langle i,j \rangle \mid j = i+1 \lor j = i/2\}$ 和 $R_2 = \{\langle i,j \rangle \mid i = j+2\}$ 是 $A$ 上的关系，应用矩阵计算方法，求关系矩阵 $M_{R_1}$，$M_{R_2}$，$M_{R_1 \circ R_2}$，$M_{R_2 \circ R_1}$，$M_{R_1 \circ R_2 \circ R_1}$，$M_{R_1^3}$。

22. 给定集合 $A = \{1,2,3\}$。图 4.22 中给出了 12 种 $A$ 中的关系 $R$ 的关系图。对于每个关系图，写出相应的关系矩阵，并证明被表达的关系是否是自反的或反自反的；是否是对称的或反对称的；是否是可传递的。

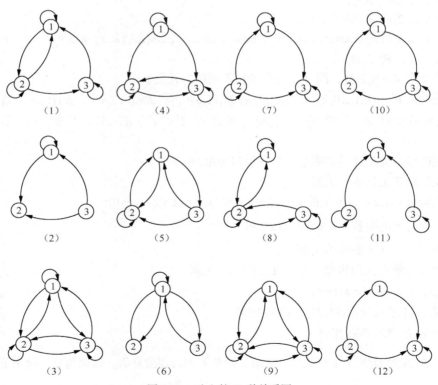

图 4.22    $A$ 上的 12 种关系图

23. 设 $A$ 是一个集合，$R_1$ 和 $R_2$ 是 $A$ 上的二元关系，并设 $R_1 \supseteq R_2$，试证

（1）$r(R_1) \supseteq r(R_2)$

（2）$s(R_1) \supseteq s(R_2)$

（3）$t(R_1) \supseteq t(R_2)$

24. 在图 4.23 中给出三个关系图。试求出每一个的自反的、对称的和可传递的闭包，并画出闭包的关系图来。

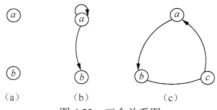

图 4.23　三个关系图

25. $R_1$ 和 $R_2$ 是集合 $A$ 中的关系。试证明

（1）$r(R_1 \cup R_2) = r(R_1) \cup r(R_2)$

（2）$s(R_1 \cup R_2) = s(R_1) \cup s(R_2)$

（3）$t(R_1 \cup R_2) \supseteq t(R_1) \cup t(R_2)$

26. 设集合 $A = \{a,b,c,d,e,f,g,h\}$，$R$ 是 $A$ 上的二元关系，图 4.24 给出了 $R$ 的关系图。试画出可传递闭包 $t(R)$ 的关系图，并求出 $tsr(R)$。

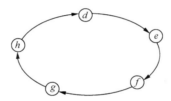

图 4.24　$R$ 的关系图

27. 设 $R$ 是集合 $A$ 上的任意关系。试证明

（1）$(R^+)^+ = R^+$

（2）$R \circ R^* = R^+ = R^* \circ R$

（3）$(R^*)^* = R^*$

28. 对于给定的 $A$ 和其上的关系 $R$，判断 $R$ 是否为等价关系？

（1）$A$ 为实数集，$\forall x, y \in A$，$xRy \Leftrightarrow x - y = 2$。

（2）$A = \{1,2,3\}$，$\forall x, y \in A$，$xRy \Leftrightarrow x + y \neq 3$。

（3）$A = \mathbf{Z}^+$，即正整数集，$\forall x, y \in A$，$xRy \Leftrightarrow xy$ 是奇数。

29. 设 $\{A_1, A_2, \cdots, A_n\}$ 是集合 $A$ 的划分。试证明 $\{A_1 \cap B, A_2 \cap B, \cdots, A_n \cap B\}$ 是集合 $A \cap B$ 的划分。

30. 把 $n$ 个元素的集合划分为两个类，共有多少种不同的分法？

31. 在图 4.25 中给出了集合 $\{1,2,3\}$ 中的两种关系图。这两种关系是为等价关系？

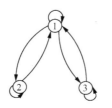

图 4.25　关系图

32. 在等价关系图中，应如何识别等价类？

33. 设 $R$ 是集合 $A$ 上的关系。对于所有的 $x_i, x_j, x_k \in A$ 来说，如果 $x_i R x_j$ 和 $x_j R x_k$ 就有 $x_k R x_i$，并称关系 $R$ 是循环关系，试证明当且仅当 $R$ 是一个等价关系，$R$ 才是自反的和循环的。

34. 设 $R_1$ 和 $R_2$ 是集合 $A$ 上的等价关系。试证明：当且仅当 $C_1$ 中的每一个等价类都包含于 $C_2$ 的某一个等价类之中，才有 $R_1 \subseteq R_2$。

35. 设 $A = \{1, 2, 3, 4\}$，在 $A \times A$ 上定义二元关系 $R$，

$$\forall \langle u, v \rangle, \langle x, y \rangle \in A \times A, \quad \langle u, v \rangle R \langle x, y \rangle \Leftrightarrow u + x = v + y$$

（1）证明 $R$ 是 $A \times A$ 上的等价关系。

（2）确定由 $R$ 所导出的对 $A \times A$ 的划分。

36. 设 $R$ 为 $\mathbf{N} \times \mathbf{N}$ 上的二元关系，

$$\forall \langle a, b \rangle, \langle c, d \rangle \in \mathbf{N} \times \mathbf{N}, \quad \langle a, b \rangle R \langle c, d \rangle \Leftrightarrow b = d$$

（1）证明 $R$ 是等价关系。

（2）确定由 $R$ 所导出的划分。

37. 设 $R_1$ 和 $R_2$ 是集合 $A$ 上的等价关系，并分别有秩 $r_1$ 和 $r_2$。试证明 $R_1 \bigcap R_2$ 也是集合 $A$ 上的等价关系，它的秩至多为 $r_1 r_2$。还要证明 $R_1 \bigcup R_2$ 不一定是集合 $A$ 中的等价关系。

38. 设集合 $X = \{x_1, x_2 \cdots, x_6\}$，$R$ 是 $X$ 中的相容关系，$R$ 的简化矩阵如下，试画出相容关系图，并求出所有的最大相容类。

|       | $x_1$ | $x_2$ | $x_3$ | $x_4$ | $x_5$ |
|-------|-------|-------|-------|-------|-------|
| $x_2$ | 1     |       |       |       |       |
| $x_3$ | 1     | 1     |       |       |       |
| $x_4$ | 0     | 0     | 1     |       |       |
| $x_5$ | 0     | 0     | 1     | 1     |       |
| $x_6$ | 1     | 0     | 1     | 0     | 1     |

39. 给定集合 $S = \{A_1, A_2 \cdots, A_n\}$ 的覆盖，如何才能确定此覆盖的相容关系。

40. 设集合 $X = \{1, 2, 3, 4, 5, 6\}$，$R$ 是 $X$ 中的关系，在图 4.26 中给出了 $R$ 的关系图。试画出 $R^5$ 和 $R^6$ 的关系图。

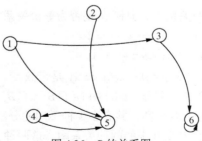

图 4.26　$R$ 的关系图

41. 假定 $I_X$ 是集合 $X$ 中的恒等关系，$R$ 是 $X$ 中的任何关系。试证明 $I_X \bigcup R \bigcup R^{-1}$ 是相容关系。

42. 给定等价关系 $R$ 和 $S$，它们的关系矩阵是

$$M_R = \begin{bmatrix} 1 & 1 & 0 \\ 1 & 1 & 0 \\ 0 & 0 & 1 \end{bmatrix} \quad M_S = \begin{bmatrix} 1 & 1 & 0 \\ 1 & 1 & 1 \\ 0 & 1 & 1 \end{bmatrix}$$

试证明 $R \circ S$ 不是等价关系。

43. 设集合 $X = \{1,2,3\}$ 。求出 $X$ 中的等价关系 $R_1$ 和 $R_2$ ，使得 $R_1 \circ R_2$ 也是个等价关系。

44. 对于下列集合中的整除关系画出哈斯图。

（1） $\{1,2,3,4,6,8,12,24\}$

（2） $\{1,2,3,\cdots,12\}$

45. 如果 $R$ 是集合 $X$ 上的偏序关系，且 $A \subseteq X$ 。试证明 $R \bigcap (A \times A)$ 是 $A$ 中的偏序关系。

46. 试给出集合 $X$ 的实例，它能使 $\langle P(X), \subseteq \rangle$ 是个全序集合。

47. 给出一个关系，它是集合中的偏序关系又是等价关系。

48. 证明下列命题。

（1）如果 $R$ 是个拟序关系，则 $R^{-1}$ 也是个拟序关系。

（2）如果 $R$ 是个偏序关系，则 $R^{-1}$ 也是个偏序关系。

（3）如果 $R$ 是个全序关系，则 $R^{-1}$ 也是个全序关系。

（4）存在一个集合 $S$ 和 $S$ 中的关系 $R$ ，能使 $\langle S, R \rangle$ 是良序的，但 $\langle S, R^{-1} \rangle$ 不是良序的。

49. 设 $R$ 是集合 $A$ 上的二元关系，证明当且仅当 $R \bigcap R^{-1} = \varnothing$ 和 $R = R^+$ ， $R$ 才是拟序的。当且仅当 $R \bigcap R^{-1} = I_A$ 和 $R = R^*$ ， $R$ 才是偏序的。

50. 在图 4.27 中给出了偏序集合 $\langle P, R \rangle$ 的哈斯图，这里 $P = \{x_1, x_2, x_3, x_4, x_5\}$ 。

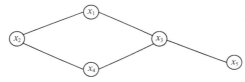

图 4.27　题 49 的哈斯图

（1）下列关系中哪一个是真的？

$x_1 R x_2$ ， $x_4 R x_1$ ， $x_3 R x_5$ ， $x_2 R x_5$ ， $x_1 R x_1$ ， $x_2 R x_3$ ， $x_4 R x_5$ 。

（2）求出 $P$ 中的最大元和最小元，如果它们存在的话。

（3）求出 $P$ 中的极大元和极小元。

（4）求出子集 $\{x_2, x_3, x_4\}$ ， $\{x_3, x_4, x_5\}$ 和 $\{x_1, x_2, x_3\}$ 的上界和下界。并指出这些子集的上确界 LUB 和下确界 GLB，如果它们存在的话。

# 第5章
# 函　数

函数是满足某些条件的二元关系。这里所要讨论的是离散函数，它能把一个有限集合变换成另一个有限集合。计算机执行任何程序都属于这样一种变换。通常，总是认为函数是输入和输出之间的一种关系，即对于每一个输入或自变量，函数都能产生一个输出或函数值。因此，可以把计算机的输出看成是输入的函数。编译程序则能把一个源程序变换成一个机器语言的指令集合目标程序。

函数

在本章中，首先将定义一般的函数，然后讨论特种函数，由一种特殊函数——双射函数引出不可数集合基数的比较方法。在以后的各章中，这些概念将起着重要作用。在开关理论、自动机理论、可计算性理论等领域中，函数都有着极其广泛的应用。

## 5.1　函数的基本概念和性质

在本节中，首先给出函数的基本定义，然后讨论函数的合成和合成函数的基本性质。

函数（或称映射）是满足某些条件的关系，关系又是笛卡儿乘积的子集，于是得到如下的定义。

**定义 5.1**　设 $A$ 和 $B$ 是两个任意的集合，并且 $f$ 是从 $A$ 到 $B$ 的一种关系。如果对于每一个 $x \in A$，都存在唯一的 $y \in B$，使得 $\langle x, y \rangle \in f$，则称关系 $f$ 为**函数或映射**，并记作 $f: A \to B$。

对于函数 $f: A \to B$ 来说，如果有 $\langle x, y \rangle \in f$，则称 $x$ 是自变量；与 $x$ 相对应的 $y$，称为在 $f$ 作用下 $x$ 的像点，或称 $y$ 是函数 $f$ 在 $x$ 处的值。通常用 $y = f(x)$ 表示 $\langle x, y \rangle \in f$。由定义 5.1 不难看出，从 $A$ 到 $B$ 的函数 $f$，是具有下列性质的从 $A$ 到 $B$ 的二元关系。

（1）每一个元素 $x \in A$，都必须关系到某一个 $y \in B$；也就是说，关系 $f$ 的定义域是集合 $A$ 本身，而不是 $A$ 的真子集。

（2）如果有 $\langle x, y \rangle \in f$，则函数 $f$ 在 $x$ 处的值 $y$ 是唯一的，亦即

$$\langle x, y \rangle \in f \wedge \langle x, z \rangle \in f \Rightarrow y = z$$

因为函数是关系，所以关系的一些术语也适用于函数。例如，如果 $f$ 是从 $A$ 到 $B$ 的函数，则集合 $A$ 是函数 $f$ 的**定义域**，亦即 $\mathrm{dom}f = A$；集合 $B$ 称为 $f$ 的**陪域**；$\mathrm{ran}f$ 是 $f$ 的**值域**，且 $\mathrm{ran}f \subseteq B$。有时也用 $f(A)$ 表示 $f$ 的值域 $\mathrm{ran}f$，亦即

$$f(A) = \mathrm{ran}f = \{y \mid y \in B \wedge (\exists x)(x \in A \wedge y = f(x))\}$$

有时也称 $f(A)$ 是函数 $f$ 的**像点**。

应该注意，函数 $f$ 的像点与自变量 $x$ 的像点是不同的。还有，我们这里给出的函数的定义是全函数的定义，所以 $\mathrm{dom}f = A$。

**例 5.1**　设 $E$ 是全集，$P(E)$ 是 $E$ 的幂集。对任何两个集合 $A,B \in P(E)$ 的并运算和相交运算，都是从 $P(E) \times P(E)$ 到 $P(E)$ 的映射；对任何集合 $A \in P(E)$ 的求补运算，则是从 $P(E)$ 到 $P(E)$ 的映射。

**例 5.2**　试说明下面的二元关系是否是函数。

（1）$\exp = \{\langle x, e^x \rangle | x \in R\}$

（2）$\arcsin = \{\langle x, y \rangle | x, y \in R \wedge \sin y = x\}$

**解：**（1）是函数，满足函数的任意性和唯一性条件；（2）不是函数，不满足唯一性条件。例如 $x = 0.5$ 时，$\arcsin 0.5 = \dfrac{\pi}{6} + 2n\pi (n = 0,1,2 \cdots)$。此例告诉我们，这里给出的函数的概念和高等数学中给出的函数的概念是有所区别的，在高等数学中，一直是把反正弦 $\arcsin$ 当作函数的。

**例 5.3**　设 $\mathbf{N}$ 是自然数集合，函数 $S : \mathbf{N} \to \mathbf{N}$ 定义成 $S(n) = n + 1$。显然 $S(0) = 1$，$S(1) = 2$，$S(2) = 3$，$\cdots$。这样的函数 $S$，通常称为皮亚诺后继函数。

有时为了某种需要，要特别强调函数的任意性和唯一性性质：函数 $f$ 的定义域 $\mathrm{dom}f$ 中的每一个 $x$，在值域 $\mathrm{ran}f$ 中都恰有一个像点 $y$，这种性质通常被称为函数的良定性。

**定义 5.2**　给定函数 $f : A \to B$ 和 $g : C \to D$。如果 $f$ 和 $g$ 具有同样的定义域和陪域，亦即 $A = C$ 和 $B = D$，并且对于所有的 $x \in A$ 或 $x \in C$ 都有 $f(x) = g(x)$，则称函数 $f$ 和 $g$ 是相等的，记作 $f = g$。

**定义 5.3**　给定函数 $f : X \to Y$，且有 $A \subseteq X$。

（1）试构建一个从 $A$ 到 $Y$ 的函数

$$g = f \bigcap (A \times Y)$$

通常称 $g$ 是函数 $f$ 的缩小，并记作 $f/A$。

（2）如果 $g$ 是 $f$ 的缩小，则称 $f$ 是 $g$ 的扩大。

从定义可以看出，函数 $f/A : A \to Y$ 的定义域是集合 $A$，而函数 $f$ 的定义域则是集合 $X$。$f/A$ 和 $f$ 的陪域均是集合 $Y$。于是若 $g$ 是 $f$ 的缩小，则应有

$$\mathrm{dom}g \subseteq \mathrm{dom}f \text{ 和 } g \subseteq f$$

并且对于任何 $x \in \mathrm{dom}g$ 都有 $g(x) = (f/A)(x) = f(x)$。

**例 5.4**　令 $X_1 = \{0,1\}, X_2 = \{0,1,2\}, Y = \{a,b,c,d\}$。定义从 $X_1^2$ 到 $Y$ 的函数 $f$ 为：$f = \{\langle 0,0,a \rangle, \langle 0,1,b \rangle, \langle 1,0,c \rangle, \langle 1,1,b \rangle\}$

$g = f \bigcup \{\langle 0,2,a \rangle, \langle 1,2,c \rangle, \langle 2,0,b \rangle, \langle 2,1,a \rangle, \langle 2,2,d \rangle\}$ 是从 $X_2^2$ 到 $Y$ 的函数。于是 $f = g/X_1^2$，所以 $f$ 是 $g$ 在 $X_1^2$ 上的缩小（或称限制），$g$ 是 $f$ 到 $X_2^2$ 上的扩大（或称延拓）。

因为函数是二元关系，所以可以用关系图和关系矩阵来表达函数。图 5.1 所示为函数 $f : X \to Y$ 的图解表示。

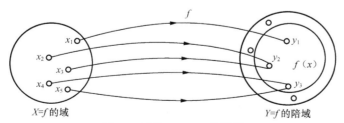

图 5.1　函数 $f : X \to Y$ 的图解

此外，由函数的定义可知，在关系矩阵的每一个行上，都有且仅有一个元素的值是 1，而此

行上的其他元素都必定为 0。因此，可以用一个单独的列来代替关系矩阵。在这个单独的列上，应标明所对应的给定函数的各个值。这样，该列上的各元素也说明了自变量与其函数值之间的对应关系。

**例 5.5**  设集合 $X = \{a,b,c,d\}$ 和 $Y = \{1,2,3,4,5\}$ 并且有

$$f = \{\langle a,1\rangle, \langle b,3\rangle, \langle c,4\rangle, \langle d,4\rangle\}$$

试求出 $\mathrm{dom}f$ ， $\mathrm{ran}f$ 和 $f$ 的矩阵表达式。

**解**：$\mathrm{dom}f = \{a,b,c,d\}$

$\mathrm{ran}f = \{1,3,4\}$

$$M_f = \begin{matrix} & \begin{matrix} 1 & 2 & 3 & 4 & 5 \end{matrix} \\ \begin{matrix} a \\ b \\ c \\ d \end{matrix} & \begin{pmatrix} 1 & 0 & 0 & 0 & 0 \\ 0 & 0 & 1 & 0 & 0 \\ 0 & 0 & 0 & 1 & 0 \\ 0 & 0 & 0 & 1 & 0 \end{pmatrix} \end{matrix} = \begin{bmatrix} 1 & 0 & 0 & 0 \\ 0 & 0 & 1 & 0 & 0 \\ 0 & 0 & 0 & 1 & 0 \\ 0 & 0 & 0 & 1 & 0 \end{bmatrix}$$

$f$ 的简化关系矩阵为： $M_f = \begin{bmatrix} a & 1 \\ b & 3 \\ c & 4 \\ d & 4 \end{bmatrix}$

下面进一步讨论函数的构成。设 $X$ 和 $Y$ 是任意的两个集合。在 $X \times Y$ 的所有子集中，并不全都是从 $X$ 到 $Y$ 的函数，仅有一些子集可以用来定义函数。

**定义 5.4**  设 $A$ 和 $B$ 为任意两个集合，记

$$B^A = \{f \mid f : A \to B\}$$

为从 $A$ 到 $B$ 的所有函数的集合。下面举例说明这种函数的构成。

**例 5.6**  设集合 $X = \{a,b,c\}$ 和集合 $Y = \{0,1\}$。试求出所有可能的函数 $f : X \to Y$。

**解**：首先求出 $X \times Y$ 的所有序偶，于是应有

$$X \times Y = \{\langle a,0\rangle, \langle b,0\rangle, \langle c,0\rangle, \langle a,1\rangle, \langle b,1\rangle, \langle c,1\rangle\}$$

于是， $X \times Y$ 有 $2^6$ 个可能的子集，但其中仅有下列 $2^3$ 个子集可以用来定义函数 $f : X \to Y$ 。

$$f_0 = \{\langle a,0\rangle, \langle b,0\rangle, \langle c,0\rangle\}, \qquad f_1 = \{\langle a,0\rangle, \langle b,0\rangle, \langle c,1\rangle\}$$
$$f_2 = \{\langle a,0\rangle, \langle b,1\rangle, \langle c,0\rangle\}, \qquad f_3 = \{\langle a,0\rangle, \langle b,1\rangle, \langle c,1\rangle\}$$
$$f_4 = \{\langle a,1\rangle, \langle b,0\rangle, \langle c,0\rangle\}, \qquad f_5 = \{\langle a,1\rangle, \langle b,0\rangle, \langle c,1\rangle\}$$
$$f_6 = \{\langle a,1\rangle, \langle b,1\rangle, \langle c,0\rangle\}, \qquad f_7 = \{\langle a,1\rangle, \langle b,1\rangle, \langle c,1\rangle\}$$

$A$ 和 $B$ 都是有限集合，且 $|A| = m$ 和 $|B| = n$ ，因为任何函数 $f : A \to B$ 的定义域都是集合 $A$ ，所以每个函数中都恰有 $m$ 个序偶。而且，任何元素 $x \in A$ ，都可以在 $B$ 的 $n$ 个元素中任选其一作为自己的像点。因此，应有 $n^m$ 个可能的不同函数，亦即

$$|B^A| = |B|^{|A|} = n^m$$

上面的讨论说明了为什么要用 $B^A$ 表示从 $A$ 到 $B$ 的所有可能的函数 $f : A \to B$ 的集合。同时也说明了函数 $f : A \to B$ 的个数，仅依赖于集合 $A$ 的基数 $|A|$ 和集合 $B$ 的基数 $|B|$ ，而和集合 $A$ 与 $B$ 的内容无关。

**例 5.7**  设 $A$ 为任意集合，$B$ 为任意非空集合。

（1）因为存在唯一的一个从 $\varnothing$ 到 $A$ 的函数 $\varnothing$ ，所以

$$A^{\varnothing} = \{\varnothing\} 。$$

（2）因为不存在从 $B$ 到 $\varnothing$ 的函数，所以

$$\varnothing^B = \varnothing。$$

# 5.2 函数的合成和合成函数的性质

在上一章，我们介绍过关系的合成运算。函数既然是关系，那么按照一些规定，就可以把对关系的合成运算扩展到函数。

**定义 5.5** 设 $f:X \to Y$ 和 $g:Y \to Z$ 是两个函数。于是，合成关系 $f \circ g$ 为 $f$ 与 $g$ 的**合成函数**，并用 $g \circ f$ 表示。即

$$g \circ f = \{\langle x,z \rangle \mid (x \in X) \wedge (z \in Z) \wedge (\exists y)(y \in Y \wedge y = f(x) \wedge z = g(y))\}$$

合成函数 $g \circ f$ 与合成关系 $f \circ g$ 实际上表示同一个集合。这种表示方法的不同既是历史形成的，也有其方便之处。

对合成函数 $g \circ f$，当 $z = (g \circ f)(x)$ 时，必有

$$z = g(f(x))$$

$g \circ f$ 与 $g(f(x))$ 的这种次序关系是很理想的。上述定义隐含了函数 $f$ 的值域是函数 $g$ 的定义域 $Y$ 的子集，亦即 $\mathrm{ran}f \subseteq \mathrm{dom}g$。条件 $\mathrm{ran}f \subseteq \mathrm{dom}g$ 能确保合成函数 $g \circ f$ 是非空的。否则，合成函数 $g \circ f$ 是空集。如果 $g \circ f$ 非空，则能保证 $g \circ f$ 是从 $X$ 到 $Z$ 的函数。于是引出下面的定理。

**定理 5.1** 设 $f:X \to Y$ 和 $g:Y \to Z$ 是两个函数。

（1）合成函数 $g \circ f$ 是从 $X \to Z$ 的函数，并且，对于每一个 $x \in X$，都有 $(g \circ f)(x) = g(f(x))$。

（2）$\mathrm{dom}g \circ f = f^{-1}[\mathrm{dom}g]$，$\mathrm{ran}g \circ f = g[\mathrm{ran}f]$

其中 $f^{-1}[\mathrm{dom}g]$ 表示 $g$ 的定义域在 $f$ 下的原像集，$g[\mathrm{ran}f]$ 表示 $f$ 的值域在 $g$ 下的像点集。

**证明：**（1）若对某个 $x \in X$ 有 $z_1, z_2 \in Z$，并且 $\langle x,z_1 \rangle \in g \circ f$ 和 $\langle x,z_2 \rangle \in g \circ f$，则

$$\langle x,z_1 \rangle \in g \circ f \wedge \langle x,z_2 \rangle \in g \circ f$$
$$\Rightarrow \exists y_1(\langle x,y_1 \rangle \in f \wedge \langle y_1,z_1 \rangle \in g) \wedge \exists y_2(\langle x,y_2 \rangle \in f \wedge \langle y_2,z_2 \rangle \in g)$$
$$\Rightarrow \exists y_1 \exists y_2(y_1 = y_2 \wedge \langle y_1,z_1 \rangle \in g \wedge \langle y_2,z_2 \rangle \in g)(因为f是函数)$$
$$\Rightarrow z_1 = z_2(因为g是函数)$$

因此，$g \circ f$ 是函数。

（2）任取 $x \in \mathrm{dom}g \circ f$，则

$$x \in \mathrm{dom}g \circ f$$
$$\Leftrightarrow \exists y(y \in \mathrm{dom}g \wedge \langle x,y \rangle \in f)$$
$$\Leftrightarrow \exists y(y \in \mathrm{dom}g \wedge \langle y,x \rangle \in f^{-1})$$
$$\Leftrightarrow x \in f^{-1}[\mathrm{dom}g]$$

因此，$\mathrm{dom}g \circ f = f^{-1}[\mathrm{dom}g]$。

再任取 $z \in \mathrm{ran}g \circ f$，则

$$z \in \mathrm{ran}g \circ f \Leftrightarrow \exists y(y \in \mathrm{ran}f \wedge \langle y,z \rangle \in g) \Leftrightarrow z \in g[\mathrm{ran}f]$$

因此，$\mathrm{ran}g \circ f = g[\mathrm{ran}f]$。

**例 5.8** 设集合 $X = \{x_1, x_2, x_3, x_4\}$，$Y = \{y_1, y_2, y_3, y_4, y_5\}$ 和 $Z = \{z_1, z_2, z_3\}$。函数 $f: X \to Y$ 和 $g: Y \to Z$ 分别是

$$f = \{\langle x_1, y_2 \rangle, \langle x_2, y_1 \rangle, \langle x_3, y_3 \rangle, \langle x_4, y_5 \rangle\}$$
$$g = \{\langle y_1, z_1 \rangle, \langle y_2, z_2 \rangle, \langle y_3, z_3 \rangle, \langle y_4, z_3 \rangle, \langle y_5, z_2 \rangle\}$$

试求出函数 $g \circ f: X \to Z$，并给出它的图解。

**解：** 函数 $g \circ f: X \to Z$ 为

$$g \circ f = \{\langle x_1, z_2 \rangle, \langle x_2, z_1 \rangle, \langle x_3, z_3 \rangle, \langle x_4, z_2 \rangle\}$$

$g \circ f$ 的图解如图 5.2 所示。

给定函数 $f: X \to Y$ 和 $g: Y \to Z$，能够求得合成函数 $g \circ f: X \to Z$；但是，却不一定存在合成函数 $f \circ g$。存在 $f \circ g$ 的条件是 $\mathrm{rang} \subseteq \mathrm{dom} f$。然而，对于函数 $f: X \to X$ 和 $g: X \to X$ 来说，总是能求得合成函数 $g \circ f$，$f \circ g$，$f \circ f$ 和 $g \circ g$ 的。

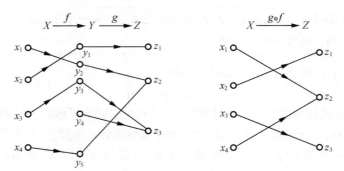

图 5.2　合成函数 $g \circ f: X \to Z$ 的图解

**例 5.9** 设集合 $X = \{1, 2, 3\}$，函数 $f: X \to X$ 和 $g: X \to X$ 分别为

$$f = \{\langle 1, 2 \rangle, \langle 2, 3 \rangle, \langle 3, 1 \rangle\}$$
$$g = \{\langle 1, 2 \rangle, \langle 2, 3 \rangle, \langle 3, 3 \rangle\}$$

试求出合成函数 $f \circ g$，$g \circ f$，$g \circ g$，$f \circ f$。

**解：** $f \circ g = \{\langle 1, 3 \rangle, \langle 2, 1 \rangle, \langle 3, 1 \rangle\}$

$g \circ f = \{\langle 1, 3 \rangle, \langle 2, 3 \rangle, \langle 3, 2 \rangle\}$

$g \circ g = \{\langle 1, 3 \rangle, \langle 2, 3 \rangle, \langle 3, 3 \rangle\}$

$f \circ f = \{\langle 1, 3 \rangle, \langle 2, 1 \rangle, \langle 3, 2 \rangle\}$

由上面的例子可以看出，$g \circ f \neq f \circ g$，即函数的合成运算是不可交换的，但它是可结合的。

**定理 5.2** 函数的合成运算是可结合的，即如果 $f$，$g$，$h$ 都是函数，则应有

$$h \circ (g \circ f) = (h \circ g) \circ f \qquad (1)$$

**证明：** 由关系的可结合性可直接得到。

在图 5.3 中，用图解法说明了函数的合成的可结合性。因为函数的合成运算是可结合的，所以在表达合成函数时，可以略去圆括号，即

$$h \circ g \circ f = h \circ (g \circ f) = (h \circ g) \circ f \qquad (2)$$

下面把恒等式（2）所给出的关系，推广到更为一般的情况。设有 $n$ 个函数：$f_1: X_1 \to X_2$，$f_2: X_2 \to X_3$，$\cdots$，$f_n: X_n \to X_{n+1}$，于是无括号表达式，唯一地表达了从 $X_1$ 到 $X_{n+1}$ 的函数。如果 $X_1 = X_2 = \cdots = X_n = X_{n+1} = X$ 和 $f_1 = f_2 = \cdots = f_n = f$，则可用 $f^n$ 表示从 $X$ 到 $X$ 的合成函数 $f_n \circ f_{n-1} \circ \cdots \circ f_1$。

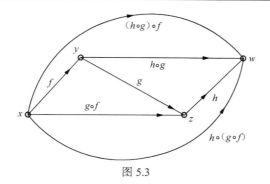

图 5.3

**例 5.10**　设 $\mathbf{Z}$ 是整数集合，并且函数 $f : \mathbf{Z} \to \mathbf{Z}$ 给定成 $f(i) = 2i+1$。试求出合成函数 $f^3(i)$。

**解：**显然，合成函数 $f^3(i)$ 是一个从 $\mathbf{Z}$ 到 $\mathbf{Z}$ 的函数。于是应有

$$f^3(i) = f^2(i) \circ f(i) = (f(i) \circ f(i)) \circ f(i)$$
$$= f(f(f(i)) = f(f(2i+1))$$
$$= f(4i+3) = 2(4i+3)+1 = 8i+7$$

**定义 5.6**　给定函数 $f : X \to X$，如果有 $f^2 = f$，则称 $f$ 是个**等幂函数**。

**例 5.11**　设 $\mathbf{Z}$ 是整数集合和 $N_m = \{0,1,2,\cdots,m-1\}$，并且函数 $f : \mathbf{Z} \to \mathbf{N}_m$ 是 $f(i) = i(\bmod m)$，其中，$\mathbf{N}_m$ 表示整数集合 $\{0,1,\cdots,m-1\}$。试证明，对于 $n \geqslant 1$ 都有 $f^n = f$。

**证明：**（对 $n$ 进行归纳）当 $n = 2$ 时，

$$f^2 = f \circ f = f(f(i)) = f(i(\bmod m))$$
$$= (i(\bmod m))(\bmod m) = i(\bmod m) = f$$

设 $k < n$ 时，有 $f^k = f$。

现证 $n = k+1$ 时，有 $f^{k+1} = f$。

$\because f^{k+1} = f^k \circ f = f \circ f = f$

故对于所有的 $n \geqslant 1$，都有 $f^n = f$，即 $f$ 是个等幂函数。

# 5.3　特殊函数

某些类型的函数，具有一些十分重要的性质，而这些性质对于我们研究某些具体领域中的实际问题是十分有用的。例如，可以通过双射函数来研究无限集的基数的比较，通过特征函数来研究集合间的关系等等。下面我们将专门定义这些函数，并且给出相应的术语。

**定义 5.7**　给定函数 $f : X \to Y$。

（1）如果函数 $f$ 的值域 $\mathrm{ran}f = Y$，则称 $f$ 为**映上的映射**，或称**满射函数**。

（2）如果函数 $f$ 的值域 $\mathrm{ran}f \subset Y$，则称 $f$ 为**映入的映射**或**内射**。

**定义 5.8**　给定函数 $f : X \to Y$，对于 $x_1, x_2 \in X$ 来说，如果有

$$x_1 \neq x_2 \Rightarrow f(x_1) \neq f(x_2)$$

或者是

$$f(x_1) = f(x_2) \Rightarrow x_1 = x_2$$

则称 $f$ 为一对一的映射，或称 $f$ 为**单射函数**。

此定义隐含地规定了只有当 $|X| \leqslant |Y|$ 时，$f : X \to Y$ 才能够是一对一的映射。

**定义 5.9** 给定函数 $f: X \to Y$。如果 $f$ 既是满射的又是单射的,则称 $f$ 为一对一**映满的映射**,或称 $f$ 为**双射函数**。

定义中的条件说明构成双射函数的必要条件是 $|X| = |Y|$。后面我们将会看到,如果两个无限集之间存在一个双射函数,那么这两个无限集是等势的。

**例 5.12** 判断下列函数是否为单射、满射、双射的,并给出原因。

(1) $f: \mathbf{R} \to \mathbf{R}, f(x) = -x^2 + 2x - 1$。

(2) $f: \mathbf{Z}^+ \to \mathbf{R}, f(x) = \ln x, \mathbf{Z}^+$ 为正整数集。

(3) $f: \mathbf{R} \to \mathbf{R}, f(x) = 2x - 1$。

(4) $f: \mathbf{R}^+ \to \mathbf{R}^+, f(x) = (x^2 + 3) / x, \mathbf{R}^+$ 为正实数集。

**解:**(1) 函数 $f(x)$ 为开口向下的抛物线,不是单调函数,并且在 $x = 1$ 处取得极大值 0,因此它既不是单射也不是满射的。

(2) 函数 $f(x)$ 是单调上升的,因此是单射的。但不是满射的,因为 $\text{ran} f = \{\ln 1, \ln 2, \cdots\} \subset \mathbf{R}$。

(3) 函数 $f(x)$ 是满射,单射和双射的。因为它是单调函数并且 $\text{ran} f = \mathbf{R}$。

(4) 函数 $f(x)$ 既不是单射的,也不是满射的。因为当 $x = 1$ 和 $x = 3$ 时 $f(x) = 4$,所以 $f(x)$ 不是单射的。当 $x = \sqrt{3}$ 时,$f(x)$ 取得最小值 $2\sqrt{3}$,所以 $f(x)$ 不是满射的。

**定理 5.3** 给定函数 $f$ 和 $g$,并且有合成函数 $g \circ f$。于是

(1) 如果 $f$ 和 $g$ 都是满射函数,则合成函数 $g \circ f$ 也是个满射函数。

(2) 如果 $f$ 和 $g$ 都是单射函数,则合成函数 $g \circ f$ 也是个单射函数。

(3) 如果 $f$ 和 $g$ 都是双射函数,则合成函数 $g \circ f$ 也是个双射函数。

**证明:** 设集合 $X$,$Y$ 和 $Z$,并且有函数 $f: X \to Y$ 和 $g: Y \to Z$。

(1) 设任意的元素 $z \in Z$,由于 $g$ 是个满射函数,因而存在某一个元素 $y \in Y$,能使 $g(y) = z$。另外,因为 $f$ 是个满射函数,所以存在某一个元素 $x \in X$,能使 $f(x) = y$,于是有

$$(g \circ f)(x) = g(f(x)) = g(y) = z$$

即 $z \in (g \circ f)(X)$。由元素 $z \in Z$ 的任意性,知命题(1)为真。

(2) 设任意的元素 $x_i, x_j \in X$ 且有 $x_i \neq x_j$,因为 $f$ 是单射的,所以必定有 $f(x_i) \neq f(x_j)$。由于 $g$ 是单射的和 $f(x_i) \neq f(x_j)$ 可推出 $g(f(x_i)) \neq g(f(x_j))$,即如果 $x_i \neq x_j$,则有 $(g \circ f)(x_i) \neq (g \circ f)(x_j)$。于是命题(2)的真值为真。

由命题(1)和命题(2)可直接推出命题(3)。

但是,以上定理各部分的逆定理均不成立。

**定理 5.4** 给定函数 $f$ 和 $g$,并且有合成函数 $g \circ f$,于是

(1) 如果 $g \circ f$ 是满射函数,则 $g$ 必定是满射的。

(2) 如果 $g \circ f$ 是个单射函数,则 $f$ 必定是个单射函数。

(3) 如果 $g \circ f$ 是个双射函数,则 $g$ 必定是满射的,$f$ 是单射的。

**证明:**(1) 设函数 $f: X \to Y$ 和 $g: Y \to Z$,于是由定理 5.1 有合成函数 $g \circ f: X \to Z$。因为 $g \circ f$ 是个满射函数,所以 $g \circ f$ 的值域 $\text{ran} g \circ f = Z$。设任意的元素 $x \in X$,某些 $y \in Y$ 和 $z \in Z$,于是应有

$$(g \circ f)(x) = z = g(f(x)) = g(y)$$

因此,函数 $g$ 的值域 $\text{ran} g = \text{ran} g \circ f = Z$,即 $g$ 是满射的。

(2) 设 $f$ 是函数 $f: X \to Y$ 和 $g$ 是函数 $g: Y \to Z$。于是由定理 5.1 有合成函数 $g \circ f: X \to Z$。再设 $x_i, x_j \in X$ 和 $x_i \neq x_j$。因为 $g \circ f$ 是单射的,所以应有

$$(x_i \neq x_j) \Rightarrow (g \circ f)(x_i) \neq (g \circ f)(x_j) \Leftrightarrow g(f(x_i)) \neq g(f(x_j))$$

因为 $g$ 是函数，所以像点不同时，原像一定不相同，即

$$g(f(x_i)) \neq g(f(x_j)) \Rightarrow f(x_i) \neq f(x_j)$$

根据永真蕴涵关系的可传递性，应有

$$(x_i \neq x_j) \Rightarrow f(x_i) \neq f(x_j)$$

因此，$f$ 是单射函数。

（3）由（1）和（2）可知（3）成立。

**定义 5.10**　给定集合 $X$，并且有函数 $I_X : X \to X$。对于所有的 $x \in X$，如果有 $I_X(x) = x$，亦即

$$I_X = \{\langle x, x \rangle \mid x \in X\}$$

则称 $I_X$ 为恒等函数。

显然，恒等函数是个双射函数。

**定理 5.5**　给定集合 $X$ 和 $Y$。对于任何函数 $f : X \to Y$，都有

$$f = f \circ I_X = I_Y \circ f$$

**证明**：设 $x \in X$ 和 $y \in Y$。根据定义 5.10 应有
$I_X(x) = x$ 和 $I_Y(y) = y$，于是应有

$$(f \circ I_X)(x) = f(I_X(x)) = f(x)$$
$$(I_Y \circ f)(x) = I_Y(f(x)) = f(x)$$

综上所述，可知 $f = f \circ I_X = I_Y \circ f$。

# 5.4　反　函　数

在上节，我们用关系的合成直接定义了函数的合成。那么，能否用关系的逆关系直接定义函数的反函数呢？

**例 5.13**　考察如下定义的函数 $f : \mathbf{Z} \to \mathbf{Z}$；

$$f = \{\langle i, i^2 \rangle \mid i \in \mathbf{Z}\}$$

于是，

$$f^{-1} = \{\langle i^2, i \rangle \mid i \in \mathbf{Z}\}$$

显然 $f^{-1}$ 不是从 $\mathbf{Z}$ 到 $\mathbf{Z}$ 的函数。这个例子告诉我们，不能直接用关系的逆关系来定义函数的反函数。

**定义 5.11**　设 $f : X \to Y$ 是一个双射函数。于是 $f$ 的逆关系是 $f$ 的**反函数**（或称逆函数），并记作 $f^{-1}$。对于 $f$ 来说，如果存在 $f^{-1}$，则函数 $f$ 是**可逆的**。

应该注意，仅当 $f$ 是双射函数时，才有对应于 $f$ 的反函数 $f^{-1}$。

若存在函数 $g : Y \to X$，使得 $g \circ f = I_X$，则称 $g$ 为 $f$ 的左逆；若存在函数 $g : Y \to X$，使得 $f \circ g = I_Y$，则称 $g$ 为 $f$ 的右逆。

**定理 5.6**　设 $f : X \to Y$ 是一个双射函数。于是，反函数 $f^{-1}$ 也是一个双射函数，并且是从 $Y$ 到 $X$ 的函数 $f^{-1} : Y \to X$。

**证明**：首先证明反函数 $f^{-1}$ 是一个从 $Y$ 到 $X$ 的函数。为此，可把 $f$ 和 $f^{-1}$ 表达成

$$f = \{\langle x, y \rangle \mid x \in X \wedge y \in Y \wedge f(x) = y\}$$
$$f^{-1} = \{\langle y, x \rangle \mid \langle x, y \rangle \in f\}$$

因为 $f$ 是个双射函数，所以每一个 $y \in Y$ 都必定出现于一个序偶 $\langle x, y \rangle \in f$ 之中，从而也出现于一个序偶 $\langle y, x \rangle \in f^{-1}$ 之中。这说明反函数 $f^{-1}$ 的定义域是集合 $Y$，而不是 $Y$ 的子集。另外，由于 $f$ 是个单射函数，故对于每一个 $y \in Y$，至多存在一个 $x \in X$，能使 $\langle x, y \rangle \in f$；因而，仅有一个 $x \in X$，能使 $\langle y, x \rangle \in f^{-1}$。这说明反函数 $f^{-1}$ 也是单射的，即 $f^{-1}$ 是从 $Y$ 到 $X$ 的函数。

再来证明 $f^{-1}$ 是个双射函数。为此，假设反函数 $f^{-1}: Y \to X$ 不是双射函数，亦即 $f^{-1}$ 不是单射或满射的。如果 $f^{-1}$ 不是单射的，则可能有 $\langle y_i, \ x_i \rangle \in f^{-1}$ 和 $\langle y_j, \ x_i \rangle \in f^{-1}$，又有 $\langle x_i, \ y_i \rangle \in f$ 和 $\langle x_i, \ y_j \rangle \in f$。这就是说，$f$ 不满足像点的唯一性条件。因此 $f$ 不是函数。这与假设相矛盾，故 $f^{-1}$ 应是单射函数。如果 $f^{-1}$ 不是满射的，那么就不是每一个 $x \in X$ 都出现于序偶 $\langle y, \ x \rangle \in f^{-1}$ 之中，也就不是每一个 $x \in X$ 都出现于序偶 $\langle x, \ y \rangle \in f$ 之中。因此 $f$ 不是函数，与假设矛盾，故 $f^{-1}$ 是满射函数。因为 $f^{-1}$ 既是单射的又是满射的，所以 $f^{-1}$ 是双射函数。

**定理 5.7**　如果函数 $f: X \to Y$ 是可逆的，则有

$$f^{-1} \circ f = I_X, \quad f \circ f^{-1} = I_Y$$

**证明**：设 $x \in X$ 和 $y \in Y$，如果 $f(x) = y$，则会有 $f^{-1}(y) = x$，于是能够得到

$$(f^{-1} \circ f)(x) = f^{-1}(f(x)) = f^{-1}(y) = x$$

因此应有 $f^{-1} \circ f = I_X$。与此类似，还可得出

$$(f \circ f^{-1})(y) = f(f^{-1}(y)) = f(x) = y$$

于是应有 $f \circ f^{-1} = I_Y$。

注意　函数 $f$ 和 $f^{-1}$ 的合成，总会生成一个恒等函数，由于合成的次序不同，合成函数的值域或者是集合 $X$，或者是集合 $Y$。

**例 5.14**　我们在自然数集合上定义四个函数如下。

$$f_1 = \{\langle 0,0 \rangle, \langle 1,0 \rangle\} \cup \{\langle n+2, \ n \rangle \mid n \in N\}$$

$$f_2 = \{\langle 0,1 \rangle, \langle 1,1 \rangle\} \cup \{\langle n+2, \ n \rangle \mid n \in N\}$$

$$g_1 = \{\langle n, \ n+2 \rangle \mid n \in N\}$$

$$g_2 = \{\langle 0,0 \rangle\} \cup \{\langle n+1, \ n+3 \rangle \mid n \in N\}$$

则显然有

$$f_1 \circ g_1 = f_2 \circ g_1 = f_1 \circ g_2 = I_N$$

这表明 $g_1$ 和 $g_2$ 都是 $f_1$ 的右逆，而 $f_1$ 和 $f_2$ 又都是 $g_1$ 的左逆。此例说明，一个函数的左逆和右逆不一定是唯一的。

**例 5.15**　给定集合 $X = \{0,1,2\}$ 和 $Y = \{a,b,c\}$ 并且函数 $f: X \to Y$ 给定成 $f = \{\langle 0,c \rangle, \langle 1,a \rangle, \langle 2,b \rangle\}$，反函数 $f^{-1}: Y \to X$ 给定成 $f^{-1} = \{\langle c,0 \rangle, \langle a,1 \rangle, \langle b,2 \rangle\}$。试求出 $f^{-1} \circ f$ 和 $f \circ f^{-1}$。

**解**：$(f^{-1} \circ f)(x) = f^{-1}(f(x)) = \{\langle 0,0 \rangle, \langle 1,1 \rangle, \langle 2,2 \rangle\} = I_X$

$(f \circ f^{-1})(y) = f(f^{-1}(y)) = \{\langle c,c \rangle, \langle a,a \rangle, \langle b,b \rangle\} = I_Y$

**定理 5.8**　如果 $f$ 是个双射函数，则应有 $(f^{-1})^{-1} = f$。

**证明**：假设 $\langle x, y \rangle \in (f^{-1})^{-1}$，于是应有

$$\langle x, y \rangle \in (f^{-1})^{-1} \Leftrightarrow \langle y, x \rangle \in f^{-1} \Leftrightarrow \langle x, y \rangle \in f$$

由 $\langle x, y \rangle$ 的任意性，应有 $(f^{-1})^{-1} = f$。

**定理 5.9**　给定函数 $f: X \to Y$ 和 $g: Y \to Z$，并且 $f$ 和 $g$ 都是可逆的。于是应有

$$(g \circ f)^{-1} = f^{-1} \circ g^{-1}$$

**证明**：因为 $f$ 和 $g$ 都是函数，所以能够构成合成函数 $g \circ f : X \to Z$。由于 $f$ 和 $g$ 都是可逆的，故 $f$ 和 $g$ 都必然是双射的，于是由定理 5.3 的（3）知 $g \circ f$ 也是双射的。双射函数 $g \circ f$ 自然可以构成反函数 $(g \circ f)^{-1}$。因为 $f$ 和 $g$ 都是双射函数，所以应该存在反函数 $f^{-1} : Y \to X$ 和 $g^{-1} : Z \to Y$，由此能构成合成函数 $f^{-1} \circ g^{-1} : Z \to X$。

因为 $f$ 和 $g$ 都是可逆的，所以根据定理 5.7 应有

$$
\begin{aligned}
(f^{-1} \circ g^{-1}) \circ (g \circ f) &= f^{-1} \circ (g^{-1} \circ g) \circ f \\
&= f^{-1} \circ I_Y \circ f \\
&= f^{-1} \circ f = I_X \\
(g \circ f) \circ (f^{-1} \circ g^{-1}) &= g \circ (f \circ f^{-1}) \circ g^{-1} \\
&= g \circ I_Y \circ g^{-1} \\
&= g \circ g^{-1} = I_Z
\end{aligned}
$$

即 $(g \circ f)^{-1} = f^{-1} \circ g^{-1}$。

这个定理说明，可以用反函数的相反次序的合成，来表达合成函数的反函数。

**例 5.16**　给定集合 $X = \{1,2,3\}$，$Y = \{a,b,c\}$ 和 $Z = \{\alpha,\beta,\gamma\}$ 设函数 $f : X \to Y$ 和 $g : Y \to Z$ 分别为：$f = \{\langle 1,c \rangle, \langle 2,a \rangle, \langle 3,b \rangle\}$，$g = \{\langle a, \ \gamma \rangle, \langle b, \ \beta \rangle, \langle c, \ \alpha \rangle\}$。试说明 $(g \circ f)^{-1} = f^{-1} \circ g^{-1}$。

**解**：
$$f^{-1} = \{\langle a,2 \rangle, \langle b,3 \rangle, \langle c,1 \rangle\}$$
$$g^{-1} = \{\langle \alpha, \ c \rangle, \langle \beta, \ b \rangle, \langle \gamma, \ a \rangle\}$$
$$g \circ f = \{\langle 1,\alpha \rangle, \langle 2,\gamma \rangle, \langle 3,\beta \rangle\}$$
$$(g \circ f)^{-1} = \{\langle \alpha,1 \rangle, \langle \beta,3 \rangle, \langle \gamma,2 \rangle\}$$
$$f^{-1} \circ g^{-1} = \{\langle \alpha,1 \rangle, \langle \beta,3 \rangle, \langle \gamma,2 \rangle\} = (g \circ f)^{-1}$$

# 5.5　特征函数

我们能用一种很简单的函数来确定集合与集合间的关系，这种函数就是特征函数。

**定义 5.12**　设 $X$ 为任意集合，$Y \subseteq R$，$f$ 和 $g$ 是从 $X$ 到 $Y$ 的函数。

（1）$f \leqslant g$ 表示，对每个 $x \in X$，皆有 $f(x) \leqslant g(x)$。

（2）$f + g : X \to Y$，对每个 $x \in X$ 皆有

$(f + g)(x) = f(x) + g(x)$，称 $f + g$ 为 $f$ 和 $g$ 的和。

（3）$f - g : X \to Y$，对每个 $x \in X$ 皆有

$(f - g)(x) = f(x) - g(x)$，称 $f - g$ 为 $f$ 和 $g$ 的差。

（4）$f * g : X \to Y$，对每个 $x \in X$ 皆有

$(f * g)(x) = f(x) * g(x)$，称 $f * g$ 为 $f$ 和 $g$ 的积。

**定义 5.13**　设 $E$ 为全集，$A \in E$，$\psi_A$ 为如下定义的从 $E$ 到 $\{0,1\}$ 的函数。

$$\psi_A(x) = \begin{cases} 1 & x \in A \\ 0 & x \notin A \end{cases}$$

称 $\psi_A(x)$ 为集合 $A$ 的特征函数。

下面列举特征函数的一些重要性质，其中 $0$ 表示从 $E$ 到 $\{0,1\}$ 的函数 $\{\langle x,0 \rangle \mid x \in E\}$，$1$ 表示从

$E$ 到 $\{0,1\}$ 的函数 $\{\langle x,1\rangle \mid x\in E\}$ 。

（1） $0\leqslant \psi_A \leqslant 1$ ,对于任意的 $A\subseteq E$ 成立。

（2） $\psi_A = 0$ ，当且仅当 $A=\varnothing$ 。

（3） $\psi_A = 1$ ，当且仅当 $A=E$ 。

（4） $\psi_A \leqslant \psi_B$ ，当且仅当 $A\subseteq B$ 。

（5） $\psi_A = \psi_B$ ，当且仅当 $A=B$ 。

（6） $\psi_{\sim A} = 1-\psi_A$ 。

（7） $\psi_{A\cap B} = \psi_A * \psi_B$ 。

（8） $\psi_{A\cup B} = \psi_A + \psi_B - \psi_A * \psi_B$ 。

（9） $\psi_{A-B} = \psi_A - \psi_A * \psi_B$ 。

（10） $\psi_A * \psi_B = \psi_A$ 当且仅当 $A\subseteq B$ 。

（11） $\psi_A * \psi_A = \psi_A$ 。

**例 5.17** 对于特征函数的性质（8）和（9）给出证明。

**证明：**（8）当 $x\in A\cup B$ 时， $\psi_{A\cup B}=1$ ，由于 $x\in A\cup B \Leftrightarrow x\in A \vee x\in B$ ，于是可能有这样几种情况。

（a） $x\in A$ 致使 $\psi_A=1$ ， $x\notin B$ 致 $\psi_B=0$ ，于是 $\psi_A+\psi_B-\psi_A*\psi_B=1$ ；

（b） $x\in B$ 但 $x\notin A$ ，此时也有 $\psi_A+\psi_B-\psi_A*\psi_B=1$ ；

（c） $x\in A$ 并且 $x\in B$ ，此时 $\psi_A+\psi_B-\psi_A*\psi_B=1+1-1*1=1$ ，即当 $x\in A\cup B$ 时， $\psi_{A\cup B}=\psi_A+\psi_B-\psi_A*\psi_B$ 成立；当 $x\notin A\cup B$ 时， $\psi_{A\cup B}=0$ ，而

$$x\notin A\cup B \Leftrightarrow \neg x\in A\cup B \Leftrightarrow \neg(x\in A \vee x\in B) \Leftrightarrow x\notin A \wedge x\notin B$$ 于是

$$\psi_A+\psi_B-\psi_A*\psi_B=0$$

即当 $x\notin A\cup B$ 时，亦有

$$\psi_{A\cup B}=\psi_A+\psi_B-\psi_A*\psi_B$$

综上，（8）式成立。

对于（9），当 $x\in A-B$ 时， $\psi_{A-B}=1$ 而 $x\in A-B \Leftrightarrow x\in A \wedge x\notin B \Leftrightarrow \psi_A=1 \wedge \psi_B=0$ 于是 $\psi_A-\psi_A*\psi_B=1-1*0=1$ 即（9）式成立；

当 $x\notin A-B$ 时， $\psi_{A-B}=0$ ，而

$$x\notin A-B \Leftrightarrow \neg(x\in A-B) \Leftrightarrow \neg(x\in A \wedge x\notin B)$$
$$\Leftrightarrow x\notin A \vee x\in B$$
$$\Leftrightarrow \psi_A=0 \vee \psi_B=1$$

于是有：

（a） $\psi_A-\psi_A*\psi_B=0-0*0=0$

（b） $\psi_{A(i)}-\psi_A*\psi_B=1-1*1=0$

（c） $\psi_A-\psi_A*\psi_B=0-0*1=0$

即 $x\notin A-B$ 时，总有

$$\psi_{A-B}=\psi_A-\psi_A*\psi_B$$

综上，对任何情况都有（9）式成立。

利用集合的特征函数可以证明集合论中的等式成立。

**例 5.18** 用特征函数证明

$$A\cup(B\cap C)=(A\cup B)\cap(A\cup C)$$

证明：通过直接计算可得

$$\psi_{A\cup(B\cap C)} = \psi_A + \psi_{B\cap C} - \psi_A * \psi_{B\cap C}$$
$$= \psi_A + \psi_B * \psi_C - \psi_A * \psi_B * \psi_C$$

及

$$\psi_{(A\cup B)\cap(A\cup C)} = \psi_{A\cup B} * \psi_{A\cup C}$$
$$= (\psi_A + \psi_B - \psi_A * \psi_B) * (\psi_A + \psi_C - \psi_A * \psi_C)$$
$$= \psi_A * \psi_A + \psi_A * \psi_C - \psi_A * \psi_A * \psi_C + \psi_A * \psi_B + \psi_B * \psi_C$$
$$- \psi_A * \psi_B * \psi_C - \psi_A * \psi_A * \psi_B - \psi_A * \psi_B * \psi_C + \psi_A * \psi_B * \psi_A * \psi_C$$
$$= \psi_A + \psi_B * \psi_C - \psi_A * \psi_B * \psi_C$$

所以

$$\psi_{A\cup(B\cap C)} = \psi_{(A\cup B)\cap(A\cap C)}$$

从而得到　　$A\cup(B\cap C) = (A\cup B)\cap(A\cap C)$。

# 5.6　基　　数

对于有穷集合来说，总是可以比较它们的元素的数目的。例如，设集合 $A$ 有 $n$ 个元素，集合 $B$ 有 $m$ 个元素，于是 $n$ 和 $m$ 的关系只能是下面三种情形之一；（1）$m=n$；（2）$m<n$；（3）$m>n$。但是，对于无限集合来说，就无法比较它们元素的数目了，必须采用另一种方法来比较它们。这就是本节我们要讨论的无限集的基数的比较方法。

**定义 5.14**　设 $A$ 和 $B$ 是两个集合。从 $A$ 到 $B$ 如果存在一个双射函数 $f:A\to B$，则称 $A$ 和 $B$ 是**等位的**或**等势的**，记作 $A\sim B$，读作 **$A$ 等势于 $B$**。

**例 5.19**　设集合 $N=\{0,1,2,\cdots\}$，$N_2=\{0,2,4\cdots\}$，试证明 $N\sim N_2$。

**解**：设 $f:N\sim N_2$，且对于 $n\in N$，令 $f(n)=2n$。显然，$f$ 是从 $N$ 到 $N_2$ 的双射函数，因而有 $N\sim N_2$。

　　　　　　这里 $N_2\subset N$。对于有限集绝不会有这种情况。这既是有限集和无限集之间本质上的差别，也是对无限集的一种定义方法。

**定义 5.15**　设 $A$ 和 $B$ 为两个集合。

（1）如果 $A\sim B$，就称 $A$ 和 $B$ 的基数相等，记为 $|A|=|B|$。

（2）如果存在从 $A$ 到 $B$ 的单射，就称 $A$ 的基数小于等于 $B$ 的基数，记为 $|A|\leqslant|B|$。

（3）如果 $|A|\leqslant|B|$ 且 $|A|\neq|B|$，就称 $A$ 的基数小于 $B$ 的基数，记为 $|A|<|B|$。

任何两个基数都可以比较大小。对于无限集的基数，我们规定特殊的记号，令 $|\mathbf{N}|=\aleph_0$，读作阿列夫零；令实数集合 $\mathbf{R}$ 的基数为 $|\mathbf{R}|=\aleph_1$，读作阿列夫一。

**例 5.20**　证明（1）$\mathbf{N}\times\mathbf{N}\sim\mathbf{N}$；（2）$\mathbf{N}\sim\mathbf{Q}$；（3）$(0,1)\sim\mathbf{R}$；（4）$[0,1]\sim(0,1)$；（5）对任意 $a,b\in\mathbf{R},a<b$ 有 $[0,1]\sim[a,b]$。

**证明**：（1）构建由 $\mathbf{N}\times\mathbf{N}$ 到 $\mathbf{N}$ 的双射函数。构建函数 $f:N\times N\sim N$

$$f(\langle x,y\rangle)=2^x(2y+1)-1$$

首先证函数 $f$ 是单射的。任取 $\langle x_1,y_1\rangle,\langle x_2,y_2\rangle\in\mathbf{N}\times\mathbf{N}$，使得 $f(\langle x_1,y_1\rangle)=f(\langle x_2,y_2\rangle)$，则

$$2^{x_1}(2y_1+1)-1=2^{x_2}(2y_2+1)-1$$

$$\Leftrightarrow 2^{x_1-x_2}(2y_1+1)=2y_2+1$$
$$\Leftrightarrow x_1-x_2=0 \wedge 2y_1+1=2y_2+1$$
$$\Leftrightarrow x_1=x_2 \wedge y_1=y_2$$

因此，$f$ 是单射的。

再证 $f$ 是满射的。任取 $n \in \mathbf{N}$，则

$$f(\langle x,y \rangle)=n \Leftrightarrow 2^x(2y+1)-1=n \Leftrightarrow 2^x(2y+1)=n+1$$

$$\Leftrightarrow \begin{cases} x=0,y=n/2 & n\text{为偶数} \\ x=\lfloor \log_2(n+1) \rfloor, y=(n+1)/2^{x+1}-1/2 & n\text{为奇数} \end{cases}$$

因此，$f$ 是满射的。

综上所述，$f$ 是双射的。

（2）因为有理数可以表示为 $p/q$（$p,q \in N, q>0$）的形式，如图所示，可以建立有理数同自然数的双射函数，因此有 $\mathbf{N} \sim \mathbf{Q}$。

| | | | | | | | | |
|---|---|---|---|---|---|---|---|---|
| $\cdots$ | $\leftarrow$ $-3/1^{[18]}$ | $-2/1^{[5]}$ $\leftarrow$ | $-1/1^{[4]}$ | $0/1^{[0]}$ $\rightarrow$ | $1/1^{[1]}$ | $2/1^{[10]}$ $\rightarrow$ | $3/1^{[11]}$ | $\cdots$ |
| $\cdots$ | $\uparrow$ | $\downarrow$ | $\uparrow$ | | $\downarrow$ | $\uparrow$ | $\downarrow$ | $\cdots$ |
| $\cdots$ | $-3/2^{[17]}$ | $-2/2$ | $-1/2^{[3]}$ $\leftarrow$ | $0/2$ $\leftarrow$ | $1/2^{[2]}$ | $2/2$ | $3/2^{[12]}$ | $\cdots$ |
| $\cdots$ | $\uparrow$ | $\downarrow$ | | | | $\uparrow$ | $\downarrow$ | $\cdots$ |
| $\cdots$ | $-3/3$ | $-2/3^{[6]}$ $\rightarrow$ | $-1/3^{[7]}$ $\rightarrow$ | $0/3$ $\rightarrow$ | $1/3^{[8]}$ $\rightarrow$ | $2/3^{[9]}$ | $3/3$ | $\cdots$ |
| $\cdots$ | $\uparrow$ | | | | | | $\downarrow$ | $\cdots$ |
| $\cdots$ | $-3/4^{[16]}$ $\leftarrow$ | $-2/4$ $\leftarrow$ | $-1/4^{[15]}$ $\leftarrow$ | $0/4$ $\leftarrow$ | $1/4^{[14]}$ $\leftarrow$ | $2/4$ $\leftarrow$ | $3/4^{[13]}$ | $\cdots$ |

（3）构建函数 $f:(0,1) \rightarrow \mathbf{R}, f(x)=\tan \pi \dfrac{2x-1}{2}$。很明显 $f$ 为双射函数，因此 $(0,1) \sim \mathbf{R}$。

（4）构建函数 $f:[0,1] \rightarrow (0,1)$。

$$f(x)=\begin{cases} 1/2 & x=0 \\ 1/4 & x=1 \\ 1/2^{n+2} & x=1/2^n \\ x & \text{其他} x \end{cases}$$

则 $f$ 为双射函数，因此有 $[0,1] \sim (0,1)$

（5）构建函数 $f:[0,1] \rightarrow [a,b], f(x)=(b-a)x+a$。很明显 $f$ 为双射函数，因此 $[0,1] \sim [a,b]$。

**例 5.21** 设 $A$ 为任意集合，则 $P(A) \sim \{0,1\}^A$。

**证明：** 构建函数 $f:P(A) \rightarrow \{0,1\}^A, f(A')=\psi_{A'}$，其中 $\psi_{A'}$ 是集合 $A'$ 的特征函数。很明显 $f$ 为双射函数，因此有 $P(A) \sim \{0,1\}^A$。

**定理 5.10** 设 $A$，$B$，$C$ 为任意集合。

（1）$A \sim A$。

（2）若 $A \sim B$，则 $B \sim A$。

（3）若 $A \sim B$，$B \sim C$，则 $A \sim C$。

证明留作练习。

根据前面的分析和这个定理可以得到下面的结果。

$$\mathbf{N} \sim \mathbf{Z} \sim \mathbf{Q} \sim \mathbf{N} \times \mathbf{N}$$

$$\mathbf{R} \sim [0,1] \sim (0,1) \sim [a,b] \sim (a,b)$$

是否可以更近一步的得到 $\mathbf{N} \sim \mathbf{R}$ 呢？下面的康托定理可以给出答案。

**定理 5.11** （康托定理）

（1） $\mathbf{N} \not\sim \mathbf{R}$ 。

（2）对于任意集合 $A$ 都有 $A \not\sim P(A)$ 。

**证明：**（1）如果能证明 $N \not\sim [0,1]$ ，就可以得到 $\mathbf{N} \not\sim \mathbf{R}$ 。为此只需证明任意函数 $f: \mathbf{N} \to [0,1]$ ，都不是满射的。

设 $f: \mathbf{N} \to [0,1]$ ，则其函数值可以通过下面的方式列举出来。

$$f(0) = 0.a_{11}a_{12}a_{13}\cdots$$
$$f(1) = 0.a_{21}a_{22}a_{23}\cdots$$
$$\cdots$$
$$f(n-1) = 0.a_{n1}a_{n2}a_{n3}\cdots$$
$$\cdots$$

设 $y$ 是 $[0,1]$ 之间的一个小数，其表示式为 $0.b_1b_2b_3\cdots$ ，并且满足 $b_i \neq a_{ii}, i = 1,2,\ldots$ 。显然这样的 $y$ 是可以构造出来的，且其同上面列出的任何一个函数值都不相等。因此， $y \notin \mathrm{ran}f$ ，即 $f$ 不是满射的。

（2）同（1）类似，只需证明任何函数 $g: A \to P(A)$ 都不是满射的。

设函数 $g: A \to P(A)$ ，则可构造如下的集合 $B$ 。

$$B = \{x \mid x \in A \wedge x \notin g(x)\}$$

于是 $B \in P(A)$ ，但对任意 $x \in A$ 都有 $x \in B \Leftrightarrow x \notin g(x)$ ，从而证明了对任意 $x \in A$ 都有 $B \neq g(x)$ ，因此 $B \notin \mathrm{ran}g$ ，即 $g$ 不是满射的。

根据这个定理可知 $\mathbf{N} \not\sim P(\mathbf{N})$ ，同时 $\mathbf{N} \not\sim \mathbf{R}$ 。实际上 $P(\mathbf{N})$ 和 $\mathbf{R}$ 都是比 $\mathbf{N}$ 更大的集合。为此我们规定特殊的记号，令 $|\mathbf{N}| = \aleph_0$ ，读作阿列夫零；令实数集合 $\mathbf{R}$ 的基数为 $|\mathbf{R}| = \aleph_1$ ，读作阿列夫一。那么 $|P(\mathbf{N})|$ 和 $|\mathbf{R}|$ 之间的关系是什么呢？

**例 5.22** $P(\mathbf{N}) \sim \mathbf{R}$ 。

**证明：**即证明 $\{0,1\}^{\mathbf{N}} \sim [0,1]$ 。对于任意 $x \in \{0,1\}^{\mathbf{N}}$ 都可以表示为 0 和 1 的串 $a_1a_2\cdots, a_i \in \{0,1\}$ ，于是可以定义函数 $f: \{0,1\}^{\mathbf{N}} \to [0,1]$ ， $f(x) = \sum\limits_{i=1}^{\infty} a_i / 2^i$ ，则函数 $f$ 为双射函数，因此 $\{0,1\}^{\mathbf{N}} \sim [0,1]$ ，即 $P(\mathbf{N}) \sim \mathbf{R}$ 。

**定义 5.16** 如果集合 $A$ 同自然数集合的真子集等势，则称 $A$ 是**有限的**或**有限集**，否则称 $A$ 是**无限的**或**无限集**。

**定义 5.17** 如果集合 $A$ 同自然数集合或自然数集合的真子集等势，则称 $A$ 是**可计数的**或**可数集**；否则称 $A$ 是**不可计数的**或**不可数集**。

从定义可以看出，不是所有无限集合都是可数的。例如，实数集合就是不可数的。

至此，我们可以得出如下的结论。

（1）和自然数等势的无限集的基数为 $\aleph_0$ 。

（2）和实数集合等势的无限集的基数为 $\aleph_1$ 。

（3） $\aleph_0 < \aleph_1$ 。

在计算机科学中，广泛地应用了本节的概念，特别是可计算性理论。在非数值系统中的元素与自然数之间，可以制定出一种双射函数关系。这样就能够把非数值系统中的命题，变换成相对应的自然数的命题。因此，可以用证明自然数系统中相应的命题，来间接地证明非数值系统中给定的命题。

# 5.7*　不可解问题

现代数字计算机已经应用于社会生活的各个方面，似乎计算机无所不能，若不考虑运算时间的限制，对于任何问题，只要能把它抽象成计算机可接受的输入形式，就能用计算机进行求解。然后，实际情况并非如此，可计算性理论告诉我们：确实存在计算机无法解决的问题，尽管他们可以表示成计算机可接受的输入形式。

以下将粗浅的讨论一下可计算性的问题，首先利用可数集的概念证明不可计算的问题确实存在，然后给出著名的不可判定的停机问题。

## 5.7.1　不可解问题的存在性

所谓不可解问题是指使用数字计算机无法解决的问题，在这里更具体地说，就是指使用某种程序设计语言无法解决的问题，即不存在可为它们求解的程序。

下面将说明不可解问题确实存在。基本方法是：首先说明程序的集合是无限可数的，然后说明问题的集合是无限不可数的，所以问题比程序多得多，确实无法为每个问题都编写出解决它的程序。

假定所考察的程序设计语言是 C 语言（其他程序设计语言也可以）。C 语言的字符集是有限集，设为 $\Sigma$。C 语言（源程序）是 $\Sigma$ 中的字符所构成的有限字符串。设所有的合法的 C 程序组成集合 $C$ 则 $C \subseteq \Sigma^*$，其中 $\Sigma^*$ 是 $\Sigma$ 上有限字符串的集合。由于 $\Sigma$ 是有限集，而字符串长度 $n \in \mathbf{N}$，因此 $\Sigma^*$ 是可数集，所以 $C$ 也是可数集。

任何问题都可以抽象为从输入到输出的函数，通过适当的编码，输入和输出可以分别编码为两个自然数，所以可以用自然数集 $\mathbf{N}$ 上的函数来为问题建模。反过来，$\mathbf{N}$ 上的函数也都是问题。于是，可以用 $\mathbf{N}$ 上的函数的集合来为问题的集合建立数学模型。

设自然数集 $\mathbf{N}$ 上的函数的集合是 $F$，则

$$F = \{f \mid f : \mathbf{N} \to \mathbf{N}\}$$

由康托定理可知 $F$ 是不可数集。因此 $C$ 为可数，$F$ 为不可数，$|C| < |F|$，所以一定存在某个函数（问题），计算它的程序是不存在的。

## 5.7.2　停机问题

具有实际应用价值的不可解问题是否存在？答案是肯定的，著名的停机问题就是其中之一。

停机问题是不可解问题的经典例子，它的不可解性是计算机科学中最著名的定理之一，图灵在 1936 年证明了停机问题的不可解性。停机问题的定义如下。

输入：一个程序和这个程序要处理的一个输入。

输出：若改程序在该输入下能终止，则输出"是"，否则，输出"否"。

停机问题是一个很有意义的现实问题，它的成功解决将对程序员的工作提供很大的帮助，比如，自动判断程序中是否有死循环等等。但是，遗憾的是这样的检测工具是构造不出来的。

在证明停机问题的不可解性之前，首先注意，不能通过简单的运行一个程序并观察它的行为来确定在给定的输入下它是否能终止。若程序运行一段时间后停止了，则可以简单的得出答案。但是若在运行一段时间之后未停止，则无法确定它是永不停机，还是我们等待的时间不够。

假定停机问题是可解的，有一个名为 halt 的解决停机问题的 C 函数：

```
int halt(char *prog, char *input)
```

它有两个输入:"*prog"是一个 C 函数的源代码字符串,"*input"是表示输入的字符串。如果函数"*prog"在给定的输入"*input"下能终止,halt 返回 1,否则返回 0。

再给出一个简单的函数 contrary 如下。

```
void contrary(char *prog)
{ if (halt(prog,prog))
    while (1);}
```

现将函数 contrary 本身作为输入调用 contrary,考察其执行过程。

(1)若其中对 halt 的调用返回 1,则表明 contrary 在对自身运行时将会停机。但是分析 contrary 的源代码可以发现,在这种情况下,contrary 将进入一个无限循环,从而不会停机。这是矛盾的。

(2)若其中对 halt 的调用返回 0,则表明 contrary 在对自身运行时将不会停机。但是 contrary 的源代码表明,在这种情况下,contrary 不会进入无限循环,从而将停机。这也是矛盾的。

两种情况都有矛盾,所以,函数 halt 实际上是构造不出来的,即停机问题不可解。

通过把某个已知的不可解问题归约到新问题的方法,可以证明新问题也是不可解的。

**例 5.23**　考虑如下的停机问题的变体——零输入停机问题。

输入:一个没有输入的程序。

输出:若该程序能终止,则输出"是",否则输出"否"。

**解**:假定零输入停机问题是可解的,有一个函数

$$\text{int ehalt(char *prog)}$$

其输入是一个没有输入的程序。若被输入的程序能终止,则 ehalt 返回 1,否则 ehalt 返回 0。

可以利用 ehalt 构造 halt,即把停机问题归约到零输入停机问题,这样就得到解决停机问题的一个算法,这与已证明的结论(停机问题是不可解的)矛盾,从而证明零输入停机问题也是不可解的。具体归纳方法如下。

(1)把 halt 的输入程序 $P$ 和输入字符串 $I$ 改造成一个没有输入的程序 $P'$,并使得 $P'$ 能终止当且仅当程序 $P$ 在输入 $I$ 下能终止。这种改造可以通过修改程序 $P$,把 $I$ 作为它的一个静态变量 $S$ 存储,并进一步修改 $P$ 中对输入的引用,使它们从 $S$ 中得到输入,经过如此改造的程序即为 $P'$。

(2)对 $P'$ 调用 ehalt。

(3)直接输出 ehalt($P'$)的返回值。

上述证明使用了可计算性证明中的一个常规技术,即用一个程序修改另一个程序。

现实中还有许多我们希望能用计算机来解决的问题是不可解的,其中许多都与程序的行为有关。例如,判定程序中的某行代码在某个输入下是否会被执行的问题是不可解的、判定程序是否包含病毒等等。然后,这并不意味着不能编写程序来处理某些特殊情况,甚至是大多数情况。例如,有许多好的启发式规则可用来确定程序是否含有病毒,至少可以确定程序是否含有已知的那些病毒。

# 习　　题

1. 下列关系中哪一些能够构成函数? 对于不是函数的关系,说明不能构成函数的原因。

(1) $R_1 = \{\langle x, y \rangle \mid (x, y \in N) \wedge (x + y < 10)\}$

(2) $R_2 = \{\langle x, y \rangle \mid (x, y \in R) \wedge (y = x^2)\}$

(3) $R_3 = \{\langle x, y \rangle \mid (x, y \in R) \wedge (y^2 = x)\}$

2. 下列集合中，哪一些能够用来定义函数？试求出所定义的函数的定义域和值域。

（1）$S_1 = \{\langle 1, \langle 2, 3 \rangle \rangle, \langle 2, \langle 3, 4 \rangle \rangle, \langle 3, \langle 1, 4 \rangle \rangle, \langle 4, \langle 1, 4 \rangle \rangle\}$

（2）$S_2 = \{\langle 1, \langle 2, 3 \rangle \rangle, \langle 2, \langle 3, 4 \rangle \rangle, \langle 3, \langle 3, 2 \rangle \rangle\}$

（3）$S_3 = \{\langle 1, \langle 2, 3 \rangle \rangle, \langle 2, \langle 3, 4 \rangle \rangle, \langle 1, \langle 2, 4 \rangle \rangle\}$

（4）$S_4 = \{\langle 1, \langle 2, 3 \rangle \rangle, \langle 2, \langle 2, 3 \rangle \rangle, \langle 3, \langle 2, 3 \rangle \rangle\}$

3. 设 $\mathbf{Z}$ 是整数集合，$\mathbf{Z}^+$ 是正整数集合，并且把函数 $f : \mathbf{Z} \to \mathbf{Z}^+$ 定义成 $f(i) = |2i| + 1$ 。试求出函数 $f$ 的值域 $\mathrm{ran} f$ 。

4. 设 $E$ 是全集和 $P(E)$ 是 $E$ 的幂集，$P(E) \times P(E)$ 是由 $E$ 的子集所构成的所有序偶的集合。对任意的 $S_1, S_2 \in P(E)$ ，把 $f : P(E) \times P(E) \to P(E)$ 定义成 $f(S_1, S_2) = S_1 \bigcap S_2$ 。试证明 $f$ 的陪域与值域相等。

5. 设 $A = \{-1, 0, 1\}$ ，并定义函数 $f : A^2 \to B$ 如下。

$$f(\langle x, y \rangle) = \begin{cases} 0 & x \cdot y > 0 \\ x - y & x \cdot y \leqslant 0 \end{cases}$$

（1）写出 $f$ 的全部序偶。

（2）求出 $R_f$ 。

（3）写出 $f / \{0, 1\}^2$ 中的全部序偶。

（4）有多少个和 $f$ 具有相同的定义域和值域的函数 $g : A^2 \to B$ 。

6. 设 $R$ 是实数集合，并且对于 $x \in R$ 有函数 $f(x) = x + 3$ ，$g(x) = 2x + 1$ 和 $h(x) = x/2$ ,试求合成函数 $g \circ f$ ，$f \circ g$ ，$f \circ f$ ，$g \circ g$ ，$f \circ h$ ，$h \circ g$ ，$h \circ f$ 和 $f \circ h \circ g$ 。

7. 设集合 $X = \{0, 1, 2\}$ 。试求出 $X^X$ 中如下的所有函数 $f : X \to X$ 。

（1）$f^2(x) = f(x)$

（2）$f^2(x) = x$

（3）$f^3(x) = x$

8. 设 $\mathbf{N}$ 是自然数集合，$\mathbf{R}$ 是实数集合。下列函数中哪些是满射的，哪些是单射的，哪些是双射的?

（1）$f : \mathbf{N} \to \mathbf{N}$          $f(i) = i^2 + 2$

（2）$f : \mathbf{N} \to \mathbf{N}$          $f(i) = i(\mathrm{mod}\, 3)$

（3）$f : \mathbf{N} \to \mathbf{N}$          $f(i) = \begin{cases} 1, & i\text{是奇数} \\ 0, & i\text{是偶数} \end{cases}$

（4）$f : \mathbf{N} \to \{0,\ 1\}$       $f(i) = \begin{cases} 0, & i\text{是奇数} \\ 1, & i\text{是偶数} \end{cases}$

（5）$f : \mathbf{N} \to \mathbf{R}$          $f(i) = \log_{10} i$

（6）$f : \mathbf{R} \to \mathbf{R}$          $f(i) = i^2 + 2i - 15$

（7）$f : \mathbf{N}^2 \to \mathbf{N}$         $f(\langle n_1, n_2 \rangle) = n_1^{n_2}$

（8）$f : \mathbf{R} \to \mathbf{R}$          $f(i) = 2^i$

（9）$f : \mathbf{N} \to \mathbf{N} \times \mathbf{N}$       $f(n) = \langle n, n+1 \rangle$

（10）$f : \{a,\ b\}^* \to \{a,\ b\}^*$       $f(x) = xa$

（11）$f : \mathbf{Z} \to \mathbf{N}$          $f(x) = |x|$

9. 设 $X$ 和 $Y$ 都是有穷集合，$X$ 和 $Y$ 的基数分别为 $|X| = m$ 和 $|Y| = n$ 。

（1）有多少个从 $X$ 到 $Y$ 的单射函数？

（2）有多少个从 $X$ 到 $Y$ 的满射函数？

（3）有多少个不同的双射函数？

10. 设 $A = \{1,2,3\}$。有多少个从 $A$ 到 $A$ 的满射函数 $f$ 具有性质 $f(1) = 3$ ？

11. 设 $A = \{1,2,\cdots,n\}$，有多少满足以下条件的从 $A$ 到 $A$ 的函数 $f$。

（1）$f \circ f = f$

（2）$f \circ f = I_A$

（3）$f \circ f \circ f = I_A$

12. 设集合 $X = \{-1,0,1\}^2$，定义函数 $f : X \to Y$

$$f(\langle x_1, x_2 \rangle) = \begin{cases} 0, & x_1 \cdot x_2 > 0 \\ x_1 - x_2 & x_1 \cdot x_2 \leqslant 0 \end{cases}$$

有多少同 $f$ 具有同样的定义域和值域的不同函数？

13. 设函数 $f : R \to R$ 是 $f(x) = x^2 - 2$。试求反函数 $f^{-1}$。

14. 设集合 $X = \{1,2,3,4\}$。试定义一个函数 $f : X \to X$，能使 $f \neq I_X$，并且是单射的。求出 $f \circ f = f^2, f^3 = f \circ f^2, f^{-1}$ 和 $f \circ f^{-1}$。能否求出另外一个单射函数 $g : X \to X$，能使 $g \neq I_X$，但是 $g \circ g = I_X$。

15. 试证明，从 $X \times Y$ 到 $Y \times X$ 存在一个一对一的映射，并且验明此映射是否是映满的。

16. 证明特征函数所具有的性质（1）到（7）和（10）到（11）。

17. 应特征函数求下列各式成立的充分必要条件。

（1）$(A - B) \bigcup (A - C) = A$

（2）$A \oplus B = \varnothing$

（3）$A \oplus B = A$

（4）$A \bigcap B = A \bigcup B$

18. 证明下列集合是可数的。

（1）$\{k \,|\, k = 3n - 2, n \in N\}$

（2）$\{k \,|\, k = n^2, n \in N\}$

（3）集合（1）和（2）的并集。

（4）$\{x_1 + x_2 \sqrt{-1} \,|\, x_1, x_2 \in Q\}$，$Q$ 是有理数集合。

19. 证明 $[0,1]$ 等势与 $[1,2]$。

20. 证明 $(0,1)$ 等势于 $[0,1]$。

21. 设 $A$，$B$，$C$，$D$ 是集合，且 $A \sim C$，$B \sim D$，证明 $A \times B \sim C \times D$。

22. 如果集合 $A_1$ 和 $A_2$ 都是可数的和不相交的，证明 $A_1 \bigcup A_2$ 也是可数的。

# 第6章
# 代数系统

什么是代数？

爱因斯坦小时候曾好奇的问他的叔叔："代数是什么"？（那时候他只学过算术）他的叔叔回答的很妙："代数是一种懒惰人的算术，当你不知道某些数时，你就暂时假设它为 x、y，然后再想办法去寻找它们。"道理一经点破，就好像"哥伦布立蛋"的故事一样，人人都会做了。

代数系统

代数是什么？以符号代替数的解题方法就是代数。

代数是从算术精炼出来的结晶，虽平凡但妙用无穷。因此它又叫做广义算术（generalized arithmetic）或进阶算术（advanced arithmetic）或普遍算术（universal arithmetic）。

代数的由来。

Algebra 一名来自阿拉伯文 al-jabr，al 为冠词，jabr 之意为恢复或还原，解方程式时将负项移至另一边变成正项，也可说是还原，也有接骨术的意思。

中国在 1859 年正式使用代数这个名词（李善商在《代微积拾级》一书中的序中指出"中法之四元，即西法之代数也"），在不同的时期有人用算术作为代数的名称，中国古书九章算术其实是一本数学百科全书，代数问题分见于各章，特别是第八章方程，主要是论述线性（一次）联立方程组的解法，秦九韶（1249）的数书九章中有"立天元一"的术语，天元就是代表未知数，用现在的术语来说就是"设未知数为 x"。

代数（Algebra）是数学的其中一门分支，可大致分为初等代数学和抽象代数学两部分。

初等代数学是指 19 世纪中期以前发展的方程理论，主要研究某一方程（组）是否可解，如何求出方程所有的根（包括近似根），以及方程的根有何性质等问题。

抽象代数是在初等代数学的基础上产生和发展起来的。它起始于 19 世纪初，形成于 20 世纪 30 年代。在这期间，挪威数学家阿贝尔（N.H. Abel）、法国数学家伽罗瓦（E'. Galois）、英国数学家德·摩根（A. De Morgan）和布尔（G. Boole）等人都做出了杰出贡献，荷兰数学家范德瓦尔登（B.L. Van Der Waerden）根据德国数学家诺特（A.E. Noether）和奥地利数学家阿廷（E. Artin）的讲稿，于 1930 年和 1931 年分别出版了《近世代数学》一卷和二卷，标志着抽象代数的成熟。

代数系统是以研究数字、文字和更一般元素的运算的规律和由这些运算适合的公理而定义的各种数学结构的性质为中心问题。它对现凡数学如拓扑学、泛函分析等以及一些其他科学领域，如计算机科学、编码理论等，都有重要影响和广泛地应用。

本部分内容分三章来介绍：代数系统，群与环，格与布尔代数。

# 6.1　代数系统的一般概念

## 6.1.1　二元运算

**定义 6.1**　设 $S$ 是个非空集合且函数 $f: S^n \to S$，则称 $f$ 为 $S$ 上的一个 $n$ 元运算。其中 $n$ 是自然数，称为运算的元数或阶。

$S$ 中的每个元素称为 $S$ 中的零元运算。对于 $n=1$ 来说，$f: S \to S$ 的映射，称为一元运算；对于 $n=2$ 来说，$f: S^2 \to S$，称为二元运算。这里主要讨论一元运算和二元运算。一般来说，这种运算给每一个 $n$ 重序元或序偶能指定 $S$ 中的唯一的元素，当然这些 $n$ 重序元或序偶的成员 $x$ 也属于集合 $S$。

**定义 6.2**　如果对给定集合的成员进行运算，从而产生了象点，而该象点又是同一集合的成员，则称此集合在该运算下是封闭的，这种性质称为闭包性或封闭性。

在正整数的加法和乘法作用下，偶数集合是封闭的，而奇数集合仅在乘法作用下才是封闭的。

注意到，$n$ 元运算是个闭运算，因为经运算后产生的象仍在同一个集合中。封闭性表明了 $n$ 元运算与一般函数的区别之处。

**定理 6.1**　设 * 是集合 $S$ 中的二元运算，且 $S_1 \subseteq S$ 和 $S_2 \subseteq S$。在 * 运算的作用下，$S_1$ 和 $S_2$ 都是封闭的。于是在 * 运算的作用下 $S_1 \cap S_2$ 也是封闭的。

**证明**：因为 $S_1$ 和 $S_2$ 在运算 * 的作用下是封闭的，所以对于每一个序偶 $<x_1, x_2> \in S_1$ 来说，有 $x_1 * x_2 \in S_1$；对于每一个序偶 $<x_1, x_2> \in S_2$ 来说有 $x_1 * x_2 \in S_1$。因而，对于每一个序偶 $<x_1, x_2> \in S_1 \cap S_2$ 来说，有 $x_1 * x_2 \in S_1 \cap S_2$。

运算的例子很多。

在数理逻辑中，对于命题公式集合和命题集合来说，否定是谓词集合上的一元运算，合取和析取是谓词集合上的二元运算；在集合论中，对于全集的各子集的集合来说，联合和相交是集合上的二元运算，求补运算则是对该集合的一元运算；在整数算术中，加、减、乘运算是二元运算，而除运算便不是二元运算，因为它不满足封闭性。

运算常常用一个表格来表示，称为运算表。图 6.1 和图 6.2 所示为有限集合 $S$ 上的一元和二元运算。

| | $\circ a_i$ |
|---|---|
| $a_1$ | $\circ a_1$ |
| $a_2$ | $\circ a_2$ |
| $\vdots$ | $\vdots$ |
| $a_n$ | $\circ a_n$ |

图 6.1　一元运算表，$a_1, a_2, \cdots, a_n$ 是有穷集合 $S$ 上的元素，$\circ$ 表示运算

在本章讨论的代数结构中，主要限于一元和二元运算。将用 $'$、$\neg$ 或 $^-$ 等符号表示一元运算符；用 $\oplus$、$\otimes$、$\odot$、*、$\vee$、$\wedge$、$\cap$、$\cup$ 等表示二元运算符。一元运算符常常习惯于前置、顶置或肩置，如 $\neg x$、$x'$；而二元运算符习惯于前置、中置或后置，如：$+xy$，$x+y$，$xy+$。

有了集合上运算的概念后，便可定义代数系统了。

| ∘ | $a_1$ | $a_2$ | ⋯ | $a_n$ |
|---|---|---|---|---|
| $a_1$ | $a_1 \circ a_1$ | $a_1 \circ a_2$ | ⋯ | $a_1 \circ a_n$ |
| $a_2$ | $a_2 \circ a_1$ | $a_2 \circ a_2$ | ⋯ | $a_2 \circ a_n$ |
| ⋮ | | ⋯ | | |
| | | ⋯ | | |
| | | ⋯ | | |
| $a_n$ | $a_n \circ a_1$ | $a_n \circ a_2$ | ⋯ | $a_n \circ a_n$ |

图 6.2  一元运算表，$a_1, a_2, \cdots, a_n$ 是有穷集合 $S$ 上的元素

## 6.1.2  代数系统

**定义 6.3**  设 $S$ 是一个非空集合，且 $f_i$ 是 $S$ 上的运算。由 $S$ 及 $f_1$，$f_2$，$\cdots$，$f_m$（$m \geqslant 1$）组成的结构，称为**代数系统**，记作 $V = <S, f_1, f_2, \cdots, f_m>$。如果 $S$ 为有限集合，则称 $V$ 为有限代数系统，并称$|S|$为 $V = <S, f_1, f_2, \cdots, f_m>$ 的阶。

$S$ 称为代数系统的**载体**，$S$ 和运算叫做代数系统的成分。其中，"定义在 $S$ 上的运算"指设集合 $S \neq \varnothing$，$f$ 为一个 $S \to S$ 的映射，即对任意的 $a \in S$，存在唯一的 $b \in S$，使得 $b$ 是 $a$ 在 $f$ 下的象，记为 $f(a) = b$，称 $a$ 是 $b$ 在 $f$ 下的原象。映射 $f$ 又称为函数。

**例 6.1**  $<N,+>$，$<Z,+,*>$，$<R,+,*>$ 都是代数系统，其中+和*分别表示普通的加法和乘法，第一个代数系统有一个运算，后两个代数系统有两个代数运算。因为，运算+在 $N$ 和 $Z$ 中是封闭的，运算+和× 在 $R$ 中是封闭的。

**例 6.2**  设 $S$ 是非空集合，$P(S)$ 是它的幂集。$<P(S), \cup, \cap, \sim>$ 是代数系统，其中 $\cup$ 和 $\cap$ 为并和交，$\sim$ 为绝对补。这个代数系统含有两个二元运算 $\cup$ 和 $\cap$ 以及一个一元运算 $\sim$。如果对任意集合 $A$，$B \in P(S)$，定义运算 $\oplus$ 和 $\otimes$ 如下。

$$A \oplus B = (A-B) \cup (B-A)$$
$$A \otimes B = A \cap B$$

则$<P(S)$，$\oplus$，$\otimes>$是一代数系统。因为，显然 $\oplus$ 和 $\otimes$ 是闭运算。

**例 6.3**  $<M_n(R),+,\cdot>$是代数系统，其中 $M_n(R)$ 为 $n$ 阶实矩阵，$+$ 和 $\cdot$ 分别表示 $n$ 阶（$n \geqslant 2$）实矩阵的加法和乘法。

**例 6.4**  $<Z_n,\oplus,\otimes>$是代数系统，其中 $Z_n = \{0, 1, \cdots, n-1\}$，$\oplus$ 和 $\otimes$ 分别表示模 $n$ 的加法和乘法，$\forall x,y \in Z_n$，$x \oplus y = (x+y) \bmod n$，$x \otimes y = (xy) \bmod n$。

有的代数系统定义指定了 $S$ 中的特殊元素，称为代数常数，例如二元运算的单位元。有时也将代数常数作为系统的成分。

**例 6.5**  代数系统$<Z,+>$有个特殊元素 0,对加法运算它的参与不影响计算结果,也可记为$<Z,+,0>$；$<P(S),\cup,\cap,\sim>$对于运算 $\cup$ 和 $\cap$ 的有特殊元素分别为 $\varnothing$ 和 $S$，它们对分别参与 $\cup$ 和 $\cap$ 的运算不影响计算结果，同样可记为$<P(S),\cup,\cap,\sim,\varnothing,S>$。

每个集合总是有子集合的，因而很容易联想到代数系统也应有子代数系统。观察例 6.1 的两个代数系统$<Z,+,*>$和$<R,+,*>$，运算完全一样，但集合 $Z$ 是集合 $R$ 的子集。因此，我们有：

**定义 6.4**  设$<S, f_1, f_2, \cdots, f_m>$是一个代数系统，且非空集 $T \subseteq S$ 在运算 $f_1, f_2, \cdots, f_m$ 作用下是封闭的，则称$<T, f_1, f_2, \cdots, f_m>$为代数系统$<S, f_1, f_2, \cdots, f_m>$的**子代数系统**，记为$<T, f_1, f_2, \cdots, f_m> \subseteq <S, f_1, f_2, \cdots, f_m>$。

**例 6.6**  $<N,+>$是 $<Z,+>$的子代数，$<N,+,0>$是$<Z,+,0>$的子代数，但$<N-\{0\},+>$是$<Z,+>$的子代数，却不是$<N,+,0>$的子代数，因代数常数 $0 \notin N-\{0\}$。

设 $V' = <B, f_1, f_2, \cdots, f_n>$ 是代数系统 $V = <S, f_1, f_2, \cdots, f_k>$ 的子代数，当 $B=S$ 和 $B=\{V$ 中的代

数常数} 时，称为**平凡子代数**（分别是最大和最小的子代数），当 $B \subset S$ 时，称 $V'$ 为 $V$ 的**真子代数**。

**例 6.7** 设 $V=(Z,+,0)$ ，令

$nZ = \{nz \mid z \in Z\}$ ， $n$ 为自然数，

那么 $<nZ,+,0>$ 是 $V$ 的子代数。

**证明：** $\forall nz_1, nz_2 \in nZ$ ， $z_1, z_2 \in Z$ ，则

$nz_1 + nz_2 = n(z_1 + z_2) \in nZ$ ，

即 $nZ$ 对 + 封闭，又 $0 = n \bullet 0 \in nZ$ ，所以 $<nZ,+,0>$ 是 $V$ 的子代数。

当 $n=1$ 时， $nZ=Z$ ，当 $n=0$ 时， $0Z=\{0\}$ ，它们是 $V$ 的平凡子代数，而其他的子代数都是 $V$ 的非平凡的真子代数。

**定义 6.5** 如果两个代数系统中运算的个数相同，对应运算的元数相同，且代数常数的个数也相同，则称它们是**同类型**的代数系统。

如果两个同类型的代数系统规定的运算性质也相同，则称为**同种**的代数系统。

**例 6.8** $V_1 = <R, +, \cdot, 0, 1>$ ； $V_2 = <M_n(R), +, \cdot, \theta, E>$ ，其中 $M_n(R)$ 为 $n$ 阶实数 $R$ 的矩阵， $\theta$ 为 $n$ 阶全 0 矩阵， $E$ 为 $n$ 阶单位矩阵； $V_3 = <P(B), \cup, \cap, \varnothing, B>$ 。则代数系统 $V_1, V_2, V_3$ 的运算性质如表 6.1 所示。

表 6.1　代数系统 $V_1, V_2$ ， $V_3$ 的运算性质

| $V_1$ | $V_2$ | $V_3$ |
|---|---|---|
| +可交换，可结合 | +可交换，可结合 | ∪可交换，可结合 |
| ·可交换，可结合 | ·可交换，可结合 | ∩可交换，可结合 |
| +满足消去律 | +满足消去律 | ∪不满足消去律 |
| ·满足消去律 | ·满足消去律 | ∩不满足消去律 |
| ·对+可分配 | ·对+可分配 | ∩对∪可分配 |
| +对·不可分配 | +对·不可分配 | ∪对∩可分配 |
| +与·没有吸收律 | +与·没有吸收律 | ∪与∩满足吸收律 |

根据定义 6.5，我们有， $V_1, V_2, V_3$ 是同类型的代数系统， $V_1, V_2$ 是同种的代数系统， $V_1, V_2$ 与 $V_3$ 不是同种的代数系统。

在结束本节时，声明记号 $<S, f_1, f_2, \cdots, f_m>$ 即为代数系统，除特别指明外，运算符 $f_1, f_2, \cdots, f_m$ 均为二元运算。根据需要对 $S$ 及 $f_1, f_2, \cdots, f_m$ 可置不同的集合符和运算符。

# 6.2　代数系统的基本性质

对于代数系统的性质的考察方法不是一个一个研究各个结构，而是列举一组性质，并且对于具有这些性质的任何代数结构推导可能的结论。把那些被选出的性质看成是公理并且由这些公理推导出的任何有效结论，对于满足这些公理的任何代数结构也都必定成立。

因此，为了作出这样的讨论，将不考虑任何特定的集合，也不给所涉及到的运算赋予任何特定的含义。这种系统的集合及集合上的诸运算仅仅看成是一些符号，或更确切地说，它们都是些抽象对象。与此相应的代数系统，通常称为**抽象代数**。对于那些特定的代数系统只能是具有基本性质中的某些性质。

**性质 1 结合律**

给定一个代数系统$<S, \odot>$，运算"$\odot$"满足结合律或"$\odot$"是可结合的，$(\forall x)(\forall y)(\forall z)(x,y,z \in S \rightarrow (x \odot y) \odot z = x \odot (y \odot z))$。

**例 6.9** 给定$<S, \odot>$且对任意$a$，$b \in S$有$a \odot b = b$。证明运算"$\odot$"是可结合的。

结论是显然的。

**例 6.10** 设$S$是一个非空集合，★是$S$上的二元运算，对于任意$a$，$b \in S$，有$a \star b = b$，证明★是可结合运算。

**证明**：因为对于任意的$a$，$b$，$c \in S$

$$(a \star b) \star c = b \star c = c$$

而

$$a \star (b \star c) = a \star c = c$$

所以

$$(a \star b) \star c = a \star (b \star c)$$

**性质 2 交换律**

给定一个代数系统$<S, \odot>$，运算"$\odot$"满足交换律或"$\odot$"是可交换的：$(\forall x)(\forall y)(x,y \in S \rightarrow x \odot y = y \odot x)$。

**例 6.11** 给定$<Q, *>$，其中$Q$为有理数集合，并且对任意$a$，$b \in Q$有$a*b = a + b - a \cdot b$，问运算*是否可交换？

**解**：因为普通加法和乘法满足可交换性，所以运算*也满足交换性，亦即：

$$a*b = a+b-a \cdot b = b+a-b \cdot a = b*a$$

所以运算*是可交换的。

可见，如果一代数结构中的运算$\odot$是可结合和可交换的，那么，在计算$a_1 \odot a_2 \odot \cdots \odot a_m$时可按任意次序计算其值。特别当$a_1 = a_2 = \cdots = a_m = a$时，则$a_1 \odot a_2 \odot \cdots \odot a_m = a^m$。称$a^m$为$a$的$m$次幂，$m$称$a$的指数。下面给出$a^m$的归纳定义：

设有$<S, \odot>$且$a \in S$。对于$m \in N^+$，其中$N^+$表示正整数集合，可有

（1）$a^1 = a$

（2）$a^{m+1} = a^m \odot a$

由此利用归纳法不难证明指数定律。

（1）$a^m \odot a^n = a^{m+n}$

（2）$(a^m)^n = a^{mn}$

这里，$m$，$n \in N^+$。

类似地可以定义某代数结构中的负幂和给出负指数定律。

**性质 3 分配律**

一个代数结构若具有两个运算时，则分配律可建立这两个运算之间的某种联系。

给定$<S, \odot, *>$，运算$\odot$对于*满足左分配律，或者$\odot$对于*是可左分配的，即$(\forall x)(\forall y)(\forall z)(x, y, z \in S \rightarrow x \odot (y*z) = (x \odot y)*(x \odot z))$。

运算$\odot$对于*满足右分配律，或者$\odot$对于*是可右分配的，即$(\forall x)(\forall y)(\forall z)(x, y, z \in S \rightarrow (y*z) \odot x = (y \odot x)*(z \odot x))$。

类似地可定义*对于$\odot$是满足左或右分配律。

若$\odot$对于*既满足左分配律又满足右分配律，则称$\odot$对于*满足分配律或是可分配的。同样可定义*对于$\odot$满足分配律。

由定义不难证明下面定理。

**定理 6.2** 给定$<S, \odot, *>$且$\odot$是可交换的。如果$\odot$对于*满足左或右分配律，则$\odot$对于*满

足分配律。

**例 6.12** 给定 <$S$, $\odot$, $*$>, 其中 $B=\{0, 1\}$。表 6.2 分别定义了运算 $\odot$ 和 $*$, 问运算 $\odot$ 对于 $*$ 是可分配的吗? $*$ 对于 $\odot$ 呢?

表 6.2                        运算 $\odot$ 和 $*$

| $\odot$ | 0 | 1 | | $*$ | 0 | 1 |
|---|---|---|---|---|---|---|
| 0 | 0 | 0 | | 0 | 0 | 1 |
| 1 | 0 | 1 | | 1 | 1 | 1 |

形如表 6.2 的表常常称为运算表或复合表, 它由运算符、行表头元素、列表头元素及复合元素 4 部分组成。对于集合 $S$ 的基数很小, 特别是 2 或 3 时, 代数结构中运算常常用这种表给出。优点是简明直观, 一目了然。

**例 6.13** 设集合 $S = \{\alpha, \beta\}$, 在 $S$ 上定义两个二元运算 $*$ 和 $\triangle$ 如表 6.3 所示。运算 $\triangle$ 对于运算 $*$ 可分配吗? 运算 $*$ 对于运算 $\triangle$ 呢?

表 6.3                        运算 $*$ 和 $\triangle$

| $*$ | $\alpha$ | $\beta$ | | $\triangle$ | $\alpha$ | $\beta$ |
|---|---|---|---|---|---|---|
| $\alpha$ | $\alpha$ | $\beta$ | | $\alpha$ | $\alpha$ | $\alpha$ |
| $\beta$ | $\beta$ | $\alpha$ | | $\beta$ | $\alpha$ | $\beta$ |

**解:** 容易验证运算 $\triangle$ 对于运算 $*$ 是可分配的。但是运算 $*$ 对于运算 $\triangle$ 是不可分配的, 因为 $\beta*(\alpha \triangle \beta) = \beta*\alpha = \beta$

而 $(\beta*\alpha) \triangle (\beta*\beta) = \beta \triangle \alpha = \alpha$

**性质 4  吸收律**

给定 <$S$, $\odot$, $*$>, 则

$\odot$ 对于 $*$ 满足左吸收律: $(\forall x)(\forall y)(x, y \in S \rightarrow x \odot (x*y)=x)$。

$\odot$ 对于 $*$ 满足右吸收律: $(\forall x)(\forall y)(x, y \in S \rightarrow (x*y) \odot x=x)$。

若 $\odot$ 对于 $*$ 既满足左吸收律又满足右吸收律, 则称 $\odot$ 对于 $*$ 满足吸收律或者可吸收的。

$*$ 对于 $\odot$ 满足左、右吸收律和吸收律类似地定义。

若 $\odot$ 对于 $*$ 是可吸收的且 $*$ 对于 $\odot$ 也是可吸收的, 则 $\odot$ 和 $*$ 互为吸收的或 $\odot$ 和 $*$ 同时满足吸收律。

给定 <$N$, $\odot$, $*$>, 其中 $N$ 是自然数集合, $\odot$ 和 $*$ 定义如下。

对任意 $a$, $b \in N$ 有 $a \odot b = \max\{a, b\}$, $a*b = \min\{a, b\}$, 试证, $\odot$ 和 $*$ 互为吸收的。

**例 6.14** 设集合 $N$ 为自然数全体, 在 $N$ 上定义两个二元运算 $*$ 和 $\star$, 对于任意 $x$, $y \in N$, 有

$$x*y = \max(x, y)$$
$$x \star y = \min(x, y)$$

验证运算 $*$ 和 $\star$ 的吸收律。

**解:** 对于任意 $a$, $b \in N$

$$a*(a \star b) = \max(a, \min(a, b)) = a$$
$$a \star (a*b) = \min(a, \max(a, b)) = a$$

因此, $*$ 和 $\star$ 满足吸收律。

**性质 5  幺元或单位元**

给定 <$S$, $\odot$> 且 $e_1$, $e_r$, $e \in S$, 则

$e_1$ 为关于 $\odot$ 的左幺元: $(\forall x)(x \in S \rightarrow e_1 \odot x=x)$。

$e_r$ 为关于 ⊙ 的右幺元：$(\forall x)(x \in S \rightarrow x \odot e_r = x)$。

若 $e$ 既为 ⊙ 的左幺元又为 ⊙ 的右幺元，称 $e$ 为关于 ⊙ 的幺元。亦可定义如下。

$e$ 为关于 ⊙ 的幺元：$(\forall x)(x \in S \rightarrow e \odot x = x \odot e = x)$。

用式子描述如下：

$$(\exists e)(e \in X \wedge (\forall x)(x \in X \rightarrow x * e = e * x = x))$$

**例 6.15**　给定 $<\{\alpha, \beta\}, *>$，表 6.4、表 6.5 和表 6.6 分别给出 * 的不同定义的运算表，试指出左幺元、右幺元及幺元。

表 6.4

| * | $\alpha$ | $\beta$ |
|---|---|---|
| $\alpha$ | $\alpha$ | $\beta$ |
| $\beta$ | $\beta$ | $\beta$ |

表 6.5

| * | $\alpha$ | $\beta$ |
|---|---|---|
| $\alpha$ | $\alpha$ | $\alpha$ |
| $\beta$ | $\beta$ | $\beta$ |

表 6.6

| * | $\alpha$ | $\beta$ |
|---|---|---|
| $\alpha$ | $\beta$ | $\beta$ |
| $\beta$ | $\alpha$ | $\beta$ |

**例 6.16**　设集合 $S = \{\alpha, \beta, \gamma, \delta\}$，在 $S$ 上定义的两个二元运算 * 和 ★ 如表 6.7 和表 6.8 所示。试指出左幺元或右幺元。

表 6.7　运算 *

| * | $\alpha$ | $\beta$ | $\gamma$ | $\delta$ |
|---|---|---|---|---|
| $\alpha$ | $\delta$ | $\alpha$ | $\beta$ | $\gamma$ |
| $\alpha$ | $\beta$ | $\gamma$ | $\delta$ | $\beta$ |
| $\gamma$ | $\alpha$ | $\beta$ | $\gamma$ | $\gamma$ |
| $\delta$ | $\alpha$ | $\beta$ | $\gamma$ | $\delta$ |

表 6.8　运算 ★

| ★ | $\alpha$ | $\beta$ | $\gamma$ | $\delta$ |
|---|---|---|---|---|
| $\alpha$ | $\alpha$ | $\beta$ | $\delta$ | $\gamma$ |
| $\beta$ | $\alpha$ | $\gamma$ | $\beta$ | $\beta$ |
| $\gamma$ | $\gamma$ | $\delta$ | $\alpha$ | $\beta$ |
| $\delta$ | $\delta$ | $\delta$ | $\beta$ | $\delta$ |

**解**：由表 6.7 和表 6.8 可知 $\beta$、$\delta$ 都是 $S$ 中关于运算 * 的左幺元，而 $\alpha$ 是 $S$ 中关于运算 ★ 的右幺元。

**定理 6.3**　给定 $<S, \odot>$ 且 $e_1$ 和 $e_2$ 分别关于 ⊙ 的左、右幺元，则 $e_1 = e_2 = e$ 且幺元 $e$ 唯一。

**证明**：设 $e_1$ 和 $e_2$ 分别是对于 * 运算的左幺元和右幺元。于是可有 $e_1 = e_1 \odot e = e = e \odot e_2 = e_2$。

假设 $e_1$ 和 $e_2$ 是两个不同的幺元，于是可有 $e_1 = e_2$ 与假设矛盾。因此，如果幺元存在的话，它必定是唯一的。

对于可交换的二元运算来说，左幺元也是右幺元，因此任何左幺元或右幺元都是幺元。对于加法，元素 0 是幺元；对于实数集合中的乘法，1 是幺元。对于集合的联合运算，空集是幺元；对于全集的子集的相交运算，全集是幺元。对于从集合 $X$ 到 $X$ 的双射函数的合成运算，恒等函数是幺元，对于命题集合上的析取运算，永假式是幺元；合取运算，永真式是幺元。

**性质 6　零元**

给定 $<S, *>$ 及 $\theta_l, \theta_r, \theta \in S$，则 $\theta_l$ 为关于 * 的左零元：$(\forall x)(x \in S \rightarrow \theta_l * x = \theta_l)$

用式子描述如下：

$$(\exists 0_l)(0_l \in X \wedge (\forall x)(0_l * x = 0_l))$$

$\theta_r$ 为关于 * 的右零元：$(\forall x)(x \in S \rightarrow x * \theta_r = \theta_r)$

用式子描述如下：

$$(\exists 0_l)(0_l \in X \wedge (\forall x)(0_l * x = 0_l))$$

$\theta$ 为关于 * 的零元：$(\forall x)(x \in S \rightarrow \theta * x = x * \theta = \theta)$

用式子描述如下：

$$(\exists 0_l)(0_l \in X \land (\forall x)(0_l * x = 0_l))$$

**例 6.17**　在例 6.15 中，*如表 6.4 所定义，$\beta$ 是 * 的零元；* 如表 6.5 所定义，$\alpha$ 和 $\beta$ 都是 * 的左零元；* 如表 6.6 所定义，$\beta$ 是 * 的右零元。

**定理 6.4**　给定 $<S, \odot>$ 且 $\theta_l$ 和 $\theta_r$ 分别为关于 $\odot$ 的左零元和右零元，则 $\theta_l = \theta_r = \theta$ 且零元 $\theta$ 是唯一的。

**定理 6.5**　给定 $<S, \odot>$ 且 $|S| > 1$。如果 $\theta, e \in S$，其中 $\theta$ 和 $e$ 分别为关于 $\odot$ 的零元和幺元，则 $\theta \neq e$。

**证明：**用反证法。设 $\theta = e$，那么对于任意的 $x \in A$，必有

$$x = e*x = \theta*x = \theta = e$$

于是，$A$ 中的所有元素都是相同的，这与 $A$ 含有多个元素相矛盾。

由上述讨论可见，有些运算存在幺元或零元，它在运算中起着特殊的作用，称它为 $S$ 中的**特异元或常数**。

**例 6.18**　设集合 $S = \{浅色，深色\}$，定义在 $S$ 上的一个二元运算 * 如表 6.9 所示。

表 6.9　　　　　　　　　　　　　　　　　运算*

| * | 浅色 | 深色 |
|---|---|---|
| 浅色 | 浅色 | 深色 |
| 深色 | 深色 | 深色 |

试指出零元和幺元。

**解：**深色是 $S$ 中关于运算 * 的零元，浅色是 $S$ 中关于运算 * 的幺元。

**性质 7　等幂律与等幂元**

设 $\odot$ 是对集合 $S$ 的二元运算，且 $x \in S$。如果有 $x \odot x = x$，则称 $x$ 对于 $\odot$ 是等幂元。用式子来定义等幂元即是 $\exists x(x \in S \to x \odot x = x)$。

给定 $<S, \odot>$，则 "$\odot$" 是等幂的或 "$\odot$" 满足**等幂律**：$(\forall x)(x \in S \to x \odot x = x)$。

对于任何二元运算 $\odot$，幺元和零元都是等幂元。除了幺元和零元外，还可能有其他的等幂元素。例如，对于集合的联合和相交来说，每一个集合都是等幂元。对于命题公式的合取和析取来说，每一个命题公式都是等幂元。

于是，不难证明下面定理。

**定理 6.6**　若 $x$ 是 $<S, \odot>$ 中关于 $\odot$ 的等幂元，对于任意正整数 $n$，则 $x^n = x$。

**例 6.19**　给定 $<P(S), \cup, \cap>$，其中 $P(S)$ 是集合 $S$ 的幂集，$\cup$ 和 $\cap$ 分别为集合的并和交运算。根据交并运算的定义很容易验证：$\cup$ 和 $\cap$ 是等幂的。

**性质 8　逆元**

给定 $<S, \odot>$ 且幺元 $e$，$x \in S$，则

$x$ 为关于 $\odot$ 的左逆元：$(\exists y)(y \in S \land x \odot y = e)$。

$x$ 为关于 $\odot$ 的右逆元：$(\exists y)(y \in S \land y \odot x = e)$。

$x$ 为关于 $\odot$ 可逆的：$(\exists y)(y \in S \land y \odot x = x \odot y = e)$。

给定 $<S, \odot>$ 及幺元 $e$；$x, y \in S$，则

$y$ 为 $x$ 的左逆元：$y \odot x = e$。

$y$ 为 $x$ 的右逆元：$x \odot y = e$。

$y$ 为 $x$ 的逆元：$y \odot x = x \odot y = e$。

显然，若 $y$ 是 $x$ 的逆元，则 $x$ 也是 $y$ 的逆元，因此称 $x$ 与 $y$ 互为逆元。通常 $x$ 的逆元表为 $x^{-1}$。

一般地说来，一个元素的左逆元不一定等于该元素的右逆元。而且，一个元素可以有左逆元而没有右逆元，反之亦然。甚至一个元素的左或右逆元还可以不是唯一的。

**例 6.20**    给定 $<S, *>$，其中 $S=\{\alpha, \beta, \gamma, \delta, \zeta\}$ 且 * 的定义如表 6.10 所示。试指出该代数结构中各元素的左、右逆元情况。

表 6.10

| * | | $\alpha$ | $\beta$ | $\gamma$ | $\delta$ | $\zeta$ |
|---|---|---|---|---|---|---|
| $\alpha$ | | $\alpha$ | $\beta$ | $\gamma$ | $\delta$ | $\zeta$ |
| $\beta$ | | $\beta$ | $\delta$ | $\alpha$ | $\gamma$ | $\delta$ |
| $\gamma$ | | $\gamma$ | $\alpha$ | $\beta$ | $\alpha$ | $\beta$ |
| $\delta$ | | $\delta$ | $\alpha$ | $\gamma$ | $\delta$ | $\gamma$ |
| $\zeta$ | | $\zeta$ | $\delta$ | $\alpha$ | $\gamma$ | $\zeta$ |

**定理 6.7**    给定 $<S, \odot>$ 及幺元 $e \in S$。如果 $\odot$ 是可结合的并且一个元素 $x$ 的左逆元 $x_l^{-1}$ 和右逆元 $x_r^{-1}$ 存在，则 $x_l^{-1}=x_r^{-1}$。

**定理 6.8**    给定 $<S, \odot>$ 及幺元 $e \in S$。如果 $\odot$ 是可结合的并且 $x$ 的逆元 $x^{-1}$ 存在，则 $x^{-1}$ 是唯一的。

**证明：** 设 $a, b, c \in S$，且 $b$ 是 $a$ 的左逆元，$c$ 是 $b$ 的左逆元。因为
$$(b \odot a) \odot b = e \odot b = b$$
所以
$$b = c \odot b = c \odot ((b \odot a)\ \odot b) = (c \odot (b \odot a))\ \odot b = ((c \odot b)\ \odot a)\ \odot b = (e \odot a)\ \odot b = a \odot b$$
因此，$b$ 也是 $a$ 的右逆元。

设元素 $a$ 有两个逆元 $b$ 和 $c$，那么
$$b = b \odot e = b \odot (a \odot c) = (b \odot a) \odot c = e \odot c = c。$$
因此，$a$ 的逆元是唯一的。

例如在例 6.1 中，显然 $<R, +, \times>$ 中运算 + 和 × 都是可结合的，而 1 和 0 分别为 × 和 + 的幺元，故可验证，对于 × 来说，除 0 外每个元素 $r \in R$ 都有逆元 $1/r$；对于 + 而言，对每个元素 $r \in R$ 都有逆元 $(-r)$。

**例 6.21**    试构造一个代数系统，使得其中只有一个元素具有逆元。

**解：** 设 $m, n \in l$，$T = \{x | x \in l, m \leq x \leq n\}$，那么，代数系统 $<T, \max>$ 中有一个幺元是 $m$，且只有 $m$ 有逆元因为 $m = \max(m, m)$。

**例 6.22**    对于代数系统 $<R, \cdot>$。这里 $R$ 是实数的全体，$\cdot$ 是普通的乘去运算，是否每个元素都有逆元。

**解：** 该代数系统中的幺元是 1，除了零元素 0 外，所有的元素都有逆元。

**例 6.23**    对于代数系统 $\{N_k, +_k\}$，这里 $N_k = \{0, 1, 2, \ldots, k-1\}$，$+_k$ 是定义在 $N_k$ 上的模 $k$ 加法运算，定义如下。

对于任意 $x, y \in N_k$，试问是否每个元素都有逆元。

**解：** 可以验证，$+_k$ 是一个可结合的二元运算，$N_k$ 中关于运算 $+_k$ 的幺元是 0，$N_k$ 中的每一个元素都有唯一的逆元，即 0 的逆元是 0，每个非零元素 $x$ 的逆元是 $k-x$。

**性质 9    可约律与可约元**

给定 $<S, \odot>$ 且零元 $\theta \in S$，则

$\odot$ 满足左可约律或是左可约的：$(\forall x)(\forall y)(\forall z)((x, y, z \in S \land x \neq \theta \land x \odot y = x \odot z) \rightarrow y = z)$，并称 $x$ 是关于 $\odot$ 的左可约元。

$\odot$ 满足右可约律或是右可约的：$(\forall x)(\forall y)(\forall z)((x, y, z \in S \land x \neq \theta \land y \odot x = z \odot x) \rightarrow y = z)$，并称 $x$ 是关于 $\odot$ 的右可约元。

若⊙既满足左可约律又满足右可约律或⊙既是左可约又是右可约的，则称⊙满足可约律或⊙是可约的。

若 $x$ 既是关于⊙的左可约元又是关于⊙的右可约元，则称 $x$ 是关于⊙的可约元。可约律与可约元也可形式地定义如下。

⊙满足可约律：$(\forall x)(\forall y)(\forall z)(x, y, z \in S \wedge x \neq \theta \wedge ((x \odot y = x \odot z \vee y \odot x = z \odot x) \rightarrow y = z))$

给定 $<S, \odot>$ 且零元 $\theta$，$x \in S$。

$x$ 是关于⊙的可约元：$(\forall y)(\forall z)(y, z \in S \wedge x \neq \theta \wedge ((x \odot y) = x \odot z \vee y \odot x = z \odot x) \rightarrow y = z))$。

**例 6.24**　给定 $<Z, \times>$，其中 $Z$ 是整数集合，$\times$ 是一般乘法运算。显然，每个非零整数都是可约元，而且运算 $\times$ 满足可约律。

**定理 6.9**　给定 $<S, *>$ 且 $*$ 是可结合的，如果 $x$ 是关于 $*$ 可逆的且 $x \neq \theta$，则 $x$ 也是关于 $*$ 的可约元。

表 6.11 所示为几个常见的代数系统及其特异元素。

表 6.11　　　　　　　　　　　　常见的代数系统及其特异元素

| 代数系统 | 幺　元 | 零　元 | 等幂元 | 逆　元 | 可约元 |
|---|---|---|---|---|---|
| $<R_2+>$ | 0 | 无 | 0 | 相反数 | 任何元素 |
| $<R_2 \times>$ | $I$ | 0 | 1,0 | 除 0 外，为其倒数 | 除 0 外的任何元素 |
| $<\rho(S), \cap>$ | $S$ | $\varnothing$ | 任何元素 | 除 $S$ 外，其余元素均不可逆 | $S$ |
| $<\rho(S), \cup>$ | $\varnothing$ | $S$ | 任何元素 | 除 $\varnothing$ 外，其余元素均不可逆 | $\varnothing$ |
| $<P, \wedge>$ | $T$ | $F$ | 任何元素 | 除 $T$ 外，其余元素均不可逆 | $T$ |
| $<P, \vee>$ | $F$ | $T$ | 任何元素 | 除 $F$ 外，其余元素均不可逆 | $F$ |
| $<f, \circ>$，$f$ 是从 $n$ 个元素到自身的双射函数 | $I_x$ 恒等函数 | 无 | $I_x$ | 其反函数 | 所有双射函数 |

下面我们从代数系统的运算表来总结一下，代数系统的基本性质能够很好地从运算表上反映出来。为确定起见，假定 $<S, *>$ 及 $x, y, \theta, e \in S$。

（1）运算 $*$ 具有封闭性，当且仅当表中的每个元素都属于 $S$。

（2）运算 $*$ 满足交换律，当且仅当表关于主对角线是对称的。

（3）运算 $*$ 是等幂的，当且仅当表的主对角线上的每个元素与所在行或列表头元素相同。

（4）元素 $x$ 是关于 $*$ 的左零元，当且仅当 $x$ 所对应的行中的每个元素都与 $x$ 相同；元素 $y$ 是关于 $*$ 的右零元，当且仅当 $y$ 所对应的列中的每个元素都与 $y$ 相同；元素 $\theta$ 是关于 $*$ 的零元，当且仅当 $\theta$ 所对应的行和列中的每个元素都与 $\theta$ 相同。

（5）元素 $x$ 为关于 $*$ 的左幺元，当且仅当 $x$ 所对应的行中元素依次与行表头元素相同；元素 $y$ 为关于 $*$ 的右幺元，当且仅当 $y$ 所对应的列中元素依次与列表头元素相同；元素 $e$ 是关于 $*$ 的幺元，当且仅当 $e$ 所对应的行和列中元素分别依次地与行表头元素和列表头元素相同。

（6）$x$ 为关于 $*$ 的左逆元，当且仅当位于 $x$ 所在行的元素中至少存在一个幺元，$y$ 为关于 $*$ 的右逆元，当且仅当位于 $y$ 所在列的元素中至少存在一个幺元；$x$ 与 $y$ 互为逆元，当且仅当位于 $x$ 所

在 $x$ 所在行和 $y$ 所在列的元素以及 $y$ 所在行和 $x$ 所在列的元素都是幺元。

# 6.3　同态与同构

在代数系统的研究和应用中，常用代数系统的同态和同构来研究两个代数系统之间的关系。

## 6.3.1　同态

**定义 6.6**　设有两个代数系统 $<A，\circ>$，$<B，*>$，其中 $*$ 与 $\circ$ 均为二元运算，则称 $<A，\circ>$ 同态于 $<B，*>$，若存在映射 $f: A \rightarrow B$，使得对任意的 $a，b \in A$。有：

$$f(a*b) = f(a) \circ f(b)$$

其中 $f(a)$，$f(b)$ 与 $f(a*b)$ 均为 $B$ 中的元素。此时称 $f$ 为代数系统 $<A，\circ>$ 到代数系统 $<B，*>$ 的一个同态映射。

**例 6.25**　考虑带加法运算的自然数，即代数系统 $<N,+>$。保持加法不变的函数有如下性质：$f(a+b) = f(a)+f(b)$。不妨取映射 $f(x) = 3x$，$f(x)$ 就是这样的一个同态，因为 $f(a+b)=3(a+b)=3a+3b=f(a)+f(b)$。注意这个同态从自然数映射回自然数，代数系统 $<N,+>$ 到代数系统 $<N,+>$ 在 $f(x)$ 的映射下是同态的，这个性质也成为自同态，$f(x)$ 称为自同态映射。

同态不必从集合映射到带相同运算的集合。

**例 6.26**　考虑保持运算的从带加法的实数集到带乘法的正实数集，即考虑两个代数系统，$<R,+>$ 和 $<R^+,*>$,其中 $+$，$*$ 是普通的加法和乘法，$R^+$ 表示正实数集合。保持运算的函数满足：$f(a+b) = f(a)*f(b)$，因为加法是第一个集合的运算而乘法是第二个集合的运算。指数定律表明 $f(x)=e^x$ 满足如下条件：$2+3 = 5$ 变为 $e^2*e^3=e^5$。因此取 $R$ 到 $R^+$ 的映射为如上的指数函数，则 $<R,+>$ 和 $<R^+,*>$ 在 $f(x)$ 的映射下是同态的。

同态的一个特别重要的属性是幺元具有保持性。也即，如果幺元存在，它将被保持，一个集合的幺元被映射为另一个集合中的幺元。注意在代数系统 $<R,+>$ 中，$f(0) = 0$,而零是加法幺元。在某一函数映射中，$f(0) = 1$，因为 $0$ 是加法幺元，而 $1$ 是乘法幺元，代数系统 $<R,+>$ 的幺元被 $f(x)$ 映射到 $<R^+,*>$ 的幺元。

若考虑集合上的多个运算，则保持所有运算的函数可以视为同态。

**例 6.27**　设 $<\Sigma^*，//>$ 与 $<N，+>$ 是同类型的，其中 $\Sigma^*$ 为有限字母表上的字母串集合，$//$ 为并置运算，N 为自然数集合，$+$ 为普通加法。若定义 $f: \Sigma^* \rightarrow N$ 为 $f(x)= |x|$　其中 $x \in \Sigma^*$，这里 $|x|$ 表示字母串的长度。

**解**：因为对任意 $x，y \in \Sigma^*$，有 $f(x//y)=|x//y|=|x|+|y|=f(x)+f(y)$，故 $<\Sigma^*，//> \simeq <N，+>$。显然，$f$ 是满射，因此，$f$ 为从 $<\Sigma^*，//>$ 到 $<N，+>$ 的满同态映射。

**例 6.28**　有两个代数系统 $<Z，\cdot>$ 和 $<\{1,0\}，\cdot>$，定义映射 $f: Z \rightarrow \{0,1\}$ 为

$$f(x) = \begin{cases} 1(x为奇数) \\ 0(x为偶数) \end{cases}$$

不难检查映射 $f$ 是保持运算的：对任意 $x，y \in A$，

$$\begin{cases} 0.0 = 0(x偶数，y偶数，xy偶数) \\ 1.0 = 0(x奇数，y偶数，xy偶数) \\ 0.1 = 1(x偶数，y奇数，xy偶数) \\ 1.1 = 1(x奇数，y奇数，xy奇数) \end{cases}$$

所以 $f(x \cdot y) = f(x) \cdot f(y)$，且 $f$ 是映上的。所以 $<Z, \cdot>$ 和 $<\{1,0\}, \cdot>$ 是同态的。

**例 6.29** 考察代数系统 $U=<N, *>$ 和 $V=<\{0,1\}, *>$，其中*是普通意义下的乘法运算。定义 $f$: $N \rightarrow \{0,1\}$ 为

$$f(n) = \begin{cases} 1 & \text{存在} k \in N, \text{使得} n=2^k \\ 0 & \end{cases}$$

证明 $f$ 是 $U$ 到 $V$ 的同态映射。

**证明：**

第一，$U$ 和 $V$ 都只含有一个二元运算，因此是同类型的。

第二，$U$ 的定义域是自然数集合，值域是 $\{0,1\}$，是 $V$ 定义域的子集。

第三，验证是否运算的像等于像的运算。

任取 $<x,y>$，分情况讨论。

（1）$x$ 和 $y$ 都可以表示成 $2^k$，设 $x=2^{k_1}$，$y=2^{k_2}$

那么 $f(x * y) = f(2^{k_1} * 2^{k_2}) = f(2^{k_1+k_2}) = 1$，$f(x) = f(y) = 1$

$$f(x) * f(y) = 1 * 1 = 1 = f(x * y)$$

（2）$x$ 和 $y$ 都不能表示成 $2^k$，那么 $x * y$ 也不能表示成 $2^k$。

$$f(x * y) = 0，f(x) = f(y) = 0$$
$$f(x) * f(y) = 0 * 0 = 0 = f(x * y)$$

（3）$x$ 可以表示成 $2^k$，$y$ 不能表示成 $2^k$，那么 $x * y$ 也不能表示成 $2^k$。

$$f(x * y) = 0，f(x) = 1, f(y) = 0$$
$$f(x) * f(y) = 1 * 0 = 0 = f(x * y)$$

（4）$x$ 不可以表示成 $2^k$，$y$ 能表示成 $2^k$，那么 $x * y$ 也不能表示成 $2^k$。

$$f(x * y) = 0，f(x) = 0, f(y) = 1$$
$$f(x) * f(y) = 0 * 1 = 0 = f(x * y)$$

可知，无论 $x$ 和 $y$ 如何取值，都能够保证。

综上所述，是 $U$ 到 $V$ 的同态映射。

设 $\phi$ 是 $V_1=<S_1, \circ>$ 到 $V_2=<S_2, *>$ 的同态映射，如果 $\phi$ 是满射，称 $V_1$ 和 $V_2$ 是**满同态**的，记为 $V_1^\varphi \rightarrow V_2$；如果 $\phi$ 是单射，称 $V_1$ 和 $V_2$ 是**单同态**的；若存在从 $V_1$ 到 $V_2$ 的满同态 $\phi$，则称 $V_2$ 为 $V_1$ 在 $\phi$ 下的**同态像**。

**例 6.30** （1）$V_1=<Z,+,\bullet>$，$V_2=<Z_n, \oplus, \odot>$，其中 $+, \bullet$ 为普通的加法，乘法，$\oplus, \odot$ 为模 $n$ 加法，乘法 $(\forall x, y \in Z_n, x \odot y = (xy) \bmod n)$

令 $\varphi: Z \rightarrow Z_n$，$\varphi(x) = (x) \bmod n$，

则对 $\forall x, y \in Z$，

$$\varphi(x + y) = (x+y) \bmod n = (x) \bmod n \oplus (y) \bmod n = \varphi(x) \oplus \varphi(y)$$
$$\varphi(x \bullet y) = (xy) \bmod n = (x) \bmod n \odot (y) \bmod n = \varphi(x) \odot \varphi(y)$$

所以 $\varphi$ 是 $V_1$ 到 $V_2$ 的同态，且是满同态。

（2）$V_1 = <S_1, \circ, ->$，$V_2 = <S_2, *, \sim>$ 是两个代数系统，其中。和 * 是二元运算，-和～是一元运算，若存在映射 $\varphi: S_1 \rightarrow S_2$，满足对 $\forall x, y \in S_1$，有

$$\varphi(x \circ y) = \varphi(x) * \varphi(y)$$
$$\varphi(-x) = \sim \varphi(x)$$

则称 $\varphi$ 是 $V_1$ 到 $V_2$ 的同态。

（3） $V_1 = <S_1, \circ, k_1>$ ， $V_2 = <S_2, *, k_2>$ ，其中 。和 * 是二元运算， $k_1$ 和 $k_2$ 是代数常数，若 $\varphi: S_1 \to S_2$ ，满足对 $\forall x, y \in S_1$ ，

$$\varphi(x \circ y) = \varphi(x) * \varphi(y)$$
$$\varphi(k_1) = k_2$$

则称 $\varphi$ 是 $V_1$ 到 $V_2$ 的同态。

**例 6.31** （1） $V_1 = <R, +, ->$ ， $V_2 = <R^+, \bullet, ^{-1}>$ ，其中 $+, \bullet$ 为普通加法和乘法， $-x$ 表示求 $x$ 的相反数， $x^{-1}$ 表示 $x$ 的倒数。

令 $\varphi: R \to R^+$ ， $\varphi(x) = e^x$ ，则对 $\forall x, y \in R$ ，

$$\varphi(x + y) = e^{x+y} = e^x \bullet e^y = \varphi(x) \bullet \varphi(y)$$
$$\varphi(-x) = e^{-x} = (e^x)^{-1} = (\varphi(x))^{-1}$$

所以 $\varphi$ 是 $V_1$ 到 $V_2$ 的同态。

（2） $V_1 = <R, +, 0>$ ， $V_2 = <R^+, \bullet, 1>$ ，其中 0 是加法幺元，1 是乘法幺元，都是代数常数， $\varphi$ 同（1），则有

$$\varphi(0) = e^0 = 1$$

所以 $\varphi$ 是 $V_1$ 到 $V_2$ 的同态。

## 6.3.2 同构

在数学中研究同构的主要目的是为了把数学理论应用于不同的领域。如果两个结构是同构的，那么其上的对象会有相似的属性和操作，对某个结构成立的命题在另一个结构上也就成立。因此，如果在某个数学领域发现了一个对象结构同构于另外某个结构，且对于该结构已经证明了很多定理和结论，那么这些定理和结论马上就可以应用到该领域。如果某些数学方法可以用于该结构，那么这些方法也可以用于新领域的结构。这就使得理解和处理该对象结构变得容易，并往往可以让数学家对该领域有更深刻的理解。

**定义 6.7** 设有两个代数系统 $<A, \circ>$ ， $<B, *>$ ，若能在集合 $A$ 与 $B$ 之间构造映射 $f$ ，满足如下要求。

（1） $\forall y \in B$ 均 $\exists x \in A$ ，使得 $y = f(x)$ 。

（2）当 $x_1, x_2 \in A, x_1 \neq x_2$ 有 $f(x_1) f(x_2) \in B, f(x_1) \neq f(x_2)$ 。

（3） $\forall x_1, x_2 \in A$ 有 $f(x_1 \circ x_2) = f(x_1) * f(x_2)$ 。

则称二个代数系统的结构相同，简称同构，记为 $<A, \circ> \cong <B, *>$ 。此时，一个系统的运算性质与规律，可以完全迁移到另一个代数系统中。

条件（1）是表示这个映射是满射，每个对象都有原象。条件（2）表示单射，即原像不同则映射后的对象也不同，这两个条件一起称为双射。条件（3）表示原运算结果的对象等于两对象新运算中的结果，这是同构性要求。

由定义可知，同构的条件比同态的强，因为同构映射是双射，即一一对应。而同态映射不一定要求是双射。正因为如此，同构不再仅仅像满同态那样对保持运算是单向的了，而对保持运算成为双向的。两个同构的代数，表面上似乎很不相同，但在结构上实际是没有什么差别，只不过是集合中的元素名称和运算的标识不同而已，而它们的所有发生"彼此相通"。这样，当探索新的代数结构的性质时，如果发现或者能够证明该结构同构于另外一个性质已知的代数结构，便能直接地知道新的代数结构的各种性质了。对于同构的两个代数系统来说，在它们的运算表中除了元素和运算的标记不同外，其他一切都是相同的。因此，可以根据这些特征来识别同构的代数系统。

一般来说，如果忽略掉同构的对象的属性或操作的具体定义，单从结构上讲，同构的对象是完全等价的。同构是在数学对象之间定义的一类映射,它能揭示出在这些对象的属性或者操作之间存在的关系。若两个数学结构之间存在同构映射，那么这两个结构叫做是同构的。

**例 6.32**　$V=<Z,+>$，给定 $a\in Z$，令

$$\varphi_a:Z\to Z，\quad \varphi_a(x)=ax，$$

则对 $\forall x,y\in Z$，$\varphi_a(x+y)=a(x+y)=ax+ay=\varphi_a(x)+\varphi_a(y)$，

所以 $\varphi_a$ 是 $V$ 到 $V$ 的同态，即自同态。

当 $a=0$ 时，有 $\forall x\in Z$，$\varphi_0(x)=0$，称 $\varphi_0$ 为零同态。

当 $a=1$ 时，有 $\forall x\in Z$，$\varphi_1(x)=x$，即恒等映射，它是双射的，这时，$\varphi_1$ 是 $V$ 的自同构，同理可证 $\varphi_{-1}$ 也是 $V$ 的自同构。

当 $a\neq\pm1$ 且 $a\neq0$ 时，易证 $\varphi_a$ 是单射的，这时 $\varphi_a$ 是 $V$ 的单自同态。

**例 6.33**　$A=\{0,1,2,3\}$，$B=\{\varnothing,\{a\},\{b\},\{a,b\}\}$，$x+4y=\text{mod}(x+y,4)$，$<A,+_4>$与$<B,\cup>$同构?

映射 $f$:　$\{0,1,2,3\}\to f\{\varnothing,\{a\},\{b\},\{a,b\}\}$，它使得 $f(0)=\varnothing$，$f(1)=\{a\}$，$f(2)=\{b\}$，$f(3)=\{a,b\}$

（1）满射：$\{\varnothing,\{a\},\{b\},\{a,b\}\}$ 每个都被命中。

（2）单射：$\{0,1,2,3\}$中不同元素，其像不同。

（3）从同构映射表 6.12 可以发现有些组合不满足 $f(x+4y)=f(x)\cup f(y)$，所以这个映射构造不正确，如果总是不能构造出满足 3 个条件的映射，那说明这 2 个代数系统不同构。

表 6.12　　　　　　　　　　　　　同构映射表

| $x\ y$ | $x+4y$ | $f(x+4y)$ | $f(x)$ | $f(y)$ | $f(x)\cup f(y)$ | 相等 |
|---|---|---|---|---|---|---|
| 0 0 | 0 | $\varnothing$ | $\varnothing$ | $\varnothing$ | $\varnothing$ | |
| 0 1 | 1 | $\{a\}$ | $\varnothing$ | $f\{a\}$ | $\{a\}$ | |
| 0 2 | 2 | $\{b\}$ | $\varnothing$ | $\{b\}$ | $\{b\}$ | |
| 0 3 | 3 | $\{a,b\}$ | $\varnothing$ | $\{a,b\}$ | $\{a,b\}$ | |
| 1 0 | 1 | $\{a\}$ | $\{a\}$ | $\varnothing$ | $\{a\}$ | |
| 1 1 | 2 | $\{b\}$ | $\{a\}$ | $\{a\}$ | $\{a\}$ | $\neq$ |
| 1 2 | 3 | $\{a,b\}$ | $\{a\}$ | $\{b\}$ | $\{a,b\}$ | |
| 1 3 | 0 | $\varnothing$ | $\{a\}$ | $\{a,b\}$ | $\{a,b\}$ | $\neq$ |
| 2 0 | 2 | $\{b\}$ | $\{b\}$ | $\varnothing$ | $\{b\}$ | |
| 2 1 | 3 | $\{a,b\}$ | $\{b\}$ | $\{a\}$ | $\{a,b\}$ | |
| 2 2 | 1 | $\varnothing$ | $\{b\}$ | $\{b\}$ | $\{b\}$ | $\neq$ |
| 2 3 | 0 | $\{a\}$ | $\{b\}$ | $\{a,b\}$ | $\{a,b\}$ | $\neq$ |
| 3 0 | 3 | $\{a,b\}$ | $\{a,b\}$ | $\varnothing$ | $\{a,b\}$ | |
| 3 1 | 0 | $\varnothing$ | $\{a,b\}$ | $\{a\}$ | $\{a,b\}$ | $\neq$ |
| 3 2 | 1 | $\{a\}$ | $\{a,b\}$ | $\{b\}$ | $\{a,b\}$ | $\neq$ |
| 3 3 | 2 | $\{b\}$ | $\{a,b\}$ | $\{a,b\}$ | $\{a,b\}$ | $\neq$ |

**例 6.34**　令$<F,\bigcirc>$与$<Z_4,+_4>$是同类型的，其中 $F=\{f^0,f^1,f^2,f^3\}$，“$\bigcirc$”定义如表 6.13所示；$Z_4=\{[0],[1],[2],[3]\}$，$+_4$定义如表 6.14 所示，试说明$<F,\bigcirc>\cong<Z_4,+_4>$。

表 6.13

| ○ | $f^0$ $f^1$ $f^2$ $f^3$ |
|---|---|
| $f^0$ | $f^0$ $f^1$ $f^2$ $f^3$ |
| $f^1$ | $f^1$ $f^2$ $f^3$ $f^0$ |
| $f^2$ | $f^2$ $f^3$ $f^0$ $f^1$ |
| $f^3$ | $f^3$ $f^0$ $f^1$ $f^2$ |

表 6.14

| + | 0 1 2 3 |
|---|---|
| 0 | 0 1 2 3 |
| 1 | 1 2 3 0 |
| 2 | 2 3 0 1 |
| 3 | 3 0 1 2 |

**解**：定义运算○到运算+的映射。

$$f(x) = \begin{cases} 0, & x = f^0 \\ 1, & x = f^1 \\ 2, & x = f^2 \\ 3, & x = f^3 \end{cases}$$

显然，$f(x)$是一个双射函数，所以有$<F, ○> \cong <Z_4, +_4>$。

**例 6.35** 给定$<S, \cap, \cup>$，其中 $S=\{\varnothing, A, B, C\}$，$\cup$和$\cap$是一般的集合运算；又有$<T, \oplus, \otimes>$，这里 $T = \{1, 2, 5, 10\}$，且对于 $a, b\in T$ 有 $a \oplus b =$lcm$\{a, b\}$，$a \otimes b =$ gcd$\{a, b\}$，表6.15 至表 6.18 给出四个运算表。试说明$<S, \cap, \cup> \cong <T, \oplus, \otimes>$，其中 lcm $\{a, b\}$表示 $a$ 和 $b$ 的最小公倍数，gcd$\{a, b\}$表示 $a$ 和 $b$ 的最大公约数。

表 6.15

| $\cup$ | $\varnothing$ $A$ $B$ $C$ |
|---|---|
| $\varnothing$ | $\varnothing$ $A$ $B$ $C$ |
| $A$ | $A$ $A$ $C$ $C$ |
| $B$ | $B$ $C$ $B$ $C$ |
| $C$ | $C$ $C$ $C$ $C$ |

表 6.16

| $\cap$ | $\varnothing$ $A$ $B$ $C$ |
|---|---|
| $\varnothing$ | $\varnothing$ $\varnothing$ $\varnothing$ $\varnothing$ |
| $A$ | $\varnothing$ $A$ $\varnothing$ $A$ |
| $B$ | $\varnothing$ $\varnothing$ $B$ $B$ |
| $C$ | $\varnothing$ $A$ $B$ $C$ |

表 6.17

| ⊕ | | 1 | 2 | 5 | 10 |
|---|---|---|---|---|---|
| 1 | | 1 | 2 | 5 | 10 |
| 2 | | 2 | 2 | 10 | 10 |
| 5 | | 5 | 10 | 5 | 10 |
| 10 | | 10 | 10 | 10 | 10 |

表 6.18

| ⊗ | | 1 | 2 | 5 | 10 |
|---|---|---|---|---|---|
| 1 | | 1 | 1 | 1 | 1 |
| 2 | | 1 | 2 | 1 | 2 |
| 5 | | 1 | 1 | 5 | 5 |
| 10 | | 1 | 2 | 5 | 10 |

**解：**通过对 4 张表的考察我们来构造以下的证明。

定义 $f:\{\cap,\ \cup\}\rightarrow\{\oplus,\ \otimes\}$

并且令 $f(\cap)=\otimes, f(\cup)=\oplus$

显然 $f$ 是个双射函数。再令

$g:\{\varnothing,\ A,\ B,\ C\}\rightarrow\{1,\ 2,\ 5,\ 10\}$ 并且给定为：

$$g(\varnothing)=1,\quad g(A)=2, g(B)=5, g(C)=10。$$

显然 $g$ 是个双射函数，可以一一验证 $g$ 满足运算的像等于像的运算。

$g(\varnothing\cap A)=g(\varnothing)=1$

$g(\varnothing)\otimes g(A)=1\otimes 2=1$

$g(\varnothing\cap B)=g(\varnothing)=1$

$g(\varnothing)\otimes g(B)=1\otimes 5=1$

$g(\varnothing\cap C)=g(\varnothing)=1$

$g(\varnothing)\otimes g(C)=1\otimes 10=1$

$g(A\cap B)=g(\varnothing)=1$

$g(A)\otimes g(B)=2\otimes 5=1$

$g(A\cap C)=g(A)=2$

$g(A)\otimes g(C)=2\otimes10=2$

…

对 $\cup$ 和 $\oplus$ 作以下的验证。

$g(\varnothing\cup A)=g(A)=1$

$g(\varnothing)\oplus g(A)=1\oplus 2=1$

$g(\varnothing\cup B)=g(B)=5$

$g(\varnothing)\oplus g(B)=1\oplus 5=5$

$g(\varnothing\cup C)=g(C)=10$

$g(\varnothing)\oplus g(C)=1\oplus 10=10$

…

综上，$<S,\ \cap,\ \cup>\cong<T,\ \oplus,\ \otimes>$。

## 6.3.3　同态与同构的性质

**定理 6.10**　给定 $<X,\ \odot,\ *>\underset{\sim}{\ }<Y,\ \oplus,\ \otimes>$ 且 $f$ 为其满同态映射，则

（a）如果 $\odot$ 和 $*$ 满足结合律，则 $\oplus$ 和 $\otimes$ 也满足结合律。

（b）如果 $\odot$ 和 $*$ 满足交换律，则 $\oplus$ 和 $\otimes$ 也满足交换律。

（c）如果⊙对于*或*对于⊙满足分配律，则⊕对于⊗或⊗对于⊕也相应满足分配律。

（d）如果⊙对于*或*对于⊙满足吸收律，则⊕对于⊗或⊗对于⊕也满足吸收律。

（e）如果⊙和*满足等幂律，则⊕和⊗也满足等幂律。

（f）如果$e_1$和$e_2$分别是关于⊙和*的幺元，则$f(e_1)$和$f(e_2)$分别为关于⊕和⊗的幺元。

（g）如果$\theta_1$和$\theta_2$分别是关于⊙和*的零元，则$f(\theta_1)$和$f(\theta_2)$分别为关于⊕和⊗的零元。

（h）如果对每个$x \in X$均存在关于⊙的逆元$x^{-1}$，则对每个$f(x) \in Y$也均存在关于⊕的逆元$f(x^{-1})$；如果对每个$z \in X$均存在关于*的逆元$Z^1$，则对每个$f(z) \in Y$也均存在关于⊗的逆元$f(z^{-1})$。

**定理 6.11**    代数系统间的同构关系是等价关系。

由于同构关系是等价关系，故令所有的代数系统构成一个集合 $S$，于是可按同构关系将其分类，得到商集 $S/\cong$。因为同构的代数系统具有相同的性质，故实际上代数系统所需要研究的总体并不是 $S$ 而是 $S/\cong$。

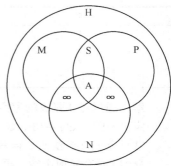

在同态与同构中有一个特例，即具有相同集合的任两个代数系统的同态与同构，这便是自同态与自同构,如例 6.25 和例 6.35。

图 6.3 所示为各类同态与同构的关系。图中 $H$=同态的集合，$M$=单同态的集合，$P$= 满同态的集合，$S$=同构的集合，$N$=自同态的集合，$A$= 自同构的集合。

图 6.3    各类同态与同构的关系

    $M \cap P = S$，$S \cap N = A$，$(M \cap N)\backslash A$ 并且 $(P \cap N)\backslash A$ 只包含无限代数结构到自身的同态。

# 6.4    同余关系

**定义 6.8**    给定$<S，⊙>$且 $E$ 为 $S$ 中的等价关系。

$E$ 关于⊙有代换性质：$(\forall x_1)(\forall x_2)(\forall y_1)(\forall y_2)((x_1, x_2, y_1, y_2 \in S \wedge x_1 E x_2 \wedge y_1 E y_2) \to (x_1 ⊙ y_1)E(x_2 ⊙ y_2))$。

$E$ 为$<S，⊙>$中的同余关系：$E$ 有代换性质。与此同时，称同余关系 $E$ 的等价类为同余类。

由定义可知，同余关系是代数结构的集合中的等价关系，并且在运算的作用下，能够保持关系的等价类。即在 $x_1 ⊙ y_1$ 中，如果用集合 $S$ 中的与 $x_1$ 等价的任何其它元素 $x_2$ 代换 $x_1$，并且用与 $y_1$ 等价的任何其他元素 $y_2$ 代换 $y_1$，则所求的结果 $x_2 ⊙ y_2$ 与 $x_1 ⊙ y_1$ 位于同一等价类之中。亦即若$[x_{1E}] = [x_{2E}]$并且$[y_{1E}] = [y_{2E}]$，则$[x_1 ⊙ y_{1E}] = [x_2 ⊙ y_{2E}]$。此外，同余关系与运算密切相关。如果一个代数结构中有多个运算，则需要考察等价关系对于所有这些运算是否都有代换性质。如果有，则说该代数结构存在同余关系；否则，同余关系不存在。

**例 6.36**    给定$<Z，+，\times>$，其中 $Z$ 是整数集合，+和$\times$是一般加、乘法。假设 $Z$ 中的关系 $R$ 定义如下。

$i_1 R i_2$：$|i_1| = |i_2|$        （其中 $i_1$、$i_2 \in Z$ ）

试问，$R$ 为该结构的同余关系吗？（其中$|i_1|$ 表示 $i_1$ 的绝对值。）

相等关系是等价关系是明显的，只要证它满足代换性即可. 即证对任意的 $i_1, i_2, i_3, i_4 \in Z$ 和
$i_1 R i_2 \wedge i_3 R i_4 \Leftrightarrow |i_1| = |i_2| \wedge |I_3| = |i_4|$

$$\Rightarrow |i_1 + i_3| = |i_2 + i_4|$$
$$对 \ i_1 = 1, i_2 = 1, I_3 = 3, i_4 = -3$$
$$|i_1 + I_3| = 4$$
$$|i_2 + i_4| = 2$$

即对+不满足代换性，即 $R$ 不是<$Z$，+，×>的同余关系。

可见，考察一个等价关系 $E$ 对于有多个运算的代数结构是否为同余关系，这里有个次序先后问题，选择得好，即你一下子就考察到了 $E$ 对某个运算是不具有代换性质，那么立刻便可断定 $E$ 不是该结构的同余关系，否则验证应继续下去，直至遇到不具有代换性质的运算为止。如果对于所有运算都有代换性质，则 $E$ 为该结构的同余关系。在例 6.29 中，首先发现 $R$ 对于+不具有代换性质，那么可断定 $R$ 不是该结构的同余关系。如果你首先验证是 $R$ 对于×的代换性质，结果 $R$ 对于×有代换性质，至此你只是有希望 $E$ 是同余关系，但还得继续工作，考察 $R$ 对于+的代换性质，由此结果才能判定 $R$ 是否为该结构的同余关系。

有了同余关系的概念后，现在可以给出它与同态映射的关系了，请看下面定理：

**定理 6.12**　设<$S$，$\odot$>与<$T$，$*$>是同类型的且 $f$ 为其同态映射。对应于 $f$，定义关系 $E_f$ 如下。

$xE_f y$：$f(x)=f(y)$，　　　　其中 $x$，$y \in S$

则 $E_f$ 是<$S$，$\odot$>中的同余关系，并且称 $E_f$ 为由同态映射 $f$ 所诱导的同余关系。

由于同态映射不唯一，根据定理 6.12，可以推知同余关系也不唯一。

**例 6.37**　设<$Z$，$'$>与<$B$，$-$>是同类型的，其中 $Z$ 是整数集合，$B=\{0，1\}$，$'$ 和$-$定义如下。

$i'=i+1$（$i \in Z$）

$\bar{b}=(b+1)(\bmod 2)\ b \in B$

又设 $f \in B^Z$：

$f(i)=(i)(\bmod 2)$（其中 $i \in Z$）试指出 $f$ 所诱导的同余关系。

**解**：$f$ 诱导的同余关系为 $E_f$

$iE_f j$：$=f(i)=f(j)$即 $i(\bmod 2)=j(\bmod 2)$

显然 $E_f$ 是个等价关系（自反、对称、可传递），现在我们只要说明 $E_f$ 满足代换性。

对任何 $i$，$j \in Z$ 和 $iE_f j$ 来推证 $i'E_f j'$ 即由

$$i(\bmod 2)=(j)(\bmod 2) \Rightarrow$$
$$(i+1)(\bmod 2)=(i+1)(\bmod 2)$$

因为$(i+1)(\bmod 2)=((i)(\bmod 2)+1(\bmod 2))(\bmod 2)$

$$(j+1)(\bmod 2)=((j)(\bmod 2)+1(\bmod 2))(\bmod 2)$$

于是$(i+1)(\bmod 2)=(j+1)(\bmod 2)$

即 $E_f$ 是满足代换性的，从而证明了 $E_f$ 是同余关系而且是由 $f$ 所诱导的。

# 6.5　商　代　数

**定义 6.9**　给定<$S$，$\odot$>并且 $E$ 为 $S$ 中的等价关系。$E$ 关于 $\odot$ 具有代换性质：$(\forall x_1)(\forall x_2)(\forall y_1)(\forall y_2)((x_1，x_2，y_1，y_2 \in S \wedge x_1 E x_2 \wedge y_1 E y_2) \rightarrow (x_1 \odot y_1)E(x_2 \odot y_2))$。$E$ 为<$S$，$\odot$>中的同余关系：$E$ 有代换性质。与此同时，称同余关系 $E$ 的等价类为同余类。

**例 6.38**　给定<$Z$，+，$*$>，其中 $Z$ 是整数集合，+和$*$是一般意义下的加法和乘法。假设 $Z$ 中的关系 $R$ 定义如下：

$$i_1 R i_2 :=|i_1|=|i_2|，其中 i_1，i_2 \in Z$$

问 $R$ 是该结构的同余关系吗？为什么？

**解**：显然 $R$ 是 $Z$ 中的等价关系，然后考虑 $R$ 对于+的代换性质。

若取 $i_1$，$-i_1$，$i_2 \in Z$，则有$|i_1|=|-i_1|$，$|i_2|=|i_2|$。于是下式

$(i_1 R(-i_1)) \wedge (i_2 R i_2) \rightarrow (i_1+i_2)R(-i_1 R i_2)$ 为假，这是因为前面的条件为真，后面的条件为假。所以 $R$ 对于+不具有代换性质。所以 $R$ 不是该结构的同余关系。

**定义 6.10**　商代数：给定<$S$，$\odot$>及其上的同余关系 $E$，且由 $E$ 对 $S$ 所产生同余类所构成一

个商集 $S/E$。若在 $S/E$ 中定义运算 $*$ 如下：$[x]E*[y]E=[x\odot y]E$，其中 $[x]E$，$[y]E\in S/E$ 于是 $<S/E$，$*>$ 构成了一个代数结构，则称 $<S/E$，$*>$ 为代数结构 $<S$，$\odot>$ 的**商代数**。

**例 6.39** 给定 $<N$，$+>$，其中 $N$ 是自然数集合，$+$ 是一般意义下加法。又知 $<Z_m$，$+_m>$，其中 $Z_m=\{0,1,\cdots,m-1\}$，$+_m$ 为模 $m$ 加法。并且在 $N$ 中定义关系 $E$：

$$n_1En_2:=m|(n_1-n_2)|\vee m|(n_2-n_1)|，其中 m，n_1，n_2\in N。$$

试证明 $E$ 为 $<N$，$+>$ 中的同余关系，并给出与 $E$ 相关的自然同态映射 $g_E$。

**解：** 显然 $E$ 为 $N$ 中的等价关系。下面证明 $E$ 对于 $+$ 具有代换性质。

设 $n_1$，$n_2$，$p_1$，$p_2\in N$ 且 $n_1Ep_1$，$n_2Ep_2$。于是有

$$m|(n_1-p_1) 且 m|(n_2-p_2)$$

又

$$(n_1-p_1)+(n_2-p_2)=(n_1+n_2)-(p_1+p_2)$$

故

$$m|(n_1+n_2)-(p_1+p_2)$$

因此

$$(n_1+n_2)E(p_1+p_2)$$

所以，$E$ 是 $<N$，$+>$ 中的同余关系。

此外，因为 $Z_m$ 是 $E$ 在 $N$ 中的商集 $N/E$，如果作映射 $g_E\in(N/E)^N$：

$g_E(n)=[(n)\bmod m]$，其中 $n$，$m\in N$。

可以看出，$g_E$ 满足自然同态条件，故 $g_E$ 是从 $<N$，$+><Z_m,+_m>$ 与 $E$ 相关的自然同态映射。

# 6.6 积 代 数

**定义 6.11** 积代数：设 $<S$，$\odot>$ 与 $<T$，$*>$ 是同类型的，而 $<S\times T$，$\otimes>$ 成为新的代数结构，其中 $S\times T$ 是集合 $S$ 和集合 $T$ 的笛卡儿积，且 $\otimes$ 定义如下：$<s_1,t_1>\otimes<s_2,t_2>=<s_1\odot s_2,t_1*t_2>$，其中 $s_1$，$s_2\in S$，$t_1$，$t_2\in T$。则称 $<S\times T$，$\otimes>$ 为代数结构 $<S$，$\odot>$ 和 $<T$，$*>$ 的**积代数**，而代数结构 $<S$，$\odot>$ 和 $<T$，$*>$ 称为 $<S\times T$，$*>$ 的因子代数。

类似地，可把积代数的定义推广到任何两个同类型的代数结构。另外，重复地使用定义中的方法，也可以定义任何有限数目的同类型代数结构的积代数。

可以看出，两个代数结构的积代数，与两个因子代数是同一类型的。而且还要注意到，在积代数的定义中，是用因子代数中的相应运算定义了积代数中的运算。

**例 6.40** 设 $F_2=<N_2$，$+_2$，$\bullet_2>$ 和 $F_3=<N_3$，$+_3$，$\bullet_3>$，求 $F_2\times F_3$ 和 $F_3\times F_2$。

**解：** （1）设 $F_2\times F_3=<N_2\times N_3,\oplus,\bullet>$

其中，$N_2\times N_3=\{<0,0>,<0,1>,<0,2>,<1,0>,<1,1>,<1,2>\}$

任取 $<a_1,b_1>,<a_2,b_2>\in N_2\times N_3$

$<a_1,b_1>\oplus<a_2,b_2>=<a_1+_2a_2,b_1+_3b_2>$

$<a_1,b_1>\odot<a_2,b_2>=<a_1\cdot_2a_2,b_1\cdot_3b_2>$

表 6.19 所示为构造 $\oplus$ 运算的运算表。（这里仅给出了一个运算表，另一个照推。）

表 6.19            $\oplus$ 运算的运算表

| $\oplus$ | <0,0> | <0,1> | <0,2> | <1,0> | <1,1> | <1,2> |
|---|---|---|---|---|---|---|
| <0,0> | <0,0> | <0,0> | <0,0> | <1,0> | <1,0> | <1,0> |
| <0,1> | <0,0> | <0,1> | <0,2> | <1,0> | <1,1> | <1,2> |
| <0,2> | <0,0> | <0,2> | <0,1> | <1,0> | <1,2> | <1,1> |
| <1,0> | <1,0> | <1,0> | <1,0> | <0,0> | <0,0> | <0,0> |
| <1,1> | <1,0> | <1,1> | <1,2> | <0,0> | <0,1> | <0,2> |
| <1,2> | <1,0> | <1,2> | <1,1> | <0,0> | <0,2> | <0,1> |

（2）设 $F_3 \times F_2 = <N_3 \times N_2, \oplus', \odot'>$

其中，$N_3 \times N_2 = \{<0,0>, <0,1>, <1,0>, <1,1>, <2,0>, <2,1>\}$

任取 $<a_1, b_1>, <a_2, b_2> \in N_3 \times N_2$

$<a_1, b_1> \odot <a_2, b_2> = <a_{1+2}a_2, b_{1+3}b_2>$

$<a_1, b_1> \odot <a_2, b_2> = <a_{1\cdot 2}a_2, b_{1\cdot 3}b_2>$

运算表的构造方法与上同。

**例 6.41** 设集合 $A=\{a_1, a_2\}$，$B=\{b_1, b_2, b_3\}$，*和。分别为 $A, B$ 上的二元运算，其运算表如下，求积代数 $U \times V$，其中 $U=<A, *>, V=<B, \circ>$。

| * | $a_1$ | $a_2$ |
|---|-------|-------|
| $a_1$ | $a_1$ | $a_2$ |
| $a_2$ | $a_2$ | $a_1$ |

| 。 | $b_1$ | $b_2$ | $b_3$ |
|---|-------|-------|-------|
| $b_1$ | $b_1$ | $b_1$ | $b_3$ |
| $b_2$ | $b_2$ | $b_2$ | $b_3$ |
| $b_3$ | $b_1$ | $b_3$ | $b_3$ |

**解：** 令 $U \times V = <A \times B, \bullet>$，结果如下表。

| • | $<a_1,b_1>$ | $<a_1,b_2>$ | $<a_1,b_3>$ | $<a_2,b_1>$ | $<a_2,b_2>$ | $<a_2,b_3>$ |
|---|-------------|-------------|-------------|-------------|-------------|-------------|
| $<a_1,b_1>$ | $<a_1,b_1>$ | $<a_1,b_1>$ | $<a_1,b_3>$ | $<a_2,b_1>$ | $<a_2,b_1>$ | $<a_2,b_3>$ |
| $<a_1,b_2>$ | $<a_1,b_2>$ | $<a_1,b_2>$ | $<a_1,b_3>$ | $<a_2,b_2>$ | $<a_2,b_2>$ | $<a_2,b_3>$ |
| $<a_1,b_3>$ | $<a_1,b_1>$ | $<a_1,b_3>$ | $<a_1,b_3>$ | $<a_2,b_1>$ | $<a_2,b_3>$ | $<a_2,b_3>$ |
| $<a_2,b_1>$ | $<a_2,b_1>$ | $<a_2,b_1>$ | $<a_2,b_3>$ | $<a_1,b_1>$ | $<a_1,b_1>$ | $<a_1,b_3>$ |
| $<a_2,b_2>$ | $<a_2,b_2>$ | $<a_2,b_2>$ | $<a_2,b_3>$ | $<a_1,b_2>$ | $<a_1,b_2>$ | $<a_1,b_3>$ |
| $<a_2,b_3>$ | $<a_2,b_1>$ | $<a_2,b_3>$ | $<a_2,b_3>$ | $<a_1,b_1>$ | $<a_1,b_3>$ | $<a_1,b_3>$ |

**定理 6.13** 设 $S_1=<A, \circ>$，$S_2=<B, *>$ 是同类型的代数系统，$S=<A \times B, \bullet>$ 为 $S_1$ 和 $S_2$ 的积代数。

（1）如果。和*运算可交换（可结合、幂等），那么 • 运算也是可交换（可结合、幂等）。

（2）如果 $e_1$ 和 $e_2$ 分别（$\theta_1$ 和 $\theta_2$）是。和*运算的单位元（零元），那么 $<e_1, e_2>$ 也是 • 运算的单位元。

（3）如果 $x$ 和 $y$ 分别是。和*运算的可逆元素，那么 $<x,y>$ 也是 • 运算的可逆元素，其逆元是 $<x^{-1}, y^{-1}>$。

# 6.7 代数系统实例

按下面的条件，给出尽可能简单的代数系统实例。给出的代数系统须含有一个二元运算，运算可用运算表定义，给出的代数系统可以同时满足 1 个或多个条件。

（1）有幺元。

（2）有零元。

（3）同时有幺元和零元。

（4）有幺元但无零元。

（5）有零元但无幺元。

（6）运算不可交换。

（7）运算不可结合。

（8）有左零元，无右零元。

（9）有右幺元，但无左幺元。

（10）有幺元，每个元素有逆元。

（11）满足幂等性。

（12）满足消去律。

# 习　题

1. 举出生活中的例子，说明什么是幺元、逆元和零元。

2. 设 $I$ 是整数集合，且 $g$：$I \times I \rightarrow I$ 且

$$g < x, y >= x * y = x + y - xy$$

试证明二元运算*是可交换的、可结合的。求出幺元，并指出每个元素的逆元。

3. 设*是自然数集合 $N$ 中的二元运算，并可给定成 $x * y = x$。证明*不是可交换的，但是可结合的。问哪些元素是等幂的？是否有左幺元和右幺元？

4. 设*是正整数集合 $I_+$ 中的二元运算，且

$x * y = x$ 和 $y$ 的最小公倍数

试证明*是可交换的和可结合的。求出幺元，并说明哪些元素是等幂的？

5. 设 $S$ 为有限集合，问 $S$ 上有多少个二元运算？其中有多少个是可交换的？有多少个运算具有单位元？

6. 对于如下定义的 $R$ 上的二元运算*，确定其中哪些是可交换的和可结合的？关于哪些二元运算有幺元？对于有幺元的二元运算，找出 $R$ 中的可逆元素。

$$a_1 * a_2 = \left| a_1 - a_2 \right|$$
$$a_1 * a_2 = (a_1 + a_2) / 2$$
$$a_1 * a_2 = a_1 / a_2$$

7. 设*是 $S$ 中的可结合的二元运算，并且对于任意 $x, y \in S$，若 $x*y = y*x$，则 $x = y$。试证明 $S$ 中的每个元素都是等幂的。

8. 试举出两个你所熟悉的代数系统。

9. 给定代数系统 $X=<S, +>$，$Y=<S, *>$ 和 $Z=<S, +, *>$，其中 $S=\{a, b\}$，运算表如下。

| + | a | b |
|---|---|---|
| a | a | b |
| b | b | a |

| * | $a$ | $b$ |
|---|---|---|
| $a$ | $a$ | $a$ |
| $b$ | $a$ | $b$ |

试确定 $X$ 对+和 $Y$ 对*是否满足交换律和结合律？是否有幺元？$Z$ 是否满足+对*和*对+的分配律？

10. 设 $A=\{0，1\}$，$S=A^A$，
（1）试列出 $S$ 中的所有函数。
（2）给出 $S$ 上合成运算的运算表。

11. 设 $A=\{a，b，c\}$，$a，b，c \in R$，能否确定 $a，b，c$ 的值使得
（1）$A$ 对一般意义下的乘法封闭。
（2）$A$ 对一般意义下的加法封闭。

12. 设 $U=<Z，+，*>$，其中+和*分别代表一般意义下的加法和乘法，对下面给定的每个集合确定是否构成 $U$ 的子代数系统，为什么？
（1）$S_1=\{2n|n \in Z\}$。
（2）$S_2=\{2n+1|n \in Z\}$。
（3）$S_3=\{-1,0,1\}$。

13. 设 $V=<\{1,2,3\},\circ,1>$其中 $x \circ y$ 表示取 $x$ 和 $y$ 之中较大的数。求出 $V$ 的所有子代数。指出哪些是平凡的子代数，哪些是真子代数。

14. 设 $U=<A，+>$，$V=<B，*>$为同类型代数系统，$U \times V$ 是积代数，定义函数 $f: A \times B \to A$，$f(<x，y>)=x$，证明 $f$ 是 $U \times V$ 到 $U$ 的同态映射。

15. $U=<Z，+，*>$，$V=<Z_n，+_n，*_n>$，其中 $Z$ 为整数集，+和*分别为一般意义下的加法和乘法，$Z_n=\{0，1，2，\cdots，n-1\}$，$+_n，*_n$ 为模 $n$ 加法和模 $n$ 乘法。令 $f: Z \to Z$，$f(x)=(x) \bmod n$。证明 $f$ 为 $U$ 到 $V$ 的满同态映射。

16. $V=<R^*，*>$，其中 $R^*$ 为非零实数集合，*为一般意义下的乘法，判断下面哪些函数是 $V$ 的自同态，是否为单自同态、满自同态、自同构？计算 $V$ 的同态像。
（1）$f(x)=|x|$。
（2）$f(x)=2x$。
（3）$f(x)=x^2$。
（4）$f(x)={}^1/x$。
（5）$f(x)=-x$。
（6）$f(x)=x+1$。

17. 给定代数系统 $V=<Z_n，+_n>$
（1）求积代数 $V_3 \times V_2$ 的所有同余关系。
（2）证明 $V_3 \times V_2$ 与 $V_6$ 同构。

群论

# 第7章

# 群与环

本章将讨论特殊的代数系统——群与环。群是具有一个二元运算的抽象代数。半群与群在形式语言、快速加法器设计、纠错码定制和自动机理论中都有卓有成效的应用。环是具有两个二元运算的代数系统，它和群以及半群有密切的联系。

群最初是由 Evariste Galois 在 1830 年所提出的，它应用于满足某些性质的一个有限集的一系列置换中。Galois 于 1811 年生于法国巴黎，直到 12 岁才进入巴黎一所公立中学学习。在此之前，他在家中有母亲进行教育。16 岁时，完全沉浸在数学的学习之中，以至于忽略了其他课程的学习。两次参加 Ecole Polytechnique 的入学考试，但均未通过，最后进入 Ecole Normale 研究所进修。他在这里的第一年就发表了 4 篇论文，随后不久又完成了 3 篇论文。但当他将论文交给一些著名的数学家，希望他们将他引荐给科学院时，论文却被弄丢了。1831 年，Galois 又写了 1 篇论文，文中仔细描述了他的研究成果。但这篇论文又以难以理解被退回。1830 年法国革命期间，Galois 曾因为指责其学校领导而被学校开除。此外 Galois 还曾因为政治活动而被捕入狱。在 1832 年 5 月 30 日，他在一场决斗中受伤，并在第二天去世，年仅 20 岁。在决斗前，Galois 留了一封信给他的一位朋友，信中详细描述了他的研究成果。他的成果对于当时的人来说实在太超前了，因此直到 1870 年他的所有研究成果才完全展现在世人面前。

# 7.1　半群与群的定义

**定义 7.1**　给定$<S, \odot>$，若$\odot$满足结合律，则称$<S, \odot>$为半群。

可见，半群就是由集合及在此集合上的一个具有集合率的二元运算组成的代数系统。

半群就是非空集合 $S$ 以及一个定义在 $S$ 上的可结合的二元运算$\odot$，将用$<S, \odot>$表示半群，或者当运算$\odot$很清楚时可以简记为 $S$。此外还可以把 $a \odot b$ 看成是 $a$ 和 $b$ 的积。如果$\odot$是一个可交换的二元运算，则称半群$<S, \odot>$是一个可交换半群。

**例 7.1**　$<Z,+>$是一个可交换半群。因结合律，同时加法是可交换的，所以$<Z,+>$是一个可交换半群。

**例 7.2**　集合 $Z$ 以及一般意义下的除法运算就不构成一个半群，因为除法运算不是可结合的。

**例 7.3**　集合 $P(S)$，其中 $S$ 是一个集合，加上并运算，它就构成一个交换半群。因为并运算满足结合律和交换律。

**定义 7.2**　给定$<M, \odot>$，若$<M, \odot>$是半群且$\odot$有幺元或$\odot$满足结合律且拥有幺元，则称$<M, \odot>$为**独异点**或**含幺半群**或**拟群**。

**例 7.4**　给定$<N, +>$和$<N, *>$，其中 $N$ 是自然数集合，+和*为一般意义下的加法和乘法。易知$<N, +>$和$<N, *>$都是半群，而且还是独异点。因为 0 是+的幺元，1 是*的幺元。

**例 7.5** $<Z^+, +>$，$<N, +>$，$<Q, +>$，$<R, +>$，$<C, +>$都是半群，$+$是一般意义下的加法，在这些半群中，除$<Z^+, +>$外都是独异点。其余几个中含有幺元 0，而$<Z^+, +>$中无幺元存在。

**定义 7.3** 给定半群$<S, \odot>$和$g \in S$，以及自然数集合 $N$，则 $g$ 为$<S, \odot>$的生成元有：$(\forall x)(x \in S \to (\exists n)(n \in N \land x = g^n))$。此时也说，元素 $g$ 生成半群$<S, \odot>$，而且称该半群为**循环半群**，$g$ 为生成元。

**定义 7.4** 给定半群$<S, \odot>$及 $G \subseteq S$，则 $G$ 为$<S, \odot>$的生成集：$(\forall a)(a \in S \to a = \odot(G)) \land min|G|$。这里$\odot(G)$表示用 $G$ 中的元素经$\odot$的复合而生成的元素。类似地定义独异点$<M, \odot, e>$的**生成集**。

**例 7.6** 给定$<N, +>$，其中 $N$ 是自然数集合，$+$为一般意义下的加法，则$<N, +>$是无穷循环独异点，0 是幺元，1 是生成元。

**例 7.7** 令半群$<S, *>$，其中 $S = \{a, b, c, d\}$，$*$定义如表 7.1 所示，试证明生成集 $G = \{a, b\}$。

表 7.1

| * | a | b | c | d |
|---|---|---|---|---|
| a | d | c | b | a |
| b | b | b | b | b |
| c | c | c | c | c |
| d | a | b | c | d |

**解**：由表 7.1 可知，

$$c = a * b$$
$$d = a * a$$

可见，$\{a, b\}$生成$\{a, b, c, d\}$。所以生成集 $G = \{a, b\}$。

**定义 7.5** 给定半群$<S, \odot>$及非空集合 $T \subseteq S$，若 $T$ 对$\odot$封闭，则称$<T, \odot>$为$<S, \odot>$的**子半群**。

**定义 7.6** 给定半群$<S, \odot>$以及任意的 $a \in S$，则有$<\{a, a^2, a^3, \cdots\}, \odot>$是$<S, \odot>$的**循环子半群**。

**例 7.8** 给定半群$<S, \odot>$以及任意的 $a \in S$，证明$<\{a, a^2, ...\}, \odot>$是循环子半群。

**证明**：因为$<S, \odot>$是半群，故对任意的 $a \in S$，$a^i \in S$，其中 $i$ 为正整数。则$\{a, a^2, ...\} \subseteq S$。显然 $a$ 是$\{a, a^2, ...\}$的生成元，故$<\{a, a^2, ...\}, \odot>$是循环子半群。

**例 7.9** 给定两个半群$<S, \odot>$和$<T, *>$。称$<S \times T, \otimes>$为$<S, \odot>$和$<T, *>$的**积半群**，其中 $S \times T$ 为集合 $S$ 与 $T$ 的笛卡儿积，运算 $\otimes$ 定义如下：$<s_1, t_1> \otimes <s_2, t_2> = <s_1 \odot s_2, t_1 * t_2>$，其中 $s_1, s_2 \in S$，$t_1, t_2 \in T$。由于 $\otimes$ 是由$\odot$和$*$定义的，易知积半群是个半群。

**证明**：$\otimes$ 是一个二元运算，因为$\odot$和$*$都是二元运算。考虑：

$$<s_1, t_1> \otimes <<s_2, t_2> \otimes <s_3, t_3>>$$
$$= <s_1, t_1> \otimes <s_2 \odot s_3, t_2 * t_3>$$
$$= <s_1 \odot <s_2 \odot s_3>, t_1 * <t_2 * t_3>>$$
$$= <<s_1 \odot s_2> \odot s_3, <t_1 * t_2> * t_3>$$
$$= <<s_1, t_1> \otimes <s_2, t_2>> \otimes <s_3, t_3>>$$

综上 $\otimes$ 是可结合的。

**定理 7.1** 若半群$<S, \odot>$和半群$<T, \oplus>$是可交换的，则$<S \times T, \otimes>$也是可交换的。

**证明**：因为 $S \times T$ 是 $S$ 与 $T$ 的笛卡儿积，$S$ 对于$\odot$可交换，$T$ 对于$\oplus$可交换，所以在积半群$<S \times T, \otimes>$中 $S \times T$ 对于$\otimes$也是可交换的。

**定理 7.2** 给定半群$<S, \odot>$和半群$<T, \oplus>$，且 $e_1$ 和 $e_2$ 分别是它们的幺元，则积半群$<S \times T>$

含有幺元$<e_1, e_2>$。

**证明**：利用定理 7.1 可证明，$e_1$，$e_2$ 分别为 $S$ 与 $T$ 的幺元，则 $S$ 与 $T$ 的笛卡儿积 $S \times T$ 的幺元为$<e_1, e_2>$。

**定理 7.3** 给定半群$<S, \odot>$和半群$<T, \oplus>$，且 $\theta_1$ 和 $\theta_2$ 分别是它们的零元，则积半群$<S \times T>$含有零元$<\theta_1, \theta_2>$。

**定理 7.4** 给定半群$<S, \odot>$和半群$<T, \oplus>$,，且 $s \in S$ 的逆元 $s^{-1}$，$t \in T$ 的逆元 $t^{-1}$，则积半群$<S \times T>$中的逆元为$<s^{-1}, t^{-1}>$。

定理 7.3 与 7.4 的证明留给读者，可参考定理 7.1、定理 7.2 与笛卡儿积的性质。

# 7.2 群的性质

**定义 7.7** 给定代数系统 $V = <G, \odot>$，若$<G, \odot>$是独异点并且每个元素均存在逆元，或满足 $\odot$ 是可结合的并且关于 $\odot$ 存在幺元并且 $G$ 中每个元素关于 $\odot$ 是可逆的，则称$<G, \odot>$是**群**，记为 $G$。群比独异点具有更强的条件。

**例 7.10** 在例 7.5 中$<Z, +>$，$<Q, +>$，$<R, +>$，$<C, +>$都是群，分别称为整数加群，有理数加群，实数加群，复数加群。

**例 7.11** 给定$<Z, +>$和$<Q, *>$，其中 $Z$ 和 $Q$ 分别为整数集和有理数集，+ 和 * 分别是一般意义下的加法和乘法。可知$<Z, +>$是群，0 是幺元，每个元素 $i \in Z$ 的逆元为-1；$<Q, *>$不是群，1 是幺元，0 无逆元。但$<Q-\{0\}, *>$是群。

在半群、独异点、群这些概念中，由于只含有一个二元运算，所以在不发生混淆的情况下，可以将算符省去。例如将 $x*y$ 写成 $xy$。在下面的讨论中，我们将常使用这种简略的表示方法。

**例 7.12** 设 $G=\{e, a, b, c\}$，$G$ 上的运算由表 7.2 表示，不难验证 $G$ 是一个群。由表中可以看出 $G$ 的运算具有以下特点：$e$ 为 $G$ 中的单位元；$G$ 中的运算是可交换的；每个元素的逆元就是它自己；在 $a$，$b$，$c$ 三个元素中，任意两个元素运算的结果都等于另一个元素。这个群为 *Klein* 四元群，简称四元群。

表 7.2

| | $e$ | $a$ | $b$ | $c$ |
|---|---|---|---|---|
| $e$ | $e$ | $a$ | $b$ | $c$ |
| $a$ | $a$ | $e$ | $c$ | $b$ |
| $b$ | $b$ | $c$ | $e$ | $a$ |
| $c$ | $c$ | $b$ | $a$ | $e$ |

**例 7.13** 某二进制码的码字 $x=x_1x_2\cdots x_7$ 由 7 位构成，其中 $x_1$，$x_2$，$x_3$ 和 $x_4$ 为数据位，$x_5$，$x_6$，$x_7$ 为校验位，并且满足：

$$x_5=x_1 \oplus x_2 \oplus x_3$$
$$x_6=x_1 \oplus x_2 \oplus x_4$$
$$x_7=x_1 \oplus x_3 \oplus x_4$$

这里 $\oplus$ 是模 2 加法。设 $G$ 为所有码字构成的集合，在 $G$ 上定义的二元运算如下。

$$\forall x, y \in G,$$
$$x \circ y=z_1 z_2 \cdots z_7,$$
$$z_i=x_i \oplus y_i, \ i=1, 2, \cdots, 7$$

证明<$G$, ∘>构成群。

**证明：**

任取 $x=x_1\cdots x_7$ ，$y=y_1\cdots y_7$ ，$x\circ y=z_1\cdots z_7$ 。

首先验证 $z_5=z_1\oplus z_2\oplus z_3$ 。

$$z_1\oplus z_2\oplus z_3=(x_1\oplus y_1)\oplus(x_2\oplus y_2)\oplus(x_3\oplus y_3)$$
$$=(x_1\oplus x_2\oplus x_3)\oplus(y_1\oplus y_2\oplus y_3)$$
$$=x_5\oplus y_5$$
$$=z_5$$

同理可证 $z_5=z_1\oplus z_2\oplus z_4$，$z_7=z_1\oplus z_3\oplus z_4$。所以 $x\circ y=z\in G$，从而证明了具有封闭性。

任取 $x$，$y$，$z\in G$ 令 $(x\circ y)\circ z=a_1\cdots a_7$，$x\circ(y\circ z)=b_1\cdots b_7$。下面证明 $a_i=b_i$，$i=1,2,\cdots,7$。由于 $\oplus$ 运算满足结合律，因此有

$$a_i=(x_i\oplus y_i)\oplus z_i=x_i\oplus(y_i\oplus z_i)=b_i$$

从而证明了 $G$ 中满足结合律。易知单位元 0000000，$\forall x\in G$，$x^{-1}=x$。综上所述，$G$ 构成群。

**定义 7.8** 给定群 $G$，若 $\odot$ 是可交换的，则称 $G$ 是**可交换群**或 $G$ 是 Abel 群。

**例 7.14** 具有一般意义下的加法运算的所有整数的集合 $Z$ 是一个 Abel 群，如果 $a\in Z$，那么 $a$ 的逆是它的负数 $-a$。

**例 7.15** 在一般意义下的乘法运算 $Z^+$ 不是一个群，因为 $Z^+$ 中的元素没有逆元素。然而，在给出的运算下该集合是一个幺半群。

**例 7.16** 在一般意义下的乘法运算下，所有非零实数组成的集合构成一个群。$a\neq 0$ 的逆是 $1/a$。

**定义 7.9** 若群 $G$ 是有穷集，则称 $G$ 是**有限群**，否则称为**无限群**。群 $G$ 的基数称为群 $G$ 的阶。含有单位元的群称为**平凡群**。

**例 7.17** <$Z$, +>是无穷群，<$S$, $\odot$>，其中 $S=\{a,b,c\}$，$\odot$ 的运算表如表 7.3 可以验证，<$S$, $\odot$>是群，a 为幺元，$b$ 和 $c$ 互为逆元；又因为 $|G|=3$，故<$S$, $\odot$>是 3 阶群。

表 7.3

| $\odot$ | $a$ | $b$ | $c$ |
| --- | --- | --- | --- |
| $a$ | $a$ | $b$ | $c$ |
| $b$ | $b$ | $c$ | $a$ |
| $c$ | $c$ | $a$ | $b$ |

**例 7.18** <$Z$, +>和<$R$, +>是无限群，<$Z_n$, $\oplus$>是有限群也是 $n$ 阶群。klein 四元群是四阶群。<$\{0\}$, +>是平凡群。上述的所有群都是交换群，但是 $n$ 阶（$n\geq 2$）实可逆矩阵的集合关于矩阵乘法构成的群是非交换群，因为矩阵乘法不满足交换律。

**定理 7.5** 给定群<$G$, $\otimes$>，则

<$G$, $\otimes$>为 Abel 群 $\Leftrightarrow(\forall a)(\forall b)(a,b\in G\rightarrow(a\otimes b)^2=a^2\otimes b^2)$

**证明：** 充分性。

因为<$G$, $\otimes$>是群，又对任意 $a,b\in G$，有

$$(a\otimes b)^2=a^2\otimes b^2\Rightarrow(a\otimes b)\otimes(a\otimes b)=(a\otimes a)\otimes(b\otimes b)$$
$$\Rightarrow a\otimes(a\otimes b)\otimes b=a\otimes(b\otimes a)\otimes b$$
$$\Rightarrow(b\otimes a)\otimes b=(a\otimes b)\otimes b$$
$$\Rightarrow b\otimes a=a\otimes b$$

可见，$\otimes$ 是可交换的，故<$G$, $\otimes$>是 Abel 群。

必要性。

$\langle G, \otimes\rangle$ 是 Abel 群，故 $\langle G, \otimes\rangle$ 是群；又有，对任意的 $a, b \in G$，均有

$$
\begin{aligned}
(a \otimes b)^2 &= (a \otimes b) \otimes (a \otimes b) \\
&= a \otimes (b \otimes a) \otimes b \\
&= a \otimes (a \otimes b) \otimes b \\
&= (a \otimes a) \otimes (b \otimes b) \\
&= a^2 \otimes b^2
\end{aligned}
$$

综上所述，定理得证。

**定义 7.10**　集合的置换：令 $X$ 是非空有限集合，从 $X$ 到 $X$ 的双射函数，称为集合 $X$ 中的**置换**，并称 $|X|$ 为置换的阶。

集合上的所有置换（双射）与复合运算，构成的代数系统是一个群，称为**对称群**。

由 $n$ 个元素的集合而构成的所有 $n!$ 个 $n$ 阶置换的集合 $S_n$ 与复合置换运算 $\diamond$ 构成群 $\langle S_n, \diamond\rangle$，它便是 $n$ 次 $n!$ **阶对称群**。

若 $Q \subseteq P_x = S|x|$，则称由 $Q$ 和 $\diamond$ 构成的群 $\langle Q, \diamond\rangle$ 为**置换群**。

**例 7.19**　设 $G$ 是 $n$ 格字母的对称群，$G' = \{0,1\}$，+是如表 7.4 定义在 $G'$ 上的运算，易知 $G'$ 是一个群。$f: G \to G'$ 定义如下：对于 $p \in G$，有

$$
f(p) = \begin{cases} 0, & p \in A_n \ (G \text{中所有偶置换的子群}) \\ 1, & p \notin A_n \end{cases}
$$

表 7.4

| + | 0 | 1 |
|---|---|---|
| 0 | 0 | 1 |
| 1 | 1 | 0 |

那么 $f$ 是一个同态。

**定义 7.11**　集合 $X$ 是无限的，令 $TX$ 表示所有从集合 $X$ 到 $X$ 的变换的集合，具有下列性质：

$$(\forall f)(\forall g)(f, g \in T_x \to f \circ g, g \circ f \in T_x)$$

$$(\forall f)(\forall g)(\forall h)(f, g, h \in T_x \to (f \circ g) \, oh = f \circ (g \circ h))$$

$$(\exists idA)(idA \in T_x \wedge (\forall f)(f \in T_x \to idA \circ f = f \circ idA = f))$$

$$(\forall f)(f \in T_x \to (\exists f^{-1})(f^{-1} \in T_x \wedge f \circ f^{-1} = f^{-1} \circ f = idA))$$

$\langle T_x, \circ\rangle$ 构成群，在代数中称为**变换群**。置换群是变换群的特例。

**定义 7.12**　设 $p$ 是集合 $X = \{x_1, x_2, \cdots, x_n\}$ 上的 $n$ 阶置换，若 $p(x_1) = x_2$，$p(x_2) = x_3$，$\cdots$，$p(x_{n-1}) = x_n$，$p(x_n) = x_1$，并且 $X$ 中其余元素保持不变，则称 $p$ 为 $X$ 上的 $n$ 阶轮换，记为 $(x_1 x_1 \cdots x_n)$。若 $n=2$，称 $p$ 为 $X$ 上的对换。

由轮换的定义可知，轮换中任何元素均可排在首位，它们表示是同一个轮换，如 $(x_1 x_1 \cdots x_n) = (x_i x_{i+1} \cdots x_{i-1})$。

**例 7.20**　令 $S = \{1, 2, 3, 4, 5\}$，$S$ 上的 5 阶置换 $p = \begin{pmatrix} 12345 \\ 24315 \end{pmatrix}$ 是 $S$ 上的 3 阶轮换 $(1\,2\,4)$。

# 7.3　子群与群的陪集分解

子群就是群的子代数。

## 7.3.1　子群的概念

**定义 7.13**　给定群 $G$，$H$ 是 $G$ 的子集，使得

（1）$G$ 的单位元 $e \in H$。

（2）如果 $a$ 和 $b \in H$，那么 $ab \in H$。

（3）如果 $a \in H$，那么 $a^{-1} \in H$。

则称 $H$ 是 $G$ 的一个子群，（1）和（3）说明 $H$ 是 $G$ 的子幺半群。如果 $G$ 是一个群，$H$ 是 $G$ 的一个子群，那么 $H$ 也是关于 $G$ 中运算的一个群，因为 $G$ 中的结合性质在 $H$ 中也成立。

**例 7.21**　$<V, \oplus>$ 是群 $<U, \oplus>$ 的子群 $\Rightarrow e_V = e_U$，其中 $e_V$、$e_U$ 分别为两个群的幺元，即群与其子群具有相同的幺元。

**证明**：因为 $<V, \oplus>$ 是群 $<U, \oplus>$ 的子群，则对任意 $a \in V \subseteq U$，有

$$a \oplus e_V = a = a \oplus e_U$$

根据群的可约律，得 $e_V = e_U$。

下面给出关于子群的充要条件的定义。

**定义 7.14**　给定群 $<G, \odot>$ 及非空集合 $H \subseteq G$，则 $<H, \odot>$ 是 $<G, \odot>$ 的子群 $\Leftrightarrow$（$\forall a$）（$\forall b$）（$a, b \in H \rightarrow a \odot b \in H$）$\wedge$（$\forall a$）（$a \in H \rightarrow a^{-1} \in H$）。

本定理表明 $<H, \odot>$ 是 $<G, \odot>$ 的子群的充要条件是 $H$ 对于 $\odot$ 封闭及 $H$ 中每个元素存在逆元。

**定理 7.6**　设 $G$ 为群，$H$ 是 $G$ 的非空子集，则 $H$ 是 $G$ 的子群当且仅当 $\forall a, b$ 属于 $H$ 有 $a \odot b' \in H$。

**例 7.22**　设 $G$ 是群，$H$，$K$ 是 $G$ 的子群，证明 $H \cap K$ 也是 $G$ 的子群。

**证明**：由 $e \in H \cap K$ 可知 $H \cap K$ 非空。

任取 $a, b \in H \cap K$，则 $a \in H$，$a \in K$，$b \in H$，$b \in K$。由于 $H$ 和 $K$ 是 $G$ 的子群，必有 $ab' \in H$ 和 $ab' \in K$，因此 $ab' \in H \cap K$。根据定理 7.6 命题得证。

## 7.3.2　群的陪集与拉格朗日定理

给定一子群 $H$ 和 $G$ 内的某一元素 $a$，则可定义出一个左陪集 $aH = \{ah; h \in H\}$。因为 $a$ 为可逆的，由 $\phi(h) = ah$ 给出之映射 $\phi : H \rightarrow aH$ 为一个双射。并且，每一个 $G$ 内的元素都恰好包含在一个 $H$ 的左陪集中；其左陪集为对应于一等价关系的等价类，其等价关系 $a_1 \sim a_2$ 当且仅当 $a_1^{-1} a_2$ 会在 $H$ 内。$H$ 的左陪集之数目称之为 $H$ 在 $G$ 内的"指数"，并标记为 $[G:H]$。

拉格朗日定理叙述著对一个有限群 $G$ 和一个子群 $H$ 而言，

$$[G:H] = \frac{O(G)}{O(H)}$$

其中 $O(G)$ 和 $O(H)$ 分别为 $G$ 和 $H$ 的目。特别地，每一个 $G$ 的子群的目（和每一个 $G$ 内元素的目）都必须为 $O(G)$ 的因子。右陪集为相类比之定义：$Ha = \{ha : h \in H\}$。其亦有对应一适当之等价关系的等价类，且其个数亦会相等于 $[G:H]$。

若对于每个在 $G$ 内的 $a$，$aH = Ha$，则 $H$ 称之为正规子群。每一个指数 2 的子群皆为正规的：

左陪集和右陪集都简单地为此一子群和其补集。

**例 7.23**　证明 6 阶群中必含有 3 阶元。

**证明**：设 $G$ 是 6 阶群，由拉格朗日定理可知 $G$ 中的元素只能是 1 阶，2 阶 3 阶或 6 阶元。

若 $G$ 中含有 6 阶元，设这 6 阶元为 $a$，则 $a^2$ 是 3 阶元。

若 $G$ 中不含 6 阶元，下面证明 $G$ 中必含有 3 阶元。若不然，$G$ 中只含有 1 阶和 2 阶元，即 $\forall a \in G$，有 $a^2 = e$，可知 $G$ 是 Abel 群，取 $G$ 中的两个不同的 2 阶元 $a$ 和 $b$，令 $H = \{e, a, b, ab\}$ 易知 $H$ 是 $G$ 的子群，但 $|H| = 4$，$|G| = 6$，与拉格朗日定理矛盾。

综上所述，6 阶群中必含有 3 阶元。

# 7.4　循环群与置换群

在本节中，将讨论群论中两种重要而又常见的群：置换群和循环群，特别是在研究群的同构群时，置换群扮演着极为重要的角色。

## 7.4.1　循环群

**定义 7.15**　设 $<G, \otimes>$ 是群，若 $\exists a \in G$，对 $\forall x \in G$，$\exists k \in Z$，有 $x = a^k$，则称 $<G, \otimes>$ 是循环群，记作 $G = <a>$，称 $a$ 是群 $<G, \otimes>$ 的生成元。

**定义 7.16**　若存在 $a \in G$ 使得 $G = <a>$，则称 $G$ 是循环群，称 $a$ 为 $G$ 的生成元。

循环群 $G = <a>$ 根据生成元 $a$ 的阶可以分为两类：$n$ 阶循环群和无限循环群。设 $G = <a>$ 是循环群，若 $a$ 是 $n$ 阶元，则

$$G = \{a^0 = e, a^1, \cdots, a^{n-1}\}$$

那么 $|G| = n$，称 $G$ 为 $n$ 阶循环群。若 $a$ 是无限阶元，则

$$G = \{a^0 = e, a^{\pm 1}, a^{\pm 2}, \cdots\}$$

这时称 $G$ 为无限循环群。

例如，$<Z_6, +_6>$ 是 6 阶循环群，生成元为 1，而 $<Z, +>$ 是无限循环群，其生成元为 1 和 -1。

循环群的生成元可能不止一个。

**定理 7.7**　设 $G = <a>$ 是循环群。

若 $G$ 是无限循环群，则 $G$ 只有两个生成元，即 $a$ 和 $a^{-1}$。

若 $G$ 是 $n$ 阶循环群，则 $G$ 含有 $\phi(n)$ 个生成元，对于任何小于 $n$ 且与 $n$ 互素的自然数 $r$，$a^r$ 是 $G$ 的生成元。

**定理 7.8**

（1）设 $G = <a>$ 是循环群，则 $G$ 的子群仍是循环群。

（2）若 $G = <a>$ 是无限循环群，则 $G$ 的子群除 $\{e\}$ 以外都是无限循环群。

（3）若 $G = <a>$ 是 $n$ 阶循环群，则对于 $n$ 的每个正因子 $d$，$G$ 恰好含有一个 $d$ 阶子群。

**例 7.24**　设 $G_1$ 是整数加群，$G_2$ 是模 12 加群，求出 $G_1$ 和 $G_2$ 的所有子群。

**解**：$G_1$ 的生成元为 1 和 -1，易知 $1^m = m$，$m \in N$。所以 $G_1$ 的子群是 $mZ$，$m \in N$。即

$$<0> = \{0\} = 0Z$$

$$<m> = \{mz \mid z \in Z\} = mz, \; m > 0$$

$G_2$ 是 12 阶循环群。12 的正因子是 1,2,3,4,6 和 12，因此 $G_2$ 的子群是：

$$<12> = <0> = \{0\} \qquad \text{1 阶子群}$$

$$<6>=\{0,6\} \qquad 2\ 阶子群$$
$$<4>=\{0,4,8\} \qquad 3\ 阶子群$$
$$<3>=\{0,3,6,9\} \qquad 4\ 阶子群$$
$$<2>=\{0,2,4,6,8,10\} \qquad 6\ 阶子群$$
$$<1>=Z_{12} \qquad 12\ 阶子群$$

## 7.4.2　置换群

**定义 7.17**　设 $S=\{1,2,\cdots,n\}$，$S$ 上的任何双射函数 $\partial:S\to S$ 称为 $S$ 上的 $n$ 元置换。

**定义 7.18**　设 $\partial,\sigma$ 是 $n$ 元置换，$\partial,\sigma$ 的复合 $\partial\circ\sigma$ 也是 $n$ 元置换，称为 $\partial$ 与 $\sigma$ 的乘积，记作 $\partial\sigma$。

**定义 7.19**　一个置换群是一个群 $G$，其元素是一个给定集 $M$ 的置换，而其群作用是 $G$ 中的置换（可以看作是从 $M$ 到自身的双射）的复合；其关系经常写作 $(G,M)$。注意所有置换的群是对称群；置换群通常是指对称群的一个子群。

$n$ 个元素的置换群记为 $S_n$；若 $M$ 是任意有限或无限集合，则所有 $M$ 的置换组成的对称群通常写作 $Sym(M)$。

设 $S\neq\varnothing$，$|S|<+\infty$，$S$ 上的一个一一变换被称为置换。当 $S$ 上的某些置换关于乘法运算构成群是，就成它为置换群。

若 $|S|=n$，设 $\{n=1,2,\cdots,n\}$，其置换全体组成的集合一般表示为 $S_n$；经过 $n$ 次恒等变换的群称为 $n$ 次对称群。

**例 7.25**　具体写出三次对称群 $S_3$。

**解**：设 $S=\{1,2,3\}$，于是 $|S_3|=3!=6$，这 6 个置换分别是

$$e=\begin{pmatrix}123\\123\end{pmatrix},$$

$$\sigma_1=\begin{pmatrix}123\\132\end{pmatrix},$$

$$\sigma_2=\begin{pmatrix}123\\213\end{pmatrix},$$

$$\sigma_3=\begin{pmatrix}123\\321\end{pmatrix},$$

$$\sigma_4=\begin{pmatrix}123\\312\end{pmatrix},$$

$$\sigma_5=\begin{pmatrix}123\\231\end{pmatrix},$$

其运算表见表 7.5，由此表可知，$e$ 为恒等元。

表 7.5

| · | $e$ | $\sigma_1$ | $\sigma_2$ | $\sigma_3$ | $\sigma_4$ | $\sigma_5$ |
|---|---|---|---|---|---|---|
| $e$ | $e$ | $\sigma_1$ | $\sigma_2$ | $\sigma_3$ | $\sigma_4$ | $\sigma_5$ |
| $\sigma_1$ | $\sigma_1$ | $e$ | $\sigma_4$ | $\sigma_5$ | $\sigma_2$ | $\sigma_3$ |
| $\sigma_2$ | $\sigma_2$ | $\sigma_5$ | $e$ | $\sigma_4$ | $\sigma_3$ | $\sigma_1$ |
| $\sigma_3$ | $\sigma_3$ | $\sigma_4$ | $\sigma_5$ | $e$ | $\sigma_1$ | $\sigma_2$ |

| $\sigma_4$ | $\sigma_5$ | $\sigma_3$ | $\sigma_1$ | $\sigma_2$ | $\sigma_4$ | $e$ |
| $\sigma_5$ | $\sigma_5$ | $\sigma_2$ | $\sigma_3$ | $\sigma_1$ | $e$ | $\sigma_4$ |

$$\sigma_1^{-1}=\sigma_1,\quad \sigma_2^{-1}=\sigma_2,\quad \sigma_3^{-1}=\sigma_3,\quad \sigma_5^{-1}=\sigma_4,\quad \sigma_4^{-1}=\sigma_5,$$

同时，$\sigma_1\sigma_2=\sigma_4$，$\sigma_2\sigma_1=\sigma_5$。

所以它是不能交换的群。这是一个很典型的 6（含有 6 个元素）阶的群。经常作为研究的实例。

置换群到被置换的元素的应用称为群作用；它在对称性和组合论以及数学的其他很多分支中有应用。

# 7.5 环 与 域

在本章前面的内容中介绍了半群、独异点和群，它们都是具有一个运算的代数结构，这对于研究简单的整数和实数系统来说都是不够的。因此，必须研究具有两个运算的代数结构——环与域。环与域均建立在 Abel 群的基础之上，在上一节中已经有过介绍。

## 7.5.1 环的概念与性质

环是具有两个二元运算的代数系统，它和群以及半群有着密切的联系。

**定义 7.20** 设 $<R$，$+$，$\bullet>$ 是代数系统，$+$ 和 $\bullet$ 是二元运算，如果满足下列条件：

（1）$<R$，$+>$ 构成交换群。

（2）$<R$，$\bullet>$ 构成半群。

（3）$\bullet$ 运算关于 $+$ 运算适合分配律。

则称 $<R$，$+$，$\bullet>$ 是一个环。

为了区分环中的两个运算，通常称 $+$ 为环中的加法，$\bullet$ 为环中的乘法，把 $<S$，$+>$ 称为加法群，$<S$，$\bullet>$ 称为乘法半群。而且还规定，运算的顺序是先计算乘法再计算加法。

常常又因为环中的乘法半群满足于不同的乘法的各种性质，将环冠以不同的名称。

**定义 7.21** 给定环 $<R$，$+$，$\bullet>$，若 $<R$，$\bullet>$ 是可交换半群，则称 $<R$，$+$，$\bullet>$ 是可交换环；若 $<R$，$\bullet>$ 是独异点，则称 $<R$，$+$，$\bullet>$ 是含幺环；若 $\forall a$，$b\in R$，$ab=0\Rightarrow a=0\vee b=0$，则称 $R$ 是无零因子环；若 $<R$，$\bullet>$ 满足等幂律，则称 $<R$，$+$，$\bullet>$ 是布尔环；若 $R$ 既是交换环、含幺环，又是无零因子环，则称 $R$ 是整环。

**例 7.26** $<Z$，$+$，$*>$，$<R$，$+$，$*>$，$<Q$，$+$，$*>$，$<E$，$+$，$*>$，和 $<C$，$+$，$*>$ 等都是环。而且除了 $<E$，$+$，$*>$ 之外都是拥有加法零元（数 0）和乘法幺元（数 1）的可交换含幺环。这里 $Z$，$R$，$Q$，$E$，$C$ 分别为整数集合，实数集合，有理数集合，偶数集合和复数集合。而 $+$ 和 $*$ 分别为普通意义下的加法和乘法。

**例 7.27** 给定 $<P(S)$，$+$，$*>$，其中 $P(S)$ 是结合 $S$ 的幂集，$+$ 和 $*$ 分别为普通意义下的加法和乘法。

$$A+B=(A-B)\cup(B-A)$$
$$A*B=A\cap B$$

这里 $A,B\in P(S)$，$\cap$ 和 $\cup$ 是集合的交与并运算。

不难验证，$<P(S)$，$+$，$*>$ 是环，并且拥有加法幺元 $\varnothing$ 和乘法幺元 $S$ 的可交换幺环。通常称该环为子集环。这里仅给出 $*$ 对于 $+$ 是可分配的证明。

证明：若 $A,B,C \in P(S)$，则

$$A*(B+C) = A \cap ((B-C) \cup (C-B))$$
$$= (A \cap (B-C)) \cup (A \cap (C-B)))$$
$$= ((A \cap B) - (A \cap C)) \cup ((A \cap C) - (A \cap B))$$
$$= (A \cap B) + (A \cap C)$$
$$= A*B + A*C$$

所以*对于+是可分配的。

其他两条留给读者练习证明。

**例 7.28** $<Zn，+n，*n>$是一个含幺可交换环，其中数字 0 是环的零元，数字 1 是环的幺元。

**定理 7.9** 设$<R，+，\bullet>$是环，则

（1）$\forall a \in R$，$a0 = 0a = 0$

（2）$\forall a，b \in R$，$(-a)b = a(-b) = -ab$

（3）$\forall a，b，c \in R$，$a(b-c) = ab-ac$，$(b-c)a = ab-ca$

**例 7.29** 在环中计算$(a+b)^3$，$(a-b)^2$。

**解：** $(a+b)^3 = (a+b)(a+b)(a+b)$
$$= (a^2+2ab+b^2)(a+b)$$
$$= a^3 + ba^2 + aba + b^2a + a^2b + bab + ab^2 + b^3$$
$$(a-b)^2 = (a-b)(a-b) = a^2 - ba - ab + b^2$$

## 7.5.2 域的概念

域的概念是在环的概念之上的延伸。

**定义 7.22** 设 $R$ 是整环，且 $R$ 中至少含有两个元素。若$\forall a \in R^* = R-\{0\}$，都有 $a^{-1} \in R$，则称 $R$ 是域。

**定理 7.10** 给定可交换环$<S，+，*>$，若$<S-\{0\}，*>$为群，此时称$<S，+，*>$为域。

**例 7.30** $<R，+，*>$和$<Q，+，*>$都是域，而$<Z，+，*>$不是域，其中 $R$，$Q$ 和 $Z$ 分别为实数集合，有理数集合和整数集合，+和*为一般意义下的加法运算和乘法运算。

**定理 7.11** $<S，+，*>$为域$\Rightarrow (\forall a)(\forall b)(a，b \in S \wedge a*b=0 \rightarrow (a=0 \vee b=0))$。

**证明：** 若 $a=0$，定理显然成立。

若 $a \neq 0$，由$<S，+，*>$为域可知，

$$a^{-1} \in S$$

于是

$$b = 1*b = (a^{-1}*a)*b = a^{-1}*(a*b)$$

根据假设

$$a*b = 0$$

则

$$b = a^{-1}*0 = 0$$

同理，若 $b \neq 0$，则 $a=0$。

因此

$$a*b=0 \Rightarrow a=0 \vee b=0$$

由于域是可交换含幺环，而且又知道域中没有零因子，所以域为整环。但反之不为真，即整环未必是域。

**定理 7.12** 给定环 $<Z_n, +_n, *_n>$，则 $<Z_n, +_n, *_n>$ 是域 $\Rightarrow n$ 为素数。

**证明**：充分性：假设 $n$ 为素数，而 $<Z_n, +_n, *_n>$ 为环，证 $<Z_n, +_n, *_n>$ 是域。因为 $<Z_n, +_n, *_n>$ 是含幺环，故只需证明 $<Z_n, +_n, *_n>$ 中非零元都具有乘法逆元即可。设 $a \in Z_n$，$0 < a < n$。因为 $n$ 为素数，则 $\gcd\{a, n\}=1$，集合 $Z_n$ 中于是存在 $r, s \in Z$，使得

$$a*r+n*s=1$$

由此

$$a*_n r = a*r+_n 0 = a*r+_n\, n*s = a*r+n*s = 1$$

既得 $a^{-1}=r$，故 $<Z_n, +_n, *_n>$ 为域。

必要性：用反证法证明。假设 $n$ 不是素数，则

$$n=a*b, \quad 0 < a < n\ \text{且}\ 0 < b < n$$

于是

$$a*_n b = a*b = n = 0$$

但是 $a \neq 0$，$b \neq 0$，因此 $a$ 与 $b$ 为环 $<Z_n, +_n, *_n>$ 的零因子，通过定理 7.12 可知，域中无零因子，因此 $<Z_n, +_n, *_n>$ 不为域。与假设矛盾。

综上所述，定理得证。

**例 7.31** 整数环 $Z$，有理数环 $Q$，实数环 $R$，复数环 $C$ 都是交换环、含幺环、无零因子环和整环，其中有理数环 $Q$、实数环 $R$、复数环 $C$ 是域。

包含有限个元素的域被称为有限域。它在密码学中有着重要的应用。

# 7.6　应用：群与网络安全

经过本节之前内容的学习，下面介绍群在计算机系统中的一些重要应用，主要介绍群在网络安全中的应用。

群在网络安全中有重要的应用，其中，有限域在密码学中的地位越来越重要。许多密码算法都对有限域的性质有很大的依赖性。

有限域在许多密码学中扮演者重要的角色，在密码学中，有限域的阶（元素个数）必须是一个素数的幂 $p^n$，$n$ 为正整数。阶位 $p^n$ 的有限域记为 GF（$p^n$），GF 代表伽罗瓦域，以第一位研究有限域的数学家的名字命名。我们在此要关注两种特殊的情形：$n=1$ 时的有限域 GF（$p$），和 $p=2$ 的域 GF（$2^n$）。

给定一个素数 $p$，元素个数为 $p$ 的有限域 GF（$p$）被定义为整数 $\{0,1, …, n-1\}$ 的集合 $Z_p$，其运算为模 $p$ 的算术运算。在整数 $\{1,2, …, n-1\}$ 的集合 $Z_n$，在模 $n$ 的算术运算下，构成一个交换环。$Z_n$ 中的任一整数有乘法逆元当且仅当该整数与 $n$ 互素。当 $n$ 为素数，$Z_n$ 中所有非零整数都与 $n$ 互素，此时 $Z_n$ 中所有非零整数都有乘法逆元。

下面介绍在 GF（$P$）中求乘法逆元。如果 $\gcd(m, b)=1$（gcd：greatest common divisor 最大公约数），那么 $b$ 有模 $m$ 的乘法逆元。对于正整数 $b<m$，存在 $b^{-1}<m$ 使得 $bb^{-1}=1\ \mathrm{mod}\ m$。求出 $\gcd(m, b)$ 之后，当 $\gcd(m, b)$ 为 1 时，算法返回 $b$ 的乘法逆元。

扩展的 EUCLID（$m, b$）

1. （$A1,A2,A3$）$\leftarrow$（1, 0, $m$）;

（$B1,B2,B3$）$\leftarrow$（0, 1, $b$）

2. *if* $B3=0$

*return* $A3=\gcd(m, b)$；无逆元

3.　*if*　$B3=1$

*return*　$B3=\gcd（m，b）；B2=b^{-1}\bmod m$

4.　$Q=\left\lfloor\dfrac{A3}{B3}\right\rfloor$

5.（$T1,T2,T3$）$\leftarrow$（$A1-Q\,B1，A2-Q\,B2，A3-Q\,B3$）

6.（$A1,A2,A3$）$\leftarrow$（$B1,B2,B3$）

7.（$B1,B2,B3$）$\leftarrow$（$T1,T2,T3$）

8.　*goto* 2

注意到，如果 $\gcd(m，b)=1$，在最后一步我们将得到 $B3=0$ 和 $A3=1$。因此，在上一步，$B3=1$。

$mB1+bB2=B3$

$mB1+bB2=1$

$bB2=1-mB1$

$bB2=1（\bmod m）$

此时 $B2$ 为 $b$ 的模 $m$ 乘法逆元。

利用上面介绍的方法，求 550 在有限域集合 $Z_p=1759$ 中的乘法逆元（既求解 $\gcd（1759,550）=1$）。

# 第8章
## 格与布尔代数

英国数学家 G.布尔为了研究思维规律（逻辑学、数理逻辑）于 1847 和 1854 年提出的数学模型。此后 R.戴德金把它作为一种特殊的格。数学家 G.布尔由于缺乏物理背景，所以研究缓慢，到了 20 世纪 30～40 年代才有了新的进展，大约在 1935 年，M.H.斯通首先指出布尔代数与环之间有明确的联系，他还得到了现在所谓的"斯通表示定理"：任意一个布尔代数一定同构于某个集上的一个集域；任意一个布尔代数也一定同构于某个拓扑空间的闭开代数等，这使布尔代数在理论上有了一定的发展。布尔代数在代数学（代数结构）、逻辑演算、集合论、拓扑空间理论、测度论、概率论、泛函分析等数学分支中均有应用；1967 年后，在数理逻辑的分支之一的公理化集合论以及模型论的理论研究中，也起着一定的作用。近几十年来，布尔代数在自动化技术、电子计算机的逻辑设计等工程技术领域中有重要的应用。

格与布尔代数

1835 年，20 岁的乔治·布尔开办了一所私人授课学校。为了给学生们开设必要的数学课程，他兴趣浓厚地读起了当时一些介绍数学知识的教科书。不久，他就感到惊讶，这些东西就是数学吗？实在令人难以置信。于是，这位只受过初步数学训练的青年自学了艰深的《天体力学》和很抽象的《分析力学》。由于他对代数关系的对称和美有很强的感觉，在孤独的研究中，他首先发现了不变量，并把这一成果写成论文发表。这篇高质量的论文发表后，布尔仍然留在小学教书，但是他开始和许多第一流的英国数学家交往或通信，其中有数学家、逻辑学家德·摩根。摩根在 19 世纪前半叶卷入了一场著名的争论，布尔知道摩根是对的，于是在 1848 年出版了一本薄薄的小册子来为朋友辩护，这本书是他 6 年后更伟大的东西的预告。小册子一问世，立即激起了摩根的赞扬，肯定他开辟了新的、辣手的研究科目。布尔此时已经在研究逻辑代数，即布尔代数。他把逻辑简化成极为容易和简单的一种代数。在这种代数中，适当的材料上的"推理"，成了公式的初等运算的事情，这些公式比过去在中学代数第二年级课程中所运用的大多数公式要简单得多。这样，就使逻辑本身受数学的支配。为了使自己的研究工作趋于完善，布尔在此后 6 年的漫长时间里，又付出了不同寻常的努力。1854 年，他发表了《思维规律》这部杰作，当时他已 39 岁，布尔代数问世了，数学史上树起了一座新的里程碑。几乎像所有的新生事物一样，布尔代数发明后没有受到人们的重视。欧洲大陆著名的数学家蔑视地称它为没有数学意义的、哲学上稀奇古怪的东西，他们怀疑英伦岛国的数学家能在数学上做出独特贡献。布尔在他的杰作出版后不久就去世了。20 世纪初，罗素在《数学原理》中指出，"纯数学是布尔在一部他称之为《思维规律》的著作中发现的。"此说一出，立刻引起世人对布尔代数的注意。今天，布尔发明的逻辑代数已经发展成为纯数学的一个主要分支。

格与布尔代数是具有两个二元运算的代数系统，它们与同样具有两个二元运算的代数系统——环有着完全不同的性质。格与布尔代数主要应用于逻辑电路设计、数据仓库、软件形式方法等方面。

# 8.1　格的定义与性质

知识回顾：偏序：设 $R$ 为非空集合 $A$ 上的关系，如果 $R$ 是自反的、反对称的和可传递的，则称 $R$ 为 $A$ 上的偏序关系，简称偏序，记作 $\leq$。

一个集合 $A$ 和 $A$ 上的偏序关系 $R$ 一起叫做偏序集，记作 $<A, R>$ 或 $<A, \leq>$。

**定义 8.1**　设 $<L, \leq>$ 是偏序集，若 $\forall a, b \in L$，$\{a, b\}$ 都有最小上界和最大下界，则称 $L$ 关于偏序 $\leq$ 构成格，称 $<L, \leq>$ 是格。

由于最小上界和最大下界的唯一性，可以把求 $\{x, y\}$ 的最小上界和最大下界看成 $x$ 与 $y$ 的二元运算 $\vee$ 和 $\wedge$，即 $x \vee y$ 和 $x \wedge y$ 分别表示 $x$ 与 $y$ 的最小上界和最大下界。在本章中符号 $\vee$ 与 $\wedge$ 不再代表逻辑合取和析取，而是格中的运算，若使用其合取与析取的性质将会特别提到。

**格的对偶原理**　设 $f$ 是含有格中元素及符号 $=$，$\leq$，$\geq$，$\wedge$，$\vee$ 等的命题。如果 $f$ 对于一切格为真，那么 $f$ 的对偶命题 $f^*$ 也对一切格为真。

**定理 8.1**　设 $<L, \leq>$ 为格，则运算 $\vee$ 和 $\wedge$ 满足交换律、结合律、等幂律和吸收率。

**证明**：设 $x = a \vee b$，$x = b \vee a$，所以 $\vee$ 满足交换律；

设 $x = a \vee b \vee c$，$x = a \vee (b \vee c)$，所以 $\vee$ 满足结合律；

$a = a \vee a$，所以 $\vee$ 满足等幂律；

设 $x = a \vee b \vee b = a \vee b$，所以 $\vee$ 满足吸收律。

同理可证 $\wedge$ 满足交换律、结合律、等幂律、吸收律。

**定理 8.2**　设 $<S, *, \circ>$ 是具有两个二元运算的代数系统，并且 $*$ 和 $\circ$ 运算满足交换律、结合律、等幂律和吸收率。则可以适当的定义 $S$ 中的偏序关系 $\leq$，使得 $<S, \leq>$ 构成一个格，且 $\forall a, b \in S$ 有 $a \wedge b = a * b$，$a \vee b = a \circ b$。

**定义 8.2**　设 $<S, *, \circ>$ 是含有两个二元运算 $*$ 和 $\circ$ 的代数系统。如果 $*$ 和 $\circ$ 满足交换律、结合律、吸收律，则 $<S, *, \circ>$ 构成一个格。

**例 8.1**　设 $n$ 是正整数，$S_n$ 是 $n$ 的正因子的集合，$D$ 为整除关系，则偏序集 $<S_n, D>$ 构成格。$\forall x, y \in S_n$，$x \vee y$ 是 lcm$(x, y)$，即 $x$ 与 $y$ 的最小公倍数。$x \wedge y$ 是 gcd$(x, y)$，即 $x$ 与 $y$ 的最大公约数。图 8.1 给出了个 $<S_8, D>$ 和 $<S_6, D>$

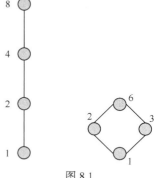

图 8.1

格中满足 4 条运算定律（定理 8.1），但等幂律可由吸收律推出，故上述定义只需满足 3 条运算定律即可。

**例 8.2**　判断下列偏序集是否构成格，并说明理由。

（1）$<P(B), \subseteq>$，其中 $P(B)$ 是集合 $B$ 的幂集。

（2）$<Z, \leq>$，其中 $Z$ 是整数集，$\leq$ 为小于或等于关系。

解：（1）是格，$\forall x, y \in P(B)$，$x \vee y$ 就是 $x \cup y$，$x \wedge y$ 就是 $x \cap y$。由于 $\cup$ 和 $\cap$ 运算在集合 $P(B)$ 上是封闭的，所以 $x \cup y$，$x \cap y \in P(B)$，称 $<P(B), \subseteq>$ 为 $B$ 的幂集格。

（2）是格，$\forall x, y \in Z$，$x \vee y = max(x, y)$，$x \wedge y = min(x, y)$，它们都是整数。

**例 8.3**　设 $G$ 是群，$L(G)$ 是 $G$ 的所有子群的集合，即

$$L(G) = \{H | H \leq G\}$$

对任意的 $H_1, H_2 \in L(G)$，$H_1 \cap H_2$ 也是 $G$ 的子群，而 $<H_1 \cup H_2>$ 是由 $H_1 \cup H_2$ 生成的子群。在 $L(G)$ 上定义包含关系 $\subseteq$，则 $L(G)$ 关于包含关系构成一个格。称为 $G$ 的子群格。易见在 $L(G)$ 中，$H_1 \wedge H_2$

就是 $H_1 \cup H_2$，$H_1 \lor H_2$ 就是 $<H_1 \cup H_2>$。

**定理 8.3**　设 $S$ 是格，则 $\forall a, b \in S$ 均有：

$$a \leq b \Leftrightarrow a \land b = a \Leftrightarrow a \lor b = b$$

**证明**：因为 $S$ 是格，$\forall a, b \in S$，$a \leq b$，$a$ 与 $b$ 有下界且最大下界为 $a$，所以 $a \land b = a$。同理可得：$a \lor b = b$。

**定义 8.3**　设 $<S, \land, \lor>$ 是格，$L$ 是 $S$ 的非空子集，如果 $L$ 关于格中的运算 $\land$ 和 $\lor$ 仍构成格，那么 $L$ 是 $S$ 的子格。

**例 8.4**　设格 $L$ 如图 8.2 所示。令 $S_1 = \{a, e, f, g\}$ 和 $S_2 = \{a, b, e, g\}$，则 $S_1$ 不是 $L$ 得子格 $S_2$ 是 $L$ 的子格。因为对 $e$ 和 $f$，有 $e \land f = c$，但 $c \notin S_1$。

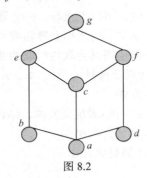

图 8.2

**定义 8.4**　格的一些基本概念：

**完全格**：若格的每个非空子集均有上下确界，则称其为完全格。

**有界格**：若格 $<L, \leq>$ 有最小元 0 和最大元 1，则称此格为有界格。并且记作 $<L, \leq, 0, 1>$，显然完全格必然有最小元和最大元。但反之不一定成立。

**补元**：在有界格 $<L, \leq, 0, 1>$ 中，对任意元素 $a \in L$，若存在 $b \in L$，并且 $a * b = 0, a \oplus b = 1$，则称 $b$ 是 $a$ 的补元，补元是相互的，但补元不唯一。

**例 8.5**　如图 8.1 中的第一个图中所展示的格就是完全格。

**例 8.6**　如图 8.1 的两个图所展示的两个格均为有界，第二个图是完全格。

**例 8.7**　设 $L$ 是格，$\forall a, b, c \in L$ 有

$$a \lor (b \land c) \leq (a \lor b) \land (a \lor c)$$

**证明**：由 $a \leq a$，$b \land c \leq b$ 得

$$a \lor (b \land c) \leq a \lor b$$
$$a \lor (b \land c) \leq a \lor c$$

从而有

$$a \lor (b \land c) \leq (a \lor b) \land (a \lor c)$$

# 8.2　分配格、有补格与布尔代数

**定义 8.5**　若格 $<L, *, \oplus>$ 中有

$$(\forall a)(\forall b)(\forall c)(a, b, c \in L \rightarrow a * (b \oplus c) = (a * b) \oplus (a * c))$$
$$(\forall a)(\forall b)(\forall c)(a, b, c \in L \rightarrow a \oplus (b * c) = (a \oplus b) * (a \oplus c))$$

则称此格为**分配格**。

不难证明，以上两个等式中只要成立一个。另一个也一定成立。

**例 8.8**　图 8.3 中哪些是分配格，哪些不是分配格？

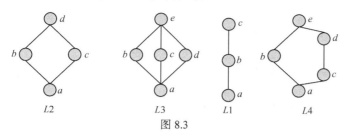

图 8.3

$L1$ 和 $L2$ 是分配格，$L3$ 和 $L4$ 不是分配格。在 $L3$ 中，

$$b \land (c \lor d) = b \land e = b$$
$$(b \land c) \lor (b \land d) = a \lor a = a$$

同时在 $L4$ 中，

$$c \lor (b \land d) = c \lor a = c$$
$$(c \lor b) \land (c \lor d) = e \land d = d$$

称 $L3$ 为钻石格，$L4$ 为五角格。

**定义 8.6**　若有界格 $L$ 中，每一个元素都有补元，则称 $L$ 为有补格。

**例 8.9**　格 $L = P(S)$ 是有补的。在这中情况下，$L$ 中的每个元素有唯一的补，这一点可以直接观察到结果。

**定义 8.7**　如果一个格是有补分配格，那么称它为布尔格或布尔代数。

**例 8.10**　给定 $<B, \oplus, \otimes, ', 0, 1>$，其中 $B = \{0,1\}$，$\oplus$，$\otimes$ 和 ' 的运算表如表 8.1 所示。

表 8.1

| $\oplus$ | 0 | 1 |
|---|---|---|
| 0 | 0 | 1 |
| 1 | 1 | 1 |

表 8.1（续）

| $\otimes$ | 0 | 1 |
|---|---|---|
| 0 | 0 | 0 |
| 1 | 0 | 1 |

表 8.1（续）

| $x$ | $x'$ |
|---|---|
| 0 | 1 |
| 1 | 0 |

不难验证，$B$ 中的元素构成一个有补分配格，所以是布尔代数。同时，布尔代数也可以通过定义 8.8 进行定义。

**定义 8.8**　设 $<S, *, \circ>$ 是含有两个二元运算的代数系统，若 * 和 $\circ$ 满足。

（1）交换律：$\forall a, b \in S$ 有

$$a * b = b * a, \quad a \circ b = b \circ a$$

（2）分配律：$\forall a$，$b$，$c \in S$ 有

$$a*(b \circ c) = (a*b) \circ (a*c)$$
$$a \circ (b*a) = (a \circ b) * (a \circ c)$$

（3）同一律：$\exists 0,1 \in S$，使得$\forall a \in S$ 有

$$a*1=a, \ a \circ 0=a$$

（4）补元律：$\forall a \in S$，$\exists a' \in S$ 使得

$$a*a'=0, a \circ a'=1$$

则称$<S$，$*$，$\circ>$是一个布尔代数。

**定义 8.9** 设 $L$ 是格，$0 \in L$，$a \in L$，若$\forall b \in L$ 有

$$0 < b \leq a \Leftrightarrow b=a$$

则称 $a$ 是 $L$ 中的原子。

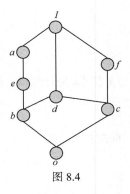

图 8.4

**例 8.11** 如图 8.4 所示为一个哈塞尔图,证明如图 8.4 所示的哈塞尔图构成的格不是一个布尔代数。

**证明：** 元素 $a$ 和 $e$ 都是 $c$ 的补，即它们两个元素 $c$ 都满足 $x \vee x'=I$，$x \wedge x'=0$。但是要求这样的性质要求这样的元素在布尔代数中是唯一的。因此，所给出的格不可能是一个布尔代数。

# 8.3 应　　用

布尔代数在数字电路设计中有重要的应用。在抽象代数中，布尔代数是捕获了集合运算和逻辑运算二者的根本性质的一个代数结构（就是说一组元素和服从定义的、公理的在这些元素上运算）。特别是，它处理集合运算交集、并集、补集；逻辑运算与、或、非。

因为真值可以在逻辑电路中表示为二进制数或电平，这种相似性同样扩展到它们，所以布尔代数在电子工程和计算机科学中同在数理逻辑中一样有很多实践应用。在电子工程领域专门化了的布尔代数也叫做逻辑代数，在计算机科学领域专门化了布尔代数也叫做布尔逻辑。

布尔代数也叫做布尔格。关联于格（特殊的偏序集合）是在集合包含 $A \subseteq B$ 和次序 $a \leq b$ 之间的相似所预示的。考虑$\{x,y,z\}$的所有子集按照包含排序的格。这个布尔格是偏序集合，在其中 $\{x\} \leq \{x,y\}$。任何两个格的元素，比如 $p = \{x,y\}$ 和 $q = \{y,z\}$，都有一个最小上界，这里是$\{x,y,z\}$；和一个最大下界，这里是$\{y\}$。这预示了最小上界（并或上确界）被表示为同逻辑 OR 一样的符号 $p \vee q$；而最大下界（交或下确界）被表示为同逻辑 AND 一样的符号 $p \wedge q$。

在数字电路中的布尔代数是一个集合 $A$，提供了两个二元运算（逻辑与）、（逻辑或），一个一元运算（逻辑非）和两个元素 0（逻辑假）和 1（逻辑真），此外，对于集合 $A$ 的所有元素 $a$、$b$ 和 $c$，下列公理成立。

| | | |
|---|---|---|
| $a(b \vee c) = (a \vee b) \vee c$ | $a \wedge (b \wedge c) = (a \wedge c) \wedge b$ | 结合律 |
| $a \vee b=b \vee a$ | $a \wedge b=b \wedge a$ | 交换律 |
| $a \vee 0=a$ | $a \wedge 1=a$ | 吸收律 |
| $a \vee (b \wedge c) = (a \vee b) \wedge (a \vee c)$ | $a \wedge (b \vee c) = (a \wedge b) \vee (a \wedge c)$ | 分配律 |
| $a \vee \neg a=1$ | $a \wedge \neg a=0$ | 互补律 |

以上公式中的前三条结合律、交换律、吸收律说明布尔代数也可以定义为有补分配格。并且格中的最小元素为 0，最大元素为 1，任何元素 $a$ 的补$\neg a$ 都是唯一确定的。

数字电路设计过程就是采用了上述的布尔代数进行设计。

# 习　　题

1. 设 $S$ 是所有命题组成的集合，说明 $S$ 在什么运算下构成代数格，在什么偏序下构成偏序格。

2. 设 $<L，\times，+>$ 是一个格，$a，b\in L$，令 $S=\{x|(x\in L)\wedge(a\leq x\leq b)\}$，其中 $\leq$ 是与 $<L，\times，+>$ 等价的偏序格中的偏序，证明 $<S，\times，+>$ 是 $L$ 的子格。

3. 设 $D$ 是集合 $S$ 上的整除关系，判断以下偏序集是否为格。

（1）$S=\{1,2,3,4,6,12\}$。

（2）$S=\{1,2,3,4,5,8,10,12\}$。

（3）$S=\{1,2,3,4,5,6,7,8,9\}$。

（4）$S=\{2,4,6,12,24,36\}$。

4. 证明：4 个元素的格 $<L，\times，+>$ 必同构于格 $<I_4,\leq>$ 或格 $<S_6,D>$。

5. 试举出满足下列条件的例子。

（1）是偏序集，不是格。

（2）是分配格，不是布尔代数。

6. 设 $L$ 是格，$a，b，c\in L$，且 $a\leq b\leq c$，证明：$a\vee b=b\wedge c$。

7. 设 $<L，\leq>$ 是格，任取 $a\in L$，令

$$S=\{x|x\in L\wedge x\leq a\},$$

证明：$<S，\leq>$ 是 $L$ 的子格。

8. 设 $<L，\wedge，\vee，0，1>$ 是有界格，证明 $\forall a\in L$，有

$$a\wedge 0=0，a\vee 0=a，a\wedge 1=a，a\vee 1=1$$

9. 设 $B$ 是布尔代数，$B$ 中的表达式 $f$ 是

$$(a\wedge b)\vee(a\wedge b\wedge c)\vee(b\wedge c)$$

（1）化简 $f$。

（2）求 $f$ 的对偶式 $f^*$。

10. 设 $B$ 是布尔代数，$\forall a，b\in B$，证明：$a\leq b\leftrightarrow a\wedge b'=0\leftrightarrow a'\vee b=1$

11. 设 $B$ 是布尔代数，且 $a_1,a_2,a_3\cdots a_n\in B$，证明：

（1）$(a_1\vee a_2\vee a_3\vee\cdots\vee a_n)'=a_1'\wedge a_2'\wedge a_3'\wedge\cdots\wedge a_n'$。

（2）$(a_1\wedge a_2\wedge a_3\wedge\cdots\wedge a_n)'=a_1'\vee a_2'\vee a_3'\vee\cdots\vee a_n'$。

12. 画出下列格。

（1）$<Z_{16}，\oplus>$ 的子群格。

（2）3 元对称群 $S_3$ 的子群格。

13. 设 * 为集合 $S$ 上可交换、可结合的二元运算，若 $a$ 和 $b$ 是 $S$ 上的关于 * 运算的等幂元，证明 $a*b$ 也是关于 * 运算的等幂元。

14. 对于 $n=1,2,3,4,5$，给出所有不同构的 $n$ 元格，并说明其中那些是分配格、有补格和布尔格。

# 第9章
# 图的基本概念及其矩阵表示

图论（Graph Theory）是数学的一个分支。它以图为研究对象。图论中的图是由若干给定的点及连接两点的线所构成的图形，这种图形通常用来描述某些事物之间的某种特定关系，用点代表事物，用连接两点的线表示相应两个事物间具有这种关系。

图论 1st

图论本身是应用数学的一部份，因此，历史上图论曾经被好多位数学家各自独立地建立过。关于图论的文字记载最早出现在欧拉 1736 年的论著中，他所考虑的原始问题有很强的实际背景。

图论起源于著名的柯尼斯堡七桥问题。在柯尼斯堡的普莱格尔河上有 7 座桥将河中的岛及岛与河岸联结起来，如下图所示，$a$、$b$、$c$、$d$ 表示陆地。

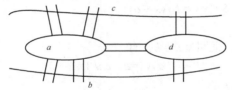 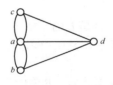

从 4 块陆地的任何一块出发，怎样通过且仅通过每座桥一次，最终回到出发地点？1736 年瑞士大数学家列昂哈德·欧拉（Leonhard Euler）解决了这一问题，他用了科学研究中最一般的方法——抽象。用四个字母 $a$，$b$，$c$，$d$ 表示 4 块陆地，并用 7 条线表示 7 座桥，从而将七桥问题抽象为图的问题，寻找经过图中每边一次且仅一次的回路，后来人们把有这样回路的图称为欧拉图。

欧拉证明了这个问题没有解，并且推广了这个问题，给出了对于一个给定的图可以以某种方式走遍的判定法则。这项工作使欧拉成为图论的创始人。 欧拉被称为图论之父，1736 年也被称为"图论元年"。

图是建立和处理离散数学模型的一种重要工具。图论是一门应用性很强的学科。许多学科，诸如运筹学、网络理论、控制论、化学、生物学、物理学、社会科学、计算机科学等，凡是研究事物之间关系的实际问题或理论问题，都可以建立图论模型来解决。随着计算机科学的发展，图论的应用也越来越广泛，同时图论也得到了充分的发展。这里将主要介绍与计算机科学关系密切的图论的内容。

图论部分共分为三章：图的基本概念及其矩阵表示，几种图的介绍，树。

本章将首先讨论图论中的一些基本概念，继之阐述图的基本性质，而后介绍图的矩阵表示方法。图论是一个十分活跃的新兴学科，各种新概念不断涌现，名词术语也不统一，请读者注意。

## 9.1　图的基本概念

### 9.1.1　图的定义及相关概念

图是用于描述现实世界中离散客体之间关系的有用工具。在集合论中采用过以图形来表示二元关系的办法，在那里，用点来代表客体，用一条由点 $a$ 指向点 $b$ 的有向线段来代表客体 $a$ 和 $b$ 之间的二元关系 $aRb$，这样，集合上的二元关系就可以用点的集合 $V$ 和有向线的集合 $E$ 构成的二元组（$V$，$E$）来描述。同样的方法也可以用来描述其他的问题。

当我们考察交通路线时，可以用点来代表城市，用线来表示两城市间有道路通达；当研究计算机网络时，可以用点来表示计算机及终端，用线表示它们之间的信息传输通道。在这种表示法中，点的位置及线的长短和形状都是无关紧要的，重要的是两点之间是否有线相连。从图的这种表示方式中可以抽象出图的数学概念来。

**定义 9.1**　设一个三元组 $\langle V(G)$，$E(G)$，$\psi \rangle$，其中 $V(G)$ 是一个非空的节点集合，$E(G)$ 是有限的边集合，如果 $\psi$ 是从边集合 $E$ 到点集合 $V$ 中的无序偶映射，即 $\psi : E \to \{\{v_1, v_2\} \mid v_1 \in V \wedge v_2 \in V\}$，则称 $G = <V, E, \psi >$ 为**无向图**。

在无向图中，如果 $\psi(e) = \{v_1, v_2\}$，则称 $e$ 连接 $v_1$ 和 $v_2$，$v_1$ 和 $v_2$ 既是 $e$ 的起点，也是 $e$ 的终点，也称 $v_1$ 和 $v_2$ 为**点邻接**。如果两条不同的边 $e_1$ 和 $e_2$ 与同一个结点连接，则称 $e_1$ 和 $e_2$ 为**边邻接**。

**定义 9.2**　设一个三元组 $\langle V(G)$，$E(G)$，$\psi \rangle$，其中 $V(G)$ 是一个非空的节点集合，$E(G)$ 是有限的边集合，如果 $\psi$ 是从边集合 $E$ 到点集合 $V$ 中的有序偶映射，即 $\psi : E \to V \times V$，则称 $G = <V, E, \psi>$ 为**有向图**。

在有向图中，如果 $\psi(e) = <v_1, v_2>$，则称 $e$ 连接 $v_1$ 和 $v_2$，分别称 $v_1$ 和 $v_2$ 是 $e$ 的起点和终点，也称 $v_1$ 和 $v_2$ **邻接**。

无论是无向图还是有向图，都统称为图，其中 $V$ 的元素称为图 $G$ 的**结点**，$E$ 的元素称为图 $G$ 的**边**，图 $G$ 的结点数目称为图的**阶**。

我们可以用几何图形表示上面定义的图。用小圆圈表示结点。在无向图中，若 $\psi(e) = \{v_1, v_2\}$，就用连接结点 $v_1$ 和 $v_2$ 的无向线段表示边 $e$。在有向图中，若 $\psi(e) = <v_1, v_2>$，就用 $v_1$ 指向 $v_2$ 的有向线段表示边 $e$。

**例 9.1**　无向图 $G_1$ 和有向图 $G_2$ 分别示于图 9.1 和图 9.2。在图 9.1 中，$e_1$ 连接 $v_1$ 和 $v_2$，$v_1$ 和 $v_2$ 邻接，$e_1$ 和 $e_2$ 邻接。在图 9.2 中，$v_2$ 和 $v_1$ 分别是 $e_1$ 的起点和终点，$v_2$ 与 $v_1$ 邻接。

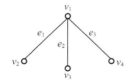 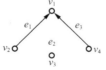

图 9.1　无向图 $G_1$　　　　图 9.2　有向图 $G_2$

**定义 9.3**　设图 $G = <V, E, \psi>$，$e_1$ 和 $e_2$ 是 $G$ 的两条不同的边。

（1）如果与 $e_1$ 连接的两个结点相同，则称 $e_1$ 为**自回路或环**。

（2）如果 $\psi(e_1) = \psi(e_2)$，则称 $e_1$ 与 $e_2$ **平行**。

（3）如果图 $G$ 没有自回路，也没有平行边，则称 $G$ 为**简单图**。

（4）如果图 $G$ 没有自回路，有平行边，则称 $G$ 为**多重边图**。

（5）如果图 $G$ 既有自回路，又有平行边，则称 $G$ 为**伪图**。

在有向图中，如果两条边连接的结点相同，但方向相反，它们也不是平行边。

**例 9.2**　中国主要城市通讯图如图 9.3 所示：当数据量很小时，可采用单线通讯如图（a）所示；数据量很大时，两点之间往往要连接多条线路如图（b）所示。为了诊断本地故障也可采用自环连接如图（c）所示；有时数据可以不是双向传输，沈阳只接收数据不发送数据如图（d）所示（有向图允许有自环）；数据量大时也可采用多重有向图如图（e）所示。

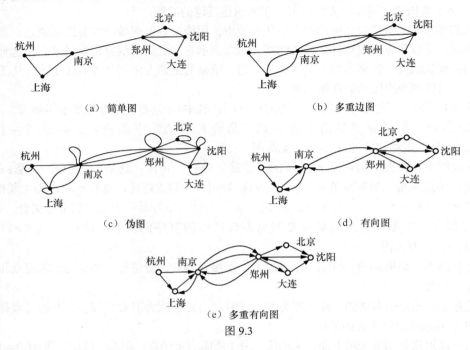

（a）简单图　　　　　　　　　　　　（b）多重边图

（c）伪图　　　　　　　　　　　　（d）有向图

（e）多重有向图

图 9.3

简单图是一类非常重要的图。在某些图论著作中，把我们定义的简单图称为图，而把允许有平行边的图称为多重边图，把我们定义的图称为伪图。

从图的定义可以看出，图的最本质的内容是结点和边的关联关系。两个表面上看起来不同的图，可能表达了相同的结点和边的关联关系。如图 9.4 的两个图，不仅结点和边的数目相同，而且结点和边的关联关系也相同。为了说明这种现象，我们引进两个图同构的概念。

**定义 9.4**　设图 $G=<V,E,\psi>$ 和 $G'=<V',E',\psi'>$。如果存在双射 $f:V \rightarrow V'$ 和双射 $g:E \rightarrow E'$，使得对于任意的 $e\in E$，$v_1,v_2 \in V$ 都满足

$$\psi'(g(e))=\begin{cases} \{f(v_1),(f(v_2)\} & \text{若 } \psi(e)=\{v_1,v_2\} \\ <f(v_1),f(v_2)> & \text{若 } \psi(e)=<v_1,v_2> \end{cases}$$

则称 $G$ 与 $G'$ 同构，记作 $G\cong G'$，并称 $f$ 和 $g$ 为 $G$ 和 $G'$ 之间的**同构映射**，简称同构。

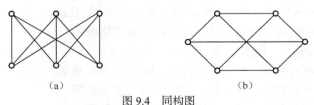

（a）　　　　　　　　　　　　（b）

图 9.4　同构图

两个同构的图有同样多的结点和边，并且映射 $f$ 保持结点间的邻接关系，映射 $g$ 保持边之间的邻接关系。

## 9.1.2　节点的度

我们常常需要知道有多少条边与某一个结点相关联，由此引出了十分重要的结点的度的概念。

**定义 9.5** 设 $G = <V, E>$。

（1）如果 $G$ 是无向图，$G$ 中与 $v$ 关联的边和与 $v$ 关联的自回路的数目之和称为 $v$ 的**度**（Degree），记为 $d_G(v)$。

（2）如果 $G$ 是有向图，$G$ 中以 $v$ 为起点的边的数目称为 $v$ 的**出度**（Out Degree），记为 $d_G^+(v)$；$G$ 中以 $v$ 为终点的边的数目称为 $v$ 的**入度**（In Degree），记为 $d_G^-(v)$；$v$ 的出度与入度之和称为 $v$ 的**度**（Degree），记为 $d_G(v)$，显然 $d_G(v) = d_G^+(v) + d_G^-(v)$。

在计算无向图中结点的度时，自回路要考虑两遍，因为自回路也是边。

**例 9.3** 在图 9.5 所示的无向图 $G$ 中，$d_G(v_1) = 3$，$d_G(v_2) = d_G(v_3) = 4$，$d_G(v_4) = 1$，$d_G(v_5) = 0$。在图 9.6 所示的有向图 $D$ 中，$d_D^+(v_1) = d_D^+(v_2) = d_D^-(v_2) = d_D^+(v_3) = d_D^-(v_4) = 2$，$d_D^-(v_1) = d_D^-(v_3) = 1$，$d_D^+(v_4) = 0$。

图 9.5          图 9.6

显然，每增加一条边，都使图中所有结点的度数之和增加 2。因此，有下面的结论。

**定理 9.1** 在无向图中，所有节点的度数之和等于边数的 2 倍。

**证明：** 因为每条边（包括环）给图带来两度，图有 $m$ 条边，所以图共有 $2m$ 度，等于图的所有结点的度数之和。

**定理 9.2** 在有向图中，所有顶点的度数之和等于边的 2 倍；所有顶点的入度之和等于所有节点的出度之和，都等于边数。

**证明：** 因为每条边（包括环）给图带来两度（一个出度和一个入度），图有 $m$ 条边，所以图共有 $2m$ 度（$m$ 个入度和 $m$ 个出度），等于图的所有结点的度数之和。

**例 9.4** 在图 9.5 中 $\sum_{v \in V} d_G(v) = d_G(v_1) + d_G(v_2) + d_G(v_3) + d_G(v_4) + d_G(v_5) = 3+4+4+1+0 = 12$，而该图有 6 条边，即结点度数和是边数的 2 倍。在图 9.6 中 $\sum_{v \in V} d_D(v) = d_D^+(v_1) + d_D^-(v_1) + d_D^+(v_2) + d_D^-(v_2) + d_D^+(v_3) + d_D^-(v_3) + d_D^+(v_4) + d_D^-(v_4) = 2+1+2+2+2+1+0+2 = 12$，而该图有 6 条边，即结点度数和是边数的 2 倍。$\sum_{v \in V} d_D^+(v) = d_D^+(v_1) + d_D^+(v_2) + d_D^+(v_3) + d_D^+(v_4) = 2+2+2+0 = d_D^-(v_1) + d_D^-(v_2) + d_D^-(v_3) + d_D^-(v_4) = 1+2+1+2 = 6$。事实上这是图的一般性质。

**定义 9.6** 度数为奇数的结点称为奇结点，度数为偶数的结点称为偶结点。

**推论 9.1** 任何图都有偶数个奇结点。

**证明：** 设 $V_1 = \{v | v$ 为奇点$\}$，$V_2 = \{v | v$ 为偶点$\}$，则 $\sum_{v \in V_1} d(v) + \sum_{v \in V_2} d(v) = \sum_{v \in V} d(v) = 2m$，因为 $\sum_{v \in V_2} d(v)$ 是偶数，所以 $\sum_{v \in V_1} d(v)$ 也是偶数，而 $V_1$ 中每个点 $v$ 的度 $d(v)$ 均为奇数，因此 $|V_1|$ 为偶数。

**定义 9.7** 设 $v = \{v_1, v_2, \cdots, v_n\}$ 是图 $G$ 的结点集，称 $d(v_1), d(v_2), \cdots, d(v_n)$ 为 $G$ 的度序列。如图 9.5 的度序列为 3,4,4,1,0，图 9.6 的度序列是 3,4,3,2。

**定义 9.8** 度为 0 的结点称为孤立结点，度为 1 的结点称为端点。

**定义 9.9** 定义以下图：

（1）结点都是孤立结点的图称为**零图**。

（2）一阶零图称为**平凡图**。

（3）由 $n$ 个顶点 $v_1, v_2, \cdots, v_n(n \geqslant 3)$ 以及边 $\{v_1, v_2\}, \{v_2, v_3\}, \cdots, \{v_{n-1}, v_n\}, \{v_n, v_1\}$ 组成的图（$C_n$）称为**圈图**，如图 9.7 所示。

图 9.7　圈图

（4）对 $n \geqslant 3$ 来说，当给圈图 $C_n$ 添加一个顶点，并且把这个新顶点与 $C_n$ 里的 $n$ 个顶点逐个连接，可以得到**轮图**（$W_n$），如图 9.8 所示。

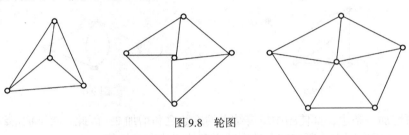

图 9.8　轮图

（5）所有结点的度均为自然数 $d$ 的无向图称为 $d$ **度正则图**，如图 9.9 所示。

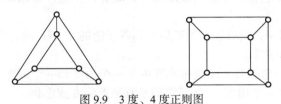

图 9.9　3 度、4 度正则图

（6）设 $n \in I_+$，如果 $n$ 阶简单无向图 $G$ 是 $n-1$ 度正则图，则称 $G$ 为**完全无向图**，记为 $k_n$。如图 9.10 所示。

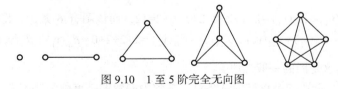

图 9.10　1 至 5 阶完全无向图

（7）设 $n \in I_+$，每个结点的出度和入度均为 $n-1$ 的 $n$ 阶简单有向图称为**完全有向图**，如图 9.11 所示。

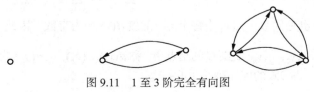

图 9.11　1 至 3 阶完全有向图

显然，完全无向图的任意两个不同结点都邻接，完全有向图的任意两个不同结点之间都有一对方向相反的有向边相连接。

**定理 9.3**　$n$ 个节点的无向完全图 $k_n$ 的边数为 $C_n^2$。

**证明：** 因为在无向完全图 $k_n$ 中，任意两个节点之间都有边相连，所以 $n$ 个节点中任取两个点的组合数为 $C_n^2$，故无向完全图 $K_n$ 的边数为 $C_n^2$。

如果在 $k_n$ 中，对每条边任意确定一个方向，就称该图为 $n$ 个节点的有向完全图。显然，有向完全图的边数也是 $C_n^2$。

# 9.2　子图和图的运算

在研究和描述图的性质时，子图的概念占有重要地位。我们首先引进子图的概念，然后讨论图的运算。

## 9.2.1　子图和补图

**定义 9.10**　设 $G = <V, E, \psi>$ 和 $G' = <V', E', \psi'>$ 为图。

（1）如果 $V' \subseteq V, E' \subseteq E, \psi' \subseteq \psi$，则称 $G'$ 是 $G$ 的**子图**，记作 $G' \subseteq G$，并称 $G$ 是 $G'$ 的**母图**。

（2）如果 $V' \subseteq V, E' \subseteq E, \psi' \subseteq \psi$，则称 $G'$ 是 $G$ 的**真子图**，记作 $G' \subset G$。

（3）如果 $V' = V, E' \subseteq E, \psi' \subseteq \psi$，则称 $G'$ 是 $G$ 的**生成子图**。

**定义 9.11**　设图 $G = <V, E, \psi>$，$V' \subseteq V$ 且 $V' \neq \Phi$。以 $V'$ 为结点集合，以起点和终点均在 $V'$ 中的边的全体为边集合的 $G$ 的子图，称为由 $V'$ 导出的 $G$ 的子图，记为 $G[V']$。若 $V' \subset V$，导出子图 $G[V - V']$，记为 $G - V'$。

$G - V'$ 是从 $G$ 中去掉 $V'$ 中的结点以及与这些结点关联的边而得到的图 $G$ 的子图。

**定义 9.12**　设图 $G = <V, E, \psi>$，$E' \subseteq E$ 且 $E' \neq \varnothing$，$V' = \{v | v \in V \wedge (\exists e)(e \in E' \wedge v$ 与 $e$ 关联)\}$。以 $V'$ 为结点集合，以 $E'$ 为边集合的 $G$ 的子图称为由 $E'$ **导出的子图**。

显然，从图示看，图 $G$ 的子图是图 $G$ 的一部分，$G$ 的真子图的边数比 $G$ 的边数少，$G$ 的生成子图与 $G$ 有相同的结点，$G$ 的导出子图 $G[V']$ 是 $G$ 的以 $V'$ 为结点集合的最大子图。

**例 9.5**　在图 9.12 中，图（b）是图（a）的子图、真子图和生成子图，图（c）是图（a）的由 $\{1,2,3,4\}$ 导出的子图。

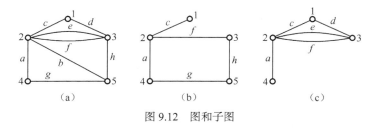

图 9.12　图和子图

**定义 9.13**　设 $n$ 阶无向图 $G = <V, E, \psi>$ 是 $n$ 阶完全无向图 $K_n$ 的生成子图，则称 $K_n - E$ 为 $G$ 的**补图**，记为 $\overline{G}$。

显然，简单无向图都有补图，并且一个简单无向图的每个补图都是同构的。对于任意两个简单无向图 $G_1$ 和 $G_2$，如果 $G_2$ 是 $G_1$ 的补图，那么 $G_1$ 也是 $G_2$ 的补图。例如，在图 9.13 中（a）和（b）互为补图。

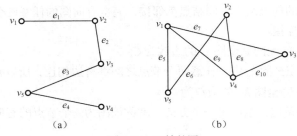

（a）　　　　　　　　　　　　（b）

图 9.13　互补的图

## 9.2.2　图的运算

**定义 9.14**　设图 $G = <V, E, \psi>$ 和 $G' = <V', E', \psi'>$ 同为无向图或同为有向图。

（1）如果对于任意 $e \in E \cap E'$ 具有 $\psi(e) = \psi'(e)$，则称 $G$ 和 $G'$ 是可运算的。

（2）如果 $V \cap V' = E \cap E' = \Phi$，则称 $G$ 和 $G'$ 是不相交的。

（3）如果 $E \cap E' = \Phi$，则称 $G$ 和 $G'$ 是边不相交的。

**定义 9.15**　设图 $G_1 = <V_1, E_1, \psi_1>$ 和 $G_2 = <V_2, E_2, \psi_2>$ 为可运算的。

（1）称以 $V_1 \cap V_2$ 为结点集合，以 $E_1 \cap E_2$ 为边集合的 $G_1$ 和 $G_2$ 的公共子图为 $G_1$ 和 $G_2$ 的交，记为 $G_1 \cap G_2$。

（2）称以 $V_1 \cup V_2$ 为结点集合，以 $E_1 \cup E_2$ 为边集合的 $G_1$ 和 $G_2$ 的公共母图为 $G_1$ 和 $G_2$ 的并，记为 $G_1 \cup G_2$。

（3）称以 $V_1 \cup V_2$ 为结点集合，以 $E_1 \oplus E_2$ 为边集合的 $G_1 \cup G_2$ 的子图为 $G_1$ 和 $G_2$ 的环和，记为 $G_1 \oplus G_2$。

**例 9.6**　在图 9.14 中，图（a）、（b）分别为 $G_1$ 和 $G_2$，则图（c）、（d）、（e）分别是 $G_1 \cup G_2$、$G_1 \cap G_2$ 和 $G_1 \oplus G_2$。

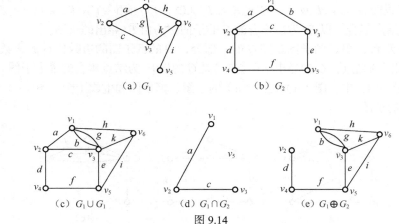

（a）$G_1$　　　　　　　　　　（b）$G_2$

（c）$G_1 \cup G_1$　　　　　（d）$G_1 \cap G_2$　　　　　（e）$G_1 \oplus G_2$

图 9.14

　　显然，并不是任何两个图都有交、并和环和。例如图 9.15 的（a）和（b）没有交、并和环和，因为边 $e_1$ 在（a）中连接 $v_1$ 和 $v_2$，而在（b）中连接 $v_2$ 和 $v_3$。这里可理解为同一条边不能连接两个不同的点，但同一个点可以连接两个不同的边。

**定理 9.4**　设图 $G_1 = <V_1, E_1, \psi_1>$ 和 $G_2 = <V_2, E_2, \psi_2>$ 为可运算的。

（1）如果 $V_1 \cap V_2 \neq \Phi$，则存在唯一的 $G_1 \cap G_2$。

（2）存在唯一的 $G_1 \cup G_2$ 和 $G_1 \oplus G_2$。

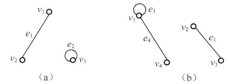

图 9.15 不可运算的图

**证明：** 不妨设 $G_1$ 和 $G_2$ 同为有向图，若同为无向图也可同样证明。

（1）定义 $\psi : E_1 \cap E_2 \to (V_1 \cap V_2) \times (V_1 \cap V_2)$ 为：对任意的 $e \in E_1 \cap E_2$，$\psi(e) = \psi_1(e) = \psi_2(e)$。显然，$<(V_1 \cap V_2),(E_1 \cap E_2),\psi> = G_1 \cap G_2$。设图 $G = <V_1 \cap V_2, E_1 \cap E_2, \psi>$ 和 $G' = <V_1 \cap V_2, E_1 \cap E_2, \psi'>$ 均为 $G_1$ 和 $G_2$ 的交。因为 $G \subseteq G_1$，对任意 $e \in E_1 \cap E_2, \psi'(e) = \psi_1(e)$。因为 $G' \subseteq G_1$，对任意 $e \in E_1 \cap E_2, \psi'(e) = \psi_1(e)$。这表明 $\psi = \psi'$。因此，$G = G'$。

（2）定义 $\psi = E_1 \cup E_2 \to (V_1 \cup V_2) \times (V_1 \cup V_2)$ 如下。

$$\psi(e) = \begin{cases} \psi_1(e) & e \in E_1 \\ \psi_2(e) & e \in E_2 - E_1 \end{cases}$$

显然，$<V_1 \cup V_2, E_1 \cup E_2, \psi> = G_1 \cup G_2$。设 $G = <V_1 \cup V_2, E_1 \cup E_2, \psi>$ 和 $G' = <V_1 \cup V_2, E_1 \cup E_2, \psi'>$ 均为 $G_1$ 和 $G_2$ 的并。因为 $G_1 \subseteq G$ 且 $G_1 \subseteq G'$，所以对任意 $e \in E_1$，$\psi(e) = \psi_1(e) = \psi'(e)$，这表明 $\psi = \psi'$，因此 $G = G'$。

对于存在唯一的 $G_1 \oplus G_2$ 可同样证明。

**定义 9.16** 设图 $G = <V,E,\psi>, E' \subseteq E$，记 $<V, E - E', \psi/(E - E')>$ 为 $G - E'$，对任意 $e \in E$，记 $G - \{e\}$ 为 $G - e$。

$G - E'$ 是从 $G$ 中去掉 $E'$ 中的边所得到的 $G$ 的子图。

**定义 9.17** 设图 $G = <V,E,\psi>$ 和 $G' = <V',E',\psi'>$ 同为无向图或同为有向图，并且边不相交，记 $G + G'$ 为 $G + E'_{\psi'}$。

$G + E'_{\psi'}$ 是由 $G$ 增加 $E'$ 中的边所得到的图，其中 $\psi'$ 指出 $E'$ 中的边与结点的关联关系。

**例 9.7** 设图 9.16 中的（a）和（b）分别为 $G_1$ 和 $G_2$，则（c），（d），（e）分别是 $(G_1 \cup G_2) - \{v_5, v_6\}$，$(G_1 \cup G_2) - \{g,h\}, G_2 + E'_{\psi'}$，其中 $E' = \{g\}$，$\psi' = \{<g,\{v_1,v_3\}>\}$。

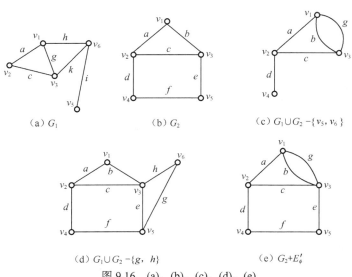

（a）$G_1$  （b）$G_2$  （c）$G_1 \cup G_2 - \{v_5, v_6\}$

（d）$G_1 \cup G_2 - \{g,\ h\}$  （e）$G_2 + E'_\phi$

图 9.16 （a）、（b）、（c）、（d）、（e）

# 9.3  路径、回路和连通性

计算机网络中常见的一个问题是网络中任何两台计算机是否可以通过计算机间的信息传递而使其资源共享？我们可以用图论的方法对这个问题进行研究，其中用结点表示计算机，用边表示通讯连线，因此，计算机的信息资源共享问题就变为图中任何两个结点之间是否都有连接路径存在？

## 9.3.1  路径和回路

在图或有向图中，常常要考虑从确定的结点出发，沿结点和边连续地移动而到达另一确定的结点的问题。从这种由结点和边（或有向边）的序列的构成方式中可以抽象出图的道路概念。

**定义 9.18**   设 $G = <V, E>$ 是图，从图中结点 $v_0$ 到 $v_n$ 的一条**路径**或**通路**是图的一个点、边的交错序列 $(v_0 e_1 v_1 e_2 v_2 \cdots v_{n-1} e_n v_n)$，其中 $e_i = (v_{i-1}, v_i)$（或者 $e_i = <v_{i-1}, v_i>$）$(i = 1, 2, \cdots, n)$，$v_0, v_n$ 分别称为通路的**起点**和**终点**，路径中包含的边数 $n$ 称为路径的**长度**,当起点和终点重合时则称其为**闭路径**，也称**回路**。

在上述定义路径与回路中，节点和边不受限制，即节点和边都可以重复出现。下面我们讨论路径与回路中节点和边受限的情况。

**定义 9.19**   如果 $G = <V, E>$ 中出现的边 $e_1, e_2, \cdots, e_n$ 互不相同，则称该路径为**简单路径**。闭的简单路径称为**简单回路**。如果出现的点 $v_0, v_1, \cdots, v_n$ 互不相同，则称该路径是**基本路径**。基本路径中除了起点和终点相同外，别无相同的结点，则称为**圈**，也称**基本回路**。

**例 9.8**   在图 9.17 所示的无向图中，$v_1 e_1 v_1 e_3 v_4 e_3 v_1 e_2 v_2 e_5 v_4$ 是路径，但不是简单路径；$v_1 e_1 v_1 e_3 v_4 e_4 v_2 e_5 v_4$ 是简单路径，但不是基本路径；$v_1 e_1 v_1 e_3 v_4 e_4 v_2 e_2 v_1 e_1 v_1$ 是闭路径，但不是简单闭路径。可以看出，如果从路径 $v_4 e_4 v_2 e_2 v_1 e_1 v_1$ 中去掉闭路径 $v_1 e_1 v_1$ 就得到基本路径 $v_4 e_4 v_2 e_2 v_1$。

**例 9.9**   在图 9.18 所示的有向图中，$v_1 e_5 v_3 e_6 v_4 e_7 v_1 e_5 v_3$ 是路径，但不是简单路径；$v_1 e_5 v_3 e_3 v_2 e_2 v_2$ 是简单路径，但不是基本路径。从 $v_1 e_5 v_3 e_3 v_2 e_2 v_2$ 中去掉闭路径 $v_2 e_2 v_2$ 就得到基本路径 $v_1 e_5 v_3 e_3 v_2$。可以看出，从 3 至 1 存在多条路径，从 1 至 3 也存在多条路径。

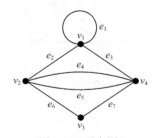

图 9.17  无向图

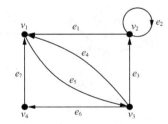

图 9.18  有向图

由路径的定义知道，单独一个结点 $v$ 也是路径，它是长度为 0 的基本路径。因此，任何结点到其自身总存在路径。

在无向图中，若从结点 $v$ 至结点 $v'$ 存在路径，则从 $v'$ 至 $v$ 必存在路径。而在有向图中，从结点 $v$ 至结点 $v'$ 存在路径，而从 $v'$ 至 $v$ 却不一定存在路径。

利用路的概念可以解决很多问题，下面是一道智力游戏题。

**例 9.10**   "摆渡问题"：一个人带有一条狼、一头羊和一捆白菜，要从河的左岸渡到右岸去，河上仅有一条小船，而且只有人能划船，船上每次只能由人带一件东西过河。另外，不能让狼和羊、羊和菜单独留下。问怎样安排摆渡过程？

**解**：河左岸允许出现的情况有以下 10 种情况：人狼羊菜、人狼羊、人狼菜、人羊菜、人羊、狼菜、狼、菜、羊及空（各物品已安全渡河），我们把这 10 种状态视为 10 个点，若一种状态通过一次摆渡后变为另一种状态，则在两种状态（点）之间画一直线，得到图 9.19。

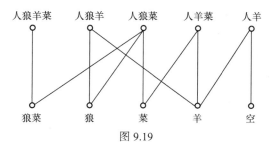

图 9.19

这样摆渡问题就转化成在图中找出以"人狼羊菜"为起点，以"空"为终点的简单路。容易看出，只有两条简单路符合要求，即：

（1）人狼羊菜、狼菜、人狼菜、菜、人羊菜、羊、人羊、空；

（2）人狼羊菜、狼菜、人狼菜、狼、人狼羊、羊、人羊、空。

对于简单路（1）的安排为：人带羊过河；人回来；带狼过河；放下狼再将羊带回；人再带菜过河；人回来；带羊过河。

对于简单路（2）的安排为：人带羊过河；人回来；带菜过河；放下菜再将羊带回；人再带狼过河；人回来；带羊过河。

上述的两种方案都是去 4 次、回 3 次，且不会再有比这更少次数的渡河办法了。

**定理 9.5**　设 $v$ 和 $v'$ 是图 $G$ 中的结点。如果存在从 $v$ 至 $v'$ 的路径，则存在从 $v$ 至 $v'$ 的基本路径。

**证明**：设当从 $v$ 至 $v'$ 存在长度小于 $l$ 的路径时，从 $v$ 至 $v'$ 必存在基本路径。如果存在路径 $v_0 e_1 v_1 \cdots v_{l-1} e_l v_l$，其中 $v_0 = v, v_l = v'$，并且有 $i$ 和 $j$ 满足 $0 \leqslant i \leqslant j \leqslant i$ 且 $v_i = v_j$，则 $v_0 e_1 v_1 \cdots v_i e_{j+1} v_{j+1} \cdots v_{l-1} e_l v_l$ 是从 $v$ 至 $v'$ 的长度为 $i - j + i$ 的路径。根据归纳假设，存在从 $v$ 至 $v'$ 的基本路径。

由于基本路径中的结点互不相同，显然有以下定理成立。

**定理 9.6**　$n$ 阶图中的基本路径的长度小于或等于 $n-1$。

**证明**：设 $p_0 = v_0 v_1 \cdots v_k$ 是一条从 $u$ 到 $v$ 的道路，其中 $v_0 = u, v_k = v$。若 $k > n-1$，则必有结点 $v_i$ 在 $p_0$ 中至少出现两次，即 $p_0$ 中存在子序列 $v_i v_{i+1} \cdots v_{i+j} (= v_i)$。从 $p_0$ 中去掉子序列 $v_{i+1} v_{i+2} \cdots v_{i+j}$，得到一个新的序列 $p_1 = v_0 v_1 \cdots v_i v_{i+j+1} \cdots v_k$，则 $p_1$ 长度 $k_1 < k$。

若 $k_1 \leqslant n-1, p_1$ 便是所求道路；若 $k_1 > n-1$，对 $p_1$ 重复上述讨论，可构造出道路序列 $p_0, p_1, \cdots$，每个 $p_i$ 的长度均小于 $p_{i-1}$ 的长度 $(i \geqslant 1)$。由 $p_0$ 的长度的有限性知道，必有 $p_i$ 其长度小于 $n$。

**定理 9.7**　设 $v$ 是图 $G$ 的任意结点，$G$ 是基本回路或基本有向回路，当且仅当 $G$ 的阶与边数相等，并且在 $G$ 中存在这样一条从 $v$ 到 $v$ 的闭路径，使得除了 $v$ 在该闭路径中出现两次外，其余结点和每条边都在该闭路径上恰出现一次。

**证明**：充分性是显然的，只证必要性。

设 $G = \langle V, E, \psi \rangle$ 是基本有向回路，由基本有向回路的定义和定理 9.7 立即得出，$G$ 的阶与边数相等。下面对 $G$ 的阶使用归纳法。

若 $G$ 是一阶基本有向回路，则 $G$ 只有一个自圈，设为 $e, vev$ 即为满足要求之闭路径。

设当 $G$ 是 $n$ 阶基本有向回路时必要性成立，其中 $n \geqslant 1$。

若 $G$ 是 $n+1$ 阶基本有向回路。由 $d_G^+(v)=d_G^-(v)=1$ 知，存在 $v_1,v_n\in V$ 和 $e_1$，$e_{n+1}\in E$，使 $\psi(e_1)=\langle v,v_1\rangle$ 且 $\psi(e_{n+1})=\langle v_n,v\rangle$。设 $e\notin E,\psi'=\{\langle e,\langle v_n,v_1\rangle\rangle\}$，令 $G'=(G-\{v\})+\{e\}_{\psi'}$，则 $G'$ 是 $n$ 阶基本有向回路。根据归纳假设，在 $G'$ 中存在路径 $v_1e_2v_3\cdots v_{n-1}e_nev_1$，其中 $v_1,v_2,\cdots,v_n$ 互不相同，并且 $V=\{v,v_1,\cdots v_n\}$，$E=\{e_1,\cdots e_{n+1}\}$。$ve_1v_1e_2v_2\cdots v_{n-1}e_nv_ne_{n+1}V$ 即为 $G$ 中满足要求的闭路径。

同理可证 $G$ 是基本回路的情况。

**定义 9.20**　如果回路（有向回路，无向回路）$C$ 是图 $G$ 的子图，则称 $G$ 有回路（有向回路，无向回路）$C$。

下面讨论判断有向图是否有有向回路的问题。

**定理 9.8**　如果有向图 $G$ 有子图 $G'$ 满足：对于 $G'$ 的任意结点 $v$，$d_{G'}^+(v)>0$，则 $G$ 有有向回路。

**证明**：设 $G'=\langle V',E',\psi'\rangle,v_0e_1v_1\cdots v_{n-1}e_nv_n$ 是 $G'$ 中最长的基本路径。由于 $d_{G'}^+(v_n)>0$，必可找到 $e_{n+1}\in E'$ 和 $v_{n+1}\in V'$，使 $v_0e_1v_1\cdots v_{n-1}e_nv_ne_{n+1}v_{n+1}$ 是 $G'$ 中的简单路径，且 $v_{n+1}=v_i(0\leqslant i\leqslant n)$。$G$ 的以 $\{v_i,\cdots v_{i+1},\cdots,v_n\}$ 为结点集合，以 $\{e_{i+1},e_{i+2},\cdots,e_{n+1}\}$ 为边集合的子图是有向回路。

**定理 9.9**　如果有向图 $G$ 有子图 $G'$ 满足：对于 $G'$ 中的任意结点 $v$，$d_{G'(v)}^->0$ 则 $G$ 有有向回路。

证明过程与定理 9.8 相同。

设 $v$ 是有向图 $G$ 的结点，$d_G^+(v)=0$，从 $G$ 中去掉 $v$ 和与之相关联的边得到有向图 $G-\{v\}$ 的过程，称为 $w$ 过程。$G$ 有有向回路，当且仅当 $G-\{v\}$ 有有向回路。若 $n$ 阶有向图 $G$ 没有有向回路，则经过 $n-1$ 次 $w$ 过程得到平凡图，否则至多经过 $n-1$ 次 $w$ 过程得到每个结点的出度均大于 0 的有向图。这样，我们就找出了判断一个有向图有没有有向回路的有效办法。当然，也可以把 $w$ 过程定义为去掉入度为 0 的结点。

**例 9.11**　为判断图 9.20 的（a）有没有有向回路，我们依次得到图 9.20 的（b），（c），（d），（e），（f），（g）。由（g）是平凡图知（a）没有有向回路。

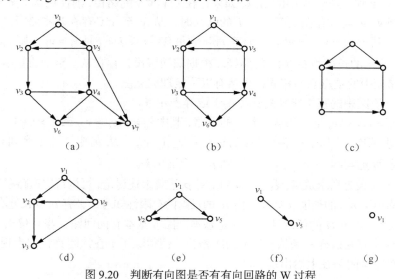

图 9.20　判断有向图是否有有向回路的 W 过程

## 9.3.2　图的连通性

在讨论图的连通性之前，先讨论图中节点间的可达性或连通性。

**定义 9.21**　设 $v_1$ 和 $v_2$ 是图 $G$ 的结点。如果在 $G$ 中存在从 $v_1$ 至 $v_2$ 的路径，则称在 $G$ 中从 $v_1$

可达 $v_2$ 或 $v_1$ 和 $v_2$ 是连通的，否则称在 $G$ 中从 $v_1$ 不可达 $v_2$。对于图 $G$ 的结点 $v$，我们用 $R(v)$ 表示从 $v$ 可达的全体结点的集合。

在无向图中，若从 $v_1$ 可达 $v_2$，则从 $v_2$ 必可达 $v_1$；而在有向图中，从 $v_1$ 可达 $v_2$ 不能保证从 $v_2$ 必可达 $v_1$。无论无向图还是有向图，任何节点到自身都是可达的。

**例 9.12** 在图 9.20 所示的无向图中，存在路径 $v_1av_2bv_3$ 所以 $v_1$ 可达 $v_3$，$v_3$ 也可达 $v_1$，从 $v_1$ 可达的全体节点的集合 $R(v_1)=\{v_1,v_2,v_3,v_4,v_5\}$。

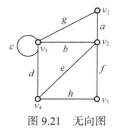
图 9.21　无向图

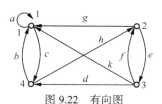
图 9.22　有向图

**例 9.13** 在图 9.22 所示的有向图中，存在路径 $1c4$ 所以 $1$ 可达 $4$。从 $2$ 可达的全体节点的集合 $R(1)=\{1,2,3,4\}$。

**定义 9.22** 设 $v_1$ 和 $v_2$ 是图 $G$ 的结点。如果从 $v_1$ 至 $v_2$ 是可达的，则在从 $v_1$ 至 $v_2$ 的路径中，长度最短的称为从 $v_1$ 至 $v_2$ 的测地线，并称该测地线的长度为从 $v_1$ 至 $v_2$ 的距离，记作 $d\langle v_1,v_2\rangle$。如果从 $v_1$ 不可达 $v_2$，则称从 $v_1$ 至 $v_2$ 的距离 $d\langle v_1,v_2\rangle$ 为 $\infty$。

应该说明，对于任何结点 $v_i\in V$ 来说，总是假定 $d\langle v_i,v_i\rangle=0$，另外，从结点 $v_i$ 至 $v_j$ 的距离 $d\langle v_i,v_j\rangle$ 具有下列性质。

对于任何结点来 $v_i,v_j,v_k\in V$ 来说，都应有

（1）$d\langle v_i,v_i\rangle=0$

（2）$d\langle v_i,v_j\rangle\geqslant 0$

（3）$d\langle v_i,v_j\rangle+d\langle v_j,v_k\rangle\geqslant d\langle v_i,v_k\rangle$

不等式（3），通常称为三角不等式，如果从结点 $v_i$ 到 $v_j$ 是可达的，并且从 $v_j$ 到 $v_i$ 也是可达的，但是 $d\langle v_i,v_j\rangle$ 却不一定等于 $d\langle v_j,v_i\rangle$，这一点读者应予注意。

**例 9.14** 在图 9.23 所示的有向图中，$d\langle v_3,v_2\rangle=1$，$d\langle v_2,v_1\rangle=1$，$d\langle v_3,v_1\rangle=1$，$d\langle v_1,v_2\rangle=2$。$d\langle v_3,v_2\rangle+d\langle v_2,v_1\rangle\succ d\langle v_3,v_1\rangle$，且 $d\langle v_2,v_1\rangle\neq d\langle v_1,v_2\rangle$。

**定义 9.23** 图 $G=\langle V,E,\psi\rangle$ 的直径定义为 $maxd\langle v,v'\rangle(v,v'\in V)$。

**例 9.15** 在图 9.24 中，$R(v_1)=R(v_2)=R(v_3)=\{v_1,v_2,v_3,v_4,v_5\}$，$R(v_4)=\{v_4,v_5\}$，$R(v_5)=\{v_5\}$，$R(v_6)=\{v_5,v_6\}$，$d(v_1,v_2)=1$，$d(v_2,v_1)=2$，$d(v_5,v_6)=\infty$。该图的直径为 $\infty$。

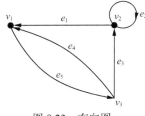
图 9.23　有向图

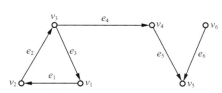
图 9.24　图中结点的可达性

**定义 9.24** 设图 $G=\langle V,E,\psi\rangle$，$W:E\to R_+$，其中 $R_+$ 是正实数集合，则称 $\langle G,W\rangle$ 为加权图。对任意 $e\in E$，$W(e)$ 称为边 $e$ 的加权长度。路径中所有边的加权长度之和称为该路径的加权长度。

从结点 $v$ 至 $v'$的路径中，加权长度最小的称为从 $v$ 至 $v'$的最短路径。若从 $v$ 可达 $v'$，则称从 $v$ 至 $v'$的最短路径的加权长度为从 $v$ 至 $v'$的加权距离；若从 $v$ 不可达 $v'$，则称从 $v$ 至 $v'$的加权距离为 $\infty$。

在图论的实际应用中，常常需要从一结点至另一结点的加权距离。

图的连通性分为无向图的连通性和有向图的连通性。而且有向图的连通性要比无向图的连通性复杂些。下面讨论图的重要性质—连通性。

**定义 9.25** 若无向图 $G$ 中任意两个结点都可达的，则称 $G$ 是连通的。规定平凡图是连通的。

显然，无向图 $G = \langle V, E, \psi \rangle$ 是连通的，当且仅当对于任意 $v \in V$ ，$R(v) = V$ 。

易知，无向图 $G$ 中，结点之间的连通关系是等价关系。设 $G$ 为一无向图，$R$ 是 $V(G)$ 中结点之间的连通关系，由 $R$ 可将 $V(G)$ 划分成 $k(k \geqslant 1)$ 个等价类，记作 $V_1, V_2, \cdots, V_k$，由它们导出的导出子图 $G[V_1], G[V_2], \cdots, G[V_k]$ 称为 $G$ 的连通分支(Connected Component)，其个数应为 $\omega(G)$ 。

**例 9.16** 图 9.25 所示的（a）为无向连通图，$\omega(G) = 1$。（b）为无向非连通图，$\omega(G) = 3$。

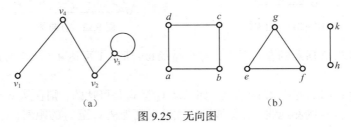

图 9.25 无向图

由于可达性的非对称性，有向图的连通概念要复杂得多，这里需要用到基础图的概念。

**定义 9.26** 设有向图 $G = \langle V, E, \psi \rangle$，若略去 $G$ 中各有向边的方向后得到无向图 $D$，则称 $D$ 为有向图 $G$ 的基础图。

**例 9.17** 如图 9.26 所示，有向图（a）的基础图为无向图（b）。

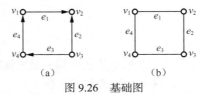

图 9.26 基础图

**定义 9.27** 设 $G$ 是有向图。

（1）如果 $G$ 的基础图是连通的，则称 $G$ 是弱连通的。

（2）如果对于 $G$ 的任意两结点，必有一个结点可达另一个结点，则称 $G$ 是单向连通的。

（3）如果 $G$ 中任意两个结点都互相可达，则称 $G$ 是强连通的。

**例 9.18** 图 9.27 给出了三个有向图，其中（a）是强连通的，（b）是单向连通的，（c）是弱连通的。

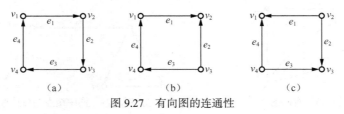

图 9.27 有向图的连通性

**定义 9.28** 设 $G'$是 $G$ 的具有某种性质的子图，并且对于 $G$ 的具有该性质的任意子图 $G''$，只要 $G' \subseteq G''$，就有 $G' = G''$，则称相对于该性质是 $G$ 的极大子图。

**定义 9.29**　无向图 $G$ 的极大连通子图称为 $G$ 的分支。

**定义 9.30**　设 $G$ 是有向图。

（1）$G$ 的极大弱连通子图称为 $G$ 的弱分支。

（2）$G$ 的极大单向连通子图称为 $G$ 的单向分支。

（3）$G$ 的极大强连通子图称为 $G$ 的强分支。

有定义可直接得出如下的定理。

**定理 9.10**　连通无向图恰有一个分支。非连通无向图有一个以上分支。

**定理 9.11**　强连通（单向连通，弱连通）有向图恰有一个强分支（单向分支，弱分支）；非强连通（非单向连通，非弱连通）有向图有一个以上强分支（单向分支，弱分支）。

**例 9.19**　图 9.28 给出的有向图 $G$ 有 5 个强分支，即 $\langle\{v_1,v_2,v_3\},\{e_1,e_2,e_3\}\rangle$，$\langle\{v_4\},\Phi\rangle$，$\langle\{v_5\},\Phi\rangle$，$\langle\{v_6\},\Phi\rangle$，$\langle\{v_7,v_8\},\{e_7,e_8\}\rangle$ 可以看出，每个结点恰处于一个强分支中，而边 $e_4,e_5,e_6$ 不在任何强分支中。$G$ 有三个单向分支，即 $\langle\{v_1,v_2,v_3,v_4,v_5\},\{e_1,e_2,e_3,e_4,e_5\}\rangle$，$\langle\{v_5,v_6\},\{e_6\}\rangle$，$\langle\{v_7,v_8\},\{e_7,e_8\}\rangle$。显然，$v_5$ 处于两个单向分支中，$G$ 只有两个弱分支，$\langle\{v_1,v_2,v_3,v_4,v_5,v_6\},\{e_1,e_2,e_3,e_4,e_5,e_6\}\rangle$，$\langle\{v_7,v_8\}$，$\{e_7,e_8\}\rangle$。

**定义 9.31**　设 $G=<V,E>$ 是一个无向图，$v\in V,e\in E$。

（1）如果从图 $G$ 中删去结点 $v$（及相关联的边）后得到的子图的连通分支数多于原图的连通分支数，即 $\omega(G-v)>\omega(G)$ 则称 $v$ 是图 $G$ 的一个割点。

（2）如果 $\omega(G-e)>\omega(G)$，则称 $e$ 为图 $G$ 的一个割边或桥。

显然，从连通图中删去一个割点或割边后得到的子图是不连通的。

**例 9.20**　图 9.29 中，$v_4,v_6$ 是割点，$e_5,e_6$ 都是割边。关于割边有如下的定理。

**定理 9.12**　在图 $G$ 中 $e$ 是割边，当且仅当 $e$ 不在任何回路上。

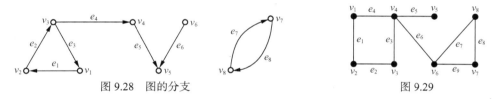

图 9.28　图的分支　　　　　　　　图 9.29

# 9.4　图的矩阵表示

一个图可以按定义描述出来，也可以用图形表示出来，还可以同二元关系一样，用矩阵来表示。图用矩阵表示有很多优点，既便于利用代表知识研究图的性质、构造算法，也便于计算机处理。

图的矩阵表示常用的有两种形式：邻接矩阵和关联矩阵。邻接矩阵常用于研究图的各种道路的问题，关联矩阵常用于研究子图的问题。由于矩阵的行列有固定的顺序，因此在用矩阵表示图之前，需将图的结点和边加以编号（定序），以确定与矩阵元素的对应关系。

## 9.4.1　邻接矩阵

**定义 9.32**　设 $G=<V,E,\psi>$ 是一个简单有向图，其中的结点集合 $V=\{v_1,v_2,\cdots,v_n\}$，并且假定各结点已经有了从结点 $v_1$ 到 $v_n$ 的次序。试定义一个 $n\times n$ 的矩阵 $A$，使得其中的元素

$$a_{ij}=\begin{cases}1 & \text{当}<v_i,v_j>\in E\\0 & \text{当}<v_i,v_j>\notin E\end{cases}\tag{1}$$

则称这样的矩阵 $A$ 是图 $G$ 的邻接矩阵。这个定义也适用于无向图,只需把其中的有向表示换成无向表示。

起始于结点 $v_i$ 的各条边,决定了邻接矩阵中的第 $i$ 行上的元素值。第 $i$ 行上值为 1 的元素的个数,等于结点 $v_i$ 的出度;第 $j$ 列上值为 1 的元素的个数,等于结点 $v_j$ 的入度。因此可以说,一个邻接矩阵,就完全定义了一个简单有向图。

**例 9.21**   在图 9.30 中,给出了一个有向图。首先给各结点安排好一个次序,譬如说是 $v_1$,$v_2$,$v_3$,$v_4$,$v_5$。于是,能够写出给定有向图的邻接矩阵如下。

$$A = \begin{array}{c} \\ v_1 \\ v_2 \\ v_3 \\ v_4 \\ v_5 \end{array} \begin{bmatrix} v_1 & v_2 & v_3 & v_4 & v_5 \\ 0 & 1 & 0 & 0 & 0 \\ 0 & 0 & 1 & 0 & 0 \\ 0 & 1 & 0 & 1 & 1 \\ 1 & 0 & 0 & 0 & 0 \\ 1 & 1 & 0 & 1 & 0 \end{bmatrix}$$

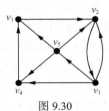

图 9.30

在矩阵 $A$ 的第一行上有一个 1,在第一列上有 2 个 1,因此结点 $v_1$ 的出度和入度应分别为 1 和 2。在第二行上有一个 1,在第二列上也有 3 个 1,因此结点 $v_2$ 的出度为 1,入度为 3。第三行和第三列以及第四行和第四列上 1 的个数,都和前面的解释意义相同。

显然,当改变图的结点编号顺序时,可以得到图的不同的邻接矩阵,这相当于对一个矩阵进行相应行列的交换得到新的邻接矩阵。例如对图 9.30 的结点重新定序,使 $v_1$ 与 $v_5$ 对换,则得到新的邻接矩阵 $A'$。

$$A' = \begin{array}{c} \\ v_5 \\ v_2 \\ v_3 \\ v_4 \\ v_1 \end{array} \begin{bmatrix} v_5 & v_2 & v_3 & v_4 & v_1 \\ 0 & 1 & 0 & 1 & 1 \\ 0 & 0 & 1 & 0 & 0 \\ 1 & 1 & 0 & 1 & 0 \\ 0 & 0 & 0 & 0 & 1 \\ 0 & 1 & 0 & 0 & 0 \end{bmatrix}$$

给定两个有向图和相对应的邻接矩阵,如果首先在一个图的邻接矩阵中交换一些行,而后交换相对应的各列,从而有一个图的邻接矩阵,能够求得另外一个图的邻接矩阵,则事实上这样的两个有向图,必定是互为同构的。

从给定的简单有向图的邻接矩阵中,能够直接判定出它的某些性质。如果有向图是自反的,则邻接矩阵的主对角线上的各元素,必定都是 1。如果有向图是反自反的,则邻接矩阵的主对角线上的各元素,必定都是 0。对于对称的有向图来说,其邻接矩阵也是对称的,也就说,对于所有的 $i$ 和 $j$ 而言,都应有 $a_{ij}=a_{ji}$。与此类似,如果给定有向图是反对称的,则对于所有的 $i$ 和 $j$ 和 $i \neq j$ 而言,$a_{ij}=1$ 蕴涵 $a_{ji}=0$。

可以把简单有向图的矩阵表示的概念,推广到简单无向图、多重边图和加权图。对于简单无向图来说,这种推广会给出一个对称的邻接矩阵。在多重边图或加权图的情况下,可以令

$$a_{ij} = w_{ij},$$

其中的 $w_{ij}$,或者是边 $<v_i, v_j>$ 的重数,或者是边 $<v_i, v_j>$ 的权。另外,若 $\langle v_i, v_j \rangle \notin E$,则 $w_{ij}=0$。

在零图的邻接矩阵中,所有元素都应该是 0,亦即其邻接矩阵是个零矩阵。如果给定图中的每个结点上都有闭路,而且又没有其他的边存在,则其邻接矩阵是个单位矩阵。

如果给定的图 $G = \langle V, E, \phi \rangle$ 是一个简单有向图,并且其邻接矩阵是 $A$,则图 $G$ 的逆图 $G$ 的邻接矩阵是 $A$ 的转置 $A^T$。对于无向图或者对称的有向图来说,应有 $A^T=A$。

下面就来定义矩阵 $B=AA^{\mathrm{T}}$。设 $a_{ij}$ 是邻接矩阵 $A$ 中的第 $i$ 行和第 $j$ 列上的（$i$, $j$）元素，$b_{ij}$ 是矩阵 $B$ 中的第 $i$ 行和第 $j$ 列上的（$i$, $j$）元素。于是，对于 $i$, $j$=1，2，3，…，$n$ 来说，有

$$b_{ij} = \sum_{k=1}^{n} a_{ik}a_{jk} \tag{2}$$

式中，$a_{ik}$ 和 $a_{jk}$ 都为 1，当且仅当 $a_{ik}a_{jk}$=1；否则，必有 $a_{ik}a_{jk}$=0。符号 $\sum$ 是普通的求和。可知，如果边 $<v_i, v_k>\in E$，则有 $a_{ik}$=1；如果边 $<v_j, v_k>\in E$，则有 $a_{jk}$=1。对于某一个确定的 $k$ 来说，如果 $<v_i, v_k>$ 和 $<v_j, v_k>$ 都是给定图的边，则在表示 $b_{ij}$ 的求和表达式（2）中，应该引入基值 1。从结点 $v_i$ 和 $v_j$ 二者引出的边，如果能共同终止于一些结点的话，那么这样的一些结点的数目，就是元素 $b_{ij}$ 的值。

　　**例 9.22**　对于例 9.21 中的图 9.30 来说，选定邻接矩阵 $A$。根据第 4 章中关于关系矩阵转置的定义，由邻接矩阵 $A$ 能容易地求得 $A^{\mathrm{T}}$。根据上面给出的定义，也能够求出矩阵 $AA^{\mathrm{T}}$。结果如下。

$$A = \begin{array}{c} \\ v_1 \\ v_2 \\ v_3 \\ v_4 \\ v_5 \end{array} \begin{array}{ccccc} v_1 & v_2 & v_3 & v_4 & v_5 \\ \left[\begin{array}{ccccc} 0 & 1 & 0 & 0 & 0 \\ 0 & 0 & 1 & 0 & 0 \\ 0 & 1 & 0 & 1 & 1 \\ 1 & 0 & 0 & 0 & 0 \\ 1 & 1 & 0 & 1 & 0 \end{array}\right] \end{array}, \quad A^{\mathrm{T}} = \begin{array}{c} \\ v_1 \\ v_2 \\ v_3 \\ v_4 \\ v_5 \end{array} \begin{array}{ccccc} v_1 & v_2 & v_3 & v_4 & v_5 \\ \left[\begin{array}{ccccc} 0 & 0 & 0 & 1 & 1 \\ 1 & 0 & 1 & 0 & 1 \\ 0 & 1 & 0 & 0 & 0 \\ 0 & 0 & 1 & 0 & 1 \\ 0 & 0 & 1 & 0 & 0 \end{array}\right] \end{array}$$

$$AA^{\mathrm{T}} = \begin{bmatrix} 1 & 0 & 1 & 0 & 1 \\ 0 & 1 & 0 & 0 & 0 \\ 1 & 0 & 3 & 0 & 2 \\ 0 & 0 & 0 & 1 & 1 \\ 1 & 0 & 2 & 1 & 3 \end{bmatrix}$$

　　另外，对于图 9.30 来说，试选定 $i$=3 和 $j$=5。从结点 $v_3$ 和 $v_5$ 所引出的边，能够共同终止于结点 $v_2$ 和 $v_4$。因为这样的结点有 $v_2$，$v_4$ 2 个，所以在矩阵 $AA^{\mathrm{T}}$ 中的第三行和第五列上的元素 $b_{35}$=2。对于（2）式来说，如果有 $i=j$，则能够得出

$$b_{ij} = \sum_{k=1}^{n} a_{ik}^{\ 2} \tag{3}$$

　　如果 $a_{ik}$=1，也就是说，如果边（$v_i$, $v_k$）$\in E$，则必定有 $a_{ik}^{\ 2}=1$。不难看出，矩阵 $AA^T$ 中的主对角线上的元素 $b_{ii}$ 的值，就是各结点 $v_i$ 的出度。下面再来定义矩阵 $C=A^{\mathrm{T}}A$。设 $a_{ij}$ 是邻接矩阵 $A$ 中的（$i$, $j$）元素；$c_{ij}$ 是矩阵 $C$ 中的（$i$, $j$）元素。于是，对于 $i=1,2,\cdots,n$ 来说有

$$C_{ij} = \sum_{k=1}^{n} a_{ki}a_{kj} \tag{4}$$

式中，$a_{ki}$ 和 $a_{kj}$ 都为 1，当且仅当 $a_{ki}a_{kj}$=1。

　　如果边 $<v_k, v_i>\in E$，则有 $a_{ki}$=1；如果边 $<v_k, v_j>\in E$，则有 $a_{kj}$=1。对于某一个确定的 $k$ 来说，如果 $<v_k, v_i>$ 都是给定图的边，则在（4）式中应引入基值 1。从图中的一些点所引出的边，如果能够同时终止于结点 $v_i$ 和 $v_j$ 的话，那么这样的一些结点的数目，就是元素 $c_{ij}$ 的值。

　　**例 9.23**　对于例 9.21 中的图 9.30 来说，根据上述的定义能够求得

$$A^{\mathrm{T}}A = \begin{bmatrix} 2 & 1 & 0 & 1 & 0 \\ 1 & 3 & 0 & 2 & 1 \\ 0 & 0 & 1 & 0 & 0 \\ 1 & 2 & 0 & 2 & 1 \\ 0 & 1 & 0 & 1 & 1 \end{bmatrix}$$

试选定 $i=2$ 和 $j=4$。从结点 $v_3$ 和 $v_5$ 引出的边，能够同时终止于结点 $v_2$ 和 $v_4$。因此，在矩阵 $A^{\mathrm{T}}A$ 的第二行和第四列上的元素 $c_{24}=2$。

对于（4）式来说，如果有 $i=j$，则能够得出

$$C_{ij} = \sum_{k=1}^{n} a_{ki}^{2} \tag{5}$$

如果 $a_{ki}=1$，也就是说，如果边 $<v_k, v_i>\in E$，则必有 $a_{ki}^2=1$。不难看出，矩阵 $A^{\mathrm{T}}A$ 中的主对角线上的各元素 $C_{ii}$ 的值，就是各结点 $v_i$ 的入度。

对于 $n=2,3,4,\cdots$ 来说，考察邻接矩阵 $A$ 的幂 $A^n$ 可知，邻接矩阵 $A$ 中的第 $i$ 行和第 $j$ 列上的元素值 1，说明了图 $G$ 中存在一条边 $<v_i, v_j>$，也就是说，存在一条从结点 $v_i$ 到 $v_j$ 长度为 1 的路径。试定义矩阵 $A^2$，使得 $A^2$ 中的各元素 $a_{ij}$ 为

$$a_{ij}^{2} = \sum_{k=1}^{n} a_{ik} a_{kj} \tag{6}$$

式中，$a_{ik}$ 和 $a_{kj}$ 都等于 1，当且仅当 $<v_i, v_k>$ 和 $<v_k, v_j>$ 都是图 $G$ 的边，对于任何确定的 $k$ 才有 $a_{ik}a_{kj}=1$；否则，$a_{ik}a_{kj}=0$。每一个这样的 $k$ 都会给求和公式（6）引入基值 1。继之，边 $<v_i, v_k>$ 和 $<v_k, v_j>$ 的同时存在，意味着图 $G$ 中有一条从结点 $v_i$ 到 $v_j$ 长度为 2 的路径。因此，元素值 $a_{ij}$ 等于从 $v_i$ 到 $v_j$ 长度为 2 的不同路径的数目。显然，矩阵 $A^2$ 中主对角线上的元素 $a_{ii}$ 的值，表示了结点 $v_i$（$i=1,2,3,\cdots,n$）上长度为 2 的循环的个数。不难推断，矩阵 $A^3$ 中的（$i,j$）元素值，表示了从 $v_i$ 到 $v_j$ 长度恰为 3 的路径数目，等等。

**例 9.24** 对于例 9.21 中的图 9.30 来说，根据上述的定义能够求得

$$A^2 = \begin{bmatrix} 0 & 0 & 1 & 0 & 0 \\ 0 & 1 & 0 & 1 & 1 \\ 2 & 1 & 1 & 1 & 0 \\ 0 & 1 & 0 & 0 & 0 \\ 1 & 1 & 1 & 0 & 0 \end{bmatrix}, \qquad A^3 = \begin{bmatrix} 0 & 1 & 0 & 1 & 1 \\ 2 & 1 & 1 & 1 & 0 \\ 1 & 3 & 1 & 1 & 1 \\ 0 & 0 & 1 & 0 & 0 \\ 0 & 2 & 1 & 1 & 1 \end{bmatrix}$$

$$A^4 = \begin{bmatrix} 2 & 1 & 1 & 1 & 0 \\ 1 & 3 & 1 & 1 & 1 \\ 2 & 3 & 3 & 2 & 1 \\ 0 & 1 & 0 & 1 & 0 \\ 2 & 2 & 2 & 2 & 1 \end{bmatrix}, \qquad A^5 = \begin{bmatrix} 1 & 3 & 1 & 1 & 1 \\ 2 & 3 & 3 & 2 & 1 \\ 3 & 6 & 3 & 4 & 3 \\ 2 & 1 & 1 & 1 & 0 \\ 3 & 5 & 3 & 2 & 2 \end{bmatrix}$$

从这些矩阵可以知道图中存在两条从 $v_3$ 到 $v_1$ 的长度为 2 的有向道路，不存在从 $v_1$ 到自身的长度为 2 或 3 的有向回路，但是存在从 $v_1$ 到自身的两条长度为 4 的有向回路和一条长度为 5 的有向回路等。

**定理 9.13** 设 $G=<V, E, \psi>$ 是一个 $n$ 阶简单有向图，$A$ 是 $G$ 的邻接矩阵。对于 $m=1,2,3,\cdots$ 来说，矩阵 $A^m$ 中的（$i,j$）元素的值，等于从 $v_i$ 到 $v_j$ 长度为 $m$ 的路径数目。

**证明：** 对于 $m$ 进行归纳证明。当 $m=1$ 时，由邻接矩阵 $A$ 的定义中能够得到 $A^1=A$。设矩阵 $A^k$ 中的 $<i, j>$ 元素值是 $a_{ij}^{k}$，且对于 $m=k$ 来说结论为真。因为 $A^{k+1}=A^kA$，所以应有

$$a_{ij}^{k+1} = \sum_{k=1}^{n} a_{ik}^{k} a_{kj} \tag{7}$$

式中，$a_{ik}^{k} a_{kj}$ 是从结点 $v_i$ 出发，经过结点 $v_k$ 到 $v_j$ 的长度为 $k+1$ 的各条路径的数目。这里 $v_k$ 是倒数第二个结点。因此，$a_{ij}$ 应是从结点 $v_i$ 出发，经过任意的倒数第二个结点到 $v_i$ 的长度为 $k+1$ 的路径

总数。因此，对于 $m = k+1$，定理成立。

**例 9.25**　重新考察例 9.24 中的邻接矩阵 $A$ 的幂 $A^2$，$A^3$，$A^4$ 和 $A^5$。由图 9.30 不难看出，从结点 $v_1$ 到 $v_3$ 有一条长度为 2 的路径，因此在矩阵 $A^2$ 中的第一行和第三列上，记上了 1。与此类似，从结点 $v_1$ 到 $v_3$ 有一条条长度为 5 的路径。因此，在矩阵 $A^5$ 中的第一行和第三列上，也记上了 1。

**推论 9.2**　设 $A$ 是简单有向图 $G$ 的邻接矩阵，令 $A^k = (a_{ij}^{(k)})_{n \times n}, k \geq 1$，则使 $a_{ij}^{(k)} > 0$ 的最小 $k$ 值，正是 $v_i$ 到 $v_j$ 的距离 $d(v_i, v_j)$。

**证明**：由 $a_{ij}^{(k)}$ 的定义即可得出。

**推论 9.3**　设 $A$ 是 $n$ 阶简单有向图 $G$ 的邻接矩阵，$A^k = (a_{ij}^{(k)})_{n \times n}$，则对 $1 \leq k \leq n-1$，$a_{ij}^{(k)} = 0$ 恒成立 ($i \neq j$) 当且仅当从 $v_i$ 到 $v_j$ 是不可达的。

**证明**：若从 $v_i$ 到 $v_j$ 可达，则必存在一条长度不超过 $n-1$ 的有向基本道路，从而存在 $1 \leq l \leq n-1$，使 $a_{ij}^{(l)} > 0$，与 $a_{ij}^{(k)} = 0$ 矛盾。因此，从 $v_i$ 到 $v_j$ 是不可达的。反之，若 $v_i$ 到 $v_j$ 是不可达的，则对任何 $k$，$a_{ij}^{(k)} = 0$。

**推论 9.4**　令 $A^k = (a_{ij}^{(k)})_{n \times n}$ 则存在 $t, s$ 使 $a_{ij}^{(t)} > 0$ 和 $a_{ij}^{(s)} > 0$ 当且仅当 $G$ 中有一条包含 $v_i$ 和 $v_j$ 的有向回路。

**证明**：当 $a_{ij}^{(t)} > 0$，$a_{ij}^{(s)} > 0$ 时，说明由 $v_i$ 到 $v_j$ 有一条长度为 $t$ 的有向道路，由 $v_j$ 到 $v_i$ 有一条长度为 $s$ 的有向道路，因此存在一条包含 $v_i$ 和 $v_j$ 的长度为 $s+t$ 的有向闭道路，由此又可以构造出包含 $v_i$ 和 $v_j$ 的有向回路。反之，若存在包含 $v_i$ 和 $v_j$ 的有向回路，显然必有 $t$ 和 $s$ 使 $a_{ij}^{(t)} > 0$ 和 $a_{ji}^{(s)} > 0$。

定理 9.13 及其推论对于无向图也同样有效。特别地，若无向图的邻接矩阵满足推论 9.2 的条件，则这个无向图必定不是连通图。

**例 9.26**　给定一个简单有向图 $G = <V, E, \psi>$，如图 9.31 所示，其中的结点集合 $V = \{v_1, v_2, v_3, v_4\}$。试求出图 $G$ 的邻接矩阵 $A$ 和 $A$ 的幂 $A^2$，$A^3$，$A^4$。

**解**：所要求得到的矩阵如下：

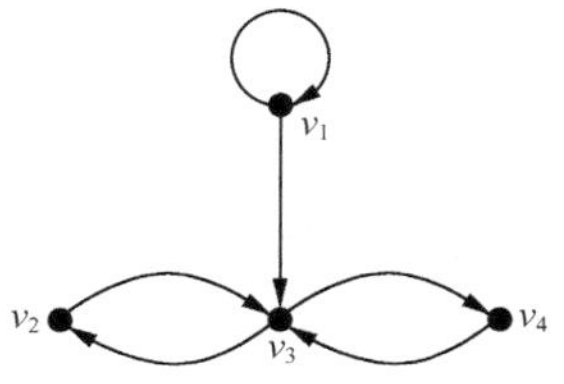

图 9.31

$$A = \begin{bmatrix} 1 & 0 & 1 & 0 \\ 0 & 0 & 1 & 0 \\ 0 & 1 & 0 & 1 \\ 0 & 0 & 1 & 0 \end{bmatrix}, \quad A^2 = \begin{bmatrix} 1 & 1 & 1 & 1 \\ 0 & 1 & 0 & 1 \\ 0 & 0 & 2 & 0 \\ 0 & 1 & 0 & 1 \end{bmatrix}$$

$$A^3 = \begin{bmatrix} 1 & 1 & 3 & 1 \\ 0 & 0 & 2 & 0 \\ 0 & 2 & 0 & 2 \\ 0 & 0 & 2 & 0 \end{bmatrix}, \quad A^4 = \begin{bmatrix} 1 & 3 & 3 & 3 \\ 0 & 2 & 0 & 2 \\ 0 & 0 & 4 & 0 \\ 0 & 2 & 0 & 2 \end{bmatrix}$$

从这些矩阵中能够得到一些结论。例如，从结点 $v_1$ 到 $v_4$，有 3 条长度为 4 的路径。从结点 $v_1$ 到 $v_3$ 的距离 $d<v_1, v_3>=1$。图 $G$ 中没有长度为 3 的闭路。

## 9.4.2　可达性矩阵

在许多实际问题中，常常要判断有向图的一个节点 $v_i$ 到另一个节点 $v_j$ 是否存在路的问题。对于有向图中的任何两个节点之间的可达性，也可用矩阵表示。

给定一个简单有向图 $G = <V, E, \psi>$，并且设结点 $v_i$，$v_j \in V$。可知，由图 $G$ 的邻接矩阵 $A$ 能

够直接确定 $G$ 中是否存在一条从 $v_i$ 到 $v_j$ 的边。设 $k \in I_+$，由矩阵 $A^r$ 能够求得从结点 $v_i$ 到 $v_j$ 长度为 $k$ 的路径数目。试构成矩阵

$$B_k = A + A^2 + \cdots + A^k, k \geqslant 1 \qquad (8)$$

由 $B_k$ 的元素 $b_{ij}^{(k)}$ 就可以确定从 $v_i$ 到 $v_j$ 的长度不超过 $k$ 的有向道路的数目。如果我们只关心在 $G$ 中是否 $v_i$ 可达 $v_j$，而不关心究竟通过多少条有向道路可达，那么，只要看一看所有的 $B_k$ 的元素 $b_{ij}^{(k)}$ 是否等于 0 就行了。从推论 9.2 知道，从 $v_i$ 到 $v_j$ 不可达当且仅当 $a_{ij}^{(n)} = 0$。因此，$B_n$ 的元素 $b_{ij}^{(n)}$ 等于 0 与否就告诉了 $v_i$ 不可达 $v_j$ 或可达 $v_j$ 的信息。由定理 9.6 可知 $n$ 阶图中的基本路径的长度小于或等于 $n-1$，所以实际计算中矩阵的幂只算到 $n-1$ 次即可。

**定义 9.33** 给定一个简单有向图 $G=<V, E, \psi>$，其中 $V = \{v_1, v_2, \cdots, v_n\}$，并且假定 $G$ 中的各结点是有序的。试定义一个 $n \times n$ 的路径矩阵（或可达性矩阵）$P$，使得其元素为

$$p_{ij} = \begin{cases} 1 & \text{如果从} v_i \text{到} v_j \text{至少存在一条路径} \\ 0 & \text{如果从} v_i \text{到} v_j \text{不存在任何路径} \end{cases}$$

不难看出，路径矩阵 $P$ 仅表明了图中的任何结点偶对之间是否至少存在一条路径，以及在任何结点上存在循环与否；它并不能指明存在的所有路径。在这种意义上说，与邻接矩阵 $A$ 不同，路径矩阵并不能给出关于图的完整信息。虽然如此，路径矩阵还是很有用处的。另外，由前述的矩阵 $B$ 能够求得路径矩阵 $P$。其方法是，如果 $B_n$ 中的 $(i, j)$ 元素是非零元素，则选取 $p_{ij}=1$，否则 $p_{ij}=0$。

**例 9.27** 试构成图 9.30 中的有向图的路径矩阵 $P$。

**解：** 设邻接矩阵 $A=A^1$。在前面的例 9.24 中，已经求出过矩阵 $A$ 的幂 $A^2$、$A^3$、$A^4$ 和 $A^5$。所以能够分别求出矩阵 $B_5$ 和路径矩阵 $P$ 如下。

$$B_5 = \begin{bmatrix} 3 & 6 & 3 & 4 & 3 \\ 5 & 8 & 6 & 5 & 3 \\ 9 & 14 & 8 & 9 & 5 \\ 2 & 3 & 2 & 2 & 2 \\ 6 & 11 & 6 & 6 & 4 \end{bmatrix}, \quad P = \begin{bmatrix} 1 & 1 & 1 & 1 & 1 \\ 1 & 1 & 1 & 1 & 1 \\ 1 & 1 & 1 & 1 & 1 \\ 1 & 1 & 1 & 1 & 1 \\ 1 & 1 & 1 & 1 & 1 \end{bmatrix}$$

可见图 9.30 中任何两个结点之间都是相互可达的，这个图也就是一个强连通图。

不难看出，首先构成矩阵 $A$，$A^2$，$\cdots$，$A^n$，而后由他们构成矩阵 $B_n$，再由矩阵 $B_n$ 构成路径矩阵 $P$，显然是件很麻烦的事。下面将给出另外一种方法，这种方法也是基于类似的原理，但在实际应用中更为方便。对于可达性来说，并不需要讨论从结点 $v_i$ 到 $v_j$ 的任何特定长度的路径数目。然而，在构成邻接矩阵 $A$ 的幂过程中，得到了这些信息。不过，由于不需要它们，而后又把它隐去了。为了减少计算工作量，应该设法使得这些不必要的信息不产生。采用布尔矩阵（元素或为 0 或为 1 的任何矩阵）的运算，就能够达到了上述的目的。

给定了一个两元素布尔代数 $<B, \wedge, \vee, \neg, 0, 1>$，其中的集合 $B=\{0, 1\}$。由定义 9.33 可知，在一个矩阵中，如果所有的元素都是 $<B, \wedge, \vee, \neg, 0, 1>$ 中的元素，则此矩阵都必定是一个布尔矩阵。在表 9.1 和表 9.2 中，分别给出了集合 $B$ 中的 $\wedge$ 运算和 $\vee$ 运算的定义。

对于两个 $n \times n$ 的布尔矩阵 $A$ 和 $B$ 来说，$A$ 和 $B$ 的布尔和是 $A \vee B$，$A$ 和 $B$ 的布尔积是 $A \wedge B$，并分别称为矩阵 $C$ 和 $D$，它们也都是布尔矩阵。对于所有的 $i, j=1, 2, \cdots, n$ 来说，试把矩阵 $C$ 和 $D$ 的元素分别定义成

$$C_{ij} = a_{ij} \vee b_{ij}, d_{ij} = \bigvee_{k=1}^{n}(a_{ik} \wedge b_{kj}) \qquad (9)$$

表 9.1

| ∧ | 0 | 1 |
|---|---|---|
| 0 | 0 | 0 |
| 1 | 0 | 1 |

表 9.2

| ∨ | 0 | 1 |
|---|---|---|
| 0 | 0 | 1 |
| 1 | 1 | 1 |

不难看出，对矩阵 $A$ 中的第 $i$ 行从左至右进行扫描，同时对矩阵 $B$ 中的第 $j$ 列自上而下进行扫描，并且按公式（2）进行计算，就能够求出所有的元素 $d_{ij}$。显然，元素 $d_{ij}=1$ 或者 $d_{ij}=0$。

可知，邻接矩阵 $A$ 是个布尔矩阵。路径矩阵 $P$ 也是个布尔矩阵。能够由邻接矩阵 $A$ 构成路径矩阵 $P$。对于 $r=2$，$3$，$\cdots$来说，令

$$A \wedge A = A^{(2)}$$
$$A^{(r-1)} \wedge A = A^{(r)}$$

应该注意，矩阵 $A^{(2)}$ 和 $A^2$ 是不同的。$A^{(2)}$ 是个布尔矩阵。如果从结点 $v_i$ 到 $v_j$ 至少有一条长度为 2 的路径的话，则 $A^{(2)}$ 中的（$i$，$j$）元素值为 1；然而在矩阵 $A^2$ 中，（$i$，$j$）元素值则表明了从 $v_i$ 到 $v_j$ 长度为 2 的路径数目。类似的讨论也适用于 $A^{(3)}$ 和 $A^3$ 以至可以推广到对于任何正整数 $r$ 的 $A^{(r)}$ 和 $A^r$。于是，可以把路径矩阵 $P$ 表示成

$$P = A \vee A^{(2)} \vee A^{(3)} \vee \cdots \vee A^{(k)}$$

另外，如果是从 $k=1$ 到 $k=n-1$ 进行求和，则又能够得到另外一个矩阵 $P'$。在 $P'$ 与 $P$ 之间如果有区别的话，那么仅是主对角线上的各元素有所不同。

**例 9.28**　对于图 9.30 中的有向图来说，试求出矩阵 $A^{(2)}$，$A^{(3)}$，$A^{(4)}$，$A^{(5)}$ 和 $P$。

**解：** 应有

$$A^{(2)} = \begin{bmatrix} 0 & 0 & 1 & 0 & 0 \\ 0 & 1 & 0 & 1 & 1 \\ 1 & 1 & 1 & 1 & 0 \\ 0 & 1 & 0 & 0 & 0 \\ 1 & 1 & 1 & 0 & 0 \end{bmatrix}, \quad A^{(3)} = \begin{bmatrix} 0 & 1 & 0 & 1 & 1 \\ 1 & 1 & 1 & 1 & 0 \\ 1 & 1 & 1 & 1 & 1 \\ 0 & 0 & 1 & 0 & 0 \\ 0 & 1 & 1 & 1 & 1 \end{bmatrix}$$

$$A^{(4)} = \begin{bmatrix} 1 & 1 & 1 & 1 & 0 \\ 1 & 1 & 1 & 1 & 1 \\ 1 & 1 & 1 & 1 & 1 \\ 0 & 1 & 0 & 1 & 1 \\ 1 & 1 & 1 & 1 & 1 \end{bmatrix}, \quad A^{(5)} = \begin{bmatrix} 1 & 1 & 1 & 1 & 1 \\ 1 & 1 & 1 & 1 & 1 \\ 1 & 1 & 1 & 1 & 1 \\ 1 & 1 & 1 & 1 & 0 \\ 1 & 1 & 1 & 1 & 1 \end{bmatrix}$$

$$A \vee A^{(2)} \vee A^{(3)} \vee A^{(4)} = \begin{bmatrix} 1 & 1 & 1 & 1 & 1 \\ 1 & 1 & 1 & 1 & 1 \\ 1 & 1 & 1 & 1 & 1 \\ 1 & 1 & 1 & 1 & 1 \\ 1 & 1 & 1 & 1 & 1 \end{bmatrix} = A \vee A^{(2)} \vee A^{(3)} \vee A^{(4)} \vee A^{(5)} = P$$

可以用不同的方法解释矩阵 $A$，$A^{(2)}$，$A^{(3)}$，$\cdots$。在简单有向图 $G = <V$，$E$，$\psi>$ 中，应有 $E \subseteq V \times V$，因此可以把集合 $E$ 看成是 $V$ 中的二元关系。邻接矩阵 $A$ 是关系 $E$ 的关系矩阵。在第 4 章中，曾经把合成关系 $E \circ E = E^2$ 定义成这样一种关系：如果存在一个结点 $V_k$，能使 $v_i E v_k$ 和 $v_k E v_j$，则必有 $v_i E^2 v_j$。换句话说，从 $v_i$ 到 $v_j$ 如果至少存在一条长度为 2 的路径的话，那么 $E^2$ 的关系矩阵中的（$i$，$j$）元素值是 1。这就说明了，矩阵 $A^{(2)}$ 是关系 $E^2$ 的关系矩阵。与此类似，$A^{(3)}$ 是 $V$ 中的

关系

$$E \circ E \circ E = E^3$$

的关系矩阵，$A^{(4)}$ 是关系 $E^4$ 的关系矩阵，其余的依此类推。

设 $E_1$ 和 $E_2$ 是 $V$ 中的两种关系，并且 $A_1$ 和 $A_2$ 分别是 $E_1$ 和 $E_2$ 的关系矩阵。于是，关系 $E_1 \cup E_2$ 和 $E_1 \circ E_2$ 的关系矩阵分别是 $A_1 \vee A_2$ 和 $A_1 \wedge A_2$。

对于集合 $V$ 中的关系 $E$ 来说，$E$ 的可传递闭包 $E^+$ 应是

$$E^+ = E \cup E^2 \cup E^3 \cup \cdots$$

显然，可传递闭包 $E^+$ 的关系矩阵应为：

$$A^+ = A \vee A^{(2)} \vee A^{(3)} \vee \cdots$$

式中的 $A$ 是关系 $E$ 的关系矩阵。前面曾经说明，如果 $|V|=n$，则图 $G$ 中的基本路径或基本循环的长度不会超过 $n$。因此，求和到 $A^{(n)}$ 就能够求得 $A^+$，亦即

$$A^+ = A \vee A^{(2)} \vee A^{(3)} \vee \cdots \vee A^{(N)} = p \qquad (10)$$

不难看出，矩阵 $A^+$ 与路径矩阵 $P$ 相同。应该说明，在（10）中如果在加上幂高于 $n$ 的矩阵，则并不会使 $A^+$ 发生什么变化。计算关系的可传递闭包和简单有向图的路径矩阵，都可以在计算机上进行。

由图的邻接矩阵 $A$ 和路径矩阵 $P$，还能够确定出简单有向图的许多其他性质。例如，能够由路径矩阵 $P$ 求得含有给定图的任何特定结点的强分图。

设 $G=<V, E, \psi>$ 是一个简单有向图，并且 $V \neq \phi$。$P$ 是图 $G$ 的路径矩阵，$P^t$ 是矩阵 $P$ 的转置。设矩阵 $P$ 中的（$i, j$）元素为 $p_{ij}$，而矩阵 $P^T$ 中的（$i, j$）元素为 $P_{ij}^T$。试定义一个矩阵 $P \times P^T$，使得它的（$i, j$）元素为 $p_{ij} p_{ij}^T$。于是，矩阵 $P \times P^T$ 中的第 $i$ 行，就确定了含有结点 $v_i$ 的强分图。

**例 9.29** 对于图 9.32 中的有向图来说，通过矩阵 $P \times P^T$ 就可以确定其强分图。

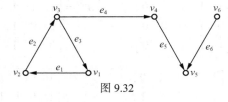

图 9.32

$$P = \begin{bmatrix} 1 & 1 & 1 & 1 & 1 & 0 \\ 1 & 1 & 1 & 1 & 1 & 0 \\ 1 & 1 & 1 & 1 & 1 & 0 \\ 0 & 0 & 0 & 1 & 1 & 0 \\ 0 & 0 & 0 & 0 & 1 & 0 \\ 0 & 0 & 0 & 0 & 1 & 1 \end{bmatrix} \qquad P \wedge P^T = \begin{bmatrix} 1 & 1 & 1 & 0 & 0 & 0 \\ 1 & 1 & 1 & 0 & 0 & 0 \\ 1 & 1 & 1 & 0 & 0 & 0 \\ 0 & 0 & 0 & 1 & 0 & 0 \\ 0 & 0 & 0 & 0 & 1 & 0 \\ 0 & 0 & 0 & 0 & 0 & 1 \end{bmatrix}$$

如果从结点 $v_i$ 到 $v_j$ 是可达的，则显然有 $p_{ij}=1$；如果从结点 $v_j$ 到 $v_i$ 是可达的，则应有 $p_{ji}=1$ 或 $p_{ij}^T=1$。因此，结点 $v_i$ 和 $v_j$ 是相互可达的，当且仅当矩阵 $P \times P^T$ 中的（$i, j$）元素值为 1。对于所有的 $j$，这个命题都成立，因此上述的命题为真。

### 9.4.3　关联矩阵

**定义 9.34** 设 $G=（V, E）$ 是一个无环的、至少有一条有向边的有向图，$V = \{v_1, v_2, \cdots, v_n\}$，$E = \{e_1, e_2, \cdots, e_m\}$。构造矩阵 $M = \left(m_{ij}\right)_{n \times n}$，其中

$$m_{ij} = \begin{cases} 1, & \text{当} e_j \text{是} v_i \text{的出边} \\ -1, & \text{当} e_j \text{是} v_i \text{的入边} \\ 0, & \text{其他} \end{cases}$$

称 $M$ 是 $G$ 的关联矩阵。

**例 9.30**　图 9.33 的关联矩阵如下

$$M = \begin{array}{c} \\ v_1 \\ v_2 \\ v_3 \\ v_4 \end{array} \begin{bmatrix} e_1 & e_2 & e_3 & e_4 & e_5 & e_6 & e_7 \\ 1 & 1 & -1 & 1 & 0 & 0 & 0 \\ -1 & 0 & 0 & 0 & 1 & 1 & 0 \\ 0 & 0 & 0 & -1 & 0 & -1 & 1 \\ 0 & -1 & 1 & 0 & -1 & 0 & -1 \end{bmatrix}_{4 \times 7}$$

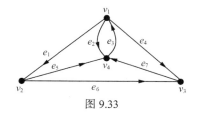

图 9.33

同邻接矩阵一样，关联矩阵也给出了一个图的全部信息。从定义不难发现：

（1）第 $i$ 行中 $(1 \leqslant i \leqslant n)$，1 的个数是 $v_i$ 的出度，-1 的个数是 $v_i$ 的入度。

（2）矩阵中每列都有且仅有一个 1 和一个 -1。

（3）若矩阵中有全零元素行，则图有孤立点。

（4）若有向图 $G$ 的结点和边在一种编号（定序）下的关联矩阵是 $M_1$，在另一种编号下的关联矩阵是 $M_2$，则必存在置换阵 $P$ 和 $Q$，使 $M_1 = P M_2 Q$。

此外，关联矩阵还有下面的重要性质。

**定理 9.14**　设 $G$ 是 $n$ 阶连通无环的的有向图，其关联矩阵是 $M$，则 $M$ 的秩是 $n-1$。

**证明：**若以 $M$ 的每个行为一向量，则由上面第(2)项知道，这 $n$ 个行向量之和是个零向量，即这 $n$ 个行向量线性相关。这表明 $M$ 的秩不大于 $n-1$。

为了证明 $M$ 的秩等于 $n-1$，构造矩阵方程

$$XM=0 \tag{11}$$

显然，齐次方程组（11）的基础解系中每个解向量都可以表示成只以 0 和 1 为元素的形式。现在设

$$X = (\overbrace{1,\cdots,1}^{q\text{个}}\overbrace{0,\cdots,0}^{n-q\text{个}})$$

是这种形式的一个解。用分块形式表示成

$$X = (e_q \quad o_{n-q}),$$

相应地，把 $M$ 按分块形式表示成

$$M = \begin{pmatrix} M_1 \\ M_2 \end{pmatrix} \begin{array}{l} \}q \\ \}n-q \end{array}$$

（1）式即　　$(e_q \quad o_{n-q}) \begin{pmatrix} M_1 \\ M_2 \end{pmatrix} = 0$

由此得 $e_q M_1 = 0_m$，其中 $m$ 是 $G$ 的边数。这个结果表明 $M_1$ 中每列要么含有两个非零元素 1 和 -1，要么全是零元素。不妨设 $M_1 = (\overset{r}{\overbrace{M_{11}}} \quad \overset{m-r}{\overbrace{o}})q$，这样，$M$ 就可以表示成

$$M_1 = \begin{bmatrix} M_{11} & 0 \\ 0 & M_{22} \end{bmatrix} \begin{array}{l} \}q \\ \}n-q \end{array}$$
$$\underset{r}{} \quad \underset{m-r}{}$$

若 $0 < q < n$，就会导出 $M$ 是非连通有向图（在弱连通意义上）的关联矩阵的结论，与 $G$ 是

连通有向图的条件不合。这说明（1）式的解 $X$，不能既含有元素 0 又含有元素 1。

当 $q=0$ 或 n 时，容易验证 $X=(0,0,\cdots,0)$ 和 $X=(1,1,\cdots,1)$ 都是方程（1）的解。因此，方程（1）的解空间是 1 维的，也就是说，$M$ 的秩为 $n$-1。

无向图的关联矩阵的定义稍有不同。

**定义 9.35** 设 $G=(V,E)$ 是至少有一边的无环图，
$V\{v_1,v_2,\cdots,v_n\}$，$E=\{e_1,e_2,\cdots e_m\}$。构造矩阵 $M=(m_{ij})_{n\times m}$，其中

$$m_{ij}=\begin{cases}1, & 若v_i与e_j关联 \\ 0, & 其他\end{cases}$$

称 $M$ 为 $G$ 的关联矩阵。这个矩阵通常看作 $\{0,1\}$ 矩阵加以研究。同有向图的情形一样，可以证明 $n$ 阶无环连通图，其关联矩阵的秩是 $n$-1。后面将利用关联矩阵来研究图的生成树构造问题。

# 习　　题

1. 画出图 $G=\langle V,E,\psi\rangle$ 的图示，指出其中哪些图是简单图并给出各节点的度（出度、入度）。

　（1）$V=\{v_1,v_2,v_3,v_4,v_5\}$

　　　$E=\{e_1,e_2,e_3,e_4,e_5,e_6,e_7\}$

　　　$\psi=\{\langle e_1,\{v_2\}\rangle,\langle e_2,\{v_2,v_4\}\rangle,\langle e_3,\{v_1,v_3\}\rangle,\langle e_4\{v_1,v_3\}\rangle,\langle e_5\{v_1,v_3\}\rangle,\langle e_6\{v_3,v_4\}\rangle\}$

　（2）$V=\{v_1,v_2,v_3,v_4,v_5,v_6,v_7,v_8\}$

　　　$E=\{e_i\mid i\in I_+ \wedge 1\leqslant i\leqslant 11\}$

　　　$\psi=\{\langle e_1,\langle v_2,v_1\rangle\rangle,\langle e_2,\langle v_1,v_2\rangle\rangle,\langle e_3,\{v_1,v_3\}\rangle,\langle e_4,\langle v_2,v_4\rangle\rangle,\langle e_5\langle v_3,v_4\rangle\rangle,\langle e_6\langle v_4,v_5\rangle\rangle,\langle e_7\langle v_5,v_3\rangle\rangle,$

　　　$\langle e_8\langle v_3,v_5\rangle\rangle,\langle e_9\langle v_6,v_7\rangle\rangle,\langle e_{10}\langle v_7,v_8\rangle\rangle,\langle e_{11}\langle v_8,v_6\rangle\rangle\}$

2. 下列各组数中，哪些能构成无向图的度序列？哪些能构成无向简单图的度序列？

　（1）1,1,1,2,3。

　（2）2,2,2,2,2。

　（3）3,3,3,3。

　（4）1,2,3,4,5。

　（5）1,3,3,3。

3. 写出图 9.34 的抽象数学定义。

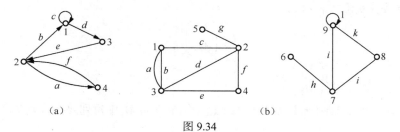

（a）　　　　　　　　　　　　　　　　　　　（b）

图 9.34

4. 设图 $G=<V,E>,|V|=8$，若 $G$ 有三个 3 度结点，两个 2 度结点，三个 1 度结点，试问：$G$ 有多少条边？

5. 图 $G$ 有 12 条边，三个度为 4 的结点，其余结点的度均为 3，问图 $G$ 有多少个结点？

6. 证明在 $n$ 阶简单有向图中，完全有向图的边数最多，其边数为 $n(n-1)$。

7. 图 9.35 的两个图是否同构？若两图同构，写出结点之间的对应关系；若不同构，则说明理由。

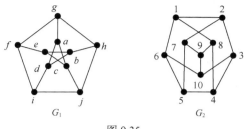

图 9.35

8. 图 9.36 中的两个图是否同构，说明理由。

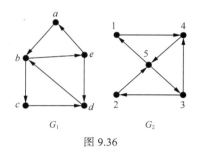

图 9.36

9. 证明任何阶大于 1 的简单无向图必有两个结点的度数相等。

10. 设 $n$ 阶无向图 $G$ 有 $m$ 条边，其中 $n_k$ 个结点的度数为 $k$，其余结点的度数为 $k+1$，证明 $n_k = (k+1)n - 2m$。

11. （1）试证明，若无向图 $G$ 中只有两个奇点，则这两个结点一定是连通的。

  （2）若有向图 $G$ 中只有两个奇点，它们一个可达另一个或互相可达吗？

12. 证明图 9.37 中的基本路径必为简单路径。

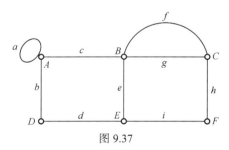

图 9.37

13. 在图 9.38 所示的 4 个图中，哪几个是强连通图？哪几个是单向连通图？哪几个是弱连通图？

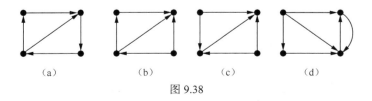

图 9.38

14. 考虑图 9.39

（1）对于每个结点 $v$，求 $R(v)$。

（2）找出所有强分支，单向分支，弱分支。

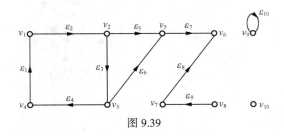

图 9.39

15. 设 $v_1v_2v_3$ 是任意无向图（有向图）$G$ 的三个任意结点，以下三个公式是否成立？如果成立，给出证明；如果不成立，举出反例。

（1）$d(v_1,v_2) \geqslant 0$，并且等号成立，当且仅当 $v_1 = v_2$。

（2）$d(v_1,v_2) = d(v_2,v_1)$。

16. 有向图的每个结点（每条边）是否恰处于一个强分支中？是否恰处于一个单向分支中？

17. 设图 $G = \langle V,E,\psi \rangle$，其中

$V = \{1,2,3,4,5,6,7,8,\}$

$E = \{a,b,c,d,e,f,g,h,i,j,k,l,m,n,p\}$

$\psi = \{\langle a,\langle 1,6\rangle,\rangle, \langle b,\langle 1.8\rangle\rangle, \langle c,\langle 1,7\rangle\rangle, \langle d,\langle 7,6\rangle\rangle, \langle e,\langle 8,7\rangle\rangle, \langle f\langle 6,4\rangle\rangle, \langle g,\langle 7,5\rangle\rangle, \langle h,\langle 8,3\rangle\rangle, \langle i,\langle 5,8\rangle\rangle,$
$\langle j,\langle 4.5\rangle\rangle, \langle k,\langle 5,3\rangle\rangle, \langle i,\langle 4,3\rangle\rangle, \langle m,\langle 4,2\rangle\rangle, \langle n,\langle 5,2\rangle\rangle, \langle p,\langle 3,2\rangle\rangle,\}$

判断 $G$ 是否有有向回路。

18. 设 $(n，m)$ – 简单图 $G$ 满足 $m > \frac{1}{2}(n-1)(n-2)$，证明 $G$ 必是连通图。构造一个 $m = \frac{1}{2}(n-1)(n-2)$ 的非连通简单图。

19. 设 $G$ 是阶数不小于 3 的连通图，证明下面四条命题相互等阶。

（1）$G$ 无割边。

（2）$G$ 中任何两个结点位于同一回路中。

（3）$G$ 中任何一结点和任何一边都位于同一回路中。

（4）$G$ 中任何两边都在同一回路中。

20. 证明有 $k$ 个弱分支的 $n$ 阶简单有向图至多有 $(n-k) \cdot (n-k+1)$ 条边。

21. 设 $G$ 为 $n$ 阶简单无向图，对于 $G$ 的任意结点 $v$，$d_G(v) \geqslant (n-1)/2$，证明 $G$ 是连通的。

22. 求图 9.40 的直径，全部强分图和单向分图。

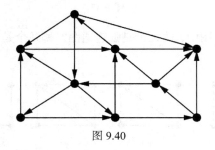

图 9.40

23. 图 9.41 给出了一个加权图，旁边的数字是该边上的权，求出从 $v_1$ 到 $v_{11}$ 的加权距离。

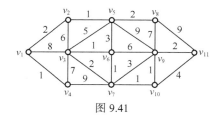

图 9.41

24. 画出 $K_4$ 的所有不同构的子图，并说明其中哪些是生成子图，找出互为补图的生成子图。

25. 画出图 9.42 的两个图的交、并和环和。

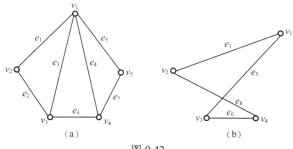

图 9.42

26. 证明：没有 3 阶完全无向图的子图的 $n$ 阶简单无向图，最多有 $[n^2/4]$ 条边。

27. 设无向图 $G=<V,E>$, $V =\{v_1, v_2, v_3, v_4\}$，邻接矩阵

$$A = \begin{bmatrix} 0 & 1 & 0 & 1 \\ 1 & 0 & 1 & 1 \\ 0 & 1 & 0 & 0 \\ 1 & 1 & 0 & 0 \end{bmatrix}$$

（1）试问 $d(v_1)$ =? $d(v_2)$ = ?

（2）图 $G$ 是否为完全图？

（3）从 $v_1$ 到 $v_2$ 长为 3 的路有多少条？

（4）借助图解表示法写出从 $v_1$ 到 $v_2$ 长为 3 的每一条路。

28. 画出邻接矩阵为 $A$ 的无向图 $G$ 的图形，其中

$$A = \begin{bmatrix} 0 & 1 & 0 & 1 & 1 \\ 1 & 1 & 1 & 0 & 1 \\ 0 & 1 & 0 & 1 & 1 \\ 1 & 0 & 1 & 0 & 1 \\ 1 & 1 & 1 & 1 & 1 \end{bmatrix}$$

29. 在图 9.43 中，给出了一个简单有向图。试求出给定有向图的邻接矩阵。求出从结点 $v_1$ 到 $v_4$ 的长度为 1 和 2 的基本路径。试证明，还存在一个长度为 4 的简单路径。用计算矩阵 $A^2$, $A^3$ 和 $A^4$ 的方法，来证实这些结果。

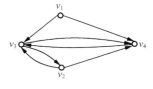

图 9.43

30. 有向图 $G$ 如图 9.44 所示。

（1）写出图 $G$ 的邻接矩阵 $A$。

（2）$G$ 中长度为 3 的通路有多少条？其中有几条为回路？

（3）利用图 $G$ 的邻接矩阵 $A$ 的布尔运算求该图的可达性矩阵 $P$，并根据 $P$ 来判断该图是否为强连通图，单向连通图。

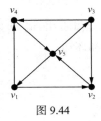

图 9.44

31. 对于图 9.44 中的有向图，试求出邻接矩阵 $A$ 的转置 $A^T$，$AA^T$ 和 $A^TA$，列出矩阵 $A \wedge A^T$ 的元素值，并说明它们的意义。

32. 试求出该图 9.44 的路径矩阵 $p = A^+$。

33. 求出图 9.45 和图 9.46 的关联矩阵。

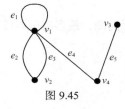

图 9.45

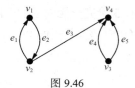

图 9.46

# 第 10 章
# 几种图的介绍

自从1736年欧拉(L.Euler)利用图论的思想解决了哥尼斯堡(Konigsberg)七桥问题以来,图论经历了漫长的发展道路。在很长一段时期内,图论被当成是数学家的智力游戏,解决一些著名的难题,曾经吸引了众多的学者。图论中许多的概论和定理的建立都与解决这些问题有关。

特殊图

1859年,英国数学家哈密顿发明了一种游戏:用一个规则的实心十二面体,它的20个顶点标出世界著名的20个城市,要求游戏者找一条沿着各边通过每个顶点刚好一次的闭回路,即「绕行世界」。用图论的语言来说,游戏的目的是在十二面体的图中找出一个生成圈。这个问题后来就叫做哈密顿问题。由于运筹学、计算机科学和编码理论中的很多问题都可以化为哈密顿问题,从而引起广泛的关注和研究。

在图论的历史中,还有一个最著名的问题——四色猜想。这个猜想说,在一个平面或球面上的任何地图能够只用四种颜色来着色,使得没有两个相邻的国家有相同的颜色。每个国家必须由一个单连通域构成,而两个国家相邻是指它们有一段公共的边界,而不仅仅只有一个公共点。四色猜想有一段有趣的历史。每个地图可以导出一个图,其中国家都是点,当相应的两个国家相邻时这两个点用一条线来连接。所以四色猜想是图论中的一个问题。它对图的着色理论、平面图理论、代数拓扑图论等分支的发展起到推动作用。

在电子计算机问世后,图论的应用范围更加广泛,在解决运筹学、信息论、控制论、网络理论、博弈论、化学、社会科学、经济学、建筑学、心理学、语言学和计算机科学中的问题时,扮演着越来越重要的角色,受到工程界和数学界的特别重视,成为解决许多实际问题的基本工具之一。

本章将结合图论基础知识,进一步介绍一些常用的基本图类,如欧拉图、哈密尔顿图、二部图、平面图、网络等,除研究每种图类的本质特征之外,都力求结合一些实际问题来阐明图论的广泛可应用性,介绍一些最基本的图论算法,使读者对图的理论和应用这两个方面都有一定的了解。

## 10.1 欧拉图

18世纪,普鲁士的哥尼斯堡(Königsberg)城中有一条普雷格尔(Pregel)河,河上架设的七座桥连接着两岸及河中的两个小岛(见图10.1)。每逢节假日,有些城市居民进行环城周游,于是便产生了能否"从某地出发,通过每座桥恰好一次,在走遍七桥后又返回到出发点"的问题。这个问题看起来简单,但是谁也解决不了。最终,欧拉论证了这个问题是不可解的。他用点代表岛和两岸的陆地,用线表示桥,得到该问题的数学模型如图10.2所示,使"七桥问题"转化为图论问题。因此,后来的图论工作者将上述"七桥问题"作为图论的起点,并将欧拉作为图论的创始人。

**定义 10.1** 图 $G$ 中包含其所有边的简单开路径称为图 $G$ 的欧拉路径,图 $G$ 中包含其所有边的简单闭路径称为 $G$ 的欧拉闭路。

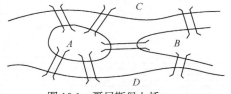
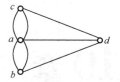

图 10.1　哥尼斯堡七桥　　　　　图 10.2　哥尼斯堡七桥问题的图

**例 10.1**　图 10.3 中（a）是欧拉闭路，（c）是欧拉路径，（b）既不是欧拉路径也不是欧拉闭路。

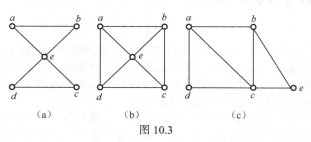

（a）　　　　　　　（b）　　　　　　　（c）

图 10.3

**定义 10.2**　每个结点都是偶结点的连通无向图称为欧拉图。每个结点的出度和入度相等的连通有向图称为欧拉有向图。

**例 10.2**　图 10.4 中（b）是欧拉有向图。

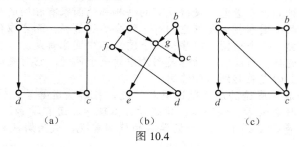

（a）　　　　　　　（b）　　　　　　　（c）

图 10.4

欧拉给出了一个连通无向图是欧拉图的充分必要条件，这就是下面的欧拉定理。

**定理 10.1**　设 $G$ 是连通无向图，$G$ 是欧拉图，当且仅当 $G$ 有欧拉闭路。

**证明**：若连通无向图 $G$ 含有欧拉闭路，则根据定义 10.1 和定义 10.2 可知，图 $G$ 是欧拉图，充分性得证。

再证必要性。对 $G$ 的边数采用归纳法。

若 $G$ 没有边，即图 $G$ 是平凡图，必要性显然成立（这里把 0 当作偶数）。

令 $n \in I_+$，设任意边数少于 $n$ 的连通欧拉图有欧拉闭路。若 $G$ 有 $n$ 条边，由 $G$ 是连通欧拉图可知，它的任意结点的度大于 1，根据定理 9.8，$G$ 有回路，设 $G$ 有长度为 $m$ 的回路 $C$，根据定理 9.7，在 $C$ 中存在闭路径 $v_0 e_1 v_1 \cdots v_{m-1} e_m v_0$，其中 $v_0$，$v_1$，$\cdots$，$v_{m-1}$ 互不相同，并且 $\{v_0$，$v_1$，$\cdots$，$v_{m-1}\}$ 和 $\{e_1$，$e_2$，$\cdots$，$e_m\}$ 分别是 C 的结点集合和边的集合。令 $G'=G-\{e_1$，$e_2$，$\cdots$，$e_m\}$，设 $G'$ 有 $k$ 个分支 $G_1$，$G_2$，$\cdots$，$G_k$。由于 $G$ 是连通的，$G'$ 的每个分支与 $C$ 都有公共结点。设 $G_1$（$1 \leqslant k$）与 $C$ 的一个公共结点为 $v_{n_i}$，我们还可以假定 $0 < n_1 < n_2 < \cdots < n_k < m-1$。显然，$G_1$ 为边数少于 $n$ 的连通欧拉图。根据归纳假设，$G_1$ 有一条从 $v_{n_i}$ 至 $v_{n_j}$ 的闭路经 $P_i$。因此，以下的闭路经

$$v_0 e_1 v_1 \ldots e_{n_1} R_1 e_{n_1+1} v_{n_1+1} \ldots e_{n_k} P_k e_{n_k+1} \ldots v_{m-1} e_m v_0$$

就是 $G$ 的一条欧拉闭路。

由定理 10.1，图 10.3 中的 3 个无向图只有（a）是欧拉图。

**定理 10.2**　设 $G=<V, E, \varphi>$ 为连通无向图，且 $v_1$，$v_2 \in V$，则 $G$ 有一条从 $v_1$ 至 $v_2$ 的欧拉路径当且仅当 $G$ 恰有两个奇结点 $v_1$ 和 $v_2$。

**证明**：任取 $e \notin E$，并令 $\varphi'=\{e, \{v_1, v_2\}\}$，则 $G$ 有一条从 $v_1$ 至 $v_2$ 的欧拉路径，当且仅当 $G'=G+\{e\}_\varphi$ 有一条欧拉闭路。因此，$G$ 恰有两个奇结点 $v_1$ 和 $v_2$，当且仅当 $G'$ 的结点都是偶结点。从而由定理 10.1 可知本定理成立。

由定理 10.2，图 10.3 中的 3 个无向图中（c）是欧拉路径，（b）不是欧拉路径。

由定理 10.1 和定理 10.2 可获得以下"一笔画"问题的答案：一张图能由一笔画出来的充要条件是每个交点处的线条数都是偶数或恰有两个交点处的线条数是奇数。

对有向图也有类似的结果。

**定理 10.3**　设 $G$ 为弱连通的有向图。$G$ 是欧拉有向图，当且仅当 $G$ 有欧拉闭路。

证明过程与定理 10.1 类似。

由定理 10.3，图 10.4 中的 3 个有向图中中有（b）是欧拉有向图。

**定理 10.4**　设 $G$ 为弱连通有向图。$v_1$ 和 $v_2$ 为 $G$ 的两个不同结点。$G$ 有一条从 $v_1$ 至 $v_2$ 的欧拉路径，当且仅当 $d_G^+(v_1)=d_G^-(v_1)+1$，$d_G^+(v_2)=d_G^-(v_2)-1$，且对 $G$ 的其他结点 $v$ 有 $d_G^+(v)=d_G^-(v)$。

证明过程与定理 10.2 类似。

由定理 10.3，图 10.4 中的 3 个有向图中（c）是欧拉路径，（a）不是欧拉路径。

现在返回来看哥尼斯堡七桥问题，由于哥尼斯堡七桥问题不是欧拉图，不存在欧拉闭路，所以哥尼斯堡七桥问题无解。

**定理 10.5**　如果 $G_1$ 和 $G_2$ 是可运算的欧拉图，则 $G_1 \oplus G_2$ 是欧拉图，所有的结点都是偶结点。

**证明**：设 $v$ 是 $G_1 \oplus G_2$ 的任意结点，于是可能出现 3 种情况：$v$ 是 $G_1$ 的结点而不是 $G_2$ 的结点，$v$ 是 $G_2$ 的结点而不是 $G_1$ 的结点，$v$ 是 $G_1$ 和 $G_2$ 的公共结点。显然，若属于前两种情况，$v$ 是 $G_1 \oplus G_2$ 的偶结点。设 $v$ 是 $G_1$ 和 $G_2$ 的公共结点，$G_1$ 和 $G_2$ 有 $k$ 条公共边和 $l$ 个公共自圈与 $v$ 关联，则 $d_{G_1 \oplus G_2}(v)=d_{G_1}(v)+d_{G_2}(v)-2(k+l)$，显然 $v$ 是 $G_1 \oplus G_2$ 的偶结点。因此，$G_1 \oplus G_2$ 是欧拉图，所有的结点都是偶结点。

由定理 10.5 可得图 10.5。

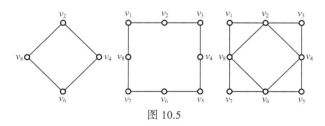

图 10.5

# 10.2　哈密尔顿图

爱尔兰数学家哈密尔顿（William Hamilton）爵士 1859 年提出了一个"周游世界"的游戏。这个游戏把一个正十二面体的二十个顶点看成地球上的二十个城市。棱线看成是连接城市的航路（航空、航海线或陆路交通线），要求游戏者沿棱线走，寻找一条经过所有结点（即城市）一次且仅一次的回路，如图 10.6（a）所示。也就是在图 10.6（b）中找一条包含所有结点的圈。图（b）中的粗线所构成的圈就是这个问题的回答。

与欧拉图不同，哈密尔顿图是遍历图中的每个结点，一条哈密尔顿回路不会在两个结点间走两次以上，因此没有必要在有向图中讨论。

**定义 10.3**    给定无向图 $G$，图 $G$ 中包含其所有顶点的简单开路径称为图 $G$ 的**哈密尔顿路径**，图 $G$ 中包含其所有顶点的简单闭路径称为 $G$ 的**哈密尔顿回路**。具有哈密尔顿回路的图称为**哈密尔顿图**。

由定义可知哈密尔顿圈与哈密尔顿路通过图 $G$ 中的每个结点一次且仅一次，例如图 10.6（b）就是哈密尔顿图（哈密尔顿圈用实线标出）。

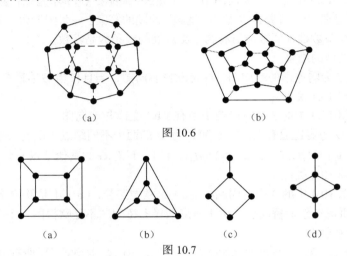

（a）                  （b）

图 10.6

（a）      （b）      （c）      （d）

图 10.7

**例 10.3**    图 10.7 中，图（a）、（b）中有哈密尔顿圈，图（c）中有哈密尔顿路，（d）中既没有哈密尔顿圈也没有哈密尔顿路。

哈密尔顿图和欧拉图相比，虽然考虑的都是遍历问题，但是侧重点不同。欧拉图遍历的是边，而哈密尔顿图遍历的是结点。另外两者的判定困难程度也不一样，前面我们已经给出了判定欧拉图的充分必要条件，但对于哈密尔顿图的判定，至今还没有找出判定的充要条件，只能给出若干必要条件或充分条件。

下面我们先给出一个图是哈密尔顿图的必要条件。

**定理 10.6**    若 $G$ 是哈密尔顿图，则对于结点集 $V(G)$ 的任一非空真子集 $S \subset V(G)$ 有 $\omega(G-S) \leqslant |S|$。其中 $G-S$ 表示在 $G$ 中删去 $S$ 中的结点后所构成的图，$W(G-S)$ 表示 $G-S$ 的连通分支数。

**证明：** 设 $C$ 是 $G$ 的一条哈密尔顿回路，$C$ 视为 $G$ 的子图，在回路 $C$ 中，每删去 $S$ 中的一个结点，最多增加一个连通分支，且删去 $S$ 中的第一个结点时分支数不变，所以有 $W(C-S) \leqslant |S|$。

又因为 $C$ 是 $G$ 的生成子图，所以 $C-S$ 是 $G-S$ 的生成子图，且 $W(G-S) \leqslant W(C-S)$，因此 $W(G-S) \leqslant |S|$。

哈密尔顿图的必要条件可用来判定某些图不是哈密尔顿图，只要能够找到不满足定理条件的结点集 $V$ 的非空子集 $S$。

**例 10.4**    图 10.8（a）不是哈密尔顿图。

图 10.8（a）中共有 9 个结点，如果取结点集 $S=\{3$ 个白点 $\}$，即 $|S|=3$。而这时 $\omega(G-S)=4$（见图（b））。这说明图 10.8（a）不是哈密尔顿图。但要注意若一个图满足定理 10.6 的条件也不能保证这个图一定是哈密尔顿图，如图 10.8（c）所示。

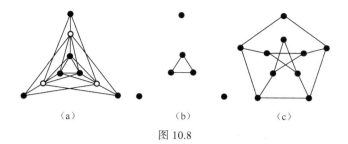

图 10.8

下面再来介绍几个哈密尔顿图的充分条件。

**定理 10.7**　设图 $G$ 是具有 $n$（$\geqslant 3$）个结点的无向简单图，如果 $G$ 中每一对结点度数之和大于等于 $n-1$，则在 $G$ 中存在一条哈密尔顿路。

**定理 10.8**　若 $G$ 是具有 $n$（$\geqslant 3$）个结点的无向简单图，对于 $G$ 中每一对不相邻的结点 $u,v$ 均有 $d(u)+d(v)\geqslant n$，则 $G$ 是一个哈密尔顿图。

定理 10.7 和定理 10.8 都是充分条件，即满足这些条件的图一定是哈密尔顿图。但不是所有的哈密尔顿图都满足这些条件。例如图 10.9 是哈密尔顿图，但它不满足上述定理的条件。

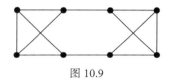

图 10.9

**例 10.5**　某地有 5 个风景点。若每个景点均有两条道路与其它景点相通，问是否可经过每个景点恰好一次而游完这 5 处?

**解**：将景点作为结点，道路作为边，则得到一个有 5 个结点的无向图。

由题意，对每个结点 $v_i$，有 $d(v_i)=2(i=1,2,3,4,5)$。

则对任两点 $v_i$，$v_j(i,j=1,2,3,4,5)$ 均有 $d(v_i)+d(v_j)=2+2=4=5-1$。

可知此图一定有一条哈密尔顿路，本题有解。

**例 10.6**　今有 $a,b,c,d,e,f$ 和 $g$ 7 人，已知下列事实。

　　　　$a$ 讲英语;　　　　　　　　$b$ 讲英语和汉语;

　　　　$c$ 讲英语、意大利语和俄语;　　$d$ 讲日语和汉语;

　　　　$e$ 讲德国和意大利语;　　　　$f$ 讲法语、日语和俄语;

　　　　$g$ 讲法语和德语。

试问这 7 个人应如何排座位，才能使每个人都能和他身边的人交谈?

**解**：设无向图 $G=<V,E>$，其中 $V=\{a,b,c,d,e,f,g\}$，$E=\{(u$ $v)|u,v\in V$，且 $u$ 和 $v$ 有共同语言\}。

图 $G$ 是连通图，如图 10.10（a）所示。将这 7 个人排座围圆桌而坐，使得每个人能与两边的人交谈，即在图 10.10（a）中找哈密尔顿回路。经观察该回路是 $abdfgeca$。即按照图 10.10（b）安排座位即可。

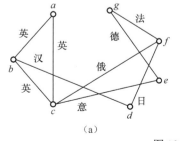

（a）

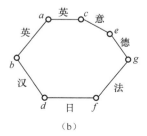

（b）

图 10.10

# 10.3 二部图及匹配

在许多实际问题中常用到二部图，本节先介绍二部图的基本概念和主要结论，然后介绍它的一个重要应用——匹配。

## 10.3.1 二部图的概念及性质

**定义 10.4** 设无向图 $G=<V, E, \varphi>$。如果存在 $V$ 的划分 $\{V_1, V_2\}$，使得 $V_i$ 中的任何两个结点都不相邻（$i=1,2$），则称 $G$ 为**二部图**，$V_1$ 和 $V_2$ 称为 $G$ 的互补结点子集。

显然，二部图没有自圈。与二部图的一条边关联的两个结点一定分属于两个互补结点子集。一般来说，二部图的互补结点子集的划分不是唯一的。如图 10.11 的二部图，$\{v_1, v_2, v_3, v_4\}$ 和 $\{v_5, v_6, v_7\}$ 是它的互补结点子集，$\{v_1, v_6, v_7\}$ 和 $\{v_2, v_3, v_4, v_5\}$ 也是它的互补结点子集。

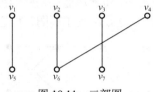

图 10.11 二部图

一个无向图如果能画成上面的样式，很容易判定它是二部图。有些图虽然表面上不是上面的样式，但经过改画就能成为上面的样式，仍可判定它是一个二部图，如图 10.12 中（a）可改画成图（b），图（c）可改画成图（d）。可以看出，它们仍是二部图。

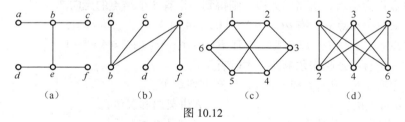

图 10.12

**定理 10.9** 设 $G$ 是阶大于 1 的无向图。$G$ 是二部图，当且仅当 $G$ 的所有回路长度均为偶数。

**证明：** 先证明必要性。

设 $G$ 是具有互补结点子集 $V_1$ 和 $V_2$ 的二部图。$(v_1, v_2, \cdots, v_k, v_1)$ 是 $G$ 中任一长度为 $k$ 的回路，不妨设 $v_1 \in V_1$，则 $v_{2m+1} \in V_1$，$v_{2m} \in V_2$，所以 $k$ 必为偶数，不然，不存在边 $(v_k, v_1)$。

再证充分性。

设 $G$ 是连通图，否则对 $G$ 的每个连通分支进行证明。设 $G=<V, E>$ 只含有长度为偶数的回路，定义互补结点子集 $V_1$ 和 $V_2$ 如下：

任取一个顶点 $v_0 \in V$，令

$$V_1 = \{v \mid (v \in V) \wedge d(v_0, v) \text{为偶数}\}$$
$$V_2 = V - V_1$$

现在证明 $V_1$ 中任意两结点间无边存在。

假若存在一条边 $(v_i, v_j) \in E$，且 $v_i, v_j \in V_1$，则由 $v_0$ 到 $v_i$ 间的最短路（长度为偶数），边 $(v_i, v_j)$

和 $v_j$ 到 $v_0$ 间的最短路（长度为偶数）所组成的回路的长度为奇数，与假设矛盾。

同理可证，$V_2$ 中任意两结点间无边存在。

故 $G$ 中的每条边必具有形式 $(v_i, v_j)$，其中 $v_i \in V_1$，$v_j \in V_2$，即 $G$ 是具有互补结点子集 $V_1$ 和 $V_2$ 的一个二部图。

利用定理 10.9 可以很快地判断出图 10.13 中的（a）、（c）是二部图，而（b）则不是二部图。

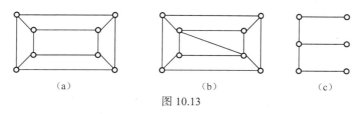

图 10.13

**定义 10.5**　设 $V_1$ 和 $V_2$ 是简单二部图 $G$ 的互补结点子集，如果 $V_1$ 中的每个结点与 $V_2$ 中的每个结点相邻，则称 $G$ 为完全二部图。

我们把互补结点子集分别包含 $m$ 和 $n$ 个结点的完全二部图记为 $k_{m,n}$。图 10.14 画出了 $K_{3,3}$ 的两个图示。$K_{3,3}$ 很重要，我们在讨论图的平面性时还要用到它。

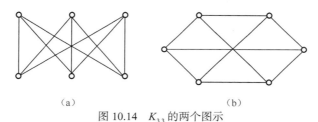

（a）　　　　　　　　　　　　（b）

图 10.14　$K_{3,3}$ 的两个图示

## 10.3.2　二部图匹配

二部图的主要应用是匹配，"匹配"是图论中的一个重要内容，它在所谓"人员分配问题"和"最优分配问题"等运筹学中的问题上有重要的应用。

首先看实际中常碰见的问题：给 $n$ 个工作人员安排 $m$ 项任务，$n$ 个人用 $V = \{x_1, x_2, \cdots, x_n\}$ 表示。并不是每个工作人员均能胜任所有的任务，一个人只能胜任其中 $k(k \geq 1)$ 个任务，那么如何安排才能做到最大限度地使每项任务都有人做，并使尽可能多的人有工作做？

例如，现有 $x_1, x_2, x_3, x_4, x_5$ 5 个人，$y_1, y_2, y_3, y_4, y_5$ 5 项工作。已知 $x_1$ 能胜任 $y_1$ 和 $y_2$，$x_2$ 能胜任 $y_2$ 和 $y_3$，$x_3$ 能胜任 $y_2$ 和 $y_5$，$x_4$ 能胜任 $y_1$ 和 $y_3$，$x_5$ 能胜任 $y_3$、$y_4$ 和 $y_5$。如何安排才能使每个人都有工作做，且每项工作都有人做？

显然，我们只需构造这样的数学模型：以 $x_i$ 和 $y_j$（$i, j = 1$，2，3，4，5）为顶点，在 $x_i$ 与其胜任的工作 $y_j$ 之间连边，得二部图 $G$，如图 10.15 所示，然后在 $G$ 中找一个边的子集，使得每个

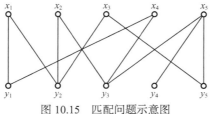

图 10.15　匹配问题示意图

顶点只与一条边关联（图中粗线），问题便得以解决了。这就是所谓匹配问题，下面给出匹配的基本概念和术语。

**定义 10.6** 设无向图 $G=<V, E, \varphi>$，$E' \subseteq E$。

（1）如果 $E'$ 不包含自圈，并且 $E'$ 中的任何两条边都不邻接，则称 $E'$ 为 $G$ 中的匹配。

（2）如果 $E'$ 是 $G$ 中的匹配，并且对于 $G$ 中的一切匹配 $E''$，只要 $E' \subseteq E''$ 必有 $E' = E''$，则称 $E'$ 为 $G$ 中的极大匹配。

（3）$G$ 中的边数最多的匹配称为 $G$ 中的最大匹配。

（4）$G$ 中的最大匹配包含的边数称为 $G$ 的匹配数。

显然，最大匹配一定是极大匹配，而极大匹配不一定是最大匹配。在一个无向图中，可以有多个极大匹配和最大匹配。

**例 10.7** 在图 10.16 中，$\{a,c\}$，$\{a,c,g\}$，$\{a,f\}$，$\{b,e\}$，$\{b,g\}$，$\{b,f,h\}$，$\{c,h\}$，$\{c,p\}$，$\{d,g\}$，$\{d,h\}$，$\{f,p\}$ 是极大匹配，其中 $\{a,c,g\}$ 和 $\{b,f,h\}$ 是最大匹配。匹配数是 3。

下面专门讨论二部图的匹配理论。

**定义 10.7** 设 $V_1$ 和 $V_2$ 是二部图 $G$ 的互补结点子集。如果 $G$ 的匹配数等于 $|V_1|$，则称 $G$ 中的最大匹配为 $V_1$ 到 $V_2$ 的完美匹配。

显然，只有 $|V_2| \geq |V_1|$ 时可能存在从 $V_1$ 到 $V_2$ 的完美匹配。但这个条件并不是充分条件。如图 10.16 给出的二部图中，$V_1 = \{a_1, a_2, a_3, a_4\}$，$V_2 = \{p_1, p_2, p_3, p_4, p_5, p_6\}$，$|V_2| > |V_1|$，但并不存在 $V_1$ 到 $V_2$ 的完美匹配。下面的定理给出了存在完美匹配的充分必要条件。

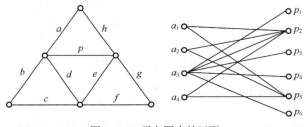

图 10.16 无向图中的匹配

**定理 10.10** 设 $V_1$ 和 $V_2$ 是二部图 $G$ 的互补结点子集。存在 $V_1$ 到 $V_2$ 的完美匹配，当且仅当对于任意 $S \subseteq V_1$，$|N_G(S)| \geq |S|$，其中

$N_G(S) = \{v|v \in V_2 \wedge （\exists v'）(v' \in S \wedge v 与 v' 在 G 中邻接)\}$

此定理的证明较为复杂，这里就不证了。

当二部图的结点数目比较大时，定理 10.10 用起来不太方便，下面给出存在完美匹配的一个充分条件，判断二部图是否存在完美匹配时，可以先用这个充分条件，如果得不出结论，再用定理 10.10。

**定理 10.11** 设 $V_1$ 和 $V_2$ 是二部图 $G$ 的互补结点子集，$t$ 是正整数。对于 $V_1$ 中的每个结点，在 $V_2$ 中至少有 $t$ 个结点与其邻接。对于 $V_2$ 中的每个结点，在 $V_1$ 中至多有 $t$ 个结点与其邻接。则存在 $V_1$ 到 $V_2$ 的完美匹配。

**证明：** 因为去掉平行边不会影响 $V_1$ 到 $V_2$ 的完美匹配的存在性，因此不妨假设 $G$ 是简单图。任取 $S \subseteq V_1$，设 $|S| = n$，$|N_G(S)| = m$。如果边 $e$ 与 $S$ 中的某结点关联，则必有 $N_G(S)$ 中的结点与 $e$ 关联，所以 $\sum\limits_{v \in S} d_G(v) \leq \sum\limits_{v \in N_{G(s)}} d_G(v)$。故 $t \cdot n \leq \sum\limits_{v \in S} d_G(v) \leq \sum\limits_{v \in N_{G(s)}} d_G(v) \leq t \cdot m$，则 $m \geq n$。根据定理

10.10，存在 $V_1$ 到 $V_2$ 的完美匹配。

# 10.4　平面图

## 10.4.1　平面图的概念及性质

在一些实际问题中，常常需要考虑一些图在平面上的画法，希望图的边与边不相交或尽量少相交。如印刷电路板上的布线、线路或交通道路的设计、地下管道的铺设等。下面举一个简单的例子。

**例 10.8**　一个工厂有 3 个车间和 3 个仓库。为了工作需要，车间与仓库之间将设专用的车道。为避免发生车祸，应尽量减少车道的交叉点，最好是没有交叉点，这是否可能？

如图 10.17（a）所示，$A$，$B$，$C$ 是 3 个车间，$M$，$N$，$P$ 是 3 座仓库。经过努力表明，要想建造不相交的道路是不可能的，但可以使交叉点最少（如图 10.17（b）所示）。此类实际问题涉及到平面图的研究。近年来，由于大规模集成电路的发展，也促进了平面图的研究。本节介绍平面图的一些基本概念和常用结论。

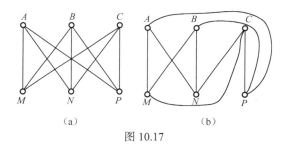

图 10.17

**定义 10.8**　在一个平面上，如果能够画出无向图 $G$ 的图解，其中没有任何边的交叉，则称图 $G$ 是个平面图；否则，称 $G$ 是非平面图。

直观上说，所谓平面图就是可以画在平面上，使边除端点外彼此不相交的图。应当注意，有些图从表面上看，它的某些边是相交的，但是不能就此肯定它不是平面图。

**例 10.9**　对于图 10.18（a）（b）中的无向图来说，试把该图解加以重画之后，它将不包含任何边的交叉，如图 10.17（e）（f）所示。因此，由图 10.17（a）（b）给出的图是平面图，而（c）（d）不是。

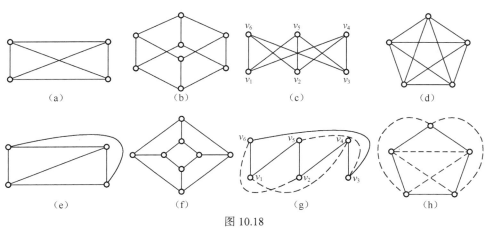

图 10.18

设 $G=\{V, E, \psi\}$ 是能够画于平面上的图解中的无向图，并且设

$$C=v_1\cdots v_2\cdots v_3\cdots v_4\cdots v_1$$

是图 $G$ 中的任何基本循环。此外，设 $x = v_1\cdots v_3$ 和 $x' = v_2\cdots v_4$ 是图 $G$ 中的任意两条不交叉的基本路径。在图 10.19 中给出了两种可能的结构。显然，$x$ 和 $x'$ 或都在基本循环 $C$ 的内部，或者都在基本循环 $C$ 的外部，当且仅当 $G$ 是个非平面图。因为这时基本路径 $x$ 和 $x'$ 是相互交叉的。用视察法证明给定图的非平面性时，上述的简单性质甚为有用。

**例 10.10** 设有一个电路，它含有两个结点子集 $V_1$ 和 $V_2$，且有 $|V_1|=|V_2|=3$。用导线把一个集合中的每一个结点，都与另外一个集合中的每一个结点连通，如图 10.20 所示。试问，是否有可能这样来接线，使得导线相互不交叉。对于印刷电路，避免交叉具有实际意义。

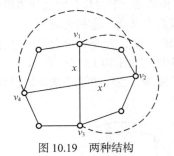

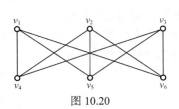

图 10.19　两种结构　　　　　　　　　　　图 10.20

**解：** 这个问题等价于判定图 10.20 中的图是否是个平面图。可以看出，给定图中有一个基本循环 $C=v_1 v_6 v_3 v_5 v_2 v_4 v_1$，如图 10.21 所示。试考察三条边 $\{v_1, v_5\}$，$\{v_2, v_6\}$，$\{v_3, v_4\}$，上述每条边或是处于循环 $C$ 的内部，或是处于 $C$ 的外部。显然，三条边中至少有两条边同时处于 $C$ 的同一侧，因此避免不了交叉，如图 10.22 所示。故给定的图是非平面图。

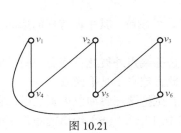

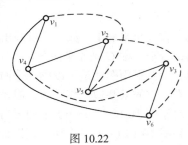

图 10.21　　　　　　　　　　　　　　图 10.22

下面就来阐明库拉托夫斯基（Kuratowski，波兰数学家）定理。试考察图 10.23 中的两个图。在例 10.10 中已经证明了图 10.20 中的图是个非平面图。把图 10.20 加以改画以后，就能够得到图 10.23（a）。由此可见，图 10.20 同构于图 10.23（a），因此图 10.23（a）也是个非平面图。另外，采用该例中所使用的方法，也能证明图 10.23（b）也是个非平面图。这两个非平面图都称为库拉托夫斯基图。

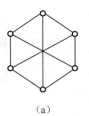

（a）　　　　　　　（b）

图 10.23

在图 10.24 中，给出了两个图解。如图 10.24（a）所示，试往图中的一条边上，插上一个新的次数为 2 的结点，把一条边分解成两条边，则不会改变给定图的平面性。另外，如图 10.24（b）所示，把联系于一个次数为 2 的结点的两条边，合并成一条边，也不会改变给定图的平面性。

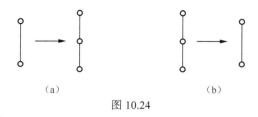

（a）　　　　　　　（b）

图 10.24

**定义 10.9**　设 $G_1$ 和 $G_2$ 是两个无向图。如果 $G_1$ 和 $G_2$ 是同构的，或者是通过反复插入和（或）删除次数为 2 的结点，能够把 $G_1$ 和 $G_2$ 转化成同构的图，则称 $G_1$ 和 $G_2$ 在次数为 2 的结点内是同构的。

**例 10.11**　图 10.25 中的 4 个图，在次数为 2 的结点内是同构的。

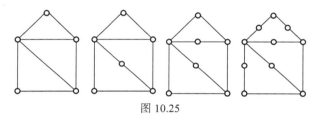

图 10.25

**定理 10.12**　设 $G$ 是一个无向图。图 $G$ 中不存在任何与图 10.23 中的两个图同构的子图，当且仅当图 $G$ 是个平面图。

定理 10.12 被称为库拉托夫斯基定理。定理的必要性是明显的，充分性很复杂，感兴趣的读者可参看《图论》（哈拉里着，李尉萱译，上海科学技术出版社 1980 年出版）第 126/130 页。

**例 10.12**　根据库拉托夫斯基定理证明图 10.26 中的（彼得森图）是非平面图。

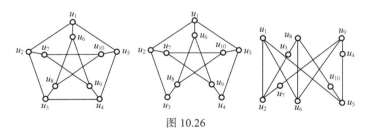

图 10.26

## 10.4.2　多边形图、对偶图及平面图着色

下面我们来讨论多边形的图。单个循环的图，称为多边形。

**定义 10.10**　多边形的图的归纳法定义如下。

一个多边形是一个多边形的图。设 $G=<V,E,\psi>$ 是一个多边形的图，再设 $P=v_iu_1u_2\cdots u_{l-1}v_j$ 是长度为 $l\geq 1$ 的任何基本路径，它不与图 $G$ 中任一路径交叉，且有 $v_i,v_j\in V$，但是对于 $n=1,2,\cdots$，$l-1$ 来说，$u_n\notin V$。于是，由图 $G$ 和 $P$ 所构成的图 $G'=<V',E',\psi'>$ 也是一个多边形的图，其中

$$V'=V\cup\{u_1,\ u_2,\ \cdots,\ u_{l-1}\}$$
$$E'=E\cup\{v_i,\ u_1\},\ \{u_1,\ u_2\},\ \cdots,\ \{u_{l-1},\ v_j\}\}$$

多边形的图是个平面图（或多重边图，因为允许长度为 2 的循环存在），它能够把平面划分成数个区域，每一个区域都是由一个多边形定界。

**例 10.13**　图 10.27 中的图是一个多边形的图。

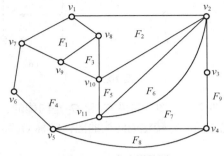

图 10.27　多边形的图

**定义 10.11**　由多边形的图定界的每一个区域，都称为图 $G$ 的面。例如，图 10.27 中的区域 $F_1$，$F_2$，$F_3$ 等，都是该多边形图的面。

**定义 10.12**　包含有多边形的图 $G$ 的所有面的边界的多边形，称为 $G$ 的极大基本循环。

例如，图 10.27 中的循环 $v_1v_2v_3v_4v_5v_6v_7v_1$，就是该多边形的图的极大基本循环。

应该说明，给定图 $G$ 的极大基本循环外侧的无限区域，是另外一个面，一般称为 $G$ 的无限面。事实上，如果把图 $G$ 的图解画在球面上，则 $G$ 的无限面与其它的有限面并没有什么区别。

**定义 10.13**　如果图 $G$ 的两个面共有一条边，则称这样的两个面是邻接的面。

例如，图 10.27 中的 $F_1$ 和 $F_2$ 就是邻接的面。

**定理 10.13**　（欧拉公式）设 $G=<V,E,\psi>$ 是个具有 $k$ 个面（包括无限面在内）的 $(n,m)$ 多边形的图。则 $n-m+k=2$。

**证明：**对于面的数目 $k$，用归纳法证明。面的最少数目（包括无限面在内）是 $k=2$。在这种情况下，图 $G$ 是个多边形，因而应有 $n=m$。这样，有 $n-m+k=2$。

假设对于具有 $k-1$ 个面（包括无限面）的图来说，定理成立。

往证对于具有 $k$ 个面（包括无限面）的图，定理亦成立。为此，首先构成具有 $k'=k-1$ 个面的 $(n',m')$ 的图 $G'$，然后附加上一条长度为 $l\geqslant1$ 的基本路径，它与 $G'$ 仅共有两个结点，则

$$n-m+k=(n'+l-1)-(m'+l)+(k'+1)=n'+m'+k'$$

根据归纳假设可知，$n'+m'+k'=2$，因此应有

$$n-m+k=2$$

给定一个多边形的图 $G$，它拥有面 $F_1$，$F_2$，$\cdots$，$F_n$，其中包括有无限面。图 $G$ 的对偶图 $G^*$ 也是一个图。采用下面的方法，能够从 $G$ 求得 $G^*$：对于 $G$ 中的任何一个面 $F_i$，给 $G^*$ 指定一个结点 $f_i$，对于面 $F_i$ 和 $F_j$ 所共有的一条边，给 $G^*$ 指定一条边 $\{f_i,f_j\}$。实际上，首先在 $F_i$ 内指定每个结点 $f_i$，并且用连通 $f_i$ 和 $f_j$ 的一条边，去交叉 $F_i$ 和 $F_j$ 所共有的边，这样就可求得对偶图 $G^*$。

**例 10.14**　在图 10.28 中，给出了一个多边形的图(实线画出的)和它的对偶(虚线画出的)，就说明了上述方法。

由上述的构成方法不难看出，每一个多边形的图 $G$，其对偶图也必定是一个多边形的图，而且 $G$ 和 $G^*$ 是互为对偶的。

**定义 10.14**　如果多边形的图 $G$ 的对偶 $G^*$ 同构于 $G$，则称 $G$ 是自对偶图。

**例 10.15**　在图 10.29 中，给出了一个自对偶图。

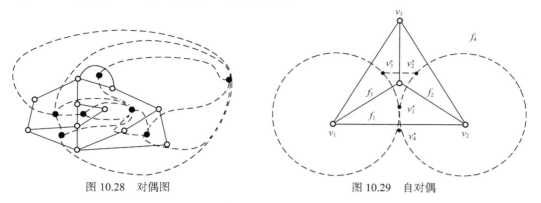

图 10.28　对偶图　　　　　　　　图 10.29　自对偶

**定理 10.14**　若平面图 $G = \langle V, E \rangle$ 是自对偶图，且有 $n$ 个结点，$m$ 条边，则 $m = 2(n-1)$。

**证明：** 由欧拉公式知

$$n - m + k = 2$$

由于图 $G = \langle V, E \rangle$ 是自对偶图，则有 $n = k$，从而有

$$2n - m = 2$$

即

$$m = 2(n-1)$$

从对偶图的定义容易知道，对于地图的着色问题，可以化为一种等价的对于平面图的结点的着色问题。因此，四色问题可以归结为证明：对任意平面图一定可以用四种颜色，对其结点进行着色，使得相邻结点都有不同颜色。

**定义 10.15**　平面图 $G$ 的**正常着色**(简称着色，是指对 $G$ 的每个结点指派一种颜色，使得相邻结点都有不同的颜色。若可用 $n$ 种颜色对图 $G$ 着色，则称 $G$ 是 $n$—可着色的。对图 $G$ 着色时，需要的最少颜色数称为 $G$ 的着色数，记为 $\chi(G)$。

于是，四色定理可简单地叙述如下：

**定理 10.15**　（四色定理）任何简单平面图都是 4—可着色的。

证明一个简单平面图是 5—可着色的很容易。

**定理 10.16**（五色定理）任何简单平面图 $G = \langle V, E \rangle$，均有 $\chi(G) \leqslant 5$。

**证明：** 只需考虑连通简单平面图 $G$ 的情形。对 $|V|$ 进行归纳证明。

当 $|V| \leqslant 5$ 时，显然，$\chi(G) \leqslant 5$。

假设对所有的平面图 $G = \langle V, E \rangle$，当 $|V| \leqslant k$ 时，有 $\chi(G) \leqslant 5$。现在考虑图 $G_1 = \langle V_1, E_1 \rangle$，$|V_1| = k+1$ 的情形。存在 $v_0 \in V_1$，使得 $d(v_0) \leqslant 5$。在图 $G_1$ 中删去 $v_0$，得图 $G_1 - v_0$。由归纳假设知，$G_1 - v_0$ 是 5—可着色的，即 $\chi(G_1 - v_0) \leqslant 5$。因此只需证明在 $G_1$ 中，结点 $v_0$ 可用 5 种颜色中的一种着色并与其邻接点的着色都不相同即可。

若 $d(v_0) < 5$，则与 $v_0$ 邻接结点数不超过 4，故可用与 $v_0$ 的邻接点不同的颜色对 $v_0$ 着色，得到一个最多是五色的图 $G_1$。

若 $d(v_0) = 5$，但与 $v_0$ 邻接的结点的着色数不超过 4，这时仍然可用与 $v_0$ 的邻接点不同的颜色对 $v_0$ 着色，得到一个最多是五色的图 $G_1$。

若 $d(v_0) = 5$，且与 $v_0$ 邻接的 5 个结点依顺时针排列为 $v_1, v_2, v_3, v_4$ 和 $v_5$，它们分别着不同的颜色红、白、黄、黑和蓝。如图 10.30 所示。

考虑由结点集合 $V_{13} = \{v | v \in V(G_1 - v_0) \wedge v$ 着红色或黄色$\}$ 所诱导的 $G_1 - v_0$ 的子图 $G_{13}$。若 $v_1, v_3$ 属于 $G_{13}$ 的不同连通分支，如图 10.31 所示。则将 $v_1$ 所在的连通分支中的红色与黄色对调，这样并不影响 $G_1 - v_0$ 的正常着色，然后将 $v_0$ 涂上红色即可得到 $G_1$ 的一种五着色。

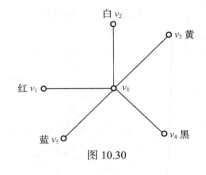

图 10.30

若 $v_1$ 和 $v_3$ 属于 $G_{13}$ 的同一个连通分支，则由结点集 $V_{13} \bigcup \{v_0\}$ 所诱导的 $G_1$ 的子图 $\langle V_{13} \bigcup \{v_0\}, E'_{13} \rangle$ 中含有一个圈 $C$，而 $v_2$ 和 $v_4$ 不能同时在该圈的内部或外部，即 $v_2$ 与 $v_4$ 不是邻接点，如图 10.32 所示。于是，考虑由节点 $V_{24} = \{v | v \in V(G_1 - v_0) \wedge v$ 着白色或黑色$\}$ 所诱导子图 $G_{24}$，由于圈 $C$ 的存在，$G_{24}$ 至少有两个连通分支，一个在 $C$ 的内部，一个在 $C$ 的外部（否则图 $G_1$ 中将有边相交，与图 $G_1$ 是平面图的假设矛盾），则 $v_2$ 和 $v_4$ 必属于 $G_{24}$ 的不同连通分支，做与上面类似的调整，又可得到 $G_1$ 的一种五着色。故 $\chi(G) \leqslant 5$。由归纳原理，定理得证。

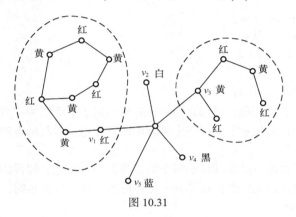

图 10.31

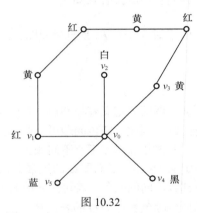

图 10.32

# 10.5 网 络

本节以运输网络和开关网络为例，介绍网络的流及有关问题。前面我们曾介绍过加权图的概念，网络是一类特殊的加权图。

## 10.5.1 网络的基本概念

实际应用中经常需要考虑网络和网络上的流，网络是一个很宽泛的概念，例如：油气管道、交通网、因特网等。这些网络往往具有方向性，并且网络的每条边上都有传输能力的限制。

**定义 10.16** 一个网络 $N=(V, A)$ 是指一个连通无环且满足下列条件的有向图。

（1）有一个顶点子集 $X$，其每个顶点的入度都是 0。

（2）有一个与 $X$ 不相交的顶点子集 $Y$，其每个顶点的出度都为 0。

（3）每条弧都有一个非负的权值，称为弧的容量。

上述网络 $N$ 可以记作 $N=(V, X, Y, A, C)$，其中，$X$ 称为网络的源点集，$Y$ 称为网络的汇点集，$V$ 和 $A$ 分别为顶点集和弧集，网络中的除源点和汇点之外的顶点称为中转点。源点和汇点在实际网络中对应于网络的入口和出口，或者说计算机网络的源结点和目的结点。

$C$ 为网络的容量函数，容量函数是定义在弧集 $A$ 上的非负函数。在实际网络中，它对应于相应路线上的通行能力，如公路的宽度、计算机网络的带宽等。

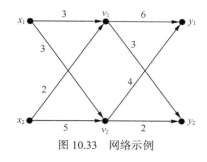

例如，在图 10.33 所示的网络中，$\{x_1,x_2\}$ 是源点集，$\{y_1,y_2\}$ 是汇点集。其他结点是中转结点，弧上的数字表示弧的容量。

图 10.33　网络示例

如果一个网络中的源点集和汇点集都只包含一个顶点，我们称该网络为单源单汇网络。事实上，对于任意网络 $N=(V,X,Y,A,C)$，在经过一定的处理后，都可以转变为一个单源单汇网络。处理的方法为：

（1）给网络 $N$ 添加两个新的顶点 $s$ 和 $t$。

（2）对任意 $x \in X$，从 $s$ 向 $x$ 添加一条弧，其容量为 $\infty$（或 $\sum\limits_{v \in N^+(x)} c(x,v)$）。

（3）对任意 $y \in Y$，从 $y$ 向 $t$ 添加一条弧，其容量为 $\infty$（或 $\sum\limits_{v \in N^-(y)} c(u,y)$）。

其中，$N^+(x)$ 表示顶点 $x$ 的出邻点集合 $\{u|(x,u) \in A\}$，$N(y)$ 表示顶点 $y$ 的入邻点集合 $\{u|(u,y) \in A\}$。新添加的顶点 $s$ 和 $t$ 分别称为人工源和人工汇。

简单地说，只需要在原有非单源单汇网络中添加一个新的源点和一个新的汇点，并且添加从新的源点指向原有源点的弧，再添加从原有汇点指向新的汇点的弧，就能得到一个单源单汇网络。

对图 10.33 所示的网络添加人工源和人工汇后，将变为图 10.34 所示的单源单汇网络。

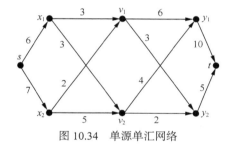

单源单汇网络是一种特殊的网络，它在各种网络问题的求解方面比非单源单汇网络更为简单。由于任意网络都可以转化为单源单汇网络，后续章节中对网络流的讨论都可以只考虑单源单汇网络。

图 10.34　单源单汇网络

在一些实际应用中，需要考虑弧和顶点都有容量限制的网络。例如，在某些网络中，需要考虑结点的缓存大小，此时结点的转发能力会受到限制。结点能力的限制并不能直接在图上体现出来，对于这样的情况，可以做一个转换，其方法为：将中转能力受限的结点分裂为两个结点，并且在这两个结点之间加入一条弧，这样就可以利用这条新加入的弧来表示结点的转发能力受限。

经过转化为单源单汇网络并将结点能力的受限转化为弧的受限后，实际网络问题可以转化为图论中的网络问题。

## 10.5.2　网络流

网络流理论最初由 Ford 和 Fulkerson 于 1956 年创立，包括理论与算法两部分。网络流理论的关键是在网络中引入了"流"的概念。在我们的日常生活中有大量的网络，如电网、水管网、交通运输网、通讯网等，这些网络中，"流"都是普遍存在的。近年来在解决网络方面的有关问题时，网络流理论发挥了重要作用。在网络流理论中，各种流问题是其中的关键，包括最大流、最小费用流等。要研究网络流理论，首先需要明确什么是可行流。

**定义 10.17**　可行流为：网络 $N=(V,X,Y,A,C)$ 中的一个可行流是指定义在 $A$ 上的一个整值函数 $f$，使得：

（1）对任意 $a∈A$，$0≤f(a)≤c(a)$，（容量约束）；

（2）对任意 $v∈V-(X∪Y)$，$f^-(v)=f^+(v)$，（流量守恒）。

其中，$f^-(v)$ 表示点 $v$ 处入弧上的流量之和，即流入 $v$ 的流量之和，$f^+(v)$ 表示点 $v$ 处出弧上的流量之和，即从 $v$ 流出的流量之和。

也就是说，可行流满足两个条件：一是容量约束，即可行流在某一弧上的流量小于该弧的容量；二是流量守恒，即流入某一中转点的流量等于流出该点的流量。

需要强调的是，**可行流总是存在的**，如果 $f(a)=0$，这个流称为零值流。

对于网络 $N$ 中任意可行流 $f$ 和任意顶点子集 $S$，从 $S$ 中流出的流量记为 $f^+(S)$，它表示从 $S$ 中顶点指向 $S$ 外顶点的弧上的流量之和；流入 $S$ 的流量记为 $f^-(S)$，表示从 $S$ 外顶点指向 $S$ 中顶点的弧上流量之和。

对于可行流 $f$ 来说，流量是一个重要指标，它的定义为：

**定义 10.18**　设 $f$ 是网络 $N=(V,X,Y,A,C)$ 中的一个可行流，则必有 $f^+(X)=f^-(Y)$。$f^+(X)$（或 $f(Y)$）称为流 $f$ 的流量，记为 Val $f$。

流是网络中的重要概念，在实际网络问题中，经常需要求解与流相关的问题，例如网络的最大流等。

所谓最大流，是指网络 $N$ 中流量最大的可行流。网络的最大流对于实际应用具有重要意义，例如，公路网络中获得最大的运输量、计算机网络中获得最大的转发增益等。为了得到网络的最大流，L. R. Ford 和 D. R. Fulkerson 在 1956 年提出了著名的最大流最小割定理，巧妙地将流与割对应起来，将最大流问题转化为最小割问题。

**定义 10.19**　设 $N=(V,x,y,A,C)$ 是一个单源单汇网络。假设网络中的某些顶点组成集合 $S$，$S⊆V$，$\overline{S}=V-S$。我们用 $(S,\overline{S})$ 表示尾在 $S$ 中而头在 $\overline{S}$ 中的所有弧的集合（即从 $S$ 中的顶点指向 $S$ 之外顶点的所有弧的集合）。如果 $x∈S$，而 $y∈\overline{S}$，则称弧集 $(S,\overline{S})$ 为网络 $N$ 的一个割。

一个割 $(S,\overline{S})$ 的容量是指 $(S,\overline{S})$ 中各条弧的容量之和，记为 $Cap(S,\overline{S})$。

例如，在图 10.24 中所示的单源单汇网络 $N$ 中，令 $S=\{s,x_1,x_2,v_2\}$，则割 $(S,\overline{S})=\{x_1v_1,x_2v_1,v_2y_1,v_2y_2\}$，割的容量 $Cap(S,\overline{S})=11$。

对网络 $N$ 中的任意流 $f$ 和任意割 $(S,\overline{S})$，流 $f$ 的流量等于流出 $S$ 的流量与流入 $S$ 的流量之差，即 Val $f=f^+(S)-f^-(S)$。

网络 $N$ 可能存在多个割，各个割的容量并不一定相等，其中容量最小的一个割称为网络 $N$ 的最小割。

即：如果网络 $N$ 不存在割 $K'$ 使得 Cap $K'<$Cap $K$，则割 $K$ 称为网络 $N$ 的**最小割**。

**定理 10.17**　最大流最小割定理的基本内容为：任一网络 $N=(V,X,Y,A,C)$ 中，最大流的流量等于最小割的容量。

实际上，割就是一个弧的集合，如果去掉这些弧，就可以把网络"分割"成分别包含了源点和汇点的两部分。由于从源点到汇点必须要经过这些弧，因此，如果能求出最小的割集，就能得到最大流。

最大流最小割定理对于求解最大流具有非常重要的指导意义，关于怎样求解网络的最大流，我们将在下一节介绍。

## 10.5.3　网络最大流求解

如果能使网络流达到最大流，则可以最大化利用网络资源，在物资流网络中，能使物资的运输最大化，在通信网络中，能最大化信息传输量，使信息传输量逼近 Shannon 极限。因此，求解网络最大流是网络流理论中的重要课题。

对于给定的网络 $N=(V,x,y,A,C)$，怎样求 $N$ 的最大流？最大流最小割定理给出了最大流流量的一个度量，但是怎样求解最大流并不能直接根据最大流最小割定理得到。

一种比较简单的思路是：使流逐渐增大，直到不能增加为止，这样得到的流应该就是最大流。实际上，这正是求解最大流的几种常用方法的基本原理，可以用最大流最小割定理证明这一方法的正确性。问题在于，应该选择哪些弧增加流量，以及何时才算是不能增加了。为了解决这些问题，需要引入可增路的概念。

如果采用逐渐使流增大的方法求解最大流，首先需要确定流是否还可以继续增大，这就需要用到可增路的概念。在介绍可增路之前我们先来回顾路的概念。

如果 $u$，$v$ 是网络 $N=(V,x,y,A,C)$ 中任意两点，$P$ 是 $N$ 的底图中的一条连接 $u$ 与 $v$ 的路，若规定路 $P$ 的走向为从 $u$ 到 $v$，则称这样规定了走向的路 $P$ 为网络 $N$ 中一条从 $u$ 到 $v$ 的路，简称为 $u$-$v$ 路。特别地，一条从源 $x$ 到汇 $y$ 的路称为一条 $x$-$y$ 路。

路的概念在网络中有非常重要的应用，在计算机网络中，从源结点到目的结点的一条路径称为路由，它就是一条从源结点到目的结点的路。

根据给定的 $u$-$v$ 路，我们可以得到一些与路相关的弧的概念。

**定义 10.20** 设 $P=uv_1\cdots v_kv$ 是网络 $N=(V,x,y,A,C)$ 中一条 $u$-$v$ 路，若弧 $<v_i,v_{i+1}>\in A$，则称此弧为 $u$-$v$ 路 $P$ 的一条正向弧（或称前向弧、顺向弧），若弧 $<v_{i+1},v_i>\in A$，则称此弧为 $u$-$v$ 路 $P$ 的一条反向弧（或称后向弧、逆向弧）。将 $u$-$v$ 路 $P$ 所经过的弧（无论正向弧还是反向弧）称为路 $P$ 上的弧。

在图 10.35 中的网络 $N$ 中，$x$-$y$ 路 $P=xv_1v_3v_4y$ 上，所有弧都是正向弧；而在 $x$-$y$ 路 $Q=xv_2v_4v_3y$ 上，弧 $<x,v_2>$ 和 $<v_3,y>$ 是正向弧，而 $<v_4,v_2>$ 和 $<v_3,v_4>$ 是反向弧。可以看出，对于同一条弧 $<v_3,v_4>$，在路 $P$ 中为正向弧，而在路 $Q$ 中为反向弧。可见，一条弧是正向弧还是反向弧与路的选择有关。

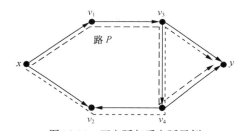

在计算机网络中，路由的选择与每条链路的容量相关，为了选择合适的路由，需要考虑包括正向弧和反向弧以及弧的容量。有了上面对路和正向弧反向弧的介绍，我们可以对可增路做明确的定义。

图 10.35　正向弧与反向弧示例

**定义 10.21** 假设 $f$ 是网络 $N=(V,X,Y,A,C)$ 中的一个可行流，$u$ 是 $N$ 中任意一点，$P$ 是网络 $N$ 中的一条 $x$-$u$ 路，如果对路 $P$ 上的任一条弧 $a$，都有：

（1）若弧 $a$ 是 $P$ 的正向弧，则 $c(a)-f(a)>0$；

（2）若弧 $a$ 是 $P$ 的反向弧，则 $f(a)>0$。

则称 $P$ 是 $N$ 的一条 $f$ 可增 $x$-$u$ 路。特别的，$N$ 中的一条 $f$ 可增 $x$-$y$ 路可简称为 $N$ 的一条 $f$ 可增路。

对于 $N$ 中任意一条 $f$ 可增路 $P$ 和 $P$ 上任意一条弧 $a$，假设

$$\Delta f(a) = \begin{cases} c(a) - f(a), & a\text{是}P\text{的正向弧} \\ f(a), & a\text{是}P\text{的反向弧} \end{cases}$$

沿路 $P$ 可增加的流量为 $\Delta f(P) = \min\{\Delta f(a)\}$，这一值称为 $f$ 可增路 $P$ 上流的增量（可增量）。

在图 10.36 中，每条弧上括号内的数字为弧的容量，括号外的数字为当前流在弧上的流值。图中的虚线表示 $x$-$y$ 路。由于 $\Delta f(x,v_2)=6-1=5$、$\Delta f(v_2,v_4)=2$、$\Delta f(v_4,v_3)=5$、$\Delta f(v_3,y)=4-0=4$，可增量为 $\Delta f(P)=\{5,2,5,4\}=2$。因此，路 $P$ 是 $N$ 中的 $f$ 可增路，其可增量为 2。增流后的网络如图 10.37 所示。

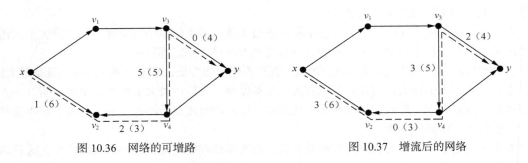

图 10.36　网络的可增路　　　　　　　图 10.37　增流后的网络

可增量在求解网络的最大流问题时非常重要，求解网络最大流问题的几种常用算法都是基于可增量方法的。

下面，我们介绍最大流问题求解的两种经典算法：标号算法和 Dinic 算法。

**标号算法**

在前面中，我们介绍了可增路的概念，根据可增路的求解过程，可以使网络的流增大。因此我们可以利用可增路来求解网络的最大流。

标号算法就是由可增路的概念得到的。其基本原理为：

对于一个网络 $N$ 中的一个可行流 $f$，如果能找到 $N$ 中的一条 $f$ 可增 $x$-$y$ 路 $P$，则可沿着 $P$ 修改流的值，得到一个流量更大的可行流 $f'$。修改后流的流量为 Val $f'$=Val $f$+ $\Delta f(P)$。

如果反复找 $N$ 中的可增路，沿着可增路将流量扩大，直到找不出可增路为止，就可以达到最大流。

那么，怎样判断可行流 $f$ 的可增路是否存在呢？或者说怎样找 $f$ 的可增路？

解决这一问题需要使用 Ford-Fulkerson 标号法，标号过程如下。

设网络 $N=(V,x,y,A,C)$ 中当前可行流为 $f$。从源点 $x$ 开始，首先给 $x$ 标上 $\infty$，即 $l(x)=\infty$（$x$ 称为已标未查顶点，其他顶点称为未标未查顶点）。

任选一已标未查顶点 $u$，检查其所有尚未标号的邻点：

（1）对 $u$ 的尚未标号的出邻点 $v$（即 $<u,v>\in A$），若 $c(u,v)>f(u,v)$，则给 $v$ 标号：

$$l(v) = \min\{l(u),c(u,v) - f(u,v)\}，（v 称为已标未查顶点）$$

否则，不给 $v$ 标号。

（2）对 $u$ 的尚未标号的入邻点 $v$（即 $<v,u>\in A$），若 $f(u,v)>0$，则给 $v$ 标号：

$$l(v) = \min\{l(u),f(u,v)\}，（v 称为已标未查顶点）$$

否则，不给 $v$ 标号。

当检查完 $u$ 的所有邻点之后，$u$ 称为已标已查顶点。

反复进行上述操作，最终结果有两种情况：

（1）汇点 $y$ 获得标号，此时已经得到了 $f$ 的可增流

（2）$y$ 点没有获得标号，并且已经没有已标未查顶点。此时当前的流 $f$ 就是最大流。

图 10.38 演示了网络 $N$ 从零值流开始，利用标号算法求最大流的过程。在每条弧上，括号外的数字表示当前流值，括号里的数字表示弧的容量。在每个顶点旁边有一组三元标号。在这个三元标号中，第一个元素表示该点的标号值是通过哪个点获得的，它用于反向追踪可增路；第二个元素的正或者负表示标号的前一个点是通过正向弧还是反向弧连接到当前点的，它用于标识在增流时应该在弧上增加流值还是减小流值；第三个元素为该顶点的标号数值，表示从源点 $x$ 到该点通过当前找到的可增路可以增加的流值。

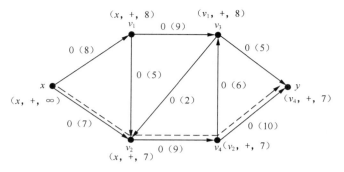

（a）初始状态——零值流

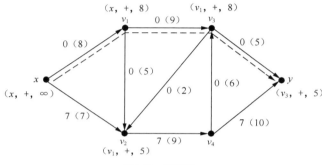

（b）第一次增流

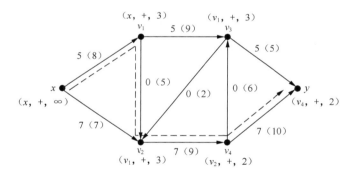

（c）第二次增流

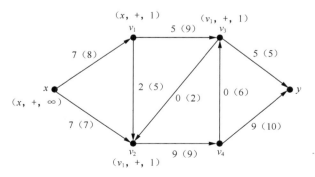

（d）第三次增流——最大流

图 10.38 标号算法示例

在图 10.38（a）中，网络中的流是零值流。标号结束后，汇点 $y$ 获得的标号为$(v_4,+,7)$。标号的第一项为当前点的前一个点，根据这一点我们可以反向追踪得到可增路 $xv_2v_4y$；标号的第三项表示可以增加的流值，也就是说可以增加 7 个单位的流量。据此，我们可以对网络进行增流，得到图 10.38（b）。

在图 10.8（b）中，标号结束后 $y$ 获得的标号为$(v_3,+,5)$。根据标号的第一项可以反向追踪得到可增路 $xv_1v_3y$，这条可增路能增加的流值为 5。增流后可以得到图 10.38（c）。同样，我们可以从图 10.38（c）再次增流，得到图 10.38（d），此时，已经没有已标未查点了，而汇点 $y$ 还没有获得标号，因此，当前网络流已经是最大流了。

在标号算法中，有可能出现每次只能增加一个单位流量的情况，这时，如果弧的容量为 $m$，需要 $2m$ 次增流才能达到最大流。可见，标号算法的计算量不完全依赖于问题的规模（顶点数和弧数），还依赖于弧的容量。

我们把计算量虽然是问题规模的多项式，但是还依赖于其他参量的算法称为伪多项式算法。Ford-Fulkerson 标号算法就是一种伪多项式算法。标号算法不是一个多项式算法，其复杂度还依赖于弧的容量，因此，我们需要复杂度更低的算法。Dinic 算法就是一种改进的算法。

**Dinic 算法**

利用可增路可以求解最大流问题，但是直接用可增路进行求解的话，在复杂度方面存在一定的缺陷。为此，Dinic 提出了一种对增量网络进行分层的思想。利用增量网络，可以得到网络的最大流。

**定义 10.22** 对于网络 $N=(V,x,y,A,C)$ 和 $N$ 上的一个可行流 $f$，构造一个新的网络 $N(f)=(V,x,y,A(f),C')$，其中 $A(f)$ 及容量函数 $C'$ 定义如下：

（1）若$<u,v>\in A$ 并且 $f(u,v)<c(u,v)$，则$<u,v>\in A(f)$，并且 $c'(u,v)=c(u,v)-f(u,v)$。

（2）若$<u,v>\in A$ 并且 $f(u,v)>0$，则$<v,u>\in A(f)$，并且 $c'(u,v)=f(u,v)$。

这样构造的网络 $N(f)$ 称为网络 $N$ 关于流 $f$ 的增量网络。

简单的说，对应于 $N$ 中一条非饱和流，$N(f)$ 中有一条正向弧，其容量值为 $N$ 中弧的容量与流量之差；对应于 $N$ 中一条非零流弧，$N(f)$ 中有一条反向弧，其容量值为 $N$ 中弧的流量。

图 10.39 显示了一个网络和它的增量网络。

在图 10.39（a）中的网络 $N$ 中，有一条饱和弧$<x,v_1>$，因此，在对应的增量网络图 10.39（b）中，只有一条与之方向相反的弧$<v_1,x>$与之对应；在网络 $N$ 中，有 2 条零流弧$<v_1,v_2>$和$<v_3,v_2>$，因此在增量网络中也有与它们对应的弧$<v_1,v_2>$和$<v_3,v_2>$；而对于网络 $N$ 中的非零流非饱和弧，增量网络中将有正反两条弧与之对应。

增量网络 $N(f)$ 中每条弧的容量恰好是 $N$ 中对应弧的流可增量。

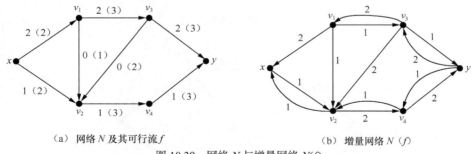

（a）网络 $N$ 及其可行流 $f$　　　　　（b）增量网络 $N(f)$

图 10.39　网络 $N$ 与增量网络 $N(f)$

在增量网络 $N(f)$ 中，我们把从 $x$ 到 $y$ 的有向路称为增量网络 $N(f)$ 的 $x$-$y$ 有向路。$N(f)$ 的 $x$-$y$ 有向路是与网络 $N$ 中的 $x$-$y$ 路对应的，它是 $N$ 的 $f$ 可增路。

因此，我们可以用在增量网络 $N(f)$ 中找 $x$-$y$ 有向路的方法来寻找网络 $N$ 的 $f$ 可增路。这一转换关系正是 Dinic 算法的依据。

为了更快地得到最大流，我们需要对增量网络进行分层并且得到辅助网络。

**定义 10.23**　在网络 $N=(V,x,y,A,C)$ 中，令：$V_i=\{v\in V|N$ 中 $x$ 到 $v$ 的最短有向路的长度为 $i\}$。假设 $x$ 到 $y$ 的最短有向路的长度为 $n$，则：

（1）$x\in V_0$，$y\in V_n$。

（2）$V_i\cap V_j=\Phi$，$(j\neq i)$。

$V_i$ 中的顶点称为网络 $N$ 的第 $i$ 层顶点。上述有向路的长度是指路上有向边的数目，而两点间最短有向路指两点间有向边最少的有向路。

按照上述分层原则，我们可以对图 10.40 中的网络 $N$ 进行分层。

$V_0=\{x\}$，$V_1=\{v_1,v_2\}$，$V_2=\{y,v_3,v_4\}$

分层后的网络如图 10.41 所示。

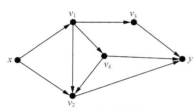
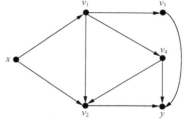

图 10.40　待分层的网络 $N$　　　　　　　　图 10.41　网络 $N$ 的分层

很容易看出，网络顶点分层后，弧有三种可能性：从第 $i$ 层顶点指向第 $i+1$ 层顶点；从第 $i$ 层顶点指向第 $i$ 层顶点；从第 $i$ 层顶点指向第 $j$ 层顶点$(j<i)$。根据层的定义，不可能出现第 $i$ 层顶点指向第 $i+k(k\geq 2)$ 的情况。

对分层后的网络进行进一步的操作就可以得到辅助网络。

辅助网络是在增量网络和网络分层的基础上得到的。其定义为：

对于网络 $N=(V,x,y,A,C)$，假设 $N(f)$ 是 $N$ 的关于流 $f$ 的增量网络。对 $N(f)$ 的顶点按照最短有向路进行分层后，删除层数不低于 $y$ 的顶点（即比 $y$ 层数高的顶点和与 $y$ 同层的顶点），再删除从高层指向低层的弧和同层顶点之间的弧，得到的 $N(f)$ 的子网络称为 $N$ 的关于流 $f$ 的辅助网络，记为 $AN(f)$。此时所剩下的各条弧上的容量与 $N(f)$ 相同。

图 10.42 演示了从网络 $N$ 到增量网络 $N(f)$，再对增量网络 $N(f)$ 进行分层并得到辅助网络的过程。

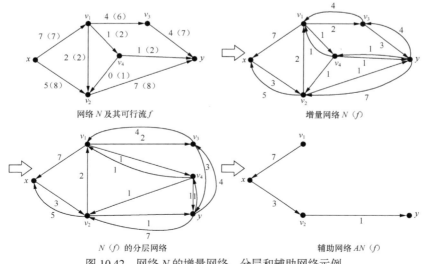

图 10.42　网络 $N$ 的增量网络、分层和辅助网络示例

有了前面介绍的增量网络、网络分层和辅助网络的概念之后，可以利用分层后的辅助网络求最大流，这一算法是 Dinic 提出的，我们称之为 Dinic 算法。

Dinic 算法可以从网络 $N=(V,x,y,A,C)$ 的任意可行流 $f$ 开始，执行如下过程：

（1）构造增量网络 $N(f)$

（2）对 $N(f)$ 分层并构造辅助网络 $AN(f)$

（3）求 $AN(f)$ 中的一条 $x$-$y$ 有向路 $P$，它就是 $N$ 中的一条 $f$ 可增路；

（4）在 $N$ 中沿着 $P$ 增流得到更大的流，并去掉因增流在 $AN(f)$ 中所导致的饱和弧。如果此时 $AN(f)$ 中仍然有 $x$-$y$ 有向路，则再沿着新的 $x$-$y$ 有向路在 $N$ 中增流，直到 $N(f)$ 剩余网络中没有 $x$-$y$ 有向路为止；

（5）反复执行（1）～（4），直到新流 $f$ 的增量网络 $N(f)$ 不能分层到达 $y$ 位置。

完成上述步骤后，网络 $N$ 不再有 $f$ 可增路，因此得到的是最大流。

我们同样以图 10.38 中的网络为例来演示 Dinic 算法，从而比较标号算法和 Dinic 算法的联系和区别。Dinic 算法的演示过程如图 10.43 所示。

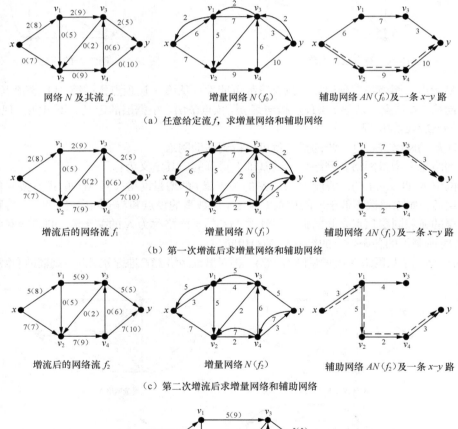

（a）任意给定流 $f$，求增量网络和辅助网络

（b）第一次增流后求增量网络和辅助网络

（c）第二次增流后求增量网络和辅助网络

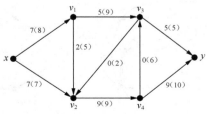

（d）最终得到的最大流

图 10.43　Dinic 算法执行过程

可以看出，执行的过程与标号算法类似，但是在求可增流的过程中，Dinic 算法借助增量网络和辅助网络更直观的得到可增流，为了演示标号算法和 Dinic 算法的联系，每次增流都只进行了一次，实际上，前两次增流可以一次完成。在简单的网络中，两者差别不大，但是在复杂的网络中，Dinic 算法在复杂度上有一定的优势。下面我们来看 Dinic 算法的复杂度。

在 Dinic 算法中，找路循环最多能进行 $e$ 次，而在分层辅助网络中找一条 $x$-$y$ 有向路的计算量为 $O(v)$，因此，算法的总计算复杂度为 $O((v-1)(e+ev))=O(v^2e)$。其中，$e$ 为弧的数量、$v$ 为顶点的数量。在每次可增加的量较小时，Dinic 算法的复杂度要明显低于标号算法。

## 10.5.4　开关网络

开关网络是计算机设计中的重要课题，在其他通讯系统方面也有应用。可以把开关网络看作是一个无向连通图。图的每一条边都对应某一布尔变量 $x_i$ 作为该边的权。而 $x_i$ 可以看作是该边上的接触开关，当开关接通时 $x_i$ 取值 1，否则 $x_i$ 取值 0。这样的一个开关网络用 $G_N$ 表示。

**定义 10.24**　设 $a.b$ 是开关网络 $G_N$ 上两个结点，而 $P_{ab}^{(N)}$ 是 $a.b$ 两点间的道路，其中 $k=1,2,\cdots,n$ 若 $P_{ab}^{(k)}$ 道路上各边的权的连乘积为 $\prod_{ab}^{(k)}$，并令

$$f_{ab} = \sum_{k=1}^{l} \prod_{ab}^{(k)}$$

则称 $f_{ab}$ 为开关网络 $G_N$ 关于结点 $a$，$b$ 的开关函数。

**例 10.16**　在图 10.44 中 $a.b$ 间的道路有：

$x_1x_3x_7$，$x_2x_4x_8$，$x_1x_5x_8$，$x_2x_6x_7$，$x_1x_3x_6x_4x_8$，$x_2x_4x_5x_3x_7$，$x_2x_6x_3x_5x_8$，$x_1x_5x_4x_6x_7$；故有

$$f_{ab} = x_1x_3x_7 + x_2x_4x_8 + x_1x_5x_8 + x_2x_6x_7$$
$$+x_1x_3x_6x_4x_8 + x_2x_4x_5x_3x_7 + x_2x_6x_3x_5x_8$$
$$+x_1x_5x_4x_6x_7$$

上式中的乘积为逻辑乘，和为逻辑和，故服从逻辑运算规则：

$$1+x = 1, x + \bar{x} = 1, x\bar{x} = 0$$
$$x + x = xx = x + xy = x$$

其中，布尔变量 $x_1$，$x_2$，$\cdots$，$x_8$ 可以是独立的变量，也可以是相同的。比如若

$$x_1{=}x,\ x_2{=}\bar{x},\ x_3{=}\bar{z},\ x_4{=}z$$

$$x_5{=}y,\ x_6{=}y,\ x_7{=}\bar{r},\ x_8{=}r$$

则 $f_{ab} = x\bar{z}\bar{r} + \bar{x}zr + xyr + \bar{x}y\bar{r} + xz\bar{y}zr + \bar{x}zy\bar{z}r + \bar{x}yzy\bar{r} + xzyyr$

由布尔量的运算法则，上述开关函数可以简化为

$$f_{ab} = x\bar{z}\bar{r} + \bar{x}zr + xyr + \bar{x}y\bar{r}$$

如果开关网络 $G_N$ 的所有边的权都不相同时，称为是简单接触的网络，故简单接触开关网络中的开关都是独立的，即可以独立的接通或断开。

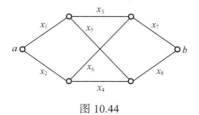

图 10.44

例如图 10.45 中（a）是简单接触网络，而（b）则不是。（a）的开关函数 $f_{ab}$ 为

$$f_{ab} = xw + yv + xzv + yzw$$

而（b）的开关函数 $f_{ab}$ 为

$$f_{ab} = xw + \bar{x}w + xy\bar{x} + wyw$$

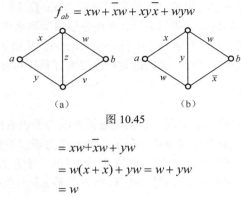

（a）　　　　（b）

图 10.45

$$= xw + \bar{x}w + yw$$
$$= w(x + \bar{x}) + yw = w + yw$$
$$= w$$

下面介绍传输矩阵与连接矩阵。

**定义 10.25**　对于开关网络 $G_N = \langle V, E \rangle$ 有矩阵

$$F = (f_{ij})_{n \times n}$$

其中

$$f_{ij} = \begin{cases} 1, i = j\text{时} \\ \text{结点} i, j \text{间的开关函数}, i \neq j\text{时} \end{cases}$$
$$i, j = 1, 2, \cdots, n, n = |V|$$

则称矩阵 $F$ 为开关网络的传输矩阵。

而对矩阵 $A = (a_{ij})_{n \times n}$，其中

$$a_{ij} = \begin{cases} 1, i = j\text{时} \\ 0, \text{若结点} i, j \text{间不相连时} \\ \text{结点} i, j \text{间边的权和，其他情况时} \end{cases}$$

则称矩阵 $A$ 为开关网络 $G_N$ 的连接矩阵。

如果说连接矩阵 $A$ 类似于邻接矩阵，而传输矩阵颇与路径矩阵相当，不难得到如下关系式

$$F = A^{(n-1)}$$

这里 $A^{(n-1)}$ 是矩阵 $A$ 的 $n-1$ 次幂，不过乘是逻辑乘，和是逻辑和，并服从逻辑运算法则。

**例 10.17**　简单接触网络如图 10.46 所示。

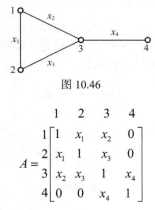

图 10.46

$$A = \begin{matrix} & \begin{matrix} 1 & 2 & 3 & 4 \end{matrix} \\ \begin{matrix} 1 \\ 2 \\ 3 \\ 4 \end{matrix} & \begin{bmatrix} 1 & x_1 & x_2 & 0 \\ x_1 & 1 & x_3 & 0 \\ x_2 & x_3 & 1 & x_4 \\ 0 & 0 & x_4 & 1 \end{bmatrix} \end{matrix}$$

$$A^{(2)} = A \cdot A = \begin{bmatrix} 1 & x_1 & x_2 & 0 \\ x_1 & 1 & x_3 & 0 \\ x_2 & x_3 & 1 & x_4 \\ 0 & 0 & x_4 & 1 \end{bmatrix} \cdot \begin{bmatrix} 1 & x_1 & x_2 & 0 \\ x_1 & 1 & x_3 & 0 \\ x_2 & x_3 & 1 & x_4 \\ 0 & 0 & x_4 & 1 \end{bmatrix} =$$

$$\begin{bmatrix} 1+x_1x_1+x_2x_2 & x_1+x_1+x_2x_3 & x_2+x_1x_3+x_2 & x_2x_4 \\ x_1+x_1+x_2x_3 & x_1x_1+1+x_3x_4 & x_1x_2+x_3+x_3 & x_3x_4 \\ x_2+x_1x_3+x_2 & x_1x_2+x_3+x_3 & x_2x_2+x_3x_3+1+x_4+x_4 & x_4+x_4 \\ x_2x_4 & x_3x_4 & x_4+x_4 & 1+x_4x_4 \end{bmatrix}$$

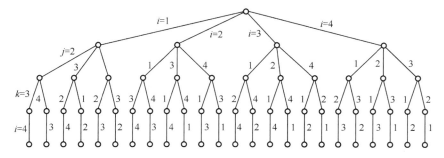

这里 $A_{ij}^{(2)}$ 就是结点 $i, j$ 间"不超过两步"走到的道路的开关函数

$$A^{(3)} = A^{(2)} \cdot A = \begin{bmatrix} 1 & x_1+x_2x_3 & x_2+x_1x_3 & x_2x_4 \\ x_1+x_2x_3 & 1 & x_3+x_1x_2 & x_3x_4 \\ x_2+x_1x_3 & x_3+x_1x_2 & 1 & x_4 \\ x_2x_4 & x_3x_4 & x_4 & 1 \end{bmatrix}$$

$$\begin{bmatrix} 1 & x_1 & x_2 & 0 \\ x_1 & 1 & x_3 & 0 \\ x_2 & x_3 & 1 & x_4 \\ 0 & 0 & x_4 & 1 \end{bmatrix} = \begin{bmatrix} 1 & x_1+x_2x_3 & x_2+x_1x_3 & x_4(x_2+x_1x_3) \\ x_1+x_2x_3 & 1 & x_3+x_1x_2 & x_4(x_3+x_1x_2) \\ x_2+x_1x_3 & x_3+x_1x_2 & 1 & x_4 \\ x_4(x_2+x_1x_3) & x_4(x_3+x_1x_2) & x_4 & 1 \end{bmatrix}$$

下面介绍简单接触网络的实现问题和它的算法。即已知结点 $a, b$ 间的开关函数，要求设计一个开关网络 $G_N$，使之满足这个开关函数所能确定的功能。结果不唯一，但要求开关网络尽可能简单，也就是要求接触开关为简单接触。

**定理 10.18**　若 $a, b$ 是开关网络 $G_N$ 的两个结点，$e_0 = \langle a, b \rangle$，则对于 $G_N$ 中不含 $e_0$ 边的回路 $L$，必有 $a, b$ 间的道路 $P_{ab}^{(1)}$，$P_{ab}^{(2)}$，使 $L = P_{ab}^{(1)} \oplus P_{ab}^{(2)}$，即回路 $L$ 为道路 $P_{ab}^{(1)}$ 与 $P_{ab}^{(2)}$ 的对称差。

**证明：** 分三种情况分别讨论如下。

（1）若回路 $L$ 经过 $a, b$ 两结点时，显然 $L$ 由 $a, b$ 间的两条道路 $P_{ab}^{(1)}$，$P_{ab}^{(2)}$ 组成。即

$$L = P_{ab}^{(1)} \oplus P_{ab}^{(2)}$$

（2）若 $e_0$ 边只有一端点（设为 $a$）在回路 $L$ 上，如图 10.47（a）所示，由 $b$ 点出发到 $a$ 点的道路中与回路 $L$ 的第一个汇合点设为 $k$，$b$ 点到 $k$ 点的这一段道路设为 $P_{kb}$，则

$$P_{ab}^{(1)} = P_{ak}^{(2)} \bigcup P_{kb}, P_{ak}^{(2)} = P_{ak}^{(1)} \bigcup P_{kb}$$

$$L = P_{ab}^{(1)} \oplus P_{ab}^{(2)}$$

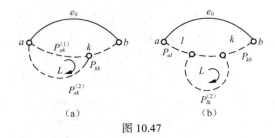

图 10.47

（3）如果 $e_0$ 边的两个端点 $a,b$ 都不在回路 $L$ 上，如图 10.47（b）所示，$a,b$ 间的一条道路与 $L$ 的前后会合点分别为 $l$ 和 $k$。令

$$P_{ab}^{(1)} = P_{al} \bigcup P_{lk}^{(1)} \bigcup P_{kb}$$

$$P_{ab}^{(2)} = P_{al} \bigcup P_{lk}^{(2)} \bigcup P_{kb}$$

$$L = P_{ab}^{(1)} \oplus P_{ab}^{(2)}$$

但是，对于简单接触网络，不同的边对应于不同的权，也就是边 $e_i$ 和布尔变量 $x_i$ 之间建立了一一对应的关系。所以，对于简单接触网络，给定了 $a, b$ 间的开关函数，这个网络在 mod2 意义下可以唯一地确定。

例如，对图 10.48 定义道路矩阵 $P=(P_{ij})_{7\times7}$，其中

$$P_{ij} = \begin{cases} 1, & 设道路 P_{ab}^{(i)} 通过 x_j 边时 \\ 0, & 其他时 \end{cases}$$

得

$$P = \begin{array}{c} 1 \\ 2 \\ 3 \\ 4 \\ 5 \\ 6 \\ 7 \end{array} \begin{bmatrix} 1 & 0 & 0 & 0 & 0 & 0 & 1 \\ 1 & 0 & 1 & 1 & 0 & 1 & 0 \\ 1 & 0 & 0 & 0 & 1 & 1 & 0 \\ 0 & 1 & 1 & 0 & 0 & 0 & 1 \\ 0 & 1 & 1 & 0 & 1 & 1 & 0 \\ 0 & 1 & 0 & 1 & 0 & 1 & 0 \\ 0 & 1 & 0 & 1 & 1 & 0 & 1 \end{bmatrix}$$
$$\quad\; x_1 \; x_2 \; x_3 \; x_4 \; x_5 \; x_6 \; x_7$$

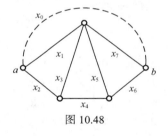

图 10.48

若在图 10.48 中过 $a$，$b$ 点引一条边 $x_0$，可得其回路矩阵 $C=(c_{ij})_{7\times8}$ 其中

$$c_{ij} = \begin{cases} 1, & 若回路 c_i 过 x_j 边 \\ 0, & 其他 \end{cases}$$

显然，只要在矩阵 $P$ 增加与 $x_0$ 对应的元素均为 1 的一列，则可得矩阵

$$C_1 = \begin{bmatrix} 1 & 0 & 0 & 0 & 0 & 0 & 1 & 1 \\ 1 & 0 & 1 & 1 & 0 & 1 & 0 & 1 \\ 1 & 0 & 0 & 0 & 1 & 1 & 0 & 1 \\ 0 & 1 & 1 & 0 & 0 & 0 & 1 & 1 \\ 0 & 1 & 1 & 0 & 1 & 1 & 0 & 1 \\ 0 & 1 & 0 & 1 & 0 & 1 & 0 & 1 \\ 0 & 1 & 0 & 1 & 1 & 0 & 1 & 1 \end{bmatrix} \begin{array}{c} 1 \\ 2 \\ 3 \\ 4 \\ 5 \\ 6 \\ 7 \end{array}$$
$$\quad\; x_1 \; x_2 \; x_3 \; x_4 \; x_5 \; x_6 \; x_7 \; x_0$$

把矩阵 $G$ 的第 1 行分别与第 2、3 行相加，并做 mod2 运算，这相当于第 1 行所对应回路与第 2、3 行对应的回路分别作对称差。同时，第 4 行分别与第 5、6、7 行作类似运算得矩阵

$$C_2 = \begin{bmatrix} 1 & 0 & 0 & 0 & 0 & 0 & 1 & 1 \\ 0 & 0 & 1 & 1 & 0 & 1 & 1 & 0 \\ 0 & 0 & 0 & 0 & 1 & 1 & 1 & 0 \\ 0 & 1 & 1 & 0 & 0 & 0 & 1 & 1 \\ 0 & 0 & 0 & 0 & 1 & 1 & 1 & 0 \\ 0 & 0 & 1 & 1 & 0 & 1 & 1 & 0 \\ 0 & 0 & 1 & 1 & 1 & 0 & 0 & 0 \end{bmatrix} \begin{matrix} 1 \\ 2 \\ 3 \\ 4 \\ 5 \\ 6 \\ 7 \end{matrix}$$

$$x_1 \quad x_2 \quad x_3 \quad x_4 \quad x_5 \quad x_6 \quad x_7 \quad x_0$$

矩阵 $C_2$ 中的第 2 行与第 6 行相同，第 3 行则与第 5 行相同，故从中去掉第 5、6 两行，得

$$C_3 = \begin{bmatrix} 1 & 0 & 0 & 0 & 0 & 0 & 1 & 1 \\ 0 & 0 & 1 & 1 & 0 & 1 & 1 & 0 \\ 0 & 0 & 0 & 0 & 1 & 1 & 1 & 0 \\ 0 & 1 & 1 & 0 & 0 & 0 & 1 & 1 \\ 0 & 0 & 1 & 1 & 1 & 0 & 0 & 0 \end{bmatrix} \begin{matrix} 1 \\ 2 \\ 3 \\ 4 \\ 7 \end{matrix}$$

$$x_1 \quad x_2 \quad x_3 \quad x_4 \quad x_5 \quad x_6 \quad x_7 \quad x_0$$

把 $C_3$ 中的第 2 行分别加到第 4、7 行，得

$$C_4 = \begin{bmatrix} 1 & 0 & 0 & 0 & 0 & 0 & 1 & 1 \\ 0 & 0 & 1 & 1 & 0 & 1 & 1 & 0 \\ 0 & 0 & 0 & 0 & 1 & 1 & 1 & 0 \\ 0 & 1 & 0 & 1 & 0 & 1 & 0 & 1 \\ 0 & 0 & 0 & 0 & 1 & 1 & 1 & 0 \end{bmatrix} \begin{matrix} 1 \\ 2 \\ 3 \\ 4 \\ 7 \end{matrix}$$

$$x_1 \quad x_2 \quad x_3 \quad x_4 \quad x_5 \quad x_6 \quad x_7 \quad x_0$$

由于第 3 行与第 7 行相同，故去掉第 7 行，得

$$C_5 = \begin{bmatrix} 1 & 0 & 0 & 0 & 0 & 0 & 1 & 1 \\ 0 & 0 & 1 & 1 & 0 & 1 & 1 & 0 \\ 0 & 0 & 0 & 0 & 1 & 1 & 1 & 0 \\ 0 & 1 & 0 & 1 & 0 & 1 & 0 & 1 \end{bmatrix} \begin{matrix} 1 \\ 2 \\ 3 \\ 4 \end{matrix}$$

$$x_1 \quad x_2 \quad x_3 \quad x_4 \quad x_5 \quad x_6 \quad x_7 \quad x_0$$

改变列的次序可得回路矩阵

$$C_6 = \left[ \begin{array}{cccc:cccc} 1 & 0 & 0 & 0 & 0 & 0 & 1 & 1 \\ 0 & 1 & 0 & 0 & 1 & 1 & 1 & 0 \\ 0 & 0 & 1 & 0 & 0 & 1 & 1 & 0 \\ 0 & 0 & 0 & 1 & 1 & 1 & 0 & 1 \end{array} \right] \begin{matrix} 1 \\ 2 \\ 3 \\ 4 \end{matrix}$$

$$x_1 \quad x_3 \quad x_5 \quad x_2 \quad x_4 \quad x_6 \quad x_7 \quad x_0$$

如果把第 1 行加到第 2、3 行，并改变列的次序，得

$$C_f = \begin{bmatrix} 1 & 0 & 0 & 0 & 1 & 0 & 0 & 1 \\ 0 & 1 & 0 & 0 & 1 & 1 & 1 & 1 \\ 0 & 0 & 1 & 0 & 1 & 0 & 1 & 1 \\ 0 & 0 & 0 & 1 & 0 & 1 & 1 & 1 \end{bmatrix} \begin{matrix} 1 \\ 2 \\ 3 \\ 4 \end{matrix}$$

$$\quad x_7 \quad x_3 \quad x_5 \quad x_2 \quad x_1 \quad x_4 \quad x_6 \quad x_0$$

从 $C_f$ 矩阵得 $a,b$ 间的下列 4 条道路，叫做这个网络的基本道路。

$P_1 = \{x_1, x_7\}, P_2 = \{x_1, x_3, x_4 x_6\}$

$P_3 = \{x_1, x_5, x_6\}, P_4 = \{x_2, x_4, x_6\}$

又设 $a,b$ 间的开关函数为

$$f_{ab} = x_1 x_3 + x_1 x_4 + x_2 x_3 + x_2 x_4$$

$$C = \begin{matrix} 1 \\ 2 \\ 3 \\ 4 \end{matrix} \begin{bmatrix} 1 & 0 & 1 & 0 & 1 \\ 1 & 0 & 0 & 1 & 1 \\ 0 & 1 & 1 & 0 & 1 \\ 0 & 1 & 0 & 1 & 1 \end{bmatrix}$$

$$\quad\quad x_1 \quad x_2 \quad x_3 \quad x_4 \quad x_0$$

在 $a,b$ 间加进一条边 $x_0 = <a, b>$，可得回路矩阵。

把 $C$ 的第 1 行加到第 2 行，第 3 行加到第 4 行，做 mod2 运算得

$$C_1 = \begin{bmatrix} 1 & 0 & 1 & 0 & 1 \\ 0 & 0 & 1 & 1 & 0 \\ 0 & 1 & 1 & 0 & 1 \\ 0 & 1 & 0 & 1 & 0 \end{bmatrix} \begin{matrix} 1 \\ 2 \\ 3 \\ 4 \end{matrix}$$

$$\quad x_1 \quad x_2 \quad x_3 \quad x_4 \quad x_0$$

$C_1$ 的第 2 行与第 4 行相同，故去掉第 4 行。

$$C_2 = \begin{bmatrix} 1 & 0 & 0 & 1 & 1 \\ 0 & 1 & 0 & 1 & 1 \\ 0 & 0 & 1 & 1 & 1 \end{bmatrix} \begin{matrix} 1 \\ 2 \\ 3 \end{matrix}$$

$$\quad x_1 \quad x_2 \quad x_3 \quad x_4 \quad x_0$$

在矩阵 $C_2$ 中与 $x_0$ 对应的列的元素不全为 1。显然，该列中元素为 1 的行对应一条从 $a$ 到 $b$ 的独立道路（图 10.49），这些独立道路的对称差就不一定生成所有回路。

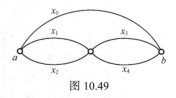

图 10.49

上面的定理建立了 $a,b$ 两结点间的开关网络 $G_N$ 的从结点 $a$ 到结点 $b$ 的道路与回路之间的关系，现在转入讨论给定了开关函数 $f_{ab}$ 后，如何实现这个网络的问题。

下面举例说明算法。

**例 10.18**　设 $f_{ab} = x_1 x_2 x_3 x_5 x_7 + x_1 x_3 x_4 x_6 + x_1 x_5 x_6 x_8 + x_2 x_4 + x_2 x_3 x_5 x_8 + x_3 x_4 x_6 x_7 x_8 + x_5 x_6 x_7$　第一步：引进边 $<a,b> = x_0$，并从回路矩阵出发，通过一系列初等变换，目的要得出基本回路矩阵，步骤如下：

$$C = \begin{bmatrix} 1 & 1 & 1 & 0 & 1 & 0 & 1 & 0 & 1 \\ 1 & 0 & 1 & 1 & 0 & 1 & 0 & 0 & 1 \\ 1 & 0 & 0 & 0 & 1 & 1 & 0 & 1 & 1 \\ 0 & 1 & 0 & 1 & 0 & 0 & 0 & 0 & 1 \\ 0 & 1 & 1 & 0 & 1 & 0 & 0 & 1 & 1 \\ 0 & 0 & 1 & 1 & 0 & 1 & 1 & 1 & 1 \\ 0 & 0 & 0 & 0 & 1 & 1 & 1 & 0 & 1 \end{bmatrix} \begin{matrix} 1 \\ 2 \\ 3 \\ 4 \\ 5 \\ 6 \\ 7 \end{matrix} \Rightarrow$$

$$x_1 \ x_2 \ x_3 \ x_4 \ x_5 \ x_6 \ x_7 \ x_8 \ x_0$$

从基本回路矩阵可知，图 $G_N$ 有

$$m = 9，余树边数 = 4，树的边数 = 5，\quad n = 6。$$

第二步：从基本回路矩阵

$$C_f = \left( I_{(m-n+1)} \vdots \underbrace{C_{12}}_{n-1} \right)$$

与基本割集矩阵 $S_f$ 的关系

$$S_f = (C_{12}^T \vdots I_{(n-1)})$$

可得矩阵 $S_f$ 如下：

$$S_f = \begin{bmatrix} 1 & 1 & 1 & 0 & 1 & 0 & 0 & 0 & 0 \\ 1 & 0 & 1 & 0 & 0 & 1 & 0 & 0 & 0 \\ 1 & 0 & 1 & 1 & 0 & 0 & 1 & 0 & 0 \\ 1 & 0 & 0 & 1 & 0 & 0 & 0 & 1 & 0 \\ 1 & 1 & 1 & 1 & 0 & 0 & 0 & 0 & 1 \end{bmatrix}$$

$$x_1 \ x_4 \ x_8 \ x_6 \ x_2 \ x_3 \ x_5 \ x_7 \ x_0$$

对矩阵 $S_f$ 进行下列一系列初等变换，便能得到一个每列至多有两个元素 1 的矩阵。

$$\begin{bmatrix} 1 & 1 & 1 & 0 & 1 & 0 & 0 & 0 & 0 \\ 1 & 0 & 1 & 0 & 0 & 1 & 0 & 0 & 0 \\ 1 & 0 & 1 & 1 & 0 & 0 & 1 & 0 & 0 \\ 1 & 0 & 0 & 1 & 0 & 0 & 0 & 1 & 0 \\ 1 & 1 & 1 & 1 & 0 & 0 & 0 & 0 & 1 \end{bmatrix} \begin{matrix} 加第5行于1行 \\ 加第3行于5行 \\ 加第4行于3行 \end{matrix}$$

$$\Rightarrow \begin{bmatrix} 0 & 0 & 0 & 1 & 1 & 0 & 0 & 0 & 1 \\ 1 & 0 & 1 & 0 & 0 & 1 & 0 & 0 & 0 \\ 0 & 0 & 1 & 0 & 0 & 0 & 1 & 1 & 0 \\ 1 & 0 & 0 & 1 & 0 & 0 & 0 & 1 & 0 \\ 0 & 1 & 0 & 0 & 0 & 0 & 0 & 1 & 0 & 1 \end{bmatrix}$$

$$x_1 \ x_4 \ x_8 \ x_6 \ x_2 \ x_3 \ x_5 \ x_7 \ x_0$$

第三步：对上面所的矩阵增加最后一行，使得每列有两个元素 1，于是得关联矩阵。

$$A = \begin{bmatrix} 0 & 0 & 0 & 1 & 1 & 0 & 0 & 0 & 1 \\ 1 & 0 & 1 & 0 & 0 & 1 & 0 & 0 & 0 \\ 0 & 0 & 1 & 0 & 0 & 0 & 1 & 1 & 0 \\ 1 & 0 & 0 & 1 & 0 & 0 & 0 & 1 & 0 \\ 0 & 1 & 0 & 0 & 0 & 0 & 1 & 0 & 1 \\ 0 & 1 & 0 & 0 & 1 & 1 & 0 & 0 & 0 \end{bmatrix} \begin{matrix} 1 \\ 2 \\ 3 \\ 4 \\ 5 \\ 6 \end{matrix}$$

$$\quad x_1 \; x_4 \; x_8 \; x_6 \; x_2 \; x_3 \; x_5 \; x_7 \; x_0$$

根据基本道路矩阵与关联矩阵，可得开关网络图（去掉 $x_0$ 边）如图 10.50 所示。

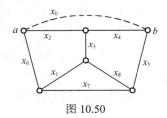

图 10.50

# 10.6 图的实例分析

## 10.6.1 中国邮递员问题

1962 年我国的管梅谷首先提出并研究了如下的问题：邮递员从邮局出发经过他投递的每一条街道，然后返回邮局，邮递员希望找出一条行走距离最短的路线。这个问题被外国人称为**中国邮递员问题**（Chinese Postman Problem）。

我们把邮递员的投递区域看作一个连通的带权无向图 $G$，其中 $G$ 的顶点看作街道的交叉口和端点，街道看作边，权看作街道的长度，解决中国邮递员问题，就是在连通带权无向图中，寻找经过每边至少一次且权和最小的回路。

如果对应的图 $G$ 是欧拉图，那么从对应于邮局的顶点出发的任何一条欧拉回路都是符合上述要求的邮递员的最优投递路线。

如果图 $G$ 只有两个奇点 $x$ 和 $y$，则存在一条以 $x$ 和 $y$ 为端点的欧拉链，因此，由这条欧拉 Euler 链加 $x$ 到 $y$ 最短路即是所求的最优投递路线。

如果连通图 $G$ 不是欧拉图也不是半欧拉 Euler 图，由于图 $G$ 有偶数个奇点，对于任两个奇点 $x$ 和 $y$，在 $G$ 中必有一条路连接它们。将这条路上的每条边改为二重边得到新图 $H_1$，则 $x$ 和 $y$ 就变为 $H_1$ 的偶点，在这条路上的其他顶点的度数均增加 2，即奇偶数不变，于是 $H_1$ 的奇点个数比 $G$ 的奇点个数少 2。对 $H_1$ 重复上述过程得 $H_2$，再对 $H_2$ 重复上述过程得 $H_3$，…，经若干次后，可将 $G$ 中所有顶点变成偶点，从而得到多重欧拉图 $G'$（在 $G'$ 中，若某两点 $u$ 和 $v$ 之间连接的边数多于 2，则可去掉其中的偶数条多重边，最后剩下连接 $u$ 与 $v$ 的边仅有 1 或 2 条边，这样得到的图 $G'$ 仍是欧拉图）。这个欧拉欧拉图 $G'$ 的一条欧拉回路就相应于中国邮递员问题的一个可行解，且欧拉回路的长度等于 $G$ 的所有边的长度加上由 $G$ 到 $G'$ 所添加的边的长度之和。但怎样才能使这样的欧拉回路的长度最短呢？如此得到的图 $G'$ 中最短的欧拉 Euler 回路称为图 $G$ 的最优环游。

**定理 10.19**　设 $P$ 是加权连通图 $G$ 中一条包含 $G$ 的所有边至少一次的闭链，则 $P$ 最优（即具有最小长度）的充要条件是：

（1）$P$ 中没有二重以上的边。

（2）在 $G$ 的每个圈 $C$ 中，重复边集 $E$ 的长度之和不超过这个圈的长度的一半，即 $w(E) \leqslant \frac{1}{2} w(C)$。

根据上面的讨论及定理 10.19，我们可以设计出求非欧拉带权非欧拉连通图 $G$ 的最优环游的算法。此算法称为最优环游的**奇偶点图上作业法**。

（1）把 $G$ 中所有奇点配成对，将每对奇点之间的一条路上的每边改为二重边，得到一个新图 $G_1$，新图 $G_1$ 中没有奇点，即 $G_1$ 为多重欧拉图。

（2）若 $G_1$ 中每一对顶点之间有多于 2 条边连接，则去掉其中的偶数条边，留下 1 条或 2 条边连接这两个顶点。直到每一对相邻顶点至多由 2 条边连接，得到图 $G_2$。

（3）检查 $G_2$ 的每一个圈 $C$，若某一个圈 $C$ 上重复边的权和超过此圈权和的一半，则将 $C$ 中的重复边改为不重复，而将单边改为重复边。重复这一过程，直到对 $G_2$ 的所有圈，其重复边的权和不超此圈权和的一半，得到图 $G_3$。

（4）$G_3$ 的 Euler 回路。

**例 10.19**　求图 10.51 所示图 $G$ 的最优环游。

**解**：图 $G$ 中有 6 个奇点 $v_2$，$v_4$，$v_5$，$v_7$，$v_9$，$v_{10}$，把它们配成三对：$v_2$ 与 $v_5$，$v_4$ 与 $v_7$，$v_9$ 与 $v_{10}$。在图 $G$ 中，取一条连接 $v_2$ 与 $v_5$ 的路 $v_2 v_3 v_4 v_5$，把边 $(v_2, v_3)$，$(v_3, v_4)$，$(v_4, v_5)$ 作为重复边加入图中；再取 $v_4$ 与 $v_7$ 之间一条路 $v_4 v_5 v_6 v_7$，把边 $(v_4, v_5)$，$(v_5, v_6)$，$(v_6, v_7)$ 作为重复边加入图中，在 $v_9$ 和 $v_{10}$ 之间加一条重复边 $(v_9, v_{10})$，如图 10.52 所示，这个图没有奇点，是一个欧拉图。

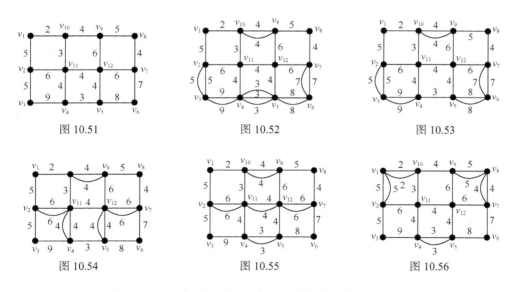

图 10.51　　　　　　图 10.52　　　　　　图 10.53

图 10.54　　　　　　图 10.55　　　　　　图 10.56

在图 10.52 中，顶点 $v_4$ 与 $v_5$ 之间有 3 条重边，去掉其中 2 条，得图 10.53 所示的图，该图仍是一个欧拉图。

如图 10.53 所示，圈 $v_2 v_3 v_4 v_{11} v_2$ 的总权为 24，而圈上重复边的权和为 14，大于该圈总权的一半，于是去掉边 $(v_2, v_3)$ 和 $(v_3, v_4)$ 上的重复边，而在边 $(v_2, v_{11})$ 和 $(v_4, v_{11})$ 上加入重复边，此时重复边的权和为 10，小于该圈总权的一半。同理，圈 $v_5 v_6 v_7 v_{12} v_5$ 的总权为 25，而重复边权和为 15，于是去掉边 $(v_5, v_6)$ 和 $(v_6, v_7)$ 上的重复边，在边 $(v_5, v_{12})$ 和 $(v_7, v_{12})$ 上加重复边，如图 10.54 所示。

图 10.54 中，圈 $v_4v_5v_{12}v_{11}v_4$ 的总权为 15，而重复边的权和为 8，从而调整为图 10.55 所示。

图 10.55 中，圈 $v_1v_2v_{11}v_{12}v_7v_8v_9v_{10}v_1$ 的总权为 36，而重复边的总权为 20，继续调整为图 10.56 所示。

检查图 10.56，可知定理的(1)和(2)均满足，故为最优方案，接着给出出图 10.56 所示图的 Euler 回路，即为图 $G$ 的最优环游

由上例可知，对于比较大的图，要考察每个圈上重复边权和不大于该圈总权和的一半，确定每个圈的时间复杂性太大。1973 年 Edmonds 和 Johnson 给出了一个更有效算法。

## 10.6.2 旅行售货员问题

旅行售货员问题（Traveling Salesman Problem）是在加权完全无向图中，求经过每个顶点恰好一次的（边）权和最小的哈密尔顿圈，又称之为**最优哈密尔顿圈**（Optimum Hamilton cycle）。如果我们将加权图中的结点看作城市，加权边看作距离，旅行售货员问题就成为找出一条最短路线，使得旅行售货员从某个城市出发，遍历每个城市一次，最后再回到出发的城市。

若选定出发点，对 $n$ 个城市进行排列，因第二个顶点有 $n-1$ 种选择，第三个顶点有 $n-2$ 种选择，依次类推，共有$(n-1)!$条哈密尔顿圈。考虑到一个哈密尔顿圈可以用相反两个方向来遍历，因而只需检查 $\frac{1}{2}(n-1)!$个哈密尔顿圈，从中找出权和最小的一个。我们知道 $\frac{1}{2}(n-1)!$ 随着 $n$ 的增加而增长得极快，比如有 20 个顶点，需考虑 $\frac{1}{2}\times19!$（约为$6.08\times10^{16}$）条不同的哈密尔顿圈。要检查每条哈密尔顿圈用最快的计算机也需大约 1 年的时间才能求出该图中长度最短的一条哈密尔顿圈。

因为旅行售货员问题同时具有理论和实践的重要性，所以已经投入了巨大的努力来设计解决它的有效算法。目前还没有找到一个有效算法！

当有许多需要访问的顶点时，解决旅行售货员问题的实际方法是使用近似算法（Approximation algorithm）。

下面介绍简便的"最邻近方法"给出旅行售货员问题的近似解。

**最邻近方法**的步骤如下：

（1）由任意选择的结点开始，指出与该结点最靠近（即权最小）的点，形成有一条边的初始路。

（2）设 $x$ 表示最新加到这条路上的结点，从不在路上的所有结点中选一个与 $x$ 最靠近的结点，把连接 $x$ 与这个结点的边加到这条路上。重复这一步，直到图中所有结点包含在路上。

（3）将连接起点与最后加入的结点之间的边加到这条路上，就得到一个哈密尔顿圈，即得问题的近似解。

**例 10.20** 用"最邻近方法"找出图 10.57 所示加权完全图中具有充分小权的哈密尔顿圈。

**解**：$ADCBEFA$ 的权和为 55，$BCADEFB$ 的权和为 53，$CBADEFC$ 的权和为 42，$DABCFED$ 的权和为 42，$EADCBFE$ 的权和为 51，$FCBADEF$ 的权和为 42。

由上例可知，所选取的哈密尔顿圈不同，其近似解也不同，而"最邻近插入法"对上述方法可以进行改进，从而产生一个较好的结果。

该方法在每次迭代中都构成一个闭的旅行路线。它是由多个阶段而形成的一个个旅程，逐步建立起来的，每一次比上一次多一个顶点，即是说，下一个旅程比上一个旅程多一个顶点，求解时，在已建立旅程以外的顶点中，寻找最邻近于旅程中某个顶点的顶点，然后将其插入该旅程中，并使增加的距离尽可能小，当全部顶点收入这个旅程后，就找到了我们所求的最短哈密尔顿圈的近似解。

最邻近插入法的步骤如下（图中有 $n$ 个结点）：

（1）取图中一点 $v_1$，作闭回路 $v_1v_1$，置 $k=1$。

（2）$k=n$，则输出闭回路，结束；否则转（3）。

（3）在已有闭回路 $C_k=v_1v_2\cdots v_kv_1$ 之外的结点 $V-\{v_1,v_2,\cdots,v_k\}$ 中，选取与闭回路 $C_k$ 最邻近的点 $u$。

（4）将 $u$ 插入闭回路 $C_k$ 的不同位置可得 $k$ 条不同的闭回路，从这 $k$ 条闭回路选取一条长度最小的作为新的闭回路。$k=k+1$，转（2）。

**例 10.21**　用"最邻近插入法"找出图 10.57 所示加权完全图中具有充分小权的哈密尔顿圈。

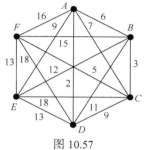

图 10.57

**解**：① 开始于顶点 $A$，组成闭旅程 $AA$。

② 最邻近 $A$ 的顶点为 $D$，建立闭旅程 $ADA$。

③ 顶点 $B$ 最邻近顶点 $A$，建立闭旅程 $ADBA$。

④ 由于 $C$ 最邻近 $B$，将 $C$ 插入，分别得到三个闭旅程 $ACDBA$、$ADCBA$、$ADBCA$，其长度依次为 33、20、23，选取长度最短的旅程 $ADCBA$。

⑤ 距旅程 $ADCBA$ 中顶点最邻近顶点为 $F$，将 $F$ 插入，分别得到四个闭旅程 $AFDCBA$、$ADFCBA$、$ADCFBA$、$ADCBFA$，其长度依次为 52、34、37、45，选取长度最短的旅程 $ADFCBA$。

⑥ 把顶点 $E$ 插入旅程 $ADFCBA$ 中，得到 5 个闭旅程 $AEDFCBA$、$ADEFCBA$、$ADFECBA$、$ADFCEBA$、$ADFCBEA$，其长度依次为 54、42、60、61、49。显然，长度最短的旅程 $ADEFCBA$ 即为我们要求的最短哈密尔顿圈的近似解。

## 10.6.3　排课问题

排课是高校教学管理中一项重要而且复杂的基本工作，其实质就是为学校所设置的课程安排一组适当的教学时间与空间，从而使整个教学活动能够有计划有秩序地进行。

在排课问题中，其主要任务是将具有多种属性的各种资源，如教室、班级、教师、学生、课程、时间等，以一个周期的方式进行合理的匹配，使其不发生冲突。事实上，在排课问题中，每节课可抽象为教师和学生在时间和空间上的统一。因此，课表是协调教师和上课班级在上课时间、上课教室两个要素的总调度。课表算法本质要求主体即教师和上课班级合理使用时间和教室两种资源。

课表的编排包括教师和上课班级在上课时间（节次）和上课地点（教室）上的编排，这其中的组合可能性太多，为此可将模型简化为两个子模型：教师和上课班级在时间（节次）上的编排；教师和上课班级在地点（教室）上的编排，而这两个优化过程都可以转化为图论问题来解决。

排课问题在时间上的安排实际上就是安排每一个教师在具体的时间段到某个具体的班级去上课。这个安排要求满足下面的条件：同一时间每位教师只能到一个班级去上课；一个班级在同一个时间也只能由一位教师来上课。用图论的知识可以来表示这个问题。例如：有 $n$ 位教师，用 $x_1,x_2,\cdots,x_n$ 来表示，有 $m$ 个班，用 $y_1,y_2,\cdots,y_m$ 来表示，教师 $x_i$ 要给班级 $y_j$ 上课就将 $x_i$ 与 $y_j$ 相连，如果一周内教师 $x_i$ 要给班级 $y_j$ 上 2 次课，则连 2 条线，以此类推。可以先作一个二部图 $G$，使 $G=(X,Y,E)$，其中 $X=\{x_1,x_2,\cdots,x_n\}$ 代表 $n$ 个教师，$Y=\{y_1,y_2,\cdots,y_m\}$ 代表 $m$ 个班级，$E$ 代表 $x_i$ 与 $y_j$ 之间连接的边，如图 10.58 所示。

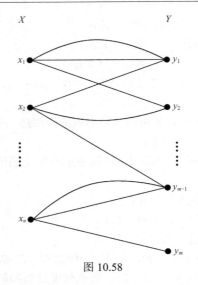

图 10.58

有相同顶点的边称为相邻边。对每一条边进行着色，一种颜色代表一个时间段，通常在大学中 2 个课时为 1 节课，每天 4 节，一周 5 天，故而在排课问题中边色数是 20，代表的是 20 个时间段，同种颜色的边代表同一个时间段。因为在同一时间每位教师只能到一个班级去上课，而一个班级也只能由一位教师来上课，相邻的边代表有共同的教师或学生，不可以安排在同一个时间段同时上课，因此相邻的边不能着相同的颜色。时间表的安排就变成了对所有的边进行着色，有相同顶点的边着不同的颜色，而所有颜色的种类不能超过 20 种。

课表在地点安排上则是安排某个班级在某个时间段在一个具体的教室上课的问题，它必须要满足的条件是：班级人数小于教室的容量，也就是容量大于班级人数的教室都可用，这样班级与教室之间就形成了一个多对多的关系。而事实上，一个班级在同一时间内只能到一个教室去上课，一个教室在同一时间内也只能有一个班级在上课。这就要将一个多对多的关系转换成为一个一一对应的关系，这实际上是一个匹配问题。同时考虑到，如果班级人数比较少而教室太大的话将会影响上课质量，因此，可对每个可用的教室进行赋权，这就形成了一个加权图的匹配问题。

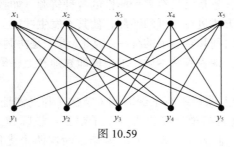

图 10.59

**例 10.22** 在某一时间段，有 5 个班级 $x_1, x_2, x_3, x_4, x_5$ 需要安排教室上课，同时有 5 个教室 $y_1, y_2, y_3, y_4, y_5$ 可用，班级与教室之间的关系如图 10.59 表示。

针对各个教室的适用情况进行赋值，设置权值如下：

$$w = \begin{bmatrix} 5 & 5 & 5 & 2 & 1 \\ 2 & 4 & 4 & 1 & 2 \\ 0 & 2 & 1 & 0 & 0 \\ 0 & 0 & 3 & 3 & 3 \\ 1 & 4 & 4 & 1 & 2 \end{bmatrix}$$

矩阵中的每个元素 $a_{ij}$ 分别代表第 $i$ 个班级安排在第 $j$ 个教室上课的合适度的权数，权数越高的教室表示越合适，那么就越优先考虑，最终要使得每个班级都能够安排到相对合适的教室，这就要求找到一个权数最高的分配方案。该问题即抽象为在一个赋权二部图中找一个权最大的匹配。这个问题可以利用 Kuhn—Munkres 算法求出最终结果。

将上面两个方面结合起来就是一个完整的排课问题，在边色数为 20 的情况下进行着色表示在 20 个可用时间段内进行课程安排，而同种颜色互不相邻表示一个教师不能在同一个时间上两门课，同一个班级不能在同一个时间上两门课。在某个时间段上课教室的安排则可看为是一个一一对应的匹配问题。将这两部分结合起来就可以得到在每个时间段内课程的安排和每门课程具体在哪个教室授课的地点安排，从而得到一张完整的课程表。

## 10.6.4 延时容忍网络问题

在计算机网络中，传统的网络如以太网、无线自组织网等都有一个基本假设，那就是存在一条端到端的路径。在这一假设下，可以先寻找一条路由，再按照路由进行转发。但是，在挑战性网络环境下，端到端的路径并不一定存在，此时，需要一定的策略来保证转发成功率，其中的一种策略就是消息的泛洪。

泛洪机制的基本原理是，节点为了确保数据能到达目的节点，每当该节点与其他节点相遇，都会将数据转发给对方，这样的方式能提高转发成功的概率，但却会加重网络负担。

按概率转发的方式是对泛洪机制的改进，在节点与其他节点相遇时，先判断对方节点是否比自己更容易将数据转发到目的节点，再按概率进行转发，这样可以减小网络负担。

在泛洪机制或者按概率转发的方式下，节点会将数据发送多次，使得网络中存在该数据的多份拷贝，这一转发方式我们称之为多份拷贝（Multiple Copy）的方式。与之对应的是单份拷贝（Single Copy）方式，即网络中只存在一个数据包的一份拷贝。

显然，如果只考虑单个数据包，多份拷贝方式下转发成功率会更高。但是多份拷贝方式的代价是会使网络中充斥着多份相同的数据，随着各节点需要发送的数据包增加，转发成功率会明显下降。

对比两种转发策略可以发现，单份拷贝方式所发送的报文数量较少，但是报文到达率低；而多份拷贝方式具有更高的成功率，但是需要传递的报文数量更多，并且对缓存的要求也更大。在缓存资源有限的情况下，随着数据量的上升，多份拷贝方式的性能下降较为明显。因此，在可以使用单份拷贝方式达到给定要求的时候，应该尽量选用单份拷贝方式。

对于 DTN 网络来说，链路容量可以认为是一个固定的量，不会因为选择单份拷贝或者多份拷贝策略而改变，因此，我们可以采用网络流的方法对网络的流量进行分析，得到一个最适合的转发策略。

在 DTN 网络性能方面，主要需要考虑转发成功率和延时。在满足转发成功率和延时要求的前提下，我们应尽量传递更多信息，也就是说，需要使信息流最大。

对转发成功率和延时条件的要求我们可以合并为一个条件：在所允许的延时时间内，转发成功率大于给定值。

我们可以看一个简单的例子。如图 10.60 所示，网络中有 4 个节点，节点 $S$ 和节点 $D$ 固定，节点 $A$ 和 $B$ 以一定的规律运动，它们与节点 $S$ 和节点 $D$ 在给定的时间内相遇的概率各为 0.5（由于对延时有一定限制,超过这一时间后数据将被丢弃,因此后面再遇到目的节点也无法转发成功），每次相遇只能转发一份数据。由于 $A$ 和 $B$ 与 $S$、$D$ 是以一定概率相遇的，我们在图中用虚线表示这两个节点。在这样的网络中，如果节点 $S$ 需要发送一些数据给节点 $D$，应该采用何种策略？是转发一次之后就删除本节点的缓存，还是转发成功后继续尝试？

由于转发成功率对一条路的各条弧来说是具有相乘关系的，如果对转发成功率取对数，就能得到一个相加的量，这与费用函数的定义是一致的。同时，我们所需的是使成功率最大，如果在取对数之后再加上负号，就能对应为使用费用函数了。

即：设 $p$ 为弧上的转发成功率，费用函数的定义为 $w=-\log_2 p$。

在进行这样的转换后，可以变为求最小费用流问题。在相遇概率方面，我们可以将 $A$、$B$ 两点分裂，用弧 $<A,A'>$ 和 $<B,B'>$ 来表示相遇概率，在弧 $<A,A'>$ 和 $<B,B'>$ 上，容量为相遇概率和原有容量的乘积。经过上述处理后，可以用图 10.61 来表示这个网络。

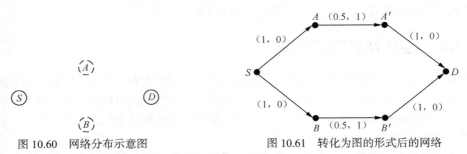

图 10.60　网络分布示意图　　　　　图 10.61　转化为图的形式后的网络

转发成功率 0.5 对应的费用即为 $-\log_2 0.5=1$，如果对转发成功率的要求就是 0.5，那么直接求这个网络的最大流就可以了。相应地，如果需要更高的转发成功率，则需要更低的费用，很容易看出，在图 10.61 中找不到一条这样的路径，此时就需要考虑多份拷贝的方式。在多份拷贝方式下，两份不同拷贝的路的总费用为 $-\log_2[1-(1-2^{-x})(1-2^{-y})]$，按照这样的方式可以求解，只是过程更为复杂。

上面的示例选择的是最为简单的情况，没有考虑节点的缓存空间大小，如果考虑缓存空间大小，分析的过程将更为复杂，但基本原理仍然可以采用这样的方式，不同的是需要将节点的缓存转化为容量问题再进行求解。

## 10.6.5　最短路径问题

在现实生活和生产实践中，有许多管理、组织与计划中的优化问题，如在企业管理中，如何制定管理计划和设备购置计划，使收益最大或费用最小；在组织生产中，如何使各工序衔接好，才能使生产任务完成的既快又好；在现有交通网络中，如何使调运的物资数量多且费用最小等。这类问题均可借助于图论知识得以解决。本节介绍有关网络图中某两点（一般常指始点和终点）的最短路径问题。

求解给定网络图中某两点（一般常指始点和终点）的最短路径问题广泛应用于各个领域中。例如，求交通距离最短，完成各道工序所花时间最少，或费用最省等，都可用求网络最短路径算法得到解决，而且解法简单、有效。先看一个例子。

**例 10.23**　图 10.62 是一个石油流向的管网示意图，$v_1$ 代表石油开采地，$v_7$ 代表石油汇集站，箭线旁的数字表示管线的长度，现在要从 $v_1$ 地调运石油到 $v_7$ 地，怎样选择管线可使路径最短？

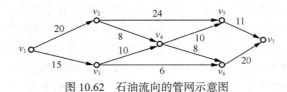

图 10.62　石油流向的管网示意图

也可以用点代表城市，以连接两点的连线表示城市间的道路，这样便可用图形描述城市间的交通网络。如果连线旁标注城市间道路的距离或单位运价，就可进一步研究从一个城市到另一个城市的最短路或运费最省的运输方案。

在动态规划中，最短路径问题可由贝尔曼最优化原理及其递推方程求解，在阶段明确情况下，用逆向逐段优化嵌套推进，这是一种反向搜索法；在阶段不明确情况下，可用函数迭代法逐步正向搜索，直到指标函数衰减稳定得解。这些算法都是依据同一个原理建立的。即在网络图中，如果 $v_1 \cdots v_n$ 是从 $v_1$ 到 $v_n$ 的最短路径，则 $v_1 \cdots v_{n-1}$ 也必然是从 $v_1$ 到 $v_{n-1}$ 的最短路径。

用图论来分析网络最短路径也是依据上述同一客观规律建立求解算法，只不过表达的形式相异。下面介绍求解最短路径问题的一种简便、有效的算法——Dijkstra 算法。

**Dijkstra 算法**

1959 年狄克斯特拉（Edsgar. Wybe. Dijkstra）提出了求网络最短路径的标号法，用给节点记标号来逐步形成起点到各点的最短路径及其距离值，被公认为是目前较好的一种算法。

Dijkstra 算法也称为双标号法。所谓双标号，也就是对图中的点 $v_i$ 赋予两个标号 $(P(v_i), \lambda_i)$：第一个标号 $P(v_i)$ 表示从起点 $v_1$ 到 $v_i$ 的最短路的长度，第二个标号 $\lambda_i$ 表示在 $v_1$ 到 $v_i$ 的最短路上 $v_i$ 前面一个邻点的下标，即用来表示路径，从而可对终点到始点进行反向追踪，找到 $v_1$ 到 $v_n$ 的最短路径。

Dijkstra 算法适用于每条边的权数都大于或等于零的情况。

Dijkstra 算法的基本步骤如下。

（1）给起点 $v_1$ 标号（0，1），从 $v_1$ 到 $v_1$ 的距离 $P(v_1) = 0$，$v_1$ 为起点。

（2）找出已标号的点的集合 $I$，没有标号的点的集合 $J$，求出边集

$$A = \{(v_i, v_j) \big| v_i \in I, v_j \in J\}。$$

（3）若上述边集 $A = \phi$，表明从所有已赋予标号的节点出发，不再有这样的边，它的另一节点尚未标号，则计算结束。对已有标号的节点，可求得从 $v_1$ 到这个节点的最短路，对于没有标号的节点，则不存在从 $v_1$ 到这个节点的路。

若边集 $A \neq \phi$，则转下一步。

（4）对于边集 $A$ 中的每一条边 $(v_i, v_j)$，计算

$$T_{ij} = P(v_i) + \omega_{ij} \quad （其中 \omega_{ij} 是边 (v_i, v_j) 的权）$$

找出边 $(v_s, v_t)$ 使得 $T_{st} = \min\{T_{ij}\}$。

需要注意的是，若上述 $T_{ij}$ 值为最小的边有多条，且这些边的另一节点 $v_j$ 相同，则表明存在多条最短路径，因此 $v_j$ 应得到多个双标号。

（5）给弧 $(v_s, v_t)$ 的终点 $v_t$ 赋予双标号 $(P(v_t), s)$，其中 $P(v_t) = T_{st}$。返回步骤（2）。

经过上述一个循环的计算，将求出 $v_1$ 到一个节点 $v_j$ 的最短路及其长度，从而使一个节点 $v_j$ 得到双标号。若图中共有 $n$ 个节点，故最多计算 $n-1$ 循环，即可得到最后结果。

**例 10.24**　以图 10.62 给出的石油流向的管网示意图为例，$v_1$ 代表石油开采地，$v_7$ 代表石油汇集站，箭线旁的数字表示管线的长度，现在要从 $v_1$ 地调运石油到 $v_7$ 地，怎样选择管线可使路径最短？

**解**：（1）给起点 $v_1$ 标号（0，1），从 $v_1$ 到 $v_1$ 的距离 $P(v_1) = 0$，$v_1$ 为起点。

（2）标号的点的集合 $I = \{v_1\}$，没有标号的点的集合 $J = \{v_2, v_3, v_4, v_5, v_6, v_7\}$，边集

$$A = \{(v_i, v_j) \big| v_i \in I, v_j \in J\} = \{(v_1, v_2), (v_1, v_3)\}$$

$$T_{12} = P(v_1) + \omega_{12} = 0 + 20 = 20$$

$$T_{13} = P(v_1) + \omega_{13} = 0 + 15 = 15$$

$\min\{T_{12}, T_{13}\} = T_{13} = 15$，给边 $(v_1, v_3)$ 的终点 $v_3$ 以双标号（15，1）。

（3）标号的点的集合 $I = \{v_1, v_3\}$，没有标号的点的集合 $J = \{v_2, v_4, v_5, v_6, v_7\}$，边集

$$A = \{(v_i, v_j) | v_i \in I, v_j \in J\} = \{(v_1, v_2), (v_3, v_4), (v_3, v_6)\}$$

$$T_{34} = 25, \quad T_{36} = 21$$

$\min\{T_{34}, T_{36}, T_{12}\} = T_{12} = 20$，给边 $(v_1, v_2)$ 的终点 $v_2$ 以双标号（20，1）。

（4）标号的点的集合 $I = \{v_1, v_2, v_3\}$，没有标号的点的集合 $J = \{v_4, v_5, v_6, v_7\}$，边集

$$A = \{(v_i, v_j) | v_i \in I, v_j \in J\} = \{(v_2, v_4), (v_2, v_5), (v_3, v_4), (v_3, v_6)\}$$

$$T_{24} = P(v_2) + \omega_{24} = 20 + 8 = 28$$

$$T_{25} = P(v_2) + \omega_{25} = 20 + 24 = 44$$

$\min\{T_{24}, T_{25}, T_{34}, T_{36}\} = T_{36} = 21$，给边 $(v_3, v_6)$ 的终点 $v_6$ 以双标号（21，3）。

（5）标号的点的集合 $I = \{v_1, v_2, v_3, v_6\}$，没有标号的点的集合 $J = \{v_4, v_5, v_7\}$，边集

$$A = \{(v_i, v_j) | v_i \in I, v_j \in J\} = \{(v_2, v_4), (v_2, v_5), (v_3, v_4), (v_6, v_7)\}$$

$$T_{67} = P(v_6) + \omega_{67} = 21 + 20 = 41$$

$\min\{T_{24}, T_{25}, T_{34}, T_{67}\} = T_{34} = 25$，给边 $(v_3, v_4)$ 的终点 $v_4$ 以双标号（25，3）。

（6）标号的点的集合 $I = \{v_1, v_2, v_3, v_4, v_6\}$，没有标号的点的集合 $J = \{v_5, v_7\}$，边集

$$A = \{(v_i, v_j) | v_i \in I, v_j \in J\} = \{(v_2, v_5), (v_4, v_5), (v_6, v_7)\}$$

$$T_{45} = P(v_4) + \omega_{45} = 25 + 10 = 35$$

$\min\{T_{25}, T_{45}, T_{67}\} = T_{45} = 35$，给弧 $(v_4, v_5)$ 的终点 $v_5$ 以双标号（35，4）。

（7）标号的点的集合 $I = \{v_1, v_2, v_3, v_4, v_5, v_6\}$，没有标号的点的集合 $J = \{v_7\}$，边集

$$A = \{(v_i, v_j) | v_i \in I, v_j \in J\} = \{(v_5, v_7), (v_6, v_7)\}$$

$$T_{57} = P(v_5) + \omega_{57} = 35 + 11 = 46$$

$\min\{T_{57}, T_{67}\} = T_{67} = 41$，给边 $(v_6, v_7)$ 的终点 $v_7$ 以双标号（41，6）。

至此，全部顶点都已得到标号，计算结束。得到石油开采地 $v_1$ 到汇集点 $v_7$ 的最短路径，即：$v_1 \rightarrow v_3 \rightarrow v_6 \rightarrow v_7$，由 $v_7$ 的第一个标号可知路程长 41。

# 习　　题

1. 确定图 10.63 的 6 个图像哪个是欧拉图，欧拉有向图？找出其中的一条欧拉闭路。

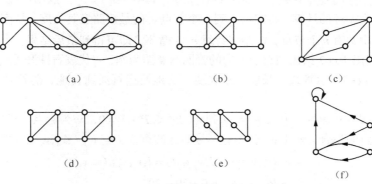

（a）　　　　　　　　（b）　　　　　　　　（c）

（d）　　　　　　　　（e）　　　　　　　　（f）

图 10.63

2.　设连通图 $G$ 有 $k$ 个奇数度的结点，证明在图 $G$ 中至少要添加 $\frac{k}{2}$ 条边才能使其成为欧拉图。

3.　$n$ 为何值时，无向完全图 $K_n$ 是欧拉图？$n$ 为何值时 $K_n$ 仅存在欧拉链而不存在欧拉回路？

4.　如果 $G_1$ 和 $G_2$ 是可运算的欧拉有向图，则 $G_1 \oplus G_2$ 仍是欧拉有向图。这句话对吗？如果对，给出证明，如果不对，举出反例。

5.　构造（$n,m$）–欧拉图使满足条件：（1）$m$ 和 $n$ 有相同奇偶性；（2）$m$ 和 $n$ 的奇偶性相反。

6.　在图 10.64 所示的图中，哪些图中有哈密尔顿圈，那些图中有哈密尔顿路？

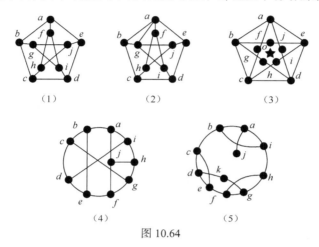

图 10.64

7.　证明图 10.65 所示的图不是哈密尔顿图。

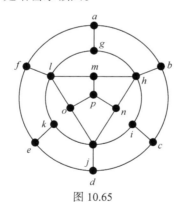

图 10.65

8.　证明凡有割点的图都不是哈密顿图。

9.　图 10.66 中的各个图是否能够一笔画出？如果能够，给出具体的画法。

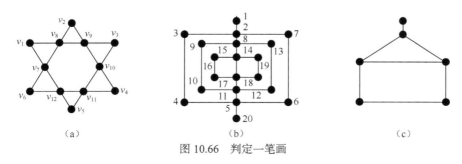

图 10.66　判定一笔画

10. 给出满足下列条件之一的图的实例。

（1）图中同时存在欧拉回路和哈密顿回路。

（2）图中存在欧拉回路，但不存在哈密顿回路。

（3）图中不存在欧拉回路，但存在哈密顿回路。

（4）图中不存在欧拉回路，也不存在哈密顿回路。

11. 图 10.67 是不是二部图？如果是，找出其互补结点子集。

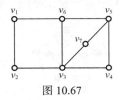

图 10.67

12. 图 10.68 是否存在 $\{v_1, v_2, v_3, v_4\}$ 到 $\{u_1, u_2, u_3, u_4, u_5\}$ 的完美匹配？如果存在，指出它的一个完美匹配。

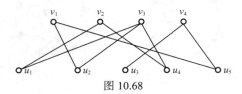

图 10.68

13. 求图 10.69 两个二部图的最大匹配。

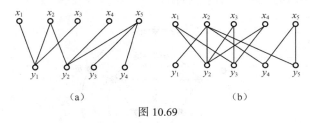

图 10.69

14. 如何由无向图 $G$ 的邻接矩阵判断 $G$ 是不是二部图？

15. 证明 $n$ 阶简单二部图的边数不能超过 $[n^2 / 4]$。

16. 某单位有 7 个工作空缺 $p_1, p_2, p_3, p_4, p_5, p_6, p_7$ 要招聘，有 10 个应聘者 $a_1, a_2, \cdots, a_{10}$。他们能胜任的工作岗位集合分别为：$\{p_1, p_5, p_6\}$，$\{p_2, p_6, p_7\}$，$\{p_3, p_4\}$，$\{p_1, p_5\}$，$\{p_6, p_7\}$，$\{p_3\}$，$\{p_2, p_3\}$，$\{p_1, p_3\}$，$\{p_1\}$，$\{p_5\}$。如果规定每个应聘者最多只能安排一个工作，试给出一种分配方案使落聘者最少？

17. 有 4 名教师：张明、王同、李林和赵丽，分配他们去教 4 门课程：数学、物理、电工、和计算机科学。张明懂物理和电工，王同懂数学和计算机科学，李林懂数学、物理和电工，赵丽只懂电工。应如何分配，才能使每人都教一门课，每门课都有人教，并且不是任何人去教他不懂的课。

18. 对于下面情况，验证欧拉公式 $n - m = k = 2$。

一个具有 $(r = 1)^2$ 个结点的无向图，它描述了 $r^2$ 个正方形的网络，诸如棋盘等。

19. 画出所有不同构的六阶非平面图。

20. 设 $k \geqslant 3, n \geqslant (k+2)/2$，$n$ 阶连通平面图 $G$ 有 $m$ 条边，在它的一个平面表示中，每个面

的边界至少包含 $k$ 条边，证明 $m \leqslant k(n-2)/(k-2)$

21. 在图 10.70 中给多了一个多边形的图，试构成该图的对偶。

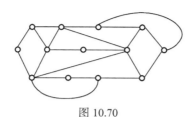

图 10.70

22. 设 $G$ 是（$n$，$m$）一简单图，则 $\chi(G) \geqslant \dfrac{n^2}{n^2 - 2m}$。

23. 证明若 $G$ 的任何两个奇数长回路都有至少一个公共结点，则 $\chi(G) \leqslant 5$。

24. 用标号法求图 10.71 所示运输网络的最大流，其中无向的边是双向的。

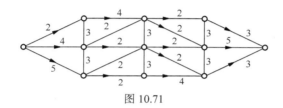

图 10.71

25. 设 $x_1, x_2, x_3$ 是三家工厂，$y_1, y_2, y_3$ 是三个仓库，工厂生产的产品要运往仓库，其运输网络如图 10.72 所示，设 $x_1, x_2, x_3$ 的生产能力分别为 20，10，20 个单位，问应如何安排生产？

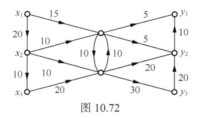

图 10.72

26. 7 种设备要用 5 架飞机运往目的地，每种设备各有 4 台，这 5 架飞机容量分别是 8，8，5，4，4 台，问能否有一种装法，是同一种类型设备不会有两台在同一架飞机上？

27. 在第 26 题中，若飞机的容量分别是 7，7，6，4，4 台，求问题的解。

28. 若已知开关函数 $f_{ab} = x_1 x_3 + x_1 x_2 x_5 + x_2 x_3 x_4 + x_4 x_5$ 求实现这个简单接触的网络。

29. 在图 10.73 中求中国邮递员问题的解。

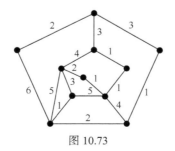

图 10.73

30. 求图 10.74 给出的网络图中 $v_1$ 到其余各点的最短路。

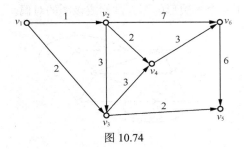

图 10.74

31. 求图 10.75 给出的网络图中 $v_1$ 到其余各点的最短路。

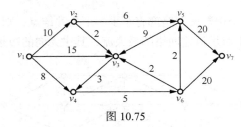

图 10.75

# 第11章 树

1847 年，德国学者柯希霍夫（Kirchhof）在研究物理问题时提出了树的概念。他用一类线性方程组来描述一个电路网络的每一条支路中和环绕每一个回路的电流。他像数学家一样抽象地思考问题：用一个只由点和线组成的相应的组合结构来代替原来的电路网络，而并不指明每条线所代表的电器元件的种类。事实上，他把每个电路网络用一个基本图来代替。为了解相应的方程组，他用一种结构方法指出，只要考虑一个图的任何一个"生成树"所决定的那些独立圈就够了。他的方法现已成为图论中的标准方法。

树

1857 年，英国数学家凯莱（Caylay Arthur）从事计数由给定的碳原子数 $n$ 的饱和碳氢化合物的同分异构物时，独立地提出了树的概念。凯莱把这个问题抽象地叙述为：求有 $P$ 个点的树的数目，其中每个点的度等于 1 或 4，树上的点对应一个氢原子或一个碳原子。凯莱的工作是图的计数理论的起源。法国数学家若尔当在 1869 年作为一个纯数学对象独立地发现了树，他并不知道树与现代的化学学说有关。

1889 年凯莱给出了完全图 $K_n$ 的概念。

1956 年 Kruskal 设计了求最优树的有效算法。

树是一类既简单而又非常重要的图，是计算机中一种基本的数据结构和表示方法，在输电网络分析设计、有机化学、最短连接及渠道设计等领域也都有广泛的应用。

本章将对树进行详细的讨论，主要包括树的基本性质和生成树，以及有向树中的 $m$ 叉树、有序树和搜索树等。

# 11.1 树与生成树

## 11.1.1 树及其性质

**定义 11.1** 连通且不含回路的图称为树。树中度为 1 的结点称为叶，度大于 1 的结点称为枝点或内点。

根据这个定义，平凡图 $K_1$ 也是树。$K_1$ 是一个既无叶又无内点的平凡树。

**定义 11.2** 在定义 11.1 中去掉连通的条件，所定义的图称为森林。森林的每个支都是树。

**例 11.1** 图 11.1 所示是森林，它的每个分支（a）、（b）都是一棵树。

**定理 11.1** 设 $T$ 是无向 $(n, m)$ 图，则下述命题相互等价。

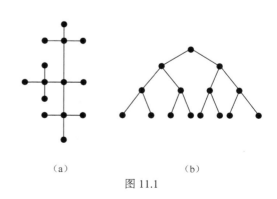

（a）　　　　　（b）

图 11.1

（1）$T$ 连通且无回路。

（2）$T$ 无回路且 $m=n-1$。

（3）$T$ 连通且 $m=n-1$。

（4）$T$ 无回路但新增加任何一条边（端点属于 $T$）后有且仅有一个回路。

（5）$T$ 连通，但是删去任何一边后便不再连通。

（6）$T$ 的每一对结点之间有且仅有一条道路可通。

**证明：** (1) $\Rightarrow$ (1) 对阶数 $n$ 归纳。

当 $n=2$ 时，$T=K_2$，边数 $m=1$，结论成立。

设 $n\geqslant k(\geqslant 2)$ 时结论成立。当 $n=k+1$ 时，由于 $T$ 连通且不含回路。它必有一度结点 $v$。设 $uv$ 是 $T$ 的一条边，则 $T-v$ 是阶数为 $k$ 的连通无回路图，$T-v$ 比 $T$ 仅少一个点 $v$ 与一条边 $uv$。由归纳假设 $T-v$ 的边数应满足 $(m-1)=(n-1)-1$，即 $m=n-1$。

(2) $\Rightarrow$ (3) 设 $T$ 有 $k$ 个支 $T_1,T_2,\cdots T_k$，则由（2 每个支 $T_i$ 是无回路且连通的 $(n_i,m_i)$ 图，由 (1) $\Rightarrow$ (2) 已知有关系式 $m_i=n_i-1$，

于是 $m=\sum_{i=1}^{k}m_i=\sum_{i=1}^{k}(n_i-1)=\sum_{i=1}^{k}n_i-k=n-k$。但是已知 $m=n-1$，于是 $k=1$，即 $T$ 是连通的。

(3) $\Rightarrow$ (4) 对阶数 $n$ 归纳。

当 $n=2$ 时，$m=1$，则 $T=K_2$，无回路，任增加一条端点属于 $T$ 的新边后有且仅有一个圈。

设 $n\geqslant k(\geqslant 2)$ 时结论成立。当 $n=k+1$ 时，由 $m=n-1$ 及图论基本定理知道 $T$ 必有一度结点 $v$，则 $T-v$ 满足（3），由归纳假设 $T-v$ 无回路，而在 $T$ 中 $v$ 仅与 $T-v$ 的一个结点邻接，故 $T$ 也无回路。若在 $T$ 中任新加一条边 $uw$ 后却构成了两个以上的回路，那么去掉 $uw$ 之后 $T$ 也应含有回路，得出矛盾。

(4) $\Rightarrow$ (5) 若 $T$ 不连通，则必有点 $u$ 和 $v$，其间无道路可通，从而 $T$ 增加边 $uv$ 后不能构成回路，与前提（4）矛盾。又因为 $T$ 无回路，所以它的任何一边 $e$ 都是割边，即 $T-e$ 不连通。

(5) $\Rightarrow$ (6) 若 $T$ 中存在两个结点 $u$ 和 $v$，它们之间有两条道路，则必有过 $u$ 和 $v$ 的回路。因此去掉这个回路上的任何一边，图仍然连通，与（5）矛盾。

(6) $\Rightarrow$ (1) 任何两个结点间皆有道路可通，故 $T$ 连通。若 $T$ 有回路，则回路中的任何两点之间有至少两条道路可通，与（6）矛盾。

定理中的 6 条命题等价地刻画了树的性质，每一条都可做为（非平凡）树的定义。并且（1），（2），（3）条对于平凡树也是正确的。

根据这个定理可得到如下有用的推论。

**推论 11.1** 任何非平凡树至少有二片叶。

**证明：** 设 $(n,m)$ 树 $T$ 有 $t$ 片叶，则 $2m=\sum_{i=1}^{n}d(v_i)\geqslant t+2(n-t)$，由定理 11.1 中命题（2），可得 $2(n-1)\geqslant t+2n-2t$，即 $t\geqslant 2$。

**例 11.2** 设 $T$ 是一棵树，它有两个 2 度节点，一个 3 度节点，三个 4 度节点，求 $T$ 的树叶数。

**解：** 设树 $T$ 有 $x$ 片树叶，则 $T$ 的节点数

$$n=2+1+3+x$$

$T$ 的边数

$$m=n-1=5+x$$

又由
$$2m = \sum_{i=1}^{n} d(v_i)$$
得
$$2(5+x) = 2\times 2 + 3\times 1 + 4\times 3 + x$$
所以 $x=9$ ，即树 $T$ 有 9 片树叶。

**推论 11.2**　阶大于 2 的树必有割点。

**证明**：由 $m=n-1$ 知道 $T$ 至少有一个度数大于 1 的内点 $v$ ，再由定理 11.1 中命题（5），$T\text{-}v$ 不是连通的，故 $v$ 必是割点。

## 11.1.2　生成树与最小生成树

**定义 11.3**　若无向（连通图）$G$ 的生成子图是一棵树，则称该树是 $G$ 的生成树或支撑树，记为 $T_G$ 。生成树 $T_G$ 中的边称为树枝。图 $G$ 中其他边称为 $T_G$ 的弦。所有这些弦的集合称为 $T_G$ 的补。

**例 11.3**　图 11.2 中（b）、（c）所示的树 $T_1$、$T_2$ 是图（a）的生成树，而（d）所示的树 $T_3$ 不是图（a）的生成树。

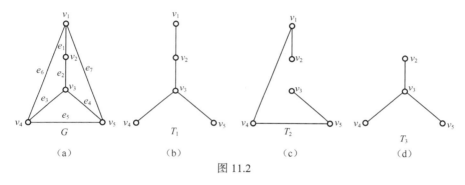

图 11.2

考虑生成树 $T_1$ ，可知 $e_1,e_2,e_3,e_4$ 是 $T_1$ 的树枝， $e_5,e_6,e_7$ 是 $T_1$ 的弦，集合 $\{e_5,e_6,e_7\}$ 是 $T_1$ 的补。有定义 11.3 可知，只有连通图才有生成树，而且连通图的生成树不唯一，至少有一棵。生成树有其一定的实际意义。

**例 11.4**　某地要兴建 5 个工厂，拟修筑道路连接这 5 处。经勘测其道路可依如图 11.2（a）的无向边铺设。为使这 5 处都有道路相通，问至少要铺几条路？

**解**：这实际上是求 $G$ 的生成树的边数问题。

一般情况下，设连通图 $G$ 有 $n$ 个节点，$m$ 条边。由树的性质知，$T$ 有 $n$ 个节点，$n-1$ 条树枝，$m-n+1$ 条弦。

在图 11.2（a）中，$n=5$ ，则 $n-1=5-1=4$ ，所以至少要修 4 条路才行。

由图 11.2 可见，要在一个连通图 $G$ 中找到一棵生成树，只要不断地从 $G$ 的回路上删去一条边，最后所得无回路的子图就是 $G$ 的一棵生成树。于是有以下定理。

**定理 11.2**　无向图 $G$ 为连通当且仅当 $G$ 有生成树。

**证明**：先采用反证法来证明必要性。

若 $G$ 不连通，则它的任何生成子图也不连通，因此不可能有生成树，与 $G$ 有生成树矛盾，故 $G$ 是连通图。

再证充分性。

设 $G$ 连通，则 $G$ 必有连通的生成子图，令 $T$ 是 $G$ 的含有边数最少的生成子图，于是 $T$ 中必无回路（否则删去回路上的一条边不影响连通性，与 $T$ 含边数最少矛盾），故 $T$ 是一棵树，即生成树。

**定义 11.4**　设 $<G, W>$ 是加权无向图，$G'\subseteq G$ ，$G'$ 中所有边的加权长度之和称为 $G'$ 的加权长度。G 的所有生成树中加权长度最小者称为<G，W>的最小生成树。

最小生成树有很广泛的应用。例如要建造一个连接若干城市的通讯网络，已知城市 $v_i$ 和 $v_j$ 之间通讯线路的造价，设计一个总造价为最小的通讯网络，就是求最小生成树 。

下面介绍求 n 阶带权连通图 G=（V，E）的最小生成树的一个有效算法（Kruskal 算法）。

**例 11.5** 图 11.3 显示了利用 Kruskal 算法生成最小生成树的过程。通俗地讲，该算法就是想将图中的边按权重从小到大排列，再从小到大一次取出每条边做检查。一开始取最小的边，由该边导出一部分子图，然后依次每取一边加入得到的部分子图。若仍为无回路，将该边与原有部分子图的边导出一个新子图；若得到回路，将该边放弃。上述过程继续进行直到所有的边都检查完毕，这样得到的生成子图就是最小生成树。

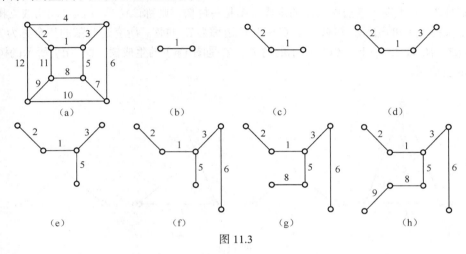

图 11.3

**Kruskal 算法**

（1）选取 G 中权最小的一条边，设为 $e_1$。令 $S \leftarrow \{e_1\}, i \leftarrow 1$。

（2）若 $i = n-1$，输出 G（S），算法结束。

（3）设已选边构成集合 $S = \{e_1, e_2, \cdots, e_i\}$。从 E-S 中选边 $e_{i+1}$，使其满足条件：

① $G(S \cup \{e_{i+1}\})$ 不含圈；

② 在 E-S 的所有满足条件①的边中，$e_{i+1}$ 有最小的权。

（4）$S \leftarrow S \cup \{e_{i+1}\}, i \leftarrow i+1$ 转（2）。

# 11.2  有向树及其应用

## 11.2.1  有向树

**定义 11.5** 一个结点的入度为 0，其余结点的入度均为 1 的弱连通有向图，称为有向树。在有向树中，入度为 0 的结点称为根，出度为 0 的结点称为叶，出度大于 0 的结点称为分支结点，从根至任意结点的距离称为该结点的层或级，所有结点的级的最大值称为有向树的高度。

**例 11.6** 图 11.4 画出了一棵有向树，$v_0$ 是根，$v_1, v_3, v_4, v_6$ 是叶，$v_0, v_2, v_5$ 是分支结点，定点 $v_2$ 的层数是 1，树的高度是 3。

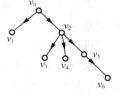

图 11.4  有向树

**定理 11.3** 设 $v_0$ 是有向图 $D$ 的结点。$D$ 是以 $v_0$ 为根的有向树，当且仅当从 $v_0$ 至 $D$ 的任意结点恰有一条路径。

**证明**：先证必要性。设 $D=\langle V,E,\psi\rangle$ 是有向树，$v_0$ 是 $D$ 的根。因为 $D$ 是弱连通的，取 $v'\in V$，从 $v_0$ 至 $v'$ 存在半路径，设为 $v_0e_1v_1...v_{p-1}e_pv_p$，其中 $v_p=v'$。因为 $d_D^-(v_0)=0$，所以 $e_1$ 是正向边，因为 $d_D^-(v_1)=1$，所以 $e_2$ 是正向边。可归纳证明 $e_p$ 是正向边。若从 $v_0$ 至 $v'$ 有两条路径 $P_1$ 和 $P_2$，则 $P_1$ 和 $P_2$ 的公共点（$v_0$ 除外）的入度为 2，与 $D$ 是有向树矛盾。

再证充分性。显然，$D$ 是弱连通的。若 $d_D^-(v_0)>0$，则存在边 $e$ 以 $v_0$ 为终点，设 $v_1$ 是 $e$ 的起点，$P$ 是从 $v_0$ 至 $v_1$ 的路径，则在 $D$ 中存在两条从 $v_0$ 至 $v_0$ 的路径 $Pv_1ev_0$ 和 $v_0$，与已知条件相矛盾，所以 $d_D^-(v_0)=0$。若 $d_D^-(v_0)>1$，其中，$v$ 是 $D$ 的结点，则存在两条边 $e_1$ 和 $e_2$ 以 $v$ 为终点，设 $e_1$ 和 $e_2$ 的起点分别是 $v_1$ 和 $v_2$，从 $v_0$ 至 $v_1$ 和从 $v_0$ 至 $v_2$ 的路径分别是 $P_1$ 和 $P_2$，则 $P_1v_1e_1v$ 和 $P_2v_2e_2v$ 是两条不同的从 $v_0$ 至 $v$ 的路径，与已知条件矛盾。这就证明了 $D$ 是有向树且 $v_0$ 是有向树的根。

**定义 11.6** 每个弱分支都是有向树的有向图，称为**有向森林**。

**定义 11.7** 在有向树中，若从 $v_i$ 到 $v_j$ 可达，则称 $v_i$ 是 $v_j$ 的祖先，$v_j$ 是 $v_i$ 的后代；又若 $\langle v_i,v_j\rangle$ 是根树中的有向边，则称 $v_i$ 是 $v_j$ 的父亲，$v_j$ 是 $v_i$ 的儿子；如果两个节点是同一节点的儿子，则称这两个节点是兄弟。

## 11.2.2 m 叉树

在树的实际应用中，我们经常研究完全 $m$ 叉树。

**定义 11.8** 在有向树 $T$ 中，若任何结点的出度最多为 $m$，则称 $T$ 为 **$m$ 叉树**；如果每个分支结点的出度都等于 $m$，则称 $T$ 为**完全 $m$ 叉树**；进一步，若 $T$ 的全部叶点位于同一层次，则称 $T$ 为**正则 $m$ 叉树**。

**例 11.7** 在图 11.5(a)是一棵二叉树，而且是正则二叉树；图 11.5(b)是一棵完全二叉树；图 11.5(c)是一棵三叉树，而且是正则三叉树；图 11.5(d)是一棵完全三叉树。

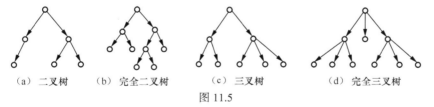

（a）二叉树　　（b）完全二叉树　　（c）三叉树　　（d）完全三叉树

图 11.5

**定理 11.4** 若 $T$ 是完全 $m$ 叉树，其叶数为 $t$，分枝点数为 $i$，则 $(m-1)i=t-1$。

**证明**：在分枝点中，除根的度数为 $m$ 外，其余各分枝结点的度皆为 $m+1$。各叶点的度为 1，总边数为 $mi$，由图论基本定理得到 $2mi=m+(m+1)(i-1)+t$，即 $(m-1)t=t-1$。

这个定理实质上可以用每局有 $m$ 个选手参加的单淘汰制比赛来说明。$t$ 个叶表示 $t$ 个参赛的选手，$i$ 则表示必须按排的总的比赛局数。每一局由 $m$ 个参赛者中产生一个优胜者，最后决出一个冠军。

**例 11.8** 设有 28 盏电灯，拟公用一个电源插座，问需要多少块具有四插座的接线板？

这个公用插座可以看成是正则四叉树的根，每个接线板看成是其它的分枝点，灯泡看成是叶，则问题就是求总的分枝点的数目，由定理 11.4 可以算得 $i=\frac{1}{3}(28-1)=9$。因此，至少需要 9 块接线板才能达到目的。

**定义 11.9** 设 $V$ 是二叉树 $D$ 的叶子的集合，$R_+$ 是全体正实数的集合，$W:V\to R_+$，则称 $\langle R,W\rangle$ 为加权二叉树。对于 $D$ 的任意叶 $v$，称 $W(v)$ 为 $v$ 的权，称 $\sum W(v)L(v)$（其中 $v\in V$，$V$ 是叶子的集

合）为<D,W>的叶加权路径长度，其中 W(v) 是叶子 $v$ 的权，L(v) 为 $v$ 的级。

我们用叶子表示字母或符号，用分支结点表示判断，用权表示字母或符号出现的机率，则叶加权路径长度就表示算法的平均执行时间。

**例 11.9** 图 11.6（a）和（b）表示了识别 A,B,C,D 的两个算法，A,B,C,D 出现的概率分别是 0.5，0.3，0.05，0.15。图 11.6（b）表示的算法优于 11.6（a）表示的算法。

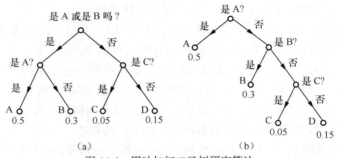

图 11.6　用叶加权二叉树研究算法

**定义 11.10** 设<D,W>是叶加权二叉树。如果对于一切叶加权二叉树 < D',W' > 只要对于任意正实数 r，D 和 D' 中权等于 r 的叶的数目相同，就有<D,W>的叶加权路径长度不大于 < D',W' > 的叶加权路径长度，则称<D,W>为最优的。

这样，我们把求某问题的最佳算法就归结为求最优二叉树的问题。

假定我们要找有 m 片叶，并且它们的权分别为 $w_1,w_2,\cdots,w_m$ 的最优二叉树。不妨设 $w_1,w_2,\cdots,w_m$ 是按递增顺序排列的。

即 $w_1 \leqslant w_2 \leqslant \cdots \leqslant w_m$。设<D,W>是满足要求的最优二叉树，D 中以 $w_1,w_2,\cdots,w_m$ 为权的叶分别为 $v_1,v_2,\cdots,v_m$。显然，在所有的叶中，$v_1$ 和 $v_2$ 的级最大。不妨设 $v_1$ 和 $v_2$ 与同一个分支结点 v' 邻接，令 $D'=D-\{v_1,v_2\}$，$W':=\{v',v_3,v_4,\cdots,v_m\} \to R_+$，并且 $W'(v') = w_1 + w_2$，$W'(v_i)=w_i(i=3,4,\cdots,m)$。容易证明，<D,W>是最优的，当且仅当 < D',W' > 是最优的。这样把求 m 片叶的最优二叉树归结为求 m-1 片叶的最优二叉树。继续这个过程，直到归结为求两片叶的最优二叉树，问题就解决了。

**例 11.10** 求叶的权分别为 0.1、0.3、0.4、0.5、0.5、0.6、0.9 的最优二叉树。

计算过程如下：

所得出的最优二叉树如图 11.7 所示，叶中的数表示权，所有分支结点中的数之和就是叶加权路径长度。

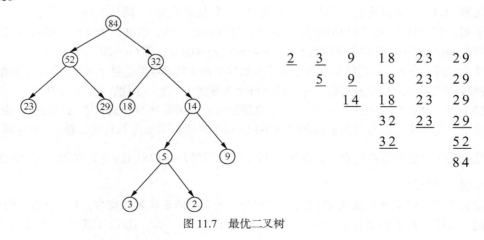

图 11.7　最优二叉树

## 11.2.3 有序树

在现实的家族关系中，兄弟之间是有大小顺序的，为此我们引入有序树的概念。

**定义 11.11** 如果在有向树中规定了每一层次上节点的次序，这样的有向树称为有序树。在有序树中规定同一层次节点的次序是从左至右。

**例 11.11** 我们可以用有向有序树表达算术表达式，其中叶表示参加运算的数或变量，分支节点表示运算符。如代数式 $v_1 * v_2 + v_3 * (v_4 + v_5 / v_6)$ 可表示为图 11.8 的有向有序树。

为方便起见，我们借用家族树的名称来称呼有向有序树的结点。如在图 11.9 中，称 $v_1$ 是 $v_2$ 和 $v_3$ 的父亲，$v_2$ 是 $v_1$ 的长子，$v_2$ 是 $v_3$ 的哥哥，$v_6$ 是 $v_5$ 的弟弟，$v_2$ 是 $v_7$ 的伯父，$v_5$ 是 $v_8$ 的堂兄。

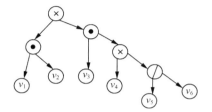

图 11.8 用有序树表示算术表达式

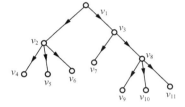

图 11.9 家族树

在图 11.10 中，（a）和（b）是相同的有向有序树，因为同一级上结点的次序相同。但是如果考虑结点之间的相对位置，他们就不同了。在（a）中，$v_4$ 位于 $v_2$ 的左下方；而在（b）中，$v_4$ 位于 $v_2$ 的右下方，它们是不同的位置有向有序树。

**定义 11.12** 一个有向图，如果它的每个连通分支是有向树，则称该有向图为(有向)森林；在森林中，如果所有树都是有序树且给树指定了次序，则称此森林是有序森林。例如，图 11.11 是一个有序森林。

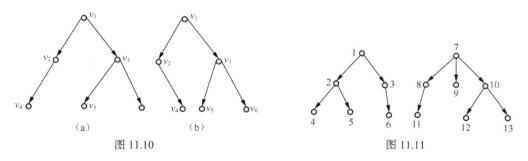

图 11.10　　　　　　　　图 11.11

**定义 11.13** 为每个分支结点的儿子规定了位置的有向有序树，称为位置有序树。

在位置二元有向有序树中，可用字母表 {0,1} 上的字符串唯一地表示每个结点。用空串 $\varepsilon$ 表示根。设用 $\beta$ 表示某分支结点，则用 $\beta0$ 表示它的左儿子，用 $\beta1$ 表示它的右儿子。这样，每个结点都有了唯一的编码表示，并且不同结点的编码表示不同。如在图 11.12 的（a）中，$v_1, v_2, v_3, v_4, v_5, v_6$ 的编码表示分别为 $\beta, 0, 1, 00, 10, 11$。位置二元有向有序树全体叶的编码表示的集合称为它的前缀编码。如图 11.12 的（a）的前缀编码是 {00,10,11}。不同的位置二元有向有序树有不同的前缀编码。这种表示方法便于用计算机存贮位置二元有向有序树。

在二叉树编码中，显然每两个叶点的码都不可能一个是另一个前缀，因为要成为前缀则必然有祖先和后裔的关系，这与叶的定义不合。例如集合 {000，001，010，1} 是前缀码；集 {000，1001，01，00} 则不是前缀码，因为 00 是 000 的前缀。

显然，采用前缀码可以唯一确定接收的符号串内容。例如{000，001，010，1}为前缀码，当接收的符号串为1001010001001，则可译为1，001，010，001，001。

**例 11.12** 图 11.12 是由前缀码{000，001，01，10，11}构造二叉树的例子，（a）中黑点表示前缀码中每个序列对应的叶，（b）是最后得到的编码二叉树。

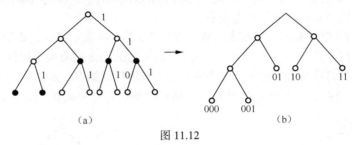

图 11.12

可以在有向有序森林和位置二元有向有序树之间建立一一对应关系。在有向有序森林中，我们称位于左边的有向有序树的根为位于右边的有向有序树的根的哥哥。设与有向有序森林 $F$ 对应的位置二元有向有序树为 $T$。我们规定，它们有相同的结点。在 $F$ 中，若 $v_1$ 是 $v_2$ 的长子，则在 $T$ 中 $v_1$ 是 $v_2$ 的左儿子。在 $F$ 中，若 $v_1$ 是 $v_2$ 的大弟，则在 $T$ 中，$v_1$ 是 $v_2$ 的右儿子。这中对应关系称为有向有序森林和位置二元有向有序树之间的自然对应关系。例如，图 11.13 中（a）是有向有序森林，（b）是对应的位置二元有向有序树。

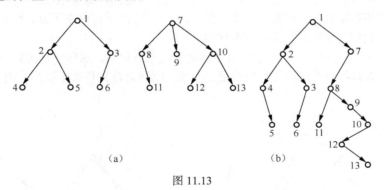

图 11.13

显然当森林中只有一棵树时，上面的转化方法就是把任意 $m$ 元树转化成二元有向有序树的方法了。

从上面的讨论我们可以作出以下的结论：如果一个实际问题可以抽象成一个图，则可以将这个图转化成树（求这个图的生成树），对任何一棵树都可以转化成与其对应的二元树，对二元树我们可以方便地在计算机中存贮与访问。下面我们就来介绍二元树的存贮与访问方式。利用连接分配技术可以方便地表示二元树，其中所包含的结点结构为：

| LLINK | DATA | RLINK |
| --- | --- | --- |

这里，LLINK 或 RLINK 分别包含一个指向所论结点的左子树或右子树的指针（或称指示数、指示字）、DATA 包含与这个结点有关的信息。

## 11.2.4  二叉树的遍历

数据结构中，在使用树作数据结构时，经常需要遍访二元有序树的每一个节点，就是检查存储于树中的每一数据项。对于一棵根树的每一个节点都访问一次且仅访问一次称为遍历或周游一棵树。二叉树的遍历算法主要有下列 3 种。

（1）前序遍历算法

前序遍历算法的访问次序为：

① 访问根；

② 在根的左子树上执行前序遍历；

③ 在根的右子树上执行前序遍历。

（2）中序遍历算法

中序遍历算法的访问次序为：

① 在根的左子树上执行中序遍历算法；

② 访问根；

③ 在根的右子树上执行中序遍历算法。

（3）后序遍历算法

后序遍历算法的访问次序为：

① 在根的左子树上执行后序遍历算法；

② 在根的右子树上执行后序遍历算法；

③ 访问根。

如果某一子树是空的（即该结点没有左或右的子孙时）则所谓周游就什么也不执行。换句话说，当遇到空子树时，则它被认为已完全周游了。

如图 11.14 所示的树，其前序周游、中序周游和后序周游将按下列次序处理结点。

*ABCDEFGH* （前序）

*CBDAEGHF* （中序）

*CDBHGFEA* （后序）

既然周游时，要求向下而后又要往上追溯树的一部分，所以允许往上追溯树时的指针信息必须暂时保存起来（见图 11.14（b））。注意到已表示在树中的结构信息，使得从树根往下运动是可能的，但往上运动必须采取与往下运动相反的手法，因此在周游树时，要求有一个栈保留指针的值。现在我们给出前序周游的算法。

*PREORDER* 算法　给定一棵二元树，它的根结点地址是变量 *T*，它的结点结构和上面描述的相同，本算法按前序周游这棵二元树。利用一个辅助栈 *S*，*S* 的顶点元素的下标是 *TOP*，*P* 是一个临时变量,它表示我们处在这棵树中的位置。

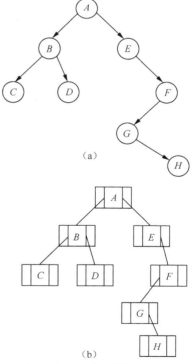

（a）

（b）

图 11.14　二叉树和其他连接表

1. [置初态]如果 *T=NULL*，则退出(树无根,因此不是真的二元树)；否则 *P←T*；*TOP←*0。

2. [访问结点，右分枝地址进栈，并转左]处理结点 *P*。如果 *PRLINK(P)≠NULL*，则置 *TOP←TOP*+1；*S[TOP]←RLINK(P)*；*P←LLINK(P)*。

3. [链结束否?]如果 *P≠NULL*，则转向第 2 步。

4. [右分枝地址退栈]如果 *TOP*=0 则退出；否则令 *P←S[TOP]*；*TOP←TOP*-1，并转向第 2 步。

其中，算法的第 2 步和第 3 步是访问和处理结点。如果该结点的右分枝地址存在的话，则让它进栈，并跟踪左分枝链直到这个链结束。然后进入第 4 步，并将最近遇到的右子树根结点的地址从栈中删除，再按第 2 步与第 3 步处理它。对于图 11.14 的二元树，追踪上述算法后地址记为"$NE$"。在这里，所谓访问结点就是输出它的标号。

| 栈的内容 | $P$ | 访问 $P$ | 输出串 |
|---|---|---|---|
| | $NA$ | $A$ | $A$ |
| $NE$ | $NB$ | $B$ | $AB$ |
| $NE\ ND$ | $NC$ | $C$ | $ABC$ |
| $NE\ ND$ | $NULL$ | | |
| $NE$ | $ND$ | $D$ | $ABCD$ |
| $NE$ | $NULL$ | | |
| | $NE$ | $E$ | $ABCDE$ |
| $NF$ | $NULL$ | | |
| | $NF$ | $F$ | $ABCDEF$ |
| | $NG$ | $G$ | $ABCDEFG$ |
| $NH$ | $NULL$ | | |
| | $NH$ | $H$ | $ABCDEFGH$ |
| | $NULL$ | | |

请读者自己给出中序和后序遍历算法。

## 11.2.5　搜索树

前面我们介绍了有向树，有向有序树和位置有向有序列树，下面我们举例介绍一种实用性较强的搜索树。利用搜索树的方法，可以使得搜索过程中状态变化复杂的现象变得条理清楚从而找到最有效的方法。举例说明如下。

**例 11.13**　设有 $n$ 根火柴，甲乙两人依次从中取走 1 或 2 根，但不能不取，谁取走最后一根谁就是胜利者。为了说明方法，不妨设 $n=6$。在图 11.15 中 6 表示轮到甲取时有 6 根火柴，4 表示轮到乙取时有 4 根火柴，以此类推。

显然，一当出现 ① 或 ② 状态，甲取胜，不必再搜索下去。同样，① 或 ② 是乙取胜的状态。

若甲取胜时，设其得分为 1，乙取胜时甲的得分为-1。无疑，轮到甲作出判决时，他一定选（-1，1）中的最大者；而轮到乙作出判决时，他将选取使甲失败，选+1、-1 中最小者。这个道理是显而易见的。比如甲遇到图 11.16（a）的状态时，甲应选 max(1,-1)=1，即甲应取 1 根火柴使状态进入③。同理，乙遇到图 11.16（b）的状态时，乙应选取 max(-1,1)=-1，使甲进入必然失败的状态为好。如图 11.15 所示，开始时若有 6 根火柴，先下手者败局已定，除非对手失误。

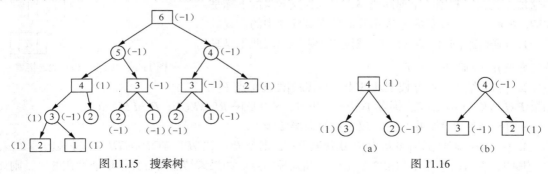

图 11.15　搜索树　　　　　　　　　　　　　　　　图 11.16

下面我们将举例介绍搜索树的 *DFS* 算法。*DFS* 算法的基本思想如下。

（1）当 $E(G)$ 的所有边未经完全搜索时，任取一结点 $v_i \in V(G)$，给 $v_i$ 以标志且入栈（以先入后出为原则叫做栈，先入先出者叫做队）。

（2）对与 $v_i$ 点关联的边依次进行搜索时，当存在另一端点未给标志的边时，把另一端点作为 $v_i$，给以标志，并且入栈；转（2）。

（3）当与 $v_i$ 关联的边全部搜索完毕时（即不存在以 $v_i$ 为端点而未经搜索的边时），则以 $v_i$ 点从栈顶退出，即让取走 $v_i$ 后的栈顶元素作为 $v_i$ 转（2）。

（4）若栈已空，但还存在未给标志的节点时，取其中任一结点作 $v_i$ 转（2）。若所有节点都已给标志时，则算法终止。

例如图 11.17 的邻接矩阵为

$$A = \begin{array}{c} v_1 \\ v_2 \\ v_3 \\ v_4 \end{array} \begin{bmatrix} 0 & 1 & 1 & 1 \\ 1 & 0 & 1 & 1 \\ 1 & 1 & 0 & 1 \\ 1 & 1 & 1 & 0 \end{bmatrix}$$

设从 $v_1$ 开始，给 $v_1$ 以标志，与 $v_1$ 相邻的节点依次为 $\{v_1, v_2, v_4\}$，即

$$A_{di}(v_1) = \{v_2, v_3, v_4\}$$

由于第一个邻接点 $v_2$ 未给标志，故 $v_2$ 入栈且给标志。但 $A_{di}(v_2) = \{v_1, v_3, v_4\}$，而第一个邻接结点 $v_1$ 已给标志，故取 $\{v_2, v_3\}$ 边，给 $v_3$ 以标志，且入栈。

又 $A_{di}(v_3) = \{v_1, v_2, v_4\}$，由于 $v_1$，$v_2$ 都已给标志，故取 $\{v_3, v_4\}$ 边，给 $v_4$ 以标志并入栈，但与 $v_4$ 相邻的结点全部都给了标志，故退栈。此时栈顶点为 $v_3$，但与 $v_3$ 相邻的结点均已给标志，故退栈。$v_2$，$v_1$ 因类似理由依次退栈。栈空，故结束。

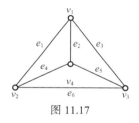

图 11.17

**例 11.14**　设有一个 4×4 的棋盘，当一个棋子放到其中一个格子里去以后，则这格子所在的行和列以及对角线上所有的格子都不允许放别的棋子。现在有 4 个棋子，试问它在这个棋盘上有哪几种容许的布局？

第一行的格子有 4 个，故第一行有 4 种选择，第二行则有 3 种选择；第三行则有 2 种选择；最后一行无选择的余地。它的状态可用下面的图 11.18 的树表示。

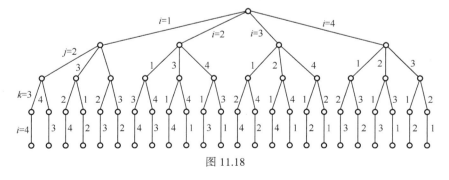

图 11.18

可能状态如图 11.19 所示的那样，要确定哪几种状态是被允许的，就要对这棵树进行搜索。一旦某结点被判定为不被容许，这个结点下的树枝可以全部剪去。比如 $i=1$ 时，$j=2$ 不被容许，则 $i=1$，$j=2$，$k=3$（或 4）便无需搜索。现在把搜索的过程形象地列表于图 11.19 中，搜索过程则表

示于图 11.20 中。

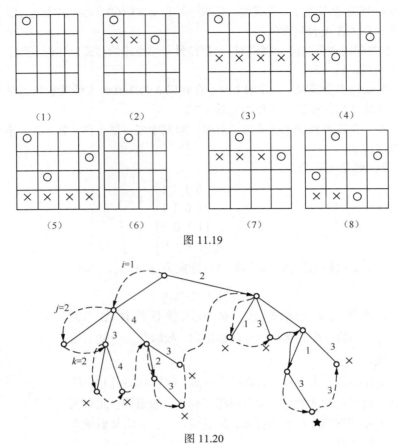

图 11.19

图 11.20

# 习　　题

1. 画出所有不同构的一、二、三、四、五、六阶树。

2. 一棵树有 5 个度为 2 的节点，3 个度为 3 的节点，4 个度为 4 的节点，2 个度为 5 的节点，其余均是度为 1 的节点，问有几个度为 1 的节点？

3. 设一棵树中度为 $k$ 的结点数是，求它的叶的数目。

4. 如何由无向图 $G$ 的邻接矩阵确定 $G$ 是不是树？

5. 找出图 11.21 的连通无向图的一个生成树，并求出它的基本回路的秩。

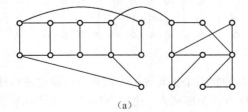

（a）　　　　　　　　　　　　　　　　　（b）

图 11.21

6. 用 Kruskal 算法求图 11.22 的一棵最小生成树。

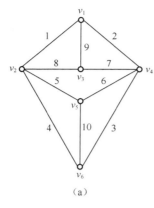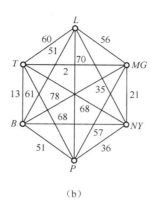

　　（a）　　　　　　　　　　　（b）

图 11.22

7. 设 $e$ 是连通图 $G$ 的一条边，证明 $e$ 是 $G$ 的割边当且仅当 $e$ 含于 $G$ 的每个生成树中。

8. 设 $T_1$ 和 $T_2$ 是连通图 $G$ 的两棵不同的生成树，$a$ 是在 $T_1$ 中但不在 $T_2$ 中的一条边。证明 $T_2$ 中存在一条边 $b$，使得 $(T_1-a)+b$ 和 $(T_2-b)+a$ 也是 $G$ 的两棵不同的生成树。

9. 设 $v$ 和 $v'$ 是树 $T$ 的两个不同结点，从 $v$ 至 $v'$ 的基本路经是 $T$ 中最长的基本路径。证明 $d_T(v)=d_T(v')=1$。

10. 一棵树有 $n_2$ 个 2 度节点，$n_3$ 个 3 度节点，$\cdots$，$n_k$ 个 $k$ 度节点，求其叶节点的数目。

11. 今有煤气站 $A$，将给一居民区供应煤气，居民区各用户所在位置如图 11.23 所示，铺设各用户点的煤气管道所需的费用（单位：万元）如图边上的数字所示。要求设计一个最经济的煤气管道路线，并求所需的总费用。

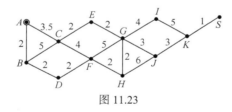

图 11.23

12. 证明树 $T$ 中最长道路的起点和终点必都是 $T$ 的叶。

13. 证明 $n$ 阶二叉树有 $\dfrac{n+1}{2}$ 片叶，其高度 $h$ 满足

$$\log_2(n+1)-1 \leqslant h \leqslant \frac{n-1}{2} \text{。}$$

14. 如何由有向图 $G$ 的邻接矩阵确定 $G$ 是不是有向树？

15. 用二叉树表示命题公式 $(P \vee (\neg P \wedge Q)) \wedge ((\neg P \vee Q) \wedge \neg R)$。

16. 假设有一台计算机，它有一条加法指令，可计算 3 个数之和。如果要求 9 个数 $x_1$，$x_2$，$\cdots$，$x_9$ 之和，问至少要执行几次加法指令？

17. 找出叶的权分别为 2，3，5，7，11，13，17，19，23，29，31，37，41 的最优叶加权二叉树，并求其叶加权路径长度。

18. 假设在通信中，十进制数字出现的频率分别是

　　0：20%；　　1：15%；　　2：10%；　　3：10%；　　4：10%；

5：5%；    6：10%；    7：5%；    8：10%；    9：5%

（1）求传输它们的最佳前缀码。

（2）用最佳前缀码传输 10000 个按上述频率出现的数字需要多少个二进制码？

（3）它比用等长的二进制码传输 10000 个数字节省多少个二进制码？

19. 找出图 11.24 给出的有向序森林所对应的二元有向有序树，并求其前缀编码。

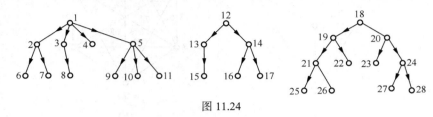

图 11.24

20. 对图 11.25 给出的二元有序树进行三种方式的遍历，并写出遍历结果。

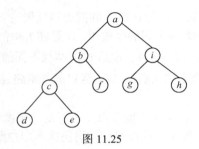

图 11.25

21. 8 枚硬币问题。若有 8 枚硬币 $a,b,c,d,e,f,g,h$ ，其中 7 枚重量相等，只有 1 枚稍轻。现要求以天平为工具，用最少的比较次数挑出轻币来。

# 参考文献

［1］屈婉玲，耿素云，张立昂. 离散数学. 北京：高等教育出版社，2008.

［2］章炯民，陶增乐. 离散数学. 上海：华东师范大学出版社，2009.

［3］Richard Johnsonbaugh. 离散数学. 黄林鹏，译. 北京：电子工业出版社，2009.

［4］曹晓东，原旭. 离散数学及算法. 北京：机械工业出版社，2007.

［5］Bernard Kolman，Robert C.Busby，Sharon Cutler Ross. 离散数学结构. 罗平，译. 北京：高等教育出版社，2005.

［6］赵一鸣，阚海斌，吴永辉. 离散数学. 北京：人民邮电出版社，2011.

［7］李盘林，李丽双，赵铭伟，等. 离散数学. 北京：高等教育出版社，2005.